“十二五”职业教育国家规划教材
经全国职业教育教材审定委员会审定

高频电子技术

第3版

主　编　黄亚平
副主编　王维才　龙诺春　梁芳芳　杨新盛
参　编　蒋正华　羊梅君　杨先花　杨　洁
主　审　刘全盛

机械工业出版社

本书是“十二五”职业教育国家规划教材，经全国职业教育教材审定委员会审定。

高频电子技术研究的是高频信号的产生、发射、接收和处理的有关方法和电路，主要解决无线电广播、电视和通信中发射与接收电路的有关技术问题。

高频电子技术是电子信息、通信类专业的主要专业基础课，是“模拟（低频）电子技术”课程的后续课程。本书主要内容有：高频电子技术概论、选频与滤波电路、高频小信号放大器、正弦波振荡器、频率变换与混频电路、高频功率放大电路、振幅调制与解调、角度调制与解调、数字调制与解调、反馈控制电路与频率合成电路。书后附有高频电子技术实验，以及计算机仿真（EWB 软件）在高频电子电路分析中的应用。

本书可作为高职、高专和高级技校等院校电子信息和通信类专业以及相近专业的教材，中职、中专和中级技校等学校电子信息和通信类专业也可选用，还可供有关工程技术人员参考。

为方便教学，本书有电子课件等教学资源，凡选用本书作为授课教材的学校，均可通过电话（010-88379564）或 QQ（2314073523）咨询，有任何技术问题也可通过以上方式联系。

图书在版编目（CIP）数据

高频电子技术/黄亚平主编. —3 版 .—北京：机械工业出版社，2020.11（2024.7 重印）

“十二五”职业教育国家规划教材　经全国职业教育教材审定委员会审定

ISBN 978-7-111-66737-7

Ⅰ.①高…　Ⅱ.①黄…　Ⅲ.①高频-电子电路-高等职业教育-教材　Ⅳ.①TN710.2

中国版本图书馆 CIP 数据核字（2020）第 189864 号

机械工业出版社（北京市百万庄大街 22 号　邮政编码 100037）
策划编辑：曲世海　责任编辑：曲世海
责任校对：潘　蕊　封面设计：马精明
责任印制：常天培
北京机工印刷厂有限公司印刷
2024 年 7 月第 3 版第 5 次印刷
184mm×260mm · 16 印张 · 396 千字
标准书号：ISBN 978-7-111-66737-7
定价：49.80 元

电话服务	网络服务
客服电话：010-88361066	机　工　官　网：www.cmpbook.com
010-88379833	机　工　官　博：weibo.com/cmp1952
010-68326294	金　　书　　网：www.golden-book.com
封底无防伪标均为盗版	机工教育服务网：www.cmpedu.com

前　言

本书是高职、高专和高级技校等院校电子信息和通信类专业的主要专业基础课教材，主要内容包括：高频电子技术概论、选频与滤波电路、高频小信号放大器、正弦波振荡器、频率变换与混频电路、高频功率放大电路、振幅调制与解调、角度调制与解调、数字调制与解调、反馈控制电路和频率合成电路，以及高频电子技术实验和计算机仿真（EWB 软件）在高频电子电路分析中的应用。

本书注重高职、高专和高技教育的特点，着重基本概念、基本分析方法和基本计算方法的介绍。重点培养学生分析问题和解决问题的能力、理论联系实际能力和实际操作能力。在学习基础知识和基本电路的基础上，用较多篇幅介绍新型元器件和集成电路的有关知识和应用实例。每章均有本章小结、习题与思考题，书末配有实验，供教学中选用。本书的内容可根据教学需要选用，参考学时为 54～72 学时左右。书中加 * 的内容可以选修。

本书是在《高频电子技术第 2 版》的基础上，根据高职、高专和高技教育的特点和技术发展的需要编写的。

本书由黄亚平任主编，王维才、龙诺春、梁芳芳和杨新盛任副主编，蒋正华、羊梅君、杨先花和杨洁参加编写，由刘全盛教授主审。

本书第 1、2、3、9 章由黄亚平编写，第 4 章由蒋正华编写，第 5、11 章由龙诺春编写，第 6、10 章由梁芳芳编写，第 7 章由羊梅君编写，第 8 章、附录由杨新盛编写，高频电子技术实验由杨先花编写。全书由黄亚平统稿，王维才和杨洁负责全书的校对工作。

由于编者水平有限，书中难免存在疏漏，恳请广大读者批评指正。

编　者

目 录

第1章　高频电子技术概论

1.1　人类信息传输的发展

1. 古代的信息传输

信息（information）可概括为客观世界的现状和变化的反应。人类社会的信息主要以声音、图像、文字和符号等形式出现。各种类型的信息对人类社会生活产生了极大的影响，如军事信息影响战争的胜负，甚至决定国家民族的存亡；经济信息影响交易的成败和公司的兴衰；文娱体育信息往往给人以愉快和享受。在古代人们曾用烽火报告敌情，用战鼓和号角来传达军令，这都是用声光现象和变化直接向远处传递信息的例子。但人的视觉和听觉范围是有限的，更远距离的信息传输不能直接用声光现象来完成，如何向远处传送信息成为古代人类面临的重要问题。文字的出现推动了信息技术的发展。文字可认为是有固定意义的图形和符号，文字是人眼可见的信息，文字的发明使人类可以记录语言和知识。东汉的蔡伦（约63～121年）发明了纸，纸的发明使文字便于记载和保存，北宋的毕升（约1051年）发明了活字印刷术，印刷术的发明使文字信息能够大量复制。文字、纸张和印刷术的发明扩展了人类对信息和知识的记录、产生、保存和传输的能力（中国人在文字、纸张和印刷术的发明上做出了重大贡献）。于是人类向远处传送信息可以借助运载工具，在古代人们曾用快马、车船和飞鸽等远距离传递书信，这就是古代的通信。这样虽然实现了信息的远距离传送，但往往需要相当长的时间，不能快速及时地送达。我国古代人民曾创造出千里眼、顺风耳等神话，反映出古代人民渴望实现远距离快速获得视听信息的愿望。

2. 近现代通信技术的发展

19世纪人类逐步掌握电磁学理论并付诸实践后，信息的远距离快速传输才有了新的进展。1837年莫尔斯（F. B. Morse）发明了有线电报，1864年麦克斯韦（J. Clerk Maxwell）发表了“电磁场的动力理论”，1876年贝尔（Alexander G. Bell）发明了有线电话（telephone）。有线电话和电报（telegraph）的发明将声音和文字变成电信号传送，能够迅速、准确地远距离传送信息，是通信技术的重大突破。但有线通信仍需要依靠线路来传送信息，使用上受到一定限制。能否不要传输导线，在空间传送信息，这是人们迫切需要解决的问题。不久之后发明的无线电通信（radio communication）就解决了这个问题。

由电磁学的基础理论可知，交变的电流可感应出交变的磁场，交变的磁场又可引起交变的电场，由此产生电磁波（electromagnetic wave）。频率高的电磁波易向空间传播，远距离传输而无需导线的传递，称为无线电波。1895年马可尼首次在几百米距离内实现电磁波通信，1901年他又完成了横跨大西洋的无线电通信，从此无线电通信进入发展阶段。

由于无线电波能方便快捷地向空间传播，所受限制较少，因此广泛地用于信息的传输。现代社会将无线电技术用于通信（communication）、广播（radio）、电视（television）、遥感（remote sensing）、遥测（telemetry）、雷达（radar）和导航（navigation）等领域。由于它们都涉及信息的传输，所以可称为广义的无线电通信系统。通常无线电波适合于远距离信息的传输，近距离可以进行有线传输。由于现代人们需要近距离控制的设备增多，有线传输显得有些困难和麻烦，所以近距离的无线通信也在发展，如蓝牙技术和WiFi传输就是目前应用广泛的短程无线传输技术。

信息和传输技术在现代社会是极为重要的。信息的传输也就是通信，所谓通信就是通过第三方（人或设备系统）传输和交换信息的过程。通信是快速、准确地获取和掌握信息的重要方式。

在各种信息传输技术中，无线电通信是最方便的。现在人们可用移动电话方便自由地通话和上网，可用收音机收听各个国家的无线电广播，可用电视机收看世界各地的电视节目，基本实现了古代人们千里眼、顺风耳的愿望。高频电子技术就是研究解决无线电通信、广播和电视中有关技术问题的学科。

1.2 无线电通信系统和无线电波特性

1. 无线电通信系统

由于无线电通信在信息传输中的重要作用，下面对无线电通信系统进行简要介绍。

无线电通信系统由发射装置（transmitting set）、传输媒质（transmission medium）和接收装置（receiver）构成，如图1-1所示。

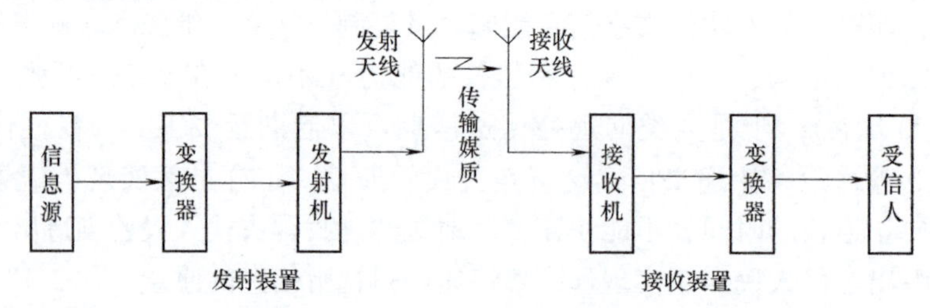

图1-1 无线电通信系统组成框图

信息源发出需要传送的信息，如声音、图像和文字等，由变换器（convertor）把这些原始信息变换成相应的电信号，然后由发射机（transmitter）把这些电信号变换成高频振荡信号，发射天线（transmitting antenna）再将高频振荡信号变换成无线电波（radio wave），向空间发射。无线电波的传输媒质是自由空间。接收天线将接收到的无线电波变换成高频振荡信号，接收机把高频振荡信号变换成低频电信号，再由变换器还原成原来传递的信息（声音、图像和文字等），最后信息接收人就收到传递的信息。

2. 无线电波特性

高频电子技术的研究对象主要是无线电发送与接收设备的有关电路的原理、组成与功能，所以先了解一下无线电波在传输媒质中的传播特性和有关规律也是有必要的。

无线电波的传播速度极快，与光速相同，约为3×10^8m/s。无线电波的波长（wavelengh）、频率（frequency）和传播速度的关系如下式所示：

$$\lambda=\frac{c}{f}$$

式中，λ 是波长（m）；c 是传播速度（m/s）；f 是频率（Hz）。

由上式可知，因传播速度固定不变，频率越高，波长越短；频率越低，波长越长。

无线电波的频率相差很大，因而波长变化很大。不同波长的无线电波传播规律不同，应用范围也不同，因此通常把无线电波划分成不同波段。表 1-1 列出了常见的波段名称、波长范围、频段名称、频率范围、传输介质和主要用途。

表 1-1　常见电磁波的波段和频率

波段名称	波长范围	频段名称	频率范围	传输介质	主要用途
甚长波	$10^5 \sim 10^6$m	音频(VF)	3 ~ 0.3kHz	有线电线	音频、电话和数据传送
超长波(VLW)	$10^4 \sim 10^5$m	甚低频(VLF)	30 ~ 3kHz	有线电线和自由空间	音频、电话和数据传送
长波(LW)	$10^3 \sim 10^4$m	低频(LF)	300 ~ 30kHz	有线电线和自由空间	海上船舶通信、长距离导航
中波(MW)	$10^2 \sim 10^3$m	中频(MF)	3 ~ 0.3MHz	同轴电缆和自由空间	中波广播、业余无线电通信
短波(SW)	$10 \sim 10^2$m	高频(HF)	30 ~ 3MHz	同轴电缆和自由空间	短波广播、军事通信和业余无线电通信
超短波	1 ~ 10m	甚高频(VHF)	300 ~ 30MHz	同轴电缆和自由空间	电视、调频广播和无线电通信
微波	1 ~ 10dm	特高频(UHF)	3 ~ 0.3GHz	同轴电缆、波导和自由空间	电视、雷达导航、移动通信、蓝牙技术和空间遥测
	1 ~ 10cm	超高频(SHF)	30 ~ 3GHz	波导和自由空间	微波接力、雷达、移动通信、射电天文学、卫星和空间通信
	1 ~ 10mm	极高频(EHF)	300 ~ 30GHz	波导和自由空间	
	0.1 ~ 1mm	亚毫米频段	3000 ~ 300GHz	波导和自由空间	
光波(红外线、可见光和紫外线)	0.1 ~ 10μm			光纤和自由空间	红外遥控、光纤通信和直接光通信

无线电波在空间的传播途径有 3 种：①沿地面传播，称为地波（ground wave），如图 1-2a所示。②依靠电离层的反射传播，称为天波（sky wave），如图 1-2b 所示。③在空间直线传播，称为直线波，如图 1-2c 所示。

波长不同的无线电波在空间的传播特性不同，长波（long wave）和中波（medium

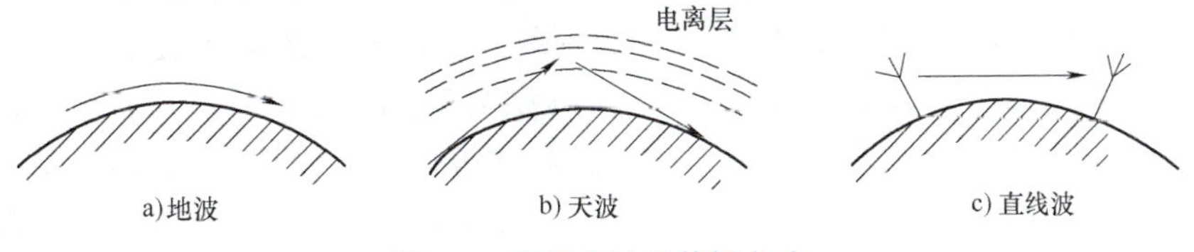

图 1-2　无线电波的传播方式

wave）的波长较长，遇到障碍物时绕射能力强，且地面的吸收损耗较少，可沿地面远距离传播，所以长波和中波的通信和广播主要以地波方式传播。

短波（short wave）的波长较短，地面绕射能力弱，且地面吸收损耗较大，不宜地面传播，但短波能被天空的电离层（ionosphere）反射到远处，因此短波的通信和广播主要以天波方式传播。

波长比短波更短的无线电波称为超短波（ultrashort wave）。超短波的波长很短，往往小于地面障碍物（如山峰、建筑物等）的尺寸，所以不能绕过，且地面吸收损耗很大，所以不能以地波方式传播。另外，超短波能穿透电离层，即电离层很难反射它，所以也不能以天波方式传播。超短波只能在空间以直线波方式传播，而地球的表面是球面的，因此它的传播距离受到限制，并且与发射和接收天线的高度有关。调频（frequency modulation）无线电广播、无线电电视广播和无线寻呼等均属超短波通信，只能以直线波方式传播。

波长比超短波更短的无线电波称为微波（microwave）。微波的波长非常短，它的特性与超短波类似，而且空间直线传播的特性更明显。移动通信（mobile communication）、空间遥测、雷达导航、蓝牙技术、卫星和空间通信等均属微波通信。

波长比微波更短的是光线（light），光线本质上也是一种电磁波。光线包括红外线（Infrared light）、可见光和紫外线（ultraviolet radiation），光线在空间都是直线传播。红外线控制技术在彩色电视和电子设备的遥控上已广泛使用，光纤通信（optical fiber communication）不易受干扰，可进行远距离、高速率的数据通信，它们都属于光通信范畴。

1.3 无线电信号的产生与发射

在无线电通信的发射部分，原始信息（声音、图像和文字等）由变换器变换成相应的电信号，变换后电信号的频率对应于原始信息的频率，称为基带信号（base band signal）。基带信号的特点是：频率较低，相对频带较宽。以声音的变换为例，声音的频率范围为20Hz～20kHz，由声电变换器变换成的音频（audio frequency）电信号频率也是20Hz～20kHz（波长在10^4～10^7m 的数量范围内），属于低频范围。低频振荡电流能量较低，辐射力弱，不宜发射。而且，因其频率低，波长很长，由天线理论可知，发射和接收天线的尺寸和波长应为同一数量级，这就要求天线尺寸巨大，所以实际上无法实现。另外，如果真的能直接发射音频信号，那么多家电台发射的音频信号频率范围将是相同的，接收机将无法区分各个电台的信号，就会造成相互的干扰。由此可知，不能也不可直接发射音频信号。由变换器变换得到的图像和文字的基带信号频率也较低，同样也不能直接发送。

由此可见，要实现无线电通信，首先必须产生高频（high frequency）振荡信号，再把基带低频（low frequency）信号加到高频振荡信号上，去控制它的参数，这称为调制（modulation），然后把已受基带低频信号调制的高频振荡信号放大后经发射天线发射出去，这样的高频已调无线电波就携带基带低频信号一起发射。未经调制的高频振荡信号好比“运载工具”，称为载波（carrier wave）信号；基带低频信号称为调制信号；经调制携带有基带低频信号的高频振荡信号称为已调波信号。当传输的基带信号是模拟（analog）信号时，该系统称为模拟通信系统；当传输的基带信号是数字（digital）信号时，该系统称为数字通信系统。虽然基带信号不同，但通信系统的原理和组成是相同的。

高频载波通常是一个正弦波振荡信号，有振幅、频率和相位3个参数可以改变。用基带信号对载波进行调制就有调幅、调频和调相3种方式。

（1）调幅（Amplitude Modulation，AM） 载波的频率和相位不变，载波的振幅按基带信号的变化规律变化。调幅获得的已调波称为调幅波。中短波广播和电视的高频图像信号都是调幅波。

（2）调频（Frequency Modulation，FM） 载波的振幅不变，载波的瞬时频率按基带信号的变化规律变化。调频获得的已调波称为调频波。调频广播和电视的高频伴音信号都是调频波。

（3）调相（Phase Modulation，PM） 载波振幅不变，载波的瞬时相位按基带信号的变化规律变化。调相获得的已调波称为调相波。调频和调相又统称为调角。

由于调幅应用较早而且使用广泛，现以图1-3所示的调幅发射机为例来说明发射设备的主要组成。

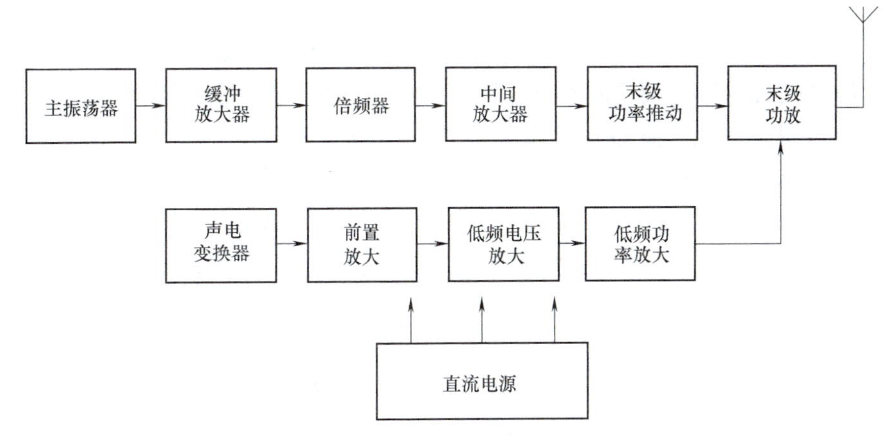

图1-3 调幅广播发射机框图

发射机通常由高频、低频、电源和天线4部分组成。

高频部分包括主振荡器（master oscillator）、缓冲放大器（buffer）、倍频器（frequency double）、中间放大器、末级功率推动和末级（受调）功放（modulated amplifier）。主振荡器的作用是产生频率稳定的高频振荡，现多采用石英晶体振荡器。缓冲放大器用来减轻后级对主振荡器的影响。因石英晶体产生的振荡频率不能太高，用倍频器来提高频率。倍频后还需多级放大，以达到推动末级功放的电平。末级功放则将输出功率提高到所需的发射功率，并受低频功率电平的调制。

低频部分包括声电变换器（送话筒）、前置放大、低频电压放大与低频功率放大，用于实现声电变换，并将音频信号逐级放大到调制所需要的功率，对末级功放进行调制。

电源部分给各部分电路提供直流电能。

天线部分把调制器送来的高频已调波信号通过天线以电磁波形式辐射出去。

1.4 无线电信号的接收

无线电信号的接收是发送的逆过程，其作用是对载有信息的高频已调波信号接收处理，从中获得需要的信息。

现以调幅广播的接收为例介绍无线电信号的接收过程。

要接收无线电信号，首先要有接收天线（receiving antenna）。由于空间无线电信号有很多个，要获得需要的信号，还须有选频电路，以选取需要的信号，并把不需要的信号滤除。接收到的无线电信号是高频已调波，须经过解调（demodulation）才能获得原来的调制信号，即音频信号。音频信号作用到电声变换器（耳机）变换成声音后被接收人听到。因此最简单的接收机是由接收天线、选频电路、解调器（检波器）和输出变换器（耳机）4 部分组成，如图 1-4 所示。

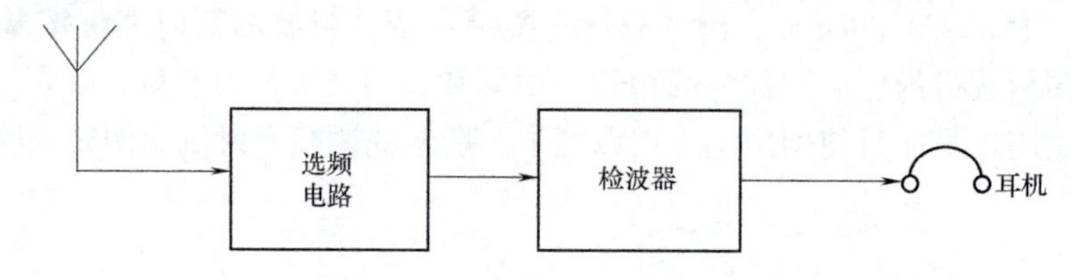

图 1-4 最简单的接收机框图

最简单的接收机电路很简单但性能很差，由于天线接收到的无线电信号很微弱，通常只有几十微伏到几毫伏，直接送检波器检波，检波效率很低，检波后获得的音频信号更弱，只有用耳机进行电声变换才能听到微弱的声音。为了提高接收性能，检波前的高频信号和检波后的音频信号都需要放大，这就形成了直接放大式接收机，其组成如图 1-5 所示。

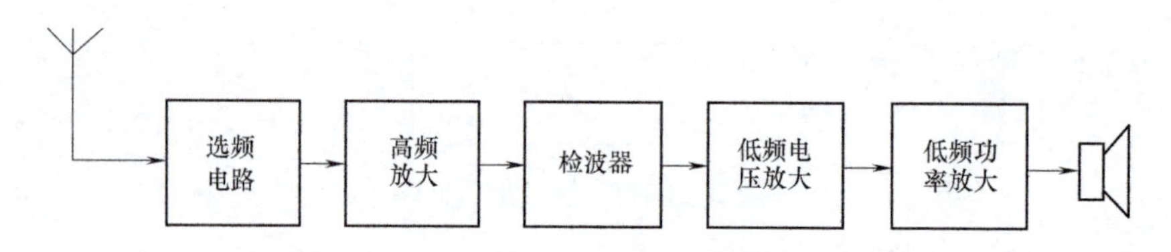

图 1-5 直接放大式接收机框图

直接放大式接收机在选频电路后有高频放大器，对选频后的高频信号放大，这样送到检波器的高频信号幅度增大，检波效率提高，检波器输出的音频信号幅度可达几百毫伏，再经低频电压放大和低频功率放大后，推动扬声器发声，其收听效果要比最简单的接收机好得多。直接放大式接收机的灵敏度（sensitivity）有所提高，但还不够好，因为通常只有一级高频放大。直接放大式接收机的选择性（selectivity）也还不够好，因为只有一级选频电路，而且在频段的高端，高频放大器的放大倍数比低端要低，对高端电台的接收效果就会差一些，而频段低端电台的接收效果要好一些，整个频段内电台的接收效果不均衡。为克服这些缺点，现在的接收机都采用超外差式电路。图 1-6 是超外差式接收机（super heterodyne receiver）的组成框图。

与直接放大式接收机相比，超外差式接收机增加了混频和本机振荡电路。混频器是用晶体管的频率变换作用，把选频电路的外来高频已调波信号，与本机振荡电路所产生的本机高频振荡信号两个频率相混合，混频器（mixer）的输出就会产生新的差频，这个差频的频率是本机振荡频率与外来高频信号频率之差。混频器的输出选频电路选出这个差频，这个差频

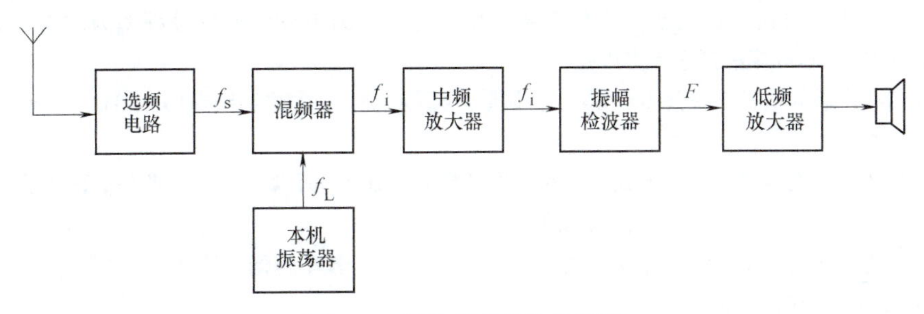

图 1-6　超外差式接收机框图

通常称为中频（intermediate frequency）。我国中、短波调幅广播接收机的中频是465kHz。这就要求本机振荡频率比外来信号频率超出一个差频，这就是超外差式接收机名称的由来。由于超外差式接收机的中频是固定不变的，不随外来高频信号频率改变而变化，不管是频段的高端还是低端，经混频后获得的中频都是一样的。这样在某一频段内高端和低端电台信号的中频放大倍数都是相同的，整个频段的接收效果是均衡的。中频放大器的工作频率较低，且固定不变，其性能可做得很好。而且可设有几级中频放大，每级都有选频回路，这样放大倍数很高，整机灵敏度就高，选择性也好。由于超外差式接收机具有这些优点，现在常用的收音机、电视机和移动电话等都是采用超外差式的接收方式。

本章介绍了无线电广播发射与接收的基本原理和工作过程，传输的信息是声音。对于传输其他形式的信息，无线电波发送与接收的基本原理和工作过程也是相同的。本书后面各章将分别介绍设备中的选频与滤波电路、高频小信号放大器、正弦波振荡器、高频功率放大器、混频器、振幅调制电路和检波器、角度调制电路、鉴频器与鉴相器、以及反馈控制电路和频率合成器等内容。

本章小结

1. 在各种信息传输技术中，无线电通信是最方便的。高频电子技术就是研究解决无线电通信、广播和电视中有关技术问题的学科。

2. 无线电通信系统由发射装置、传输媒质和接收装置构成。无线电波的频率相差很大，因而波长变化很大。不同波长的无线电波传播规律不同，应用范围也不同，因此通常把无线电波划分成不同波段。

3. 对于无线电通信中信号的发射，原始信息由变换器变换成相应的电信号，再对高频载波进行调制，经放大等处理后由天线把高频已调波发射出去。调制有调幅、调频和调相3种方式。

4. 无线电信号的接收是发送的逆过程，其作用是对载有信息的高频已调波信号接收并处理，从中获得需要的信息。

习题与思考题

1.1　无线电通信系统由哪几部分组成？各部分起什么作用？

1.2　基带信号有何特点？为什么需要载波才能发射？

1.3　无线电通信中为什么要调制与解调？它们的作用是什么？

1.4　什么是调幅？什么是调频？你接收过调幅和调频广播信号吗？

1.5 超外差式接收机有何特点？为什么要混频？若接收的中波广播信号频率为1500kHz，中频为465kHz，则接收机的本机振荡频率是多少？

1.6 某调频广播的信号频率是103.6MHz，调频广播接收机的中频频率是10.7MHz，接收机的本机振荡频率应是多少？

1.7 常见的远距离传送信息的方式有哪些？你经常使用哪些远距离传送或接收信息的方式和设备？

1.8 高频电子技术主要研究解决什么问题？

1.9 传播速度固定不变，频率越高，波长（ ），频率越低，波长（ ）。

1.10 可以用信号控制载波的（ ）、（ ）、（ ）等。

1.11 波长较短，地面绕射能力（ ），地面吸收损耗（ ），不易地面传播，主要以（ ）方式传播。

1.12 信息源发出需要传输的信息，主要包括（ ）、（ ）、（ ）等。

1.13 无线电波的传播途径有（ ）、（ ）、（ ）等。

1.14 高频电子技术所研究的工作频率范围是（ ）。

A. 300Hz～3kHz　B. 3～300kHz　C. 3～300MHz　D. 300kHz～3000MHz

1.15 光纤属于（ ）。

A. 有线信道　B. 无线信道　C. 发射设备　D. 接收设备

1.16 语音信号的频率范围是（ ）。

A. 0～3kHz　B. 300～3400Hz　C. 30Hz～3MHz　D. 30kHz～34MHz

1.17 电视和调频广播属于（ ）。

A. 超长波　B. 中波　C. 超短波　D. 光波

1.18 FM是什么调制方式？（ ）

A. 调幅　B. 调频　C. 调相　D. 脉宽调制

第2章　选频与滤波电路

2.1　概述

无线电信号有不同的波段，它们的频率相差很大，用途也各不相同。如调幅广播中波的频率范围为526.6～1606.5kHz，调幅广播短波的频率范围为2～18MHz，调频广播的频率范围为87～108MHz。无线电视广播分为4个波段，Ⅰ波段频率范围为48.5～92MHz，Ⅲ波段频率范围为165～223MHz，Ⅳ波段频率范围为470～566MHz，Ⅴ波段频率范围为606～958MHz（注：92～165MHz的频率范围称为Ⅱ波段，该波段没有用于无线电视广播，而是用于其他无线电通信）。移动通信有900MHz频段和1800MHz频段等。要选择所需要的某一波段或频段的信号来接收，首先就要选频和滤波。

携带有用信息的高频已调波信号的特点是频率高，相对频带宽度较窄。以调幅广播中波为例，其频率范围规定为526.6～1606.5kHz，频道间隔规定为9kHz，信号的相对频带宽度为1/58～1/178（此处以频道间隔代替频带宽度计算）。按以上频率范围和频道间隔的规定，在调幅广播中中波波段可以设置110多个广播电台（为避免邻近电台相邻频率的干扰，某地区实际可接收中波广播数远少于此数）。又如我国无线电视广播分为四个波段，共68个频道（为避免邻近电视台相邻频道的干扰，某地区实际可接收的无线电视频道数少于此数），要从多个高频信号中选取需要接收的信号，选频和滤波电路不可缺少。

*LC*谐振回路是最常用的选频网络，它有串联回路和并联回路两种类型。

用*LC*谐振回路的选频特性，可以从输入信号中选出有用信号频率而抑制无用的频率，例如用在接收机的输入回路和选频放大器中。*LC*回路还可进行频幅和频相变换，如用在鉴频器电路。此外*LC*回路还可组成阻抗变换电路用于级间耦合和阻抗匹配。所以*LC*谐振回路是高频电路中不可缺少的组成部分。

传统广播接收机的输入回路，常由电感线圈和可变电容器组成*LC*谐振回路，靠手转动可变电容器改变电容量来选择不同信号频率。为实现自动调谐选台，现已使用变容二极管代替可变电容器来调谐选台，这在电视机的电调谐高频头中已广泛使用。

在整机生产中为了减少人工调谐，已广泛使用固体滤波技术，陶瓷滤波器、石英晶体滤波器和声表面波滤波器已被广泛使用，它们常用作集中滤波器，在集成电路选频放大和信号选取分离上起着重要作用。

2.2　串联谐振回路

2.2.1　串联谐振回路的参数和特性

在*LC*谐振回路中，当信号源与电容、电感以及负载串接时，就组成串联谐振（series

resonance）回路。如图 2-1 所示，其中 R_L是负载电阻，r 是电感 L 的损耗电阻。

由电路原理知识，可得出串联谐振回路的主要参数表达式。

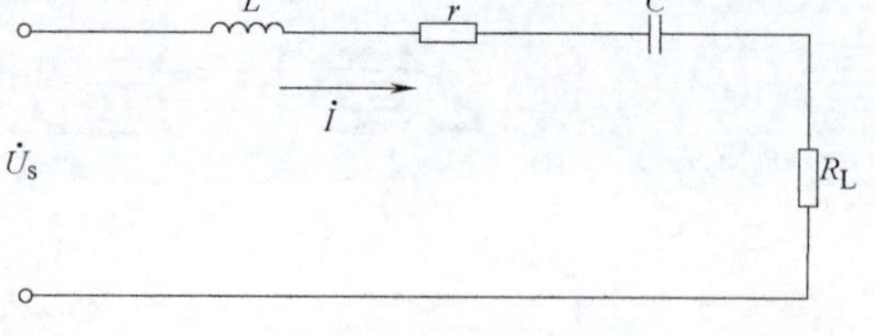

图 2-1　LC 串联谐振回路

1. 回路总阻抗

$$Z = R_L + r + j\left(\omega L - \frac{1}{\omega C}\right) \tag{2-1}$$

2. 回路谐振频率

在某一特定频率 ω_0时，回路电抗为 0，回路总阻抗为最小值，回路电流达到最大值，回路发生谐振。由回路电抗

$$X = \omega_0 L - \frac{1}{\omega_0 C} = 0$$

得谐振角频率

$$\omega_0 = \frac{1}{\sqrt{LC}} \tag{2-2}$$

由于 $\omega_0 = 2\pi f_0$，所以可得谐振频率为

$$f_0 = \frac{1}{2\pi\sqrt{LC}} \tag{2-3}$$

3. 回路品质因数（quality factor）

回路空载品质因数

$$Q_0 = \frac{\omega_0 L}{r} = \frac{1}{\omega_0 Cr} = \frac{1}{r}\sqrt{\frac{L}{C}} \tag{2-4}$$

回路有载品质因数

$$Q_e = \frac{\omega_0 L}{R_L + r} \tag{2-5}$$

4. 空载回路电流

$$\dot{I} = \frac{\dot{U}_s}{r + j\left(\omega L - \frac{1}{\omega C}\right)} \tag{2-6}$$

谐振时空载回路电流

$$\dot{I}_0 = \frac{\dot{U}_s}{r} \tag{2-7}$$

在空载时，任意频率下的回路电流 $\dot{I}$ 与谐振时回路电流 $\dot{I}_0$之比为

$$\frac{\dot{I}}{\dot{I}_0} = \frac{r}{r + j\left(\omega L - \frac{1}{\omega C}\right)} \tag{2-8}$$

式(2-8）的模值为

$$\frac{I}{I_0} = \frac{r}{\sqrt{r^2 + \left(\omega L - \frac{1}{\omega C}\right)^2}} = \frac{1}{\sqrt{1 + \frac{\left(\omega L - \frac{1}{\omega C}\right)^2}{r^2}}} \tag{2-9}$$

电流矢量的幅频特性为

$$I=\frac{I_0}{\sqrt{1+\frac{\left(\omega L-\frac{1}{\omega C}\right)^2}{r^2}}} \tag{2-10}$$

相频特性为

$$\varphi=-\arctan\frac{X}{r}=-\arctan\frac{\omega L-\frac{1}{\omega C}}{r} \tag{2-11}$$

5. 单位（归一化）谐振曲线

回路电流幅值与信号电压频率之间的关系曲线称为谐振曲线。串联谐振时，回路阻抗最小，回路电流达到最大值。在空载时，任意频率下的回路电流 I 与谐振时回路电流 I_0 之比称为单位（归一化）谐振函数，用 $N(f)$ 表示。$N(f)$ 曲线称为单位谐振曲线。

$$N(f)=\frac{I}{I_0}=\frac{r}{\sqrt{r^2+\left(\omega L-\frac{1}{\omega C}\right)^2}}=\frac{1}{\sqrt{1+\frac{\left(\omega L-\frac{1}{\omega C}\right)^2}{r^2}}}$$

$$=\frac{1}{\sqrt{1+Q_0{}^2\left(\frac{\omega}{\omega_0}-\frac{\omega_0}{\omega}\right)^2}}=\frac{1}{\sqrt{1+Q_0{}^2\left(\frac{f}{f_0}-\frac{f_0}{f}\right)^2}} \tag{2-12}$$

定义相对失谐 $\varepsilon=\frac{f}{f_0}-\frac{f_0}{f}$，当失谐（detuning）很小，即 f 与 f_0 相差很小时

$$\varepsilon=\frac{f}{f_0}-\frac{f_0}{f}=\frac{(f+f_0)(f-f_0)}{f_0 f}\approx\frac{2(f-f_0)}{f_0}=\frac{2\Delta f}{f_0} \tag{2-13}$$

所以

$$N(f)=\frac{1}{\sqrt{1+Q_0{}^2\left(\frac{2\Delta f}{f_0}\right)^2}}=\frac{1}{\sqrt{1+Q_0{}^2\varepsilon^2}} \tag{2-14}$$

根据式(2-10) 可作单位谐振曲线，如图 2-2 所示。

6. 回路选择性

由图 2-2 可看出回路对偏离谐振频率信号的抑制作用，偏离越大，$N(f)$越小。而且回路 Q 值越大，$N(f)$曲线就越尖锐，回路选频性能就越好；回路 Q 值越小，$N(f)$曲线就越平缓，回路选择性（selectivity）就越差。

7. 回路通频带

接收的高频已调波信号不是一个单一的频率，而是包含调制信号在内的一个频带。为了衡量回路对不同频率信号的通过能力，定义单位谐振曲线 $N(f)\geqslant\frac{1}{\sqrt{2}}$时所对应的频率范围为回路的通频带（pass band），用 $BW_{0.7}$表示。如图 2-2 所示，$BW_{0.7}=f_2-f_1$。

取

$$N(f)=\frac{1}{\sqrt{1+Q_0{}^2\left(\frac{2\Delta f}{f_0}\right)^2}}=\frac{1}{\sqrt{2}}$$

可得

$$Q_0\frac{2\Delta f_{0.7}}{f_0}=\pm1(\text{负值舍去})$$

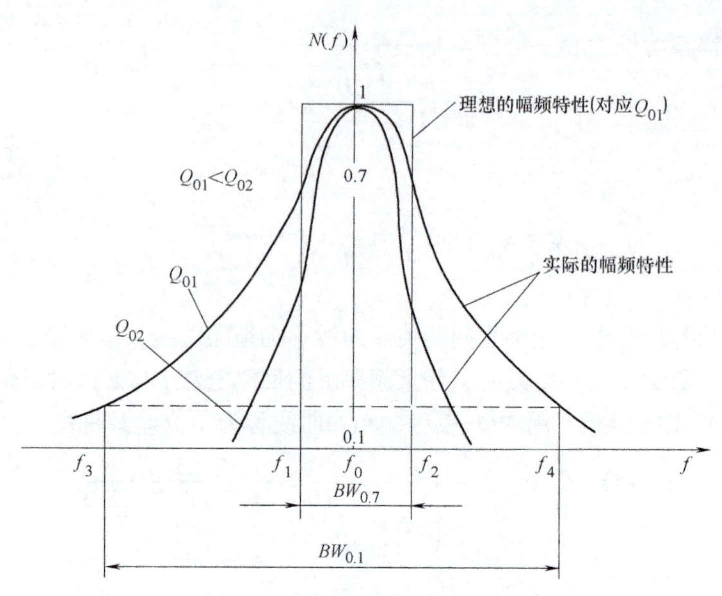

图 2-2 谐振回路的单位谐振曲线

因为
$$2\Delta f_{0.7}=f_2-f_1=BW_{0.7}$$

所以
$$BW_{0.7}=\frac{f_0}{Q_0}\left(\text{有载时 } BW_{0.7}=\frac{f_0}{Q_e}\right) \tag{2-15}$$

由上式可知，通频带 $BW_{0.7}$与回路 Q 值成反比，回路的 Q 值又代表回路的选择性，即回路的通频带和选择性是互相矛盾的两个性能指标。

实际谐振回路 Q 值越高，谐振曲线就越尖锐，选择性就越好，而通频带就越窄；如果要增宽通频带，就要使 Q 值下降，而这样选择性就差了。

8. 矩形系数

对于理想谐振回路，其幅频特性曲线应是通频带内平坦，对信号无衰减，其值为 1；而在通频带外，任何频率都不能通过，其值为 0。如图 2-2 所示，理想谐振回路的幅频特性曲线是高度为 1，宽度为 $BW_{0.7}$的矩形。显然实际谐振回路距离理想回路是有差距的，为比较实际幅频特性曲线偏离（或接近）理想幅频特性曲线的程度，可用矩形系数（rectangular coefficient）这一参数来衡量。

矩形系数 $K_{r0.1}$定义为单位谐振曲线 $N(f)$ 值下降到 0.1 时的频带范围与通频带之比，即

$$K_{r0.1}=\frac{BW_{0.1}}{BW_{0.7}} \tag{2-16}$$

理想谐振回路 $K_{r0.1}=1$，实际回路中 $K_{r0.1}$总是大于 1 的。其数值越大，表示偏离理想值越大；其值越小，表示偏离越小，显然其值越小越好。

9. 实际单振荡谐振回路的矩形系数

由定义取

$$N(f)=\frac{1}{\sqrt{1+Q_0{}^2\left(\frac{2\Delta f}{f_0}\right)^2}}=\frac{1}{10}$$

根据图 2-2，求得

$$BW_{0.1}=f_4-f_3=\sqrt{10^2-1}\frac{f_0}{Q_0} \tag{2-17}$$

$$K_{r0.1}=\frac{BW_{0.1}}{BW_{0.7}}=\sqrt{10^2-1}\approx 9.95 \tag{2-18}$$

由此可知，单振荡回路的矩形系数是一个定值，与回路的 Q 值和谐振频率无关，其值约为 9.95，偏离理想回路值较大，说明单谐振回路的幅频特性不理想，选择性不好。

10. 阻抗特性

谐振时，$f=f_0$、$X_L=X_C$、$X=0$，串联回路阻抗最小，且为纯电阻。失谐时阻抗变大，当 $f<f_0$、$X_L<X_C$、$X<0$ 时，电路呈容性；当 $f>f_0$、$X_L>X_C$、$X>0$ 时，电路呈感性。

11. 串联谐振回路的电感和电容上的电压

串联回路谐振时，回路中电感和电容上的电压方向相反，大小相等且与回路的品质因数相关，即

$$U_L=-U_C=I_0X=\frac{U_s}{r}\omega_0L=Q_0U_s \tag{2-19}$$

这就是说，串联谐振回路中电感和电容上的电压值是信号源电压的 Q_0 倍，所以串联谐振也被称为电压谐振（voltage resonance）。鉴于这种特性，在无线电通信和广播的接收中，常用串联谐振来提高所要接收信号的电压，选出有用信号，提高接收灵敏度，这对于输入信号通常是很微弱的无线电通信和广播接收来说是很有用的。但是如果输入信号电压很高，比如在电力线路中，电压是 220V，若发生串联谐振（电压谐振），则电容和电感上的电压将会很高，可能超过它们的击穿电压，这是很危险的，所以在电力线路中要注意防止发生串联谐振（电压谐振）。

2.2.2 串联谐振回路的应用

串联谐振回路常用在接收机的输入选频电路以及滤波电路中，现以收音机的输入电路为例介绍其应用。

收音机的输入电路由一次侧调谐线圈 L_1、二次侧耦合线圈 L_2 和可变电容 C 构成，如图 2-3 所示。L_1 和 C 构成串联谐振回路。

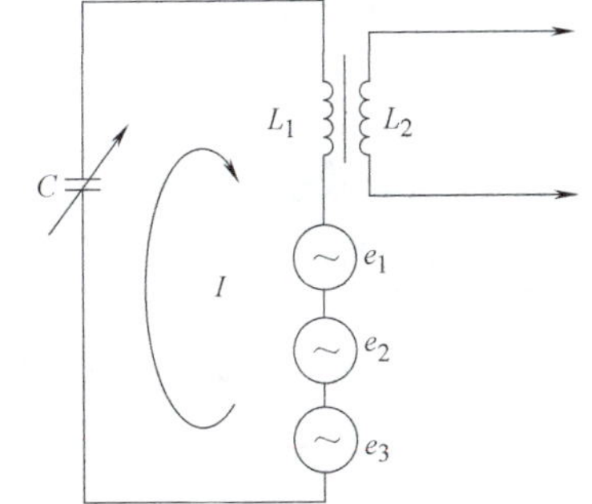

图 2-3　收音机的输入电路

L_1 和 L_2 绕在铁氧体磁棒上，常称为磁性天线。磁棒有很高的磁导率，起着汇聚电磁波的作用。空中各种频率的电磁波穿过磁棒时，在调谐线圈 L_1 上感应出不同频率的电动势。调节可变电容 C 使 L_1C 回路与某一频率 f_1 的信号 e_1 发生串联谐振。根据串联谐振的特性，回路对信号 e_1 的阻抗最小，由 e_1 所产生的电流达到最大，因而在调谐线圈 L_1 两端得到一个频率为 f_1 的较大信号电压。此电压通过绕在同一磁棒上的二次侧线圈 L_2 的耦合，传送到下面的电路。而其他频率的信号，因未发生谐振，回路对它们的阻抗很大，相应的电流就很小，所以只有频率为 f_1 的信号被选出来，其他频率的信号都被抑制住。当需改变接收信号频率时，可重新调节可变电容 C，使 L_1C 回路与另一频率的信号发生谐振，从而选出新的信号频率。

例 2.1　收音机的输入电路由一次侧调谐线圈 L_1、二次侧耦合线圈 L_2 和可变电容 C 构

成，如图 2-3 所示。L_1 和 C 构成串联谐振回路。如可变电容的最大容量为 270pF，要接收电台的频率范围是 535 ~ 1605kHz，试求一次侧调谐线圈 L_1 的电感量。如要接收 900kHz 频率的信号，则可变电容的容量 C_1 应为多少？

解： 由 $f_0=\dfrac{1}{2\pi\sqrt{LC}}$ 计算线圈 L_1 的电感量为

$$L_1=\frac{1}{(2\pi f_0)^2C}=\frac{1}{(2\times3.14\times535\times10^3)^2\times270\times10^{-12}}\text{H}=3.28\times10^{-4}\text{H}=328\mu\text{H}$$

计算接收 900kHz 频率的信号时，可变电容的容量 C_1 为

$$C_1=\frac{1}{(2\pi f_0)^2L_1}=\frac{1}{(2\times3.14\times900\times10^3)^2\times3.28\times10^{-4}}\text{F}=95\times10^{-12}\text{F}=95\text{pF}$$

2.3　并联谐振回路

2.3.1　并联谐振回路的参数和特性

当信号源与电感和电容并联时，就构成并联谐振（parallel resonance）回路，如图 2-4 所示。

图 2-4a 中 r 是电感 L 的损耗电阻，数值较小，通常都满足 $\omega L>>r$ 的条件，由此可将图 2-4a 变换为图 2-4b，用导纳分析较为方便。

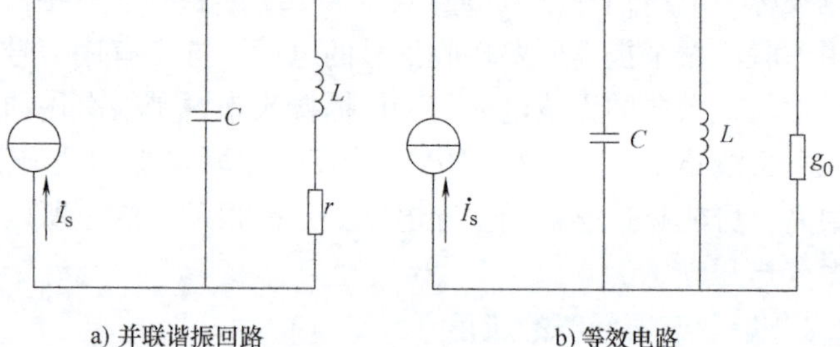

a) 并联谐振回路　　b) 等效电路

图 2-4　并联谐振回路及等效电路

由电路原理知识可得出并联谐振回路的主要参数表达式。

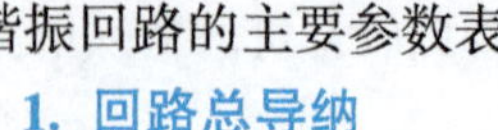

1. 回路总导纳

$$Y=g_0+\text{j}\left(\omega C-\frac{1}{\omega L}\right) \tag{2-20}$$

2. 回路谐振频率

当回路电纳 $\omega_0C-\dfrac{1}{\omega_0L}=0$ 时，回路发生谐振，谐振角频率 $\omega_0=\dfrac{1}{\sqrt{LC}}$。

由于 $\omega_0=2\pi f_0$，所以谐振频率为

$$f_0=\frac{1}{2\pi\sqrt{LC}} \tag{2-21}$$

3. 谐振电导

回路谐振时，电纳为 0，回路总导纳等于电导，为最小值。谐振电导为

$$g_0=\frac{Cr}{L}=\frac{r}{(\omega_0L)^2} \tag{2-22}$$

4. 回路两端谐振电压

因为

$$\dot{U}=\frac{\dot{I}_s}{Y}=\frac{\dot{I}_s}{g_0+\text{j}\left(\omega C-\dfrac{1}{\omega L}\right)} \tag{2-23}$$

所以，回路两端谐振电压为

$$\dot{U}_0 = \frac{\dot{I}_s}{g_0} \tag{2-24}$$

谐振时电压为最大值。

空载时，任意频率下的回路两端电压$\dot{U}$与谐振时的回路两端电压$\dot{U}_0$之比为

$$\frac{\dot{U}}{\dot{U}_0} = \frac{g_0}{g_0 + \mathrm{j}\left(\omega C - \dfrac{1}{\omega L}\right)} \tag{2-25}$$

式(2-25) 的模值为

$$\frac{U}{U_0} = \frac{g_0}{\sqrt{g_0^2 + \left(\omega C - \dfrac{1}{\omega L}\right)^2}} = \frac{1}{\sqrt{1 + \dfrac{\left(\omega C - \dfrac{1}{\omega L}\right)^2}{g_0^2}}} \tag{2-26}$$

电压矢量的幅频特性为

$$U = \frac{U_0}{\sqrt{1 + \dfrac{\left(\omega C - \dfrac{1}{\omega L}\right)^2}{g_0^2}}} \tag{2-27}$$

相频特性为

$$\varphi = -\arctan \frac{\omega C - \dfrac{1}{\omega L}}{g_0} \tag{2-28}$$

5. 回路品质因数

空载时

$$Q_0 = \frac{1}{g_0 \omega_0 L} = \frac{\omega_0 C}{g_0}$$

有载时

$$Q_e = \frac{1}{g_\Sigma \omega_0 L} = \frac{\omega_0 C}{g_\Sigma} \tag{2-29}$$

式中，$g_\Sigma = g_0 + g_s + g_L$，即回路总电导等于空载电导、信号源电导和负载电导之和。

6. 谐振电阻

回路谐振时，阻抗最大且为纯电阻，即

$$R_0 = \frac{1}{g_0} = \frac{L}{Cr} = Q_0 \omega_0 L = \frac{Q_0}{\omega_0 C} \tag{2-30}$$

7. 单位谐振曲线

$$N(f) = \frac{\dot{U}}{\dot{U}_0} = \frac{1}{\sqrt{1 + Q_0^2\left(\dfrac{f}{f_0} - \dfrac{f_0}{f}\right)^2}} = \frac{1}{\sqrt{1 + Q_0^2\left(\dfrac{2\Delta f}{f_0}\right)^2}} = \frac{1}{\sqrt{1 + Q_0^2 \varepsilon^2}} \tag{2-31}$$

并联谐振回路的单位谐振曲线与串联谐振回路的单位谐振曲线相同，如图 2-2 所示。

8. 通频带

空载时

$$BW_{0.7} = \frac{f_0}{Q_0} \quad \left(\text{有载时} \quad BW_{0.7} = \frac{f_0}{Q_e}\right) \tag{2-32}$$

并联谐振回路的通频带 $BW_{0.7}$与 Q_0成反比，与串联谐振回路一样，并联谐振回路的通频

带和选择性也是相互矛盾的两种性能指标。

9. 矩形系数

$$K_{r0.1}=\frac{BW_{0.1}}{BW_{0.7}}\approx 9.95 \tag{2-33}$$

10. 阻抗特性

当$f=f_0$，即谐振时，回路阻抗最大且为纯电阻，失谐时阻抗变小；当$f<f_0$时，呈感性；当$f>f_0$时，呈容性。

11. 插入损耗

谐振回路用于选择信号频率，但回路本身是有电阻的，信号通过谐振回路时总是有损耗的，为衡量回路的损耗情况，将这个损耗定义为插入损耗（insertion loss）。

回路的插入损耗为

$$K_i=\frac{P_0'}{P_0} \tag{2-34}$$

式中，P_0'是谐振回路有损耗时的输出功率；P_0是谐振回路无损耗时的输出功率。由于$P_0>P_0'$，所以$K_i<1$。

又$P_0=U_0^2 g_L=\left(\frac{I_s}{g_s+g_L}\right)^2 g_L$、$P_0'=\left(\frac{I_s}{g_s+g_0+g_L}\right)^2 g_L$，所以

$$K_i=\frac{P_0'}{P_0}=\left(\frac{g_s+g_L}{g_s+g_0+g_L}\right)^2=\left(\frac{g_s+g_L}{g_\Sigma}\right)^2=\left(\frac{g_\Sigma-g_0}{g_\Sigma}\right)^2=\left(1-\frac{g_0}{g_\Sigma}\right)^2$$

空载时，$Q_0=\frac{1}{g_0\omega_0 L}=\frac{\omega_0 C}{g_0}$；有载时，$Q_e=\frac{1}{g_\Sigma\omega_0 L}=\frac{\omega_0 C}{g_\Sigma}$。

所以，回路的插入损耗为

$$K_i=\frac{P_0'}{P_0}=\left(1-\frac{g_0}{g_\Sigma}\right)^2=\left(1-\frac{Q_e}{Q_0}\right)^2 \tag{2-35}$$

回路的插入损耗用分贝表示为

$$10\lg K_i=20\lg\left(1-\frac{Q_e}{Q_0}\right) \tag{2-36}$$

2.3.2 并联谐振回路的应用

并联谐振回路在高频电路中应用广泛。由于高频已调波信号的特点是频率高，相对频带宽度较窄。为有效地选择有用信号，高频小信号放大器、高频功率放大器和混频器的负载多采用并联谐振回路，正弦波振荡器也常用并联谐振回路选频。这些内容在以后的章节中均会讲到。现以收音机的中频放大器电路为例，介绍并联谐振回路的应用，如图2-5所示。

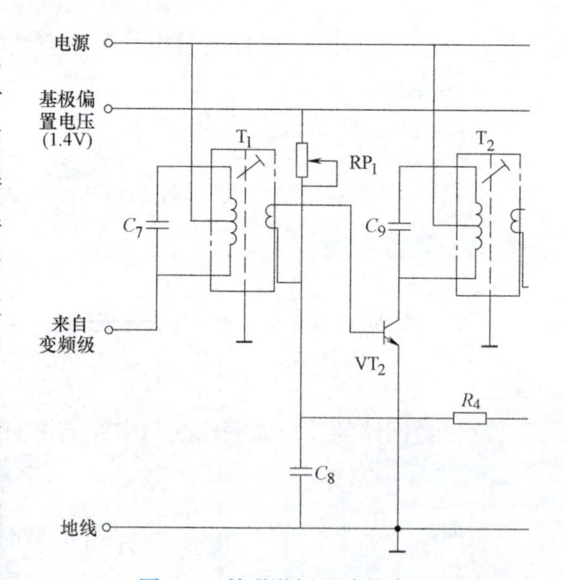

图2-5　并联谐振回路的应用

图2-5中，收音机的中频放大器是一个高频小信号放大器，其输入信号来自变频级。变频级的输出信号包括外来的高频信号、本振信号和中频信号，由C_7和中频变压器T_1的一次绕组构成并联谐振回路，谐

振于中频465kHz，回路对中频465kHz有很大的谐振电阻，使变频级对中频信号有较大增益，其他频率的信号增益很小，于是选出中频信号。再由 T_1 的二次绕组送到中放管 VT_2 进行中频放大，中放管 VT_2 的负载是由 C_9 和中频变压器 T_2 的一次绕组构成的并联谐振回路，也谐振于中频465kHz，回路对中频阻抗很大，使 VT_2 对中频有很大的放大倍数，偏离中频的干扰频率不能使回路谐振，回路阻抗很小，相当于短路，放大器对于偏离中频的干扰频率几乎无放大作用。这样使中频465kHz信号得到放大，同时抑制了其他干扰频率。由于 LC 回路的通频带 $BW_{0.7}$ 有一定宽度，因此中频信号所包含的有用信号也可通过并得到放大。

2.4　回路的阻抗变换

2.4.1　串、并联回路的阻抗等效变换

前面已讨论串联和并联 LC 回路的特性，实际电路中可能既有串联回路又有并联回路，为分析方便，需要把一种形式变换成另一种形式，所以要讨论串、并联回路的阻抗等效变换。

图2-6是串、并联回路的等效变换图。

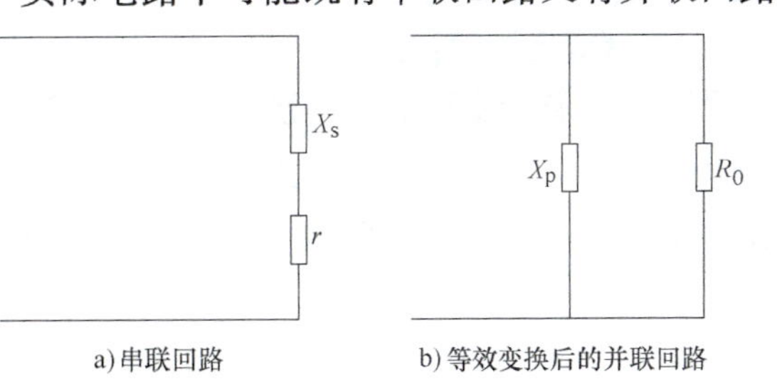

图2-6　串、并联回路的等效变换

图2-6a所示串联回路由电抗 X_s 与电阻 r 串联组成，等效变换后的并联回路如图2-6b所示，它由电抗 X_p 和电阻 R_0 并联组成。等效是指在相同工作频率条件下，以上串联和并联回路两端的阻抗相等，即

$$r+jX_s=\frac{jR_0X_p}{R_0+jX_p}=\frac{R_0X_p^2}{R_0^2+X_p^2}+j\frac{R_0^2X_p}{R_0^2+X_p^2} \tag{2-37}$$

所以

$$r=\frac{R_0X_p^2}{R_0^2+X_p^2} \tag{2-38}$$

$$X_s=\frac{R_0^2X_p}{R_0^2+X_p^2} \tag{2-39}$$

串联回路的品质因数为 $Q_1=\frac{X_s}{r}$

将式(2-38)、式(2-39)代入上式得 $Q_1=\frac{R_0}{X_p}$。而并联回路的品质因数为 $Q_2=\frac{R_0}{X_p}$，可见等效变换后回路的 Q 值不变，即 $Q_1=Q_2=Q$。

由式(2-38)、式(2-39)得

$$r=\frac{R_0X_p^2}{R_0^2+X_p^2}=\frac{R_0}{\frac{R_0^2}{X_p^2}+1}=\frac{R_0}{Q^2+1}$$

$$X_s=\frac{R_0^2X_p}{R_0^2+X_p^2}=\frac{X_p}{1+\frac{X_p^2}{R_0^2}}=\frac{X_p}{1+\frac{1}{Q^2}}$$

所以

$$R_0 = (Q^2+1)r \tag{2-40}$$

$$X_p = \left(1+\frac{1}{Q^2}\right)X_s \tag{2-41}$$

通常 $Q \gg 1$，所以 $R_0 \approx Q^2 r$，$X_p \approx X_s$。

以上结果说明，串、并联回路等效变换后，并联回路的 R_0 为串联回路 r 的 Q^2 倍，而并联回路的电抗 X_p 和串联回路的电抗 X_s 相同。

2.4.2　回路部分接入的阻抗变换

并联谐振回路常用作放大器的负载，要与本级晶体管的集电极和下级负载相连接。晶体管的输出阻抗较低，下级负载常是下一晶体管的输入阻抗，通常更低。并联谐振回路谐振阻抗很高，若直接并接，则阻抗不能匹配，晶体管放大器的输出功率会下降，电压增益降低，回路的 Q 值下降，选择性变差。为避免这种情况出现，通常采用回路部分接入方式。

1. 自耦变压器耦合连接

图 2-7 是自耦变压器抽头接入电路及其阻抗变换的等效电路。图中 U_1、U_2 分别为一、二次电压，I_1、I_2 分别为一、二次电流，N_1、N_2 分别为一、二次绕组的匝数，R_L 为二次绕组抽头接入的负载电阻，R_L' 为 R_L 等效到一次侧的电阻。根据变压器原理，有

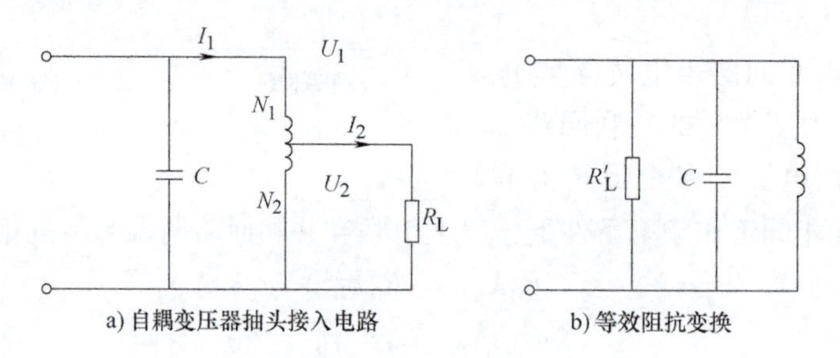

a) 自耦变压器抽头接入电路　　b) 等效阻抗变换

图 2-7　自耦变压器抽头接入电路及阻抗变换

$$\frac{U_1}{U_2}=\frac{N_1}{N_2} \qquad \frac{I_1}{I_2}=\frac{N_2}{N_1}$$

$$\frac{I_1}{I_2}=\frac{\dfrac{U_1}{R_L'}}{\dfrac{U_2}{R_L}}=\frac{N_1 R_L}{N_2 R_L'}=\frac{N_2}{N_1}$$

所以

$$R_L' = \left(\frac{N_1}{N_2}\right)^2 R_L \tag{2-42}$$

定义 $p=\dfrac{N_2}{N_1}$ 为接入系数，即抽头接入的匝数 N_2 与总匝数 N_1 之比。

因为 $N_2 \leqslant N_1$，所以 $p \leqslant 1$。

$$R_L' = \frac{R_L}{p^2} \tag{2-43}$$

由上式可知 $R_L' \geqslant R_L$，接入系数 p 越小，R_L' 越大，即 R_L 等效到一次侧的阻值越大，对回路的影响越小。

自耦变压器抽头接入除能实现阻抗变换外，还能为晶体管的集电极提供直流通路。

2. 变压器式耦合连接

图 2-8 是变压器式耦合连接及其阻抗变换等效电路。

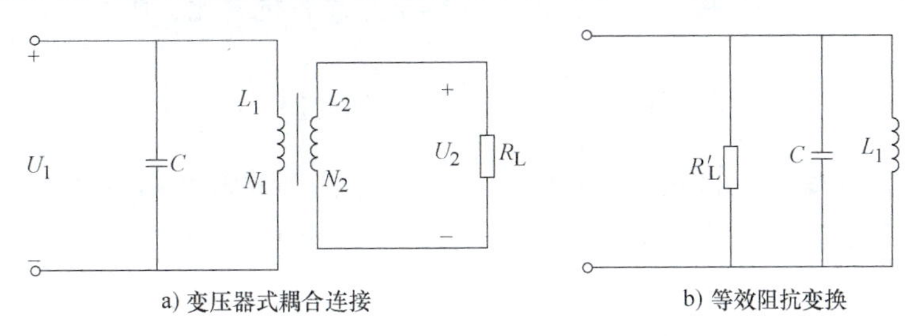

图 2-8　变压器式耦合连接及阻抗变换

变压器式耦合连接的阻抗变换分析与自耦变压器耦合连接相同。设 $N_2 \leqslant N_1$，定义 $p = N_2/N_1$ 为接入系数，即二次绕组匝数 N_2 与一次绕组匝数 N_1 之比，$p \leqslant 1$，可得

$$R'_L = \left(\frac{N_1}{N_2}\right)^2 R_L = \frac{R_L}{p^2}$$

由上式可知 $R'_L \geqslant R_L$，接入系数 p 越小，二次侧负载 R_L 等效到一次侧的阻抗 R'_L 越大，对回路的影响越小。变压器式耦合连接能实现阻抗变换，还可以避免一、二次回路间的直流影响，常用作前、后级放大器间的耦合连接。

3. 电容分压耦合连接

图 2-9 是电容分压接入电路及其阻抗变换等效电路。

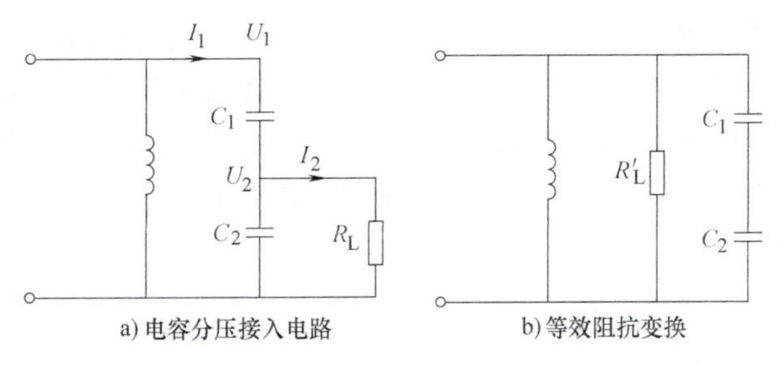

图 2-9　电容分压接入电路及阻抗变换

由于电容分压，电容上的电压与电容容抗成正比，所以先确定回路的容抗。C_1 的容抗为 $X_{C1} = \dfrac{1}{\omega C_1}$，$C_2$ 的容抗为 $X_{C2} = \dfrac{1}{\omega C_2}$，$C_1$ 与 C_2 串联的总容抗为

$$X_C = X_{C1} + X_{C2} = \frac{1}{\omega C_1} + \frac{1}{\omega C_2} = \frac{1}{\omega} \times \frac{C_1 + C_2}{C_1 C_2}$$

根据电容分压原理，有

$$\frac{U_1}{U_2} = \frac{X_C}{X_{C2}} = \frac{C_1 + C_2}{C_1}$$

$$\frac{I_1}{I_2} = \frac{X_{C2}}{X_C} = \frac{C_1}{C_1 + C_2} \qquad I_1 = \frac{U_1}{R'_L} \qquad I_2 = \frac{U_2}{R_L}$$

$$\frac{I_1}{I_2} = \frac{U_1}{R'_L} \times \frac{R_L}{U_2} = \frac{R_L}{R'_L} \times \frac{C_1 + C_2}{C_1} = \frac{C_1}{C_1 + C_2}$$

所以
$$R'_L = \frac{(C_1 + C_2)^2}{C_1^2} R_L$$

定义 $p = \frac{X_{C2}}{X_C} = \frac{C_1}{C_1 + C_2}$ 为接入系数，即接入容抗与总容抗之比，则

$$R'_L = \frac{R_L}{p^2} \qquad (p \leqslant 1)$$

由上式可知，$R'_L \geqslant R_L$，接入系数 p 越小，负载 R_L 的等效阻抗 R'_L 越大，对回路的影响越小。电容分压耦合连接方式可通过改变分压电容的数值来实现阻抗变换，可避免线圈抽头的麻烦。

4. 部分接入等效变换的推广

上面以电阻 R_L 的等效变换为例推导了各种连接形式的变换关系，可进一步将上述变换关系推广到电导、电抗、电容、电流源和电压源的等效变换。

由式(2-43）推广到其他量可得

$$g'_L = p^2 g_L \tag{2-44}$$

$$X'_L = \frac{X_L}{p^2} \tag{2-45}$$

$$C'_L = p^2 C_L \tag{2-46}$$

$$I'_g = p I_g \tag{2-47}$$

$$U'_g = \frac{U_g}{p} \tag{2-48}$$

用以上各式可方便地进行各种等效变换，这对分析电路是非常有利的。

例 2.2　超外差收音机的中频变压器用作中放负载和级间耦合连接，其简化电路如图2-10所示。设中频 $f_0 = 465\text{kHz}$，$Q_0 = 100$，$C = 200\text{pF}$。图 2-10a 中一次侧 $N_{13} = 100$ 匝，$N_{12} = 15$ 匝；二次侧 $N_{45} = 10$ 匝；信号源内阻 $R_s = 10\text{k}\Omega$，负载电阻 $R_L = 1\text{k}\Omega$。图 2-10b 中 R'_s 和 R'_L 是 R_s 和 R_L 的等效电阻。

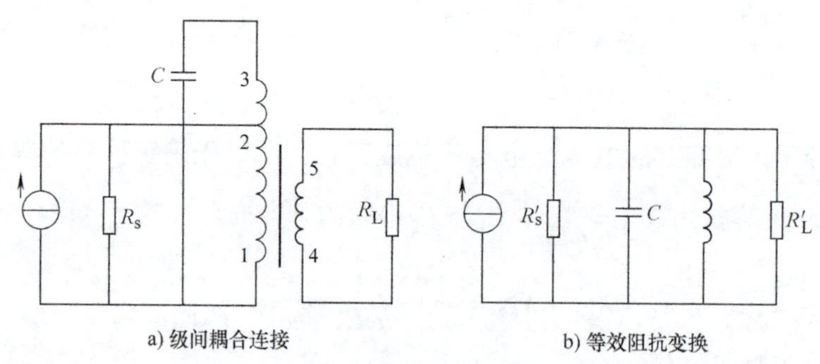

图 2-10　级间耦合连接及阻抗变换

求 R_s 和 R_L 在谐振回路两端的等效电阻 R'_s 和 R'_L、回路有载品质因数 Q_e、通频带 $BW_{0.7}$ 和插入损耗。

解： 先求接入系数
$$p_1 = \frac{N_{12}}{N_{13}} = \frac{15}{100} = 0.15$$

$$p_2=\frac{N_{45}}{N_{13}}=\frac{10}{100}=0.1$$

再求等效电阻
$$R_L'=\frac{R_L}{p_2^2}=\frac{1\times10^3}{0.1^2}\Omega=100\text{k}\Omega$$

$$R_s'=\frac{R_s}{p_1^2}=\frac{10\times10^3}{0.15^2}\Omega=444\text{k}\Omega$$

有载品质因数 $Q_e=\frac{\omega_0 C}{g_\Sigma}$，则

$$g_\Sigma=g_0+g_L'+g_s'=\frac{\omega_0 C}{Q_0}+\frac{1}{R_L'}+\frac{1}{R_s'}$$
$$=\left(\frac{2\times3.14\times465\times10^3\times200\times10^{-12}}{100}+\frac{1}{100\times10^3}+\frac{1}{444\times10^3}\right)\text{S}$$
$$=(5.84\times10^{-6}+10\times10^{-6}+2.25\times10^{-6})\ \text{S}=18.09\times10^{-6}\text{S}$$

有载 Q 值
$$Q_e=\frac{\omega_0 C}{g_\Sigma}=\frac{2\times3.14\times465\times10^3\times200\times10^{-12}}{18.09\times10^{-6}}\approx32$$

通频带
$$BW_{0.7}=\frac{f_0}{Q_e}=\frac{465\times10^3}{32}\text{Hz}\approx14.5\text{kHz}$$

回路的插入损耗用分贝表示为

$$10\lg K_i=20\lg\left(1-\frac{Q_e}{Q_0}\right)=20\lg\left(1-\frac{32}{100}\right)\text{dB}=-3.3\text{dB}$$

负号表示损耗。

本例中 R_L、R_s数值较小，直接接入对 LC 并联谐振回路影响太大，所以采用部分接入方式。这样，等效电阻 R_L'和 R_s'很大，与 LC 回路并联后对回路影响较小，回路有载品质因数 Q_e比空载品质因数 Q_0下降不太大，回路仍有一定的选择性，并有适当的带宽，插入损耗也不大。

2.5　耦合回路

2.5.1　耦合回路的概念

LC 单振荡回路虽有一定的选频作用，但选频特性不理想，单振荡回路的谐振曲线与理想的矩形曲线相差很远，其矩形系数 $K_{r0.1}$远大于1（$K_{r0.1}\approx9.95$）。为得到接近矩形的幅频特性，可用两个或两个以上的单振荡回路组成耦合回路（coupling circuit）来获得较好的选频性能。

图2-11是两种常用的耦合回路。为分析方便，可以对串、并联回路进行等效变换。

耦合回路中接有激励信号源的回路称为一次回路，与负载相接的回路称为二次回路。一、二次回路一般都是谐振回路。

对于耦合回路，其特性和功能与两回路的耦合程度密切相关。按耦合参数的大小，耦合回路可分为强耦合、弱耦合和临界耦合3种情况。为说明回路间的耦合程度，常用耦合系数 k 来表示。耦合系数（coupling coefficient）定义为耦合回路中耦合元件电抗绝对值（电阻耦

合回路为电阻值）与一、二次回路中同性元件电抗（或电阻值）的几何中项的比值。

图 2-11a 所示互感耦合串联型回路的耦合系数为

$$k=\frac{M}{\sqrt{L_1L_2}} \tag{2-49}$$

式中，M 为互感耦合回路的互感量。

图 2-11b 所示电容耦合并联型回路的耦合系数为

$$k=\frac{C_M}{\sqrt{(C_1+C_M)(C_2+C_M)}} \tag{2-50}$$

由耦合系数的定义可知，耦合系数是一个无量纲的常数，其值是小于 1 的正数。

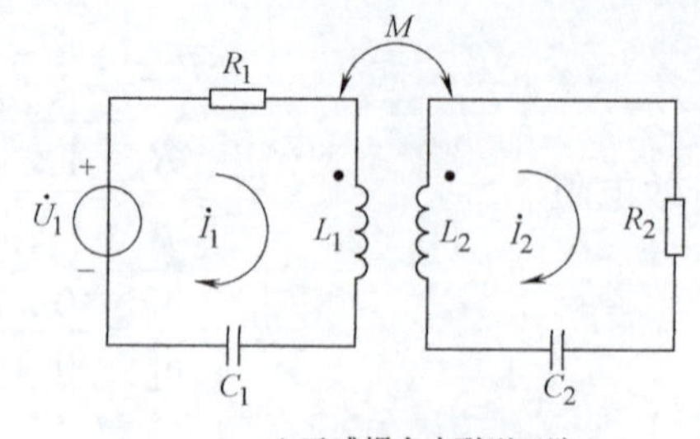

a) 互感耦合串联型回路

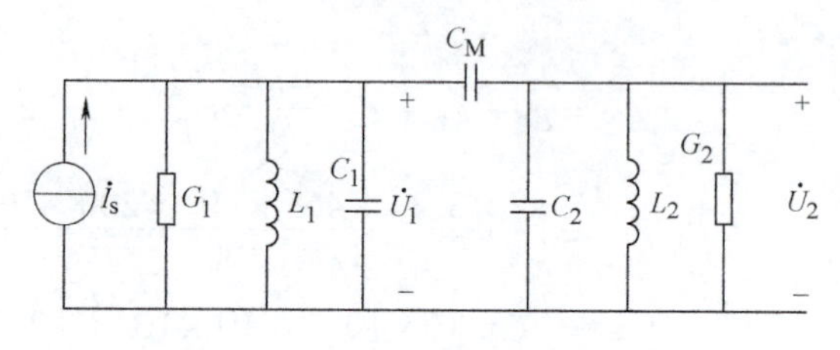

b) 电容耦合并联型回路

图 2-11　耦合回路

2.5.2　耦合回路的频率特性

为分析方便，假定一、二次回路参数相同，即图 2-11 中，$L_1=L_2=L$，$C_1=C_2=C$，$f_{01}=f_{02}=f_0$，$Q_{e1}=Q_{e2}=Q_e$，$\varepsilon_1=\varepsilon_2=\varepsilon$。

由于串、并联回路可以等效变换，而并联回路分析较方便，所以下面以图 2-11b 所示电容耦合并联型回路进行分析。可写出电路的节点电流方程为

$$\dot{I}_s=\dot{U}_1G+\frac{\dot{U}_1}{j\omega L}+j\omega(C_1+C_M)\dot{U}_1-j\omega C_M\dot{U}_2 \tag{2-51}$$

$$0=\dot{U}_2G+\frac{\dot{U}_2}{j\omega L}+j\omega(C_2+C_M)\dot{U}_2-j\omega C_M\dot{U}_1 \tag{2-52}$$

通过分析求解和适当简化，定义 $\xi=\varepsilon Q_e$ 为广义失谐，$\eta=kQ_e$ 为耦合因数（coupling factor），可得耦合回路的频率特性表达式，即单位谐振函数为

$$N(f)=\frac{U_2}{U_{20}}=\frac{2\eta}{\sqrt{(1-\xi^2+\eta^2)^2+4\xi^2}} \tag{2-53}$$

式中，U_{20} 为 U_2 谐振时的电压。

这就是耦合谐振回路谐振曲线的通用表示式，它对于各种单一电抗耦合方式、各种谐振方法都是适用的。

上式与单回路谐振曲线方程相比，耦合回路的单位谐振函数 $N(f)$ 不仅是广义失谐量 ξ 的函数，而且也是耦合因数 η 的函数。

根据式(2-53)，以 ξ 为自变量，η 为参变量，可画出耦合回路二次回路的谐振曲线，如图 2-12 所示。

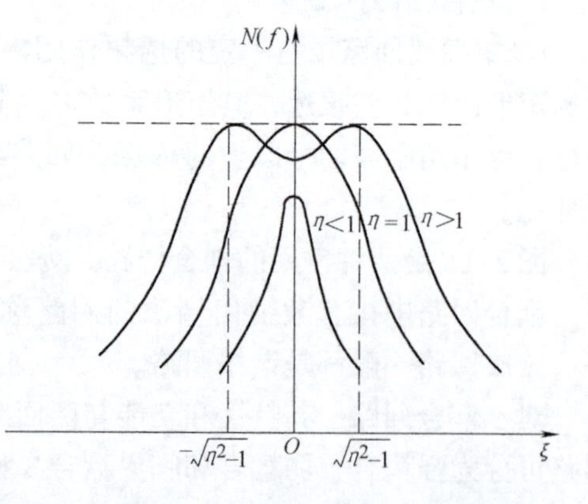

图 2-12　耦合回路二次回路的谐振曲线

可以看出，$N(f)$ 曲线随 ξ 和 η 值的变化而

变化，η 值不同，回路的频率特性也不同。

1）当 $\eta=1$，即 $kQ_e=1$ 时，称为临界耦合（critical coupling），这是最常用的耦合情况。由图2-12可见，临界耦合时，谐振曲线是顶部较平坦的单峰曲线。在谐振点上，$\xi=0$，此时 $N(f)=1$ 为最大值。

① 求临界耦合时谐振曲线的通频带 $BW_{0.7}$。

$$N(f)=\frac{2\eta}{\sqrt{(1-\xi^2+\eta^2)^2+4\xi^2}}=\frac{\sqrt{2}}{2}$$

将 $\eta=1$ 代入上式，可解得 $\xi=\pm\sqrt{2}$（取正值）。

由 $$\xi=\varepsilon Q_e\approx\frac{2\Delta f_{0.7}}{f_0}Q_e=\sqrt{2}$$

可得 $$BW_{0.7}=2\Delta f_{0.7}=\sqrt{2}\frac{f_0}{Q_e}$$

即耦合回路的通频带是单振荡回路通频带的 $\sqrt{2}$ 倍。

② 求矩形系数 $K_{r0.1}$。

$$N(f)=\frac{2\eta}{\sqrt{(1-\xi^2+\eta^2)^2+4\xi^2}}=0.1$$

将 $\eta=1$ 代入上式，可解得 $\xi=\pm\sqrt[4]{396}$（取正值）。

由 $$\xi=\varepsilon Q_e\approx\frac{2\Delta f_{0.1}}{f_0}Q_e=\sqrt[4]{396}$$

可得 $$BW_{0.1}=2\Delta f_{0.1}=\sqrt[4]{396}\frac{f_0}{Q_e}$$

矩形系数 $$K_{r0.1}=\frac{BW_{0.1}}{BW_{0.7}}=\frac{\sqrt[4]{396}}{\sqrt{2}}\approx3.15$$

可见，耦合回路的矩形系数3.15远小于单振荡回路的矩形系数9.95，距离理想数值1较近。这说明耦合回路的谐振特性较为理想，其选择性较好，通频带较宽，较好地解决了回路选择性和通频带之间的矛盾。

2）当 $\eta<1$，即 $kQ_e<1$ 时，称为弱耦合（under coupling），其谐振曲线与单振荡回路的相似，也呈单峰形式。当耦合很弱时，双调谐回路的通频带比单调谐回路的要窄。

3）当 $\eta>1$，即 $kQ_e>1$ 时，称为强耦合（over coupling），其谐振曲线为双峰曲线，在 $\xi=0$ 处出现谷点。

曲线峰与峰间的宽度可由下式计算：

$$B_{p\text{-}p}=\sqrt{\eta^2-1}\frac{f_0}{Q_e}\tag{2-54}$$

强耦合时，$\eta>1$，η 越大，谐振曲线两峰间的距离越宽。

在 $\xi=0$ 处出现谷点，此时 $$N(f)_{\xi=0}=\frac{2\eta}{1+\eta^2}\tag{2-55}$$

可见，η 越大，上式数值越小，即谐振曲线在谐振频率处的凹陷越大。

显然，η 太大时会造成谐振曲线顶部明显凹陷，将偏离理想矩形特性。所以，耦合回路

通常选择 $\eta=1$ 的临界状态和 η 稍大于 1 时的情况，此时谐振曲线顶部较宽而且平坦，较接近理想矩形特性，通频带较宽，选择性较好。

以上分析是在假定一、二次回路参数相同的情况下进行的，实际情况是假定的条件不一定满足，但仍可参考以上分析。

耦合回路的谐振曲线较接近理想矩形特性，在需兼顾选择性和通频带的情况时常采用。如用在双调谐放大电路中，但因有两个谐振回路，所以调整较复杂。

2.6　滤波器

在无线电通信电路中，经常需要从含有多个频率分量或频段的复杂信号中分离出所需要的频率分量或频段，或者滤除不需要的频率分量或频段。为此把对信号的某些频率分量或频段有通过或阻挡作用的电路，即把有分离信号中的频率分量或频段作用的电路称为滤波器(filter)。滤波器是一种对频率有选择作用的 4 端网络。

把容易通过滤波器的信号频率范围称为滤波器的通频带，把不能通过滤波器的信号频率范围称为滤波器的阻频带。位于通频带和阻频带交界处的频率称为截止频率。

理想滤波器的性能包括：①在通频带内信号的衰减为零，可顺利通过。②在阻频带内信号的衰减为无穷大，不能通过。③在截止频率处，衰减发生突变。

实际滤波器的性能只能是接近于理想滤波器的性能，即在通频带内信号的衰减很小，容易通过；在阻频带内信号的衰减很大，难以通过；在截止频率处，衰减变化很大。

滤波器有许多不同的种类，根据组成元器件的不同可分为：

1）由电感和电容组成的 *LC* 滤波器。

2）由电阻和电容组成的 *RC* 滤波器。

3）由压电晶体材料制成的晶体滤波器和陶瓷滤波器等。

根据滤波器的性能和通频带范围又可分为：

1）低通滤波器，通频带范围从零到某一截止频率 f_C。

2）高通滤波器，通频带范围从某一截止频率 f_C 到无穷大。

3）带通滤波器，通频带范围在两个截止频率 f_{C1} 与 f_{C2} 之间，频率低于 f_{C1} 或高于 f_{C2} 的信号均不能通过。

4）带阻滤波器，在两个截止频率 f_{C1} 与 f_{C2} 之间的信号不能通过，而低于 f_{C1} 或高于 f_{C2} 的信号都可以通过。

根据滤波器的电路结构形式又可分为 Γ 形、T 形和 π 形滤波器。

2.6.1　*LC* 谐振式滤波器

利用 *LC* 谐振回路的阻抗特性，对某一特定频率滤波，可组成各种 *LC* 谐振式滤波器。

1. 串联谐振式滤波器

串联谐振式滤波器如图 2-13 所示。

图中，r 是电感 L 的直流损耗电阻，*LC* 组成一个串联谐振回路，谐振频率 $f_0=\dfrac{1}{2\pi\sqrt{LC}}$。谐振时串联回路阻抗最小，如把它并联在电路中，就能对频率为 f_0 的信号起到最大旁路接地作用。而对偏离 f_0 的其他频率信号，因为 *LC* 串联回路的阻抗很大，所以不会被旁路接地，

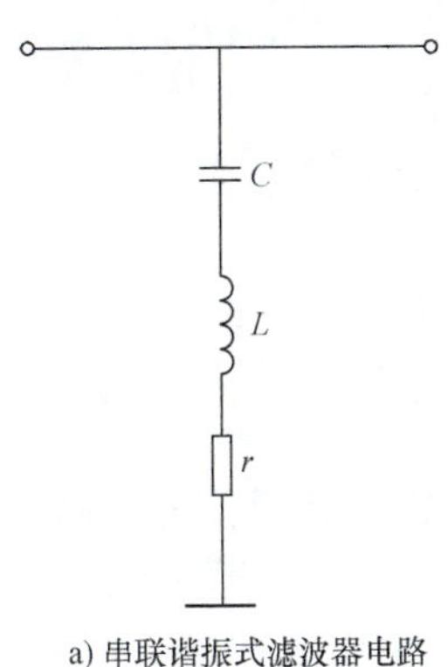

a) 串联谐振式滤波器电路

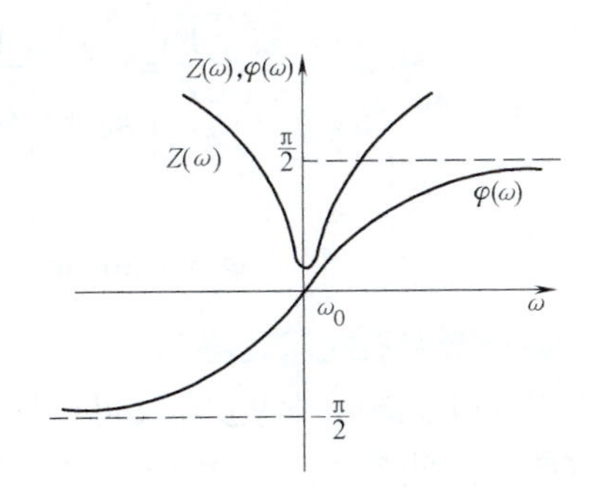

b) 串联谐振回路的幅频和相频特性

图 2-13　串联谐振式滤波器

就可以通过。如把它串接在电路中，频率为 f_0 的信号就最易通过，对其他频率信号阻抗很大。

串联谐振回路空载时，阻抗的幅频特性和相频特性表达式分别为

$$Z = r + \mathrm{j}\left(\omega L - \frac{1}{\omega C}\right) \tag{2-56}$$

$$\varphi = \arctan\frac{\omega L - \dfrac{1}{\omega C}}{r} \tag{2-57}$$

2. 并联谐振式滤波器

并联谐振式滤波器如图 2-14 所示。

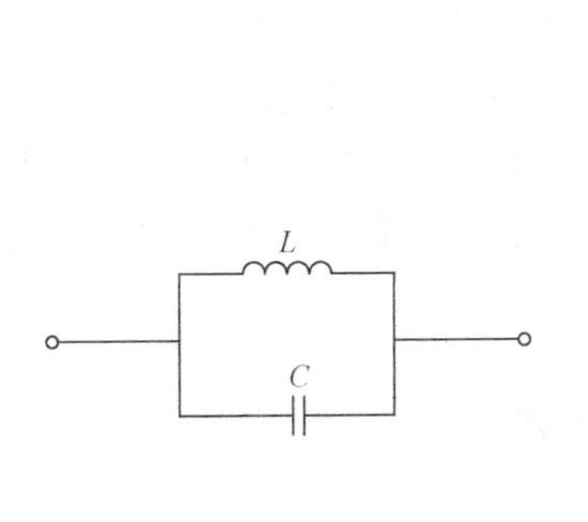

a) 并联谐振式滤波器电路

b) 并联谐振回路的幅频和相频特性

图 2-14　并联谐振式滤波器

LC 组成并联谐振回路，谐振频率 $f_0 = \dfrac{1}{2\pi\sqrt{LC}}$。谐振时并联回路阻抗最大，如把它串接在电路中，就能阻止频率为 f_0 的信号通过。对频率偏离 f_0 的信号，因 LC 并联回路对它的阻抗很小，所以可以通过，从而把频率为 f_0 的信号滤除。如把它并接在电路中，因对频率为 f_0 的信号阻抗大，故不会被旁路接地。对偏离 f_0 的频率信号，因并联回路对它的阻抗很小，所以相当于被短路。

并联谐振回路空载时，阻抗的幅频和相频特性表达式为

$$Z=\frac{1}{Y}=\frac{1}{g_0+\mathrm{j}\left(\omega C-\dfrac{1}{\omega L}\right)} \tag{2-58}$$

$$\varphi=-\arctan\frac{\omega C-\dfrac{1}{\omega L}}{g_0} \tag{2-59}$$

3. *LC* 串、并联组合谐振式滤波器

以上两种最基本的 *LC* 谐振式滤波器又可根据实际需要构成低通、高通、带通和带阻滤波器，或由多个 *LC* 谐振回路组成 *LC* 集中参数滤波器以获得一定的滤波性能。

根据滤波器的电路结构形式可分为：Γ 形、T 形和 π 形滤波器，其中 Γ 形是基本形式，T 形和 π 形滤波器都可看成是由两个 Γ 形滤波器组合而成的。为分析方便，取 Γ 形滤波器的横向支路阻抗为 $Z_1/2$，纵向支路阻抗为 $2Z_2$，可得以下电路形式，如图 2-15 所示。

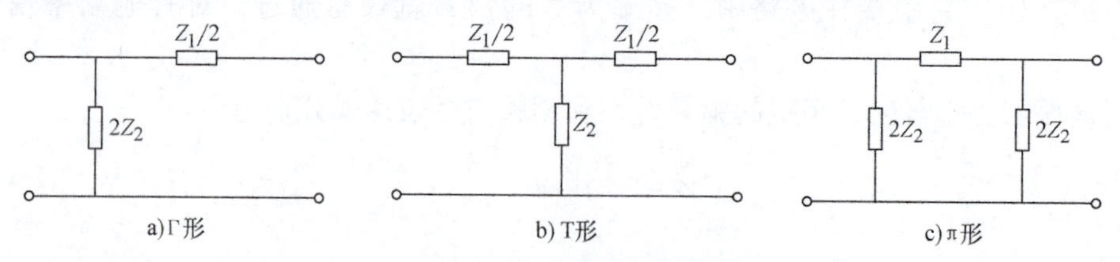

图 2-15　Γ 形、T 形和 π 形滤波器

图 2-15 所示的滤波器中，横向支路阻抗和纵向支路阻抗的乘积是一常数，令这一常数为 K^2，则这种滤波器可称为 *K* 式滤波器。*K* 式滤波器满足以下条件：

$$\frac{Z_1}{2}\times 2Z_2=Z_1Z_2=K^2 \tag{2-60}$$

K 式低通滤波器的电路如图 2-16 所示，此滤波器的横向支路是电感元件，电感元件对低频率信号阻抗较小，对高频率信号阻抗较大；纵向支路是电容元件，电容元件对低频率信号阻抗较大，对高频率信号阻抗较小。所以此滤波器只让低频率信号通过，对高频率信号抑制作用很大，其截止频率为

$$f_{\mathrm{C}}=\frac{1}{\pi\sqrt{L_1C_2}} \tag{2-61}$$

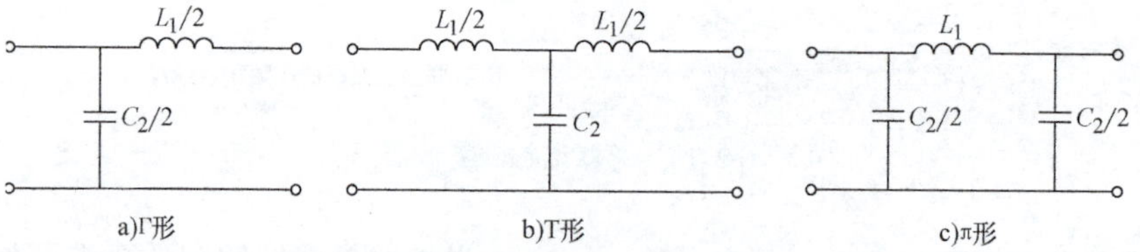

a)Γ形　b)T形　c)π形

图 2-16　*K* 式低通滤波器

K 式高通滤波器的电路如图 2-17 所示，此滤波器的横向支路是电容元件，电容元件对低频率信号阻抗较大，对高频率信号阻抗较小；纵向支路是电感元件，电感元件对低频率信号阻抗较小，对高频率信号阻抗较大。所以此滤波器只让高频率信号通过，对低频率信号抑制作用很大，其截止频率为

$$f_{\mathrm{C}}=\frac{1}{4\pi\sqrt{L_2C_1}} \tag{2-62}$$

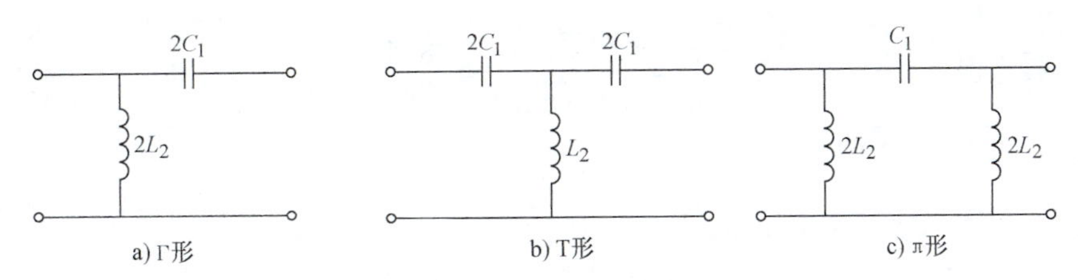

a) Γ形　b) T形　c) π形

图 2-17　*K* 式高通滤波器

K 式带通滤波器的电路如图 2-18 所示，此滤波器的横向支路由串联谐振回路组成，纵向支路由并联谐振回路组成。通常要求两支路的谐振频率相等，此频率称为中心频率 f_0，即

$$f_0=\frac{1}{2\pi\sqrt{L_1C_1}}=\frac{1}{2\pi\sqrt{L_2C_2}} \tag{2-63}$$

由式(2-63) 可导出 $\frac{L_1}{L_2}=\frac{C_2}{C_1}$，令

$$n=\frac{L_1}{L_2}=\frac{C_2}{C_1} \tag{2-64}$$

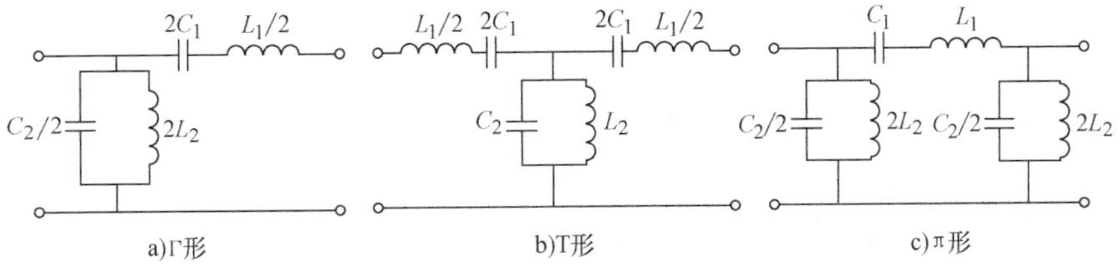

a)Γ形　b)T形　c)π形

图 2-18　*K* 式带通滤波器

当信号频率等于或接近于中心频率 f_0 时，滤波器的横向支路阻抗很小，纵向支路阻抗很大，信号很容易通过。当信号频率低于中心频率 f_0 时，滤波器的横向支路呈容性，纵向支路呈感性，此时滤波器有高通特性。当信号频率高于中心频率 f_0 时，滤波器的横向支路呈感性，纵向支路呈容性，此时滤波器有低通特性。所以带通滤波器的特性是由高通特性与低通特性组合而成的，高通特性与低通特性重叠部分就是带通区域。带通滤波器具有高低两个截止频率：

低端截止频率
$$f_{C1}=\frac{f_0}{\sqrt{n}}(\sqrt{1+n}-1) \tag{2-65}$$

高端截止频率
$$f_{C2}=\frac{f_0}{\sqrt{n}}(\sqrt{1+n}+1) \tag{2-66}$$

例 2.3　电视广播 I 波段的信号频率范围为 48.5～92MHz，因此可用带通滤波器来选择这一频段的信号。如用图 2-18b 所示的 T 形 *K* 式带通滤波器来完成这一任务，试求带通滤波器的 n 值应为多少？如带通滤波器的 C_1 为 1pF，试求 L_1、L_2、C_2 的数值。

解：低端截止频率为　$f_{C1}=\frac{f_0}{\sqrt{n}}(\sqrt{1+n}-1)$

高端截止频率为　$f_{C2}=\frac{f_0}{\sqrt{n}}(\sqrt{1+n}+1)$

由以上两式得
$$\frac{f_{C1}}{f_{C2}}=\frac{\sqrt{1+n}-1}{\sqrt{1+n}+1}=\frac{48.5}{92}$$

因此，可求得 $n \approx 9.61$。

由 $n=\frac{L_1}{L_2}=\frac{C_2}{C_1}$，得 $C_2=9.61\text{pF}$。

$$f_0=\frac{48.5+92}{2}\text{MHz}=70.25\text{MHz}$$

由 $f_0=\frac{1}{2\pi\sqrt{L_1C_1}}=\frac{1}{2\pi\sqrt{L_2C_2}}$，得

$$L_1=\frac{1}{(2\pi f_0)^2C_1}=\frac{1}{(2\times3.14\times70.25\times10^6)^2\times1\times10^{-12}}\text{H}=5.1\mu\text{H}$$

$$L_2=\frac{L_1}{n}=\frac{5.1}{9.61}\mu\text{H}=0.53\mu\text{H}$$

K 式带阻滤波器的电路如图 2-19 所示，此滤波器的横向支路由并联谐振回路组成，纵向支路由串联谐振回路组成。同样要求两支路的谐振频率相等，此频率称为中心频率 f_0，即

$$f_0=\frac{1}{2\pi\sqrt{L_1C_1}}=\frac{1}{2\pi\sqrt{L_2C_2}} \tag{2-67}$$

由式(2-67) 可导出$\frac{L_1}{L_2}=\frac{C_2}{C_1}$，令

$$n=\frac{L_1}{L_2}=\frac{C_2}{C_1} \tag{2-68}$$

当信号频率等于或接近于中心频率 f_0时，滤波器的横向支路阻抗很大，纵向支路阻抗很小，信号不能通过。当信号频率低于中心频率 f_0时，滤波器的横向支路呈感性，纵向支路呈容性，此时滤波器有低通特性。当信号频率高于中心频率 f_0时，滤波器的横向支路呈容性，纵向支路呈感性，此时滤波器有高通特性。所以带阻滤波器的特性也是由高通特性与低通特性组合而成的，但带阻滤波器的高通特性与低通特性无重叠部分，是分开的，其高通特性与低通特性的分离部分就是带阻区域。带阻滤波器也有高低两个截止频率：

低端截止频率
$$f_{C1}=\frac{f_0}{4}\sqrt{n}(\sqrt{1+16/n}-1) \tag{2-69}$$

高端截止频率
$$f_{C2}=\frac{f_0}{4}\sqrt{n}(\sqrt{1+16/n}+1) \tag{2-70}$$

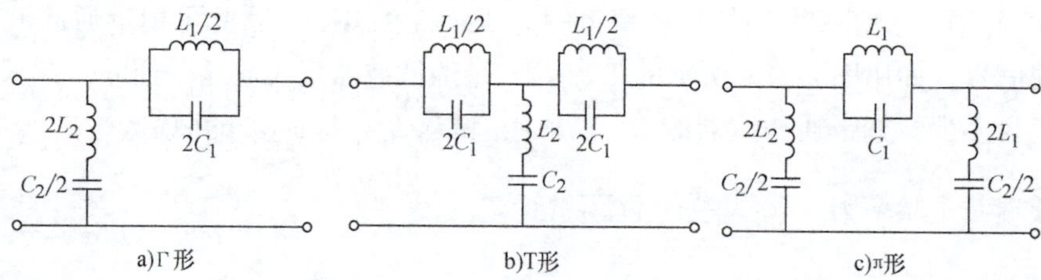

图 2-19　*K* 式带阻滤波器

对 LC 谐振式滤波器，可通过改变 L 或 C 的数值，改变谐振频率，组成任何频率的滤波器，使用方便灵活，在高频电路中广泛使用。但电感和电容元件参数一致性差，调整较麻烦。LC 回路的 Q 值不高，选择性不太理想。

2.6.2 石英晶体滤波器

无线电通信技术的发展，对滤波器的性能要求越来越高。要求其工作频率稳定，阻频带衰减特性陡峭，这就要求滤波器元件的品质因数 Q 值很高。对于前述 LC 谐振式滤波器，由于 Q 值不高（通常为 70～200），因此很难满足这样的要求。用特殊方式切割的石英晶体（quartz crystal）片构成的石英晶体谐振器，其品质因数 Q 值很高，可达几万。因此用石英晶体谐振器组成的滤波器有很好的性能，其工作频率稳定度很高，阻频带衰减特性陡峭，通频带衰减很小，而且体积小，不需调谐，使用方便。

1. 石英晶体的压电效应与谐振

石英是一种高硬度的六角形晶体，它的化学成分是二氧化硅（SiO_2），性质很稳定。按一定方位切割的石英晶体片有正反压电效应（piezoelectric effect）。按一定方向给晶体片施加压力或机械振动，晶体表面会产生电荷或电振荡，这称为正压电效应。当给晶体加上交变电压时，石英晶体片会产生相应频率的机械振动，这称为反压电效应。

石英晶体的机械振动有一个固有振动频率，此频率与晶体的厚度成反比，即晶体片越薄则其固有振动频率越高。当给晶体外加的交变电压的频率与晶体的固有振动频率相同时，晶体片就产生谐振，这时机械振动幅度最大，相应晶体表面产生的电荷量最大，外电路中电流也最大。因此，石英晶体具有谐振电路特性。

2. 石英晶体谐振器

在石英晶体片的两面喷涂金属层，并夹在一对金属片之间，再从两金属片上引出电极，就构成了一个石英晶体谐振器，如图 2-20a 所示。石英晶体谐振器的电路符号如图 2-20b 所示。石英晶体谐振器的等效电路如图 2-20c 所示。图中 L_s、C_s、r_s 是谐振器的串联支路，等效电感 L_s 相当于晶体的质量（惯性），等效电容 C_s 相当于晶体的等效弹性模量，等效损耗电阻 r_s 相当于振动的摩擦损耗。静电容 C_0 是晶体的两面金属层形成的电容，其数值为几皮法到几十皮法。

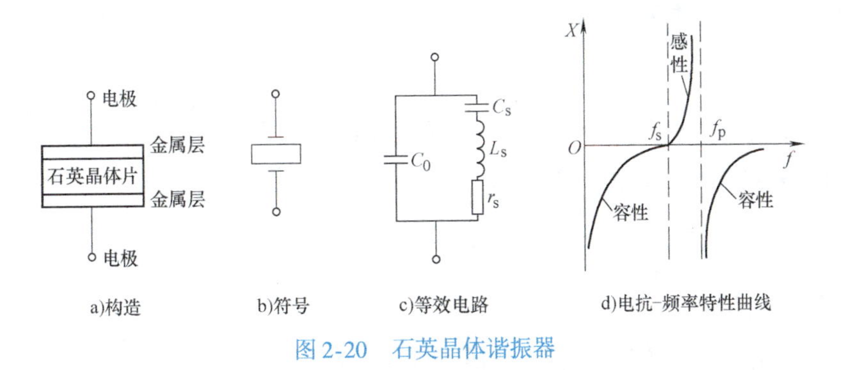

图 2-20 石英晶体谐振器

石英晶体谐振器的特点是等效电感 L_s 特别大，而等效电容 C_s 特别小，等效损耗电阻 r_s 也很小。由于 $Q_s=\frac{1}{r_s}\sqrt{\frac{L_s}{C_s}}$，所以石英晶体的品质因数 Q_s 非常高，可达几万甚至几百万，远

高于普通 LC 回路。由于 Q 值高，所以石英晶体谐振器的选择性很好，通频带很窄。

石英晶体谐振器有两个谐振频率，一个是串联谐振频率 f_s，一个是并联谐振频率 f_p。串联谐振频率为

$$f_s = \frac{1}{2\pi\sqrt{L_s C_s}} \tag{2-71}$$

此时石英晶体谐振器的等效阻抗最小。

并联谐振频率为

$$f_p = \frac{1}{2\pi\sqrt{L_s\dfrac{C_s C_0}{C_s + C_0}}} \tag{2-72}$$

因 $C_s \ll C_0$，所以 f_p 略高于 f_s。

石英晶体谐振器的电抗-频率特性如图 2-20d 所示，由图可看出，在区间 $f_s < f < f_p$，电抗为感性，在此区间外电抗为容性。

3. 石英晶体滤波器

利用石英晶体谐振时的阻抗特性，石英晶体可以用作滤波器，由于其 Q 值很高，所以滤波器的选择性很好，阻频带衰减特性陡峭，工作频率稳定。石英晶体两个谐振频率 f_s 和 f_p 之间的宽度决定了滤波器的通频带宽度。因两谐振频率很接近，所以通频带宽度很窄。有时希望适当移动滤波器的通频带，通常可通过外加电感与石英晶体串联或并联来实现。

石英晶体与电感串联后，由于串联电感增加，串联谐振频率下降，所以通频带向低频方向偏移。若石英晶体与电感并联，并联谐振频率变高，则通频带向高频方向偏移。

例 2.4　已知石英晶体谐振器的 $L_s = 10\text{mH}$，$C_s = 0.01\text{pF}$，$r_s = 20\Omega$，$C_0 = 3\text{pF}$，它与信号源和负载相串联，信号源内阻 $R_s = 800\Omega$，负载电阻 $R_L = 800\Omega$。试求：电路的串、并联谐振频率，通频带宽度和插入损耗。

解： 石英晶体谐振器的串联谐振频率为

$$f_s = \frac{1}{2\pi\sqrt{L_s C_s}} = \frac{1}{2\times3.14\times\sqrt{10\times10^{-3}\times0.01\times10^{-12}}}\text{Hz} = 15.924\text{MHz}$$

石英晶体谐振器的并联谐振频率为

$$f_p = \frac{1}{2\pi\sqrt{L_s\dfrac{C_s C_0}{C_s + C_0}}} = \frac{1}{2\times3.14\times\sqrt{\dfrac{10\times10^{-3}\times0.01\times10^{-12}\times3\times10^{-12}}{0.01\times10^{-12}+3\times10^{-12}}}}\text{Hz} = 15.950\text{MHz}$$

石英晶体谐振器的 Q_0 值为

$$Q_0 = \frac{2\pi f_s L_s}{r_s} = \frac{2\times3.14\times15.924\times10^6\times10\times10^{-3}}{20} = 50001$$

回路的有载 Q_e 值为

$$Q_e = \frac{2\pi f_s L_s}{r_s + R_s + R_L} = \frac{2\times3.14\times15.924\times10^6\times10\times10^{-3}}{20+800+800} = 617$$

回路的通频带宽度为

$$B = \frac{f_s}{Q_e} = \frac{15.924\times10^6}{617}\text{Hz} = 25.8\text{kHz}$$

回路的插入损耗用分贝表示为

$$10\lg K_{\mathrm{i}}=20\lg\left(1-\frac{Q_{\mathrm{e}}}{Q_0}\right)=20\lg\left(1-\frac{617}{50001}\right)\mathrm{dB}=-0.11\mathrm{dB}$$

负号表示损耗。

2.6.3　陶瓷滤波器

陶瓷滤波器（ceramic filter）是用具有压电性能的陶瓷，如以锆钛酸铅为材料做成的滤波器，它的电性能与石英晶体滤波器相似。当其两端加上与陶瓷薄片几何尺寸相对应频率的交变电压时，就会产生谐振，呈现低阻抗，而对其他频率的交变电压，则呈现高阻抗。这种性能和 *LC* 串联谐振回路类似，因此可代替电路中的 *LC* 串联谐振回路用作滤波器。陶瓷滤波器的等效品质因数 Q_{e} 可达几百，比 *LC* 谐振式滤波器高，但比石英晶体滤波器低，因此其选择性比 *LC* 谐振式滤波器好，比石英晶体滤波器差，其通频带比石英晶体滤波器宽，比 *LC* 谐振式滤波器窄。陶瓷滤波器具有体积小、易制作、稳定性好和无需调整等优点，现广泛用于接收机和电子仪器电路中。

陶瓷滤波器有两端和三端两种类型。

1. 两端陶瓷滤波器

两端陶瓷滤波器的结构示意图、电路符号及等效电路如图 2-21 所示。它的等效电路与石英晶体谐振器的相同，它也有串联和并联两个谐振频率。

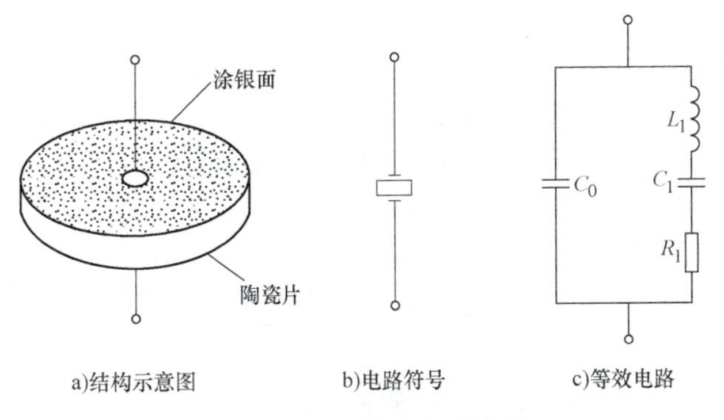

图 2-21　两端陶瓷滤波器

串联谐振频率为

$$f_{\mathrm{s}}=\frac{1}{2\pi\sqrt{L_1C_1}}\tag{2-73}$$

在此频率下，陶瓷滤波器的阻抗最小。

并联谐振频率为

$$f_{\mathrm{p}}=\frac{1}{2\pi\sqrt{L_1\dfrac{C_1C_0}{C_1+C_0}}}\tag{2-74}$$

在此频率下，陶瓷滤波器的阻抗极大。

两端陶瓷滤波器相当于一个单谐振回路，由于它频率稳定，选择性好，具有适合的带宽，常把它做成固定的中频滤波器使用。

2. 三端陶瓷滤波器

图 2-22 是三端陶瓷滤波器的结构示意图、电路符号和等效电路，图中 1、3 端是输入端，2、3 端是输出端。

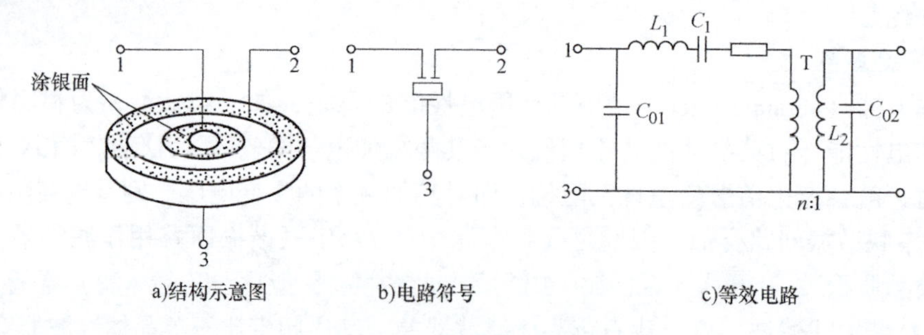

图 2-22 三端陶瓷滤波器

1、3 端输入信号后，若信号频率等于陶瓷滤波器的串联谐振频率，则陶瓷片便产生相当于谐振频率的机械振动。由于压电效应，2、3 端将产生频率为谐振频率的输出电压。三端陶瓷滤波器的等效电路相当于一个双调谐耦合回路，由于它具有较好的选择性和适当的带宽，所以可以用来代替中频放大电路中的中频变压器，它的优点是无需调整。图 2-23是三端陶瓷滤波器代替中频变压器的实际电路。现在，三端陶瓷滤波器在集成电路接收机中广泛使用。

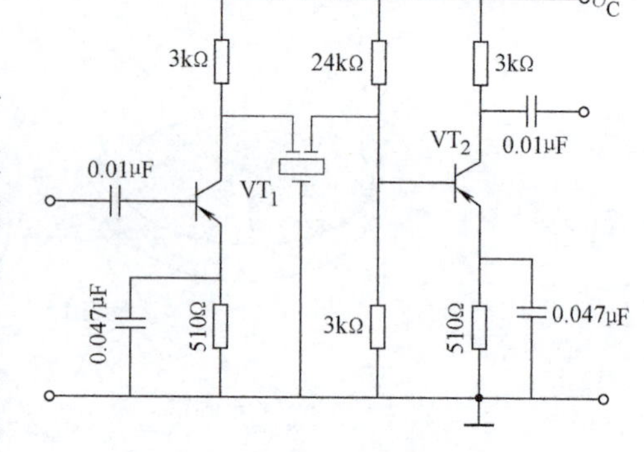

图 2-23 三端陶瓷滤波器的应用电路

2.6.4 声表面波滤波器

声表面波滤波器是一种新型电子器件，常称为 SAWF（Surface Acoustic Wave Filter）。这种滤波器有体积小、中心频率很高、相对带宽较宽、接近理想的矩形选频特性、稳定性好和无需调整等特点，在电视接收机中广泛使用。

1. 声表面波滤波器的工作原理

图 2-24 是声表面波滤波器的结构和原理示意图。在压电材料（如石英、铌酸锂、钛酸钡等）基片表面上，敷有金属膜，光刻成叉指形的两组金属电极，称为叉指换能器。输入端的电声换能器称为输入换能器，输出端的声电换能器称为输出换能器。

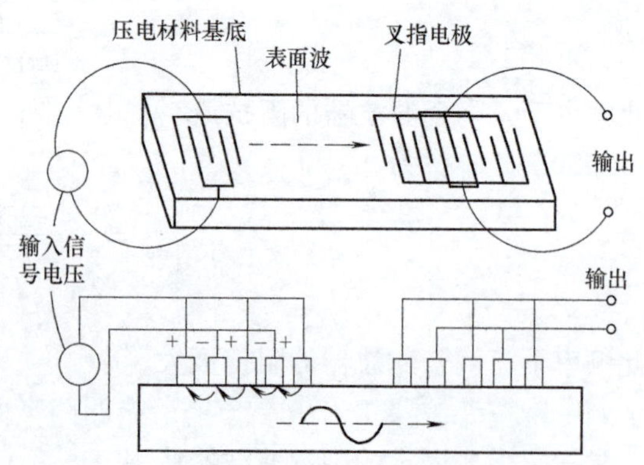

图 2-24 声表面波滤波器的结构和原理示意图

如在输入换能器上加上交变电信号，在金属叉指间就产生相应的交变电场。由于压电材料的反压电效应，在压电材料基片表面上激起声表面波，声表面波沿基片表面向输出端传递。由于压电材料的正压电效应，输出换能器又将声表面波转换为交变电信号加到外接负载上。

2. 声表面波滤波器的幅频特性

声表面波滤波器的频率特性取决于叉

指电极的几何形状，与叉指电极的数量、位置和疏密相关，通过改变叉指电极的几何条件，就可控制声表面波的中心频率、带宽、幅度和相位。

由图2-24可见，由于第一叉指电极和第二叉指电极的极性相反，它们激起的声波相位相差180°，如将两叉指的距离做成某一频率的半波长，则第一叉指激起的声波传到第二叉指延时180°，正好与第二叉指激起的声波相位相差360°，因相位相同，叠加后振幅最大。而对其他频率的声波，由于相位不同，振幅迅速衰减，所以一对叉指就相当于一个*LC*谐振回路。由于声表面波的传播速度比电磁波的速度小很多，大约只有电磁波速度的十万分之一，所以它的波长很短，如频率为30MHz的声表面波的波长约为1mm。因此在一个SAWF上可做许多对叉指电极，由于一对叉指电极就相当于一个*LC*谐振回路，所以一个SAWF在性能上就相当于一个多级*LC*谐振式滤波器，具有很好的选频性能和较宽的通频带。由此可见，SAWF的频率特性只与叉指电极的几何形状和数量有关，只要设计合理，用光刻技术制造，就可保证有较高的精度，使用时不需调整。

实际做成的声表面波电视中频滤波器的幅频特性如图2-25所示。可见，它有接近矩形的幅频特性，具有很好的选择性和较宽的通频带。但由于内部的多次电声转换，存在损耗较大和有回波干扰的缺点。

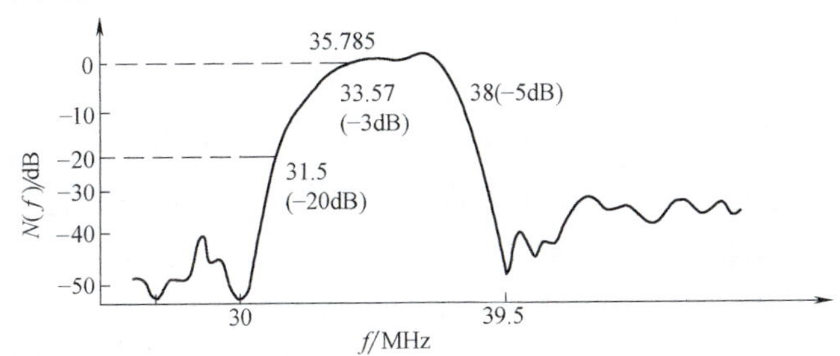

图2-25 声表面波电视中频滤波器的幅频特性

3. 声表面波滤波器的应用

声表面波滤波器常用在电视机中对中频进行选频滤波，如图2-26所示。图中，Z_{101}就是声表面波滤波器（SAWF），由于声表面波滤波器的插入损耗较大，因此通常在它的前面加一级前置中频放大，称为预中放，以补偿SAWF的插入损耗，图中VT_{161}就是预中放管。L_{102}是SAWF的匹配电感，它与SAWF的输出电容构成谐振回路，使SAWF的输出端与集成电路IC_{101}的输入端匹配。

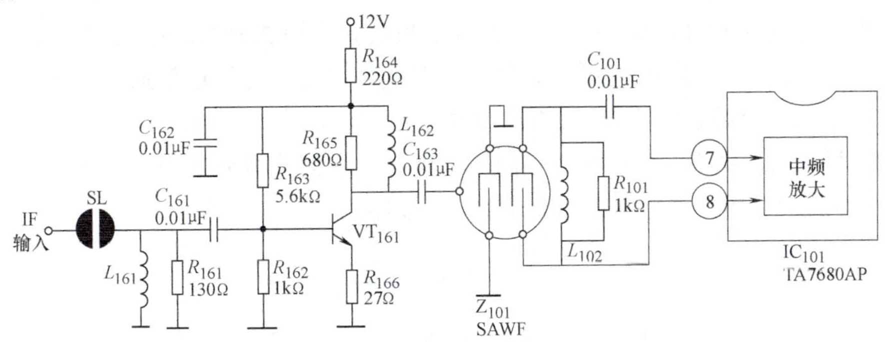

图2-26 声表面波滤波器在电视机中的应用

2.6.5 *RC* 滤波器

由电阻和电容可构成 *RC* 滤波器，与前述的 *LC* 滤波器的结构形式类似，*RC* 滤波器也可构成 Γ 形、T 形和 π 形滤波器，根据电路的实际需要也可构成低通、高通、带通和带阻滤波器。由于电阻对信号有损耗，所以 *RC* 滤波器的选频性能不如 *LC* 滤波器，但由于电阻方便易得，在选频性能要求不高时也经常使用。如图 2-27 所示，收音机中频放大后，中频变压器 T_3 的二次绕组把中频信号送到检波二极管 VD_3，由 VD_3 检波后获得音频信号和残余的中频，通过由 C_{12}、R_6 和 C_{13} 构成的 π 形低通滤波器，滤除残余的中频得到音频信号，送后级低频放大。

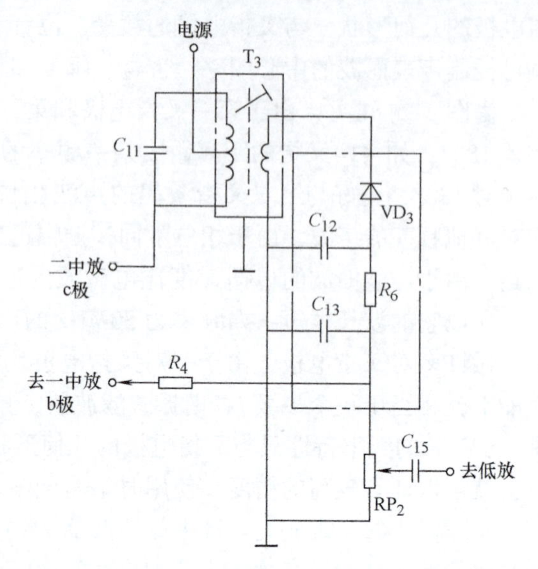

图 2-27 收音机的检波滤波电路

本章小结

1. 对于 *LC* 串联谐振回路，谐振时回路等效阻抗最小，回路电流最大，可用作选频或滤波电路。对于 *LC* 并联谐振回路，谐振时回路等效阻抗最大，回路两端电压最大，常用作高频单元电路的负载，起选频和滤波作用。

2. *LC* 谐振回路的选择性与回路 Q 值相关，Q 值越高，选择性越好。*LC* 回路的选择性与通频带相互矛盾，即选择性好，通频带窄；要通频带宽，则选择性就差。*LC* 回路的矩形系数可衡量实际幅频特性偏离理想矩形特性的程度，矩形系数越小，幅频特性越理想。单振荡回路矩形系数较大，偏离理想矩形特性较远。

3. *LC* 谐振回路可采用部分接入方式实现信号源内阻和负载间的阻抗变换，这对于提高放大器的增益和选择性极为重要。

4. 耦合回路由两个单谐振回路组成，它可较好解决单振荡回路选择性和通频带之间的矛盾。处于临界状态和 η 稍大于 1 时的耦合回路的矩形系数较小，较接近理想矩形特性。此时选择性较好，通频带较宽。

5. 由电感和电容可构成 *LC* 滤波器，由电阻和电容可构成 *RC* 滤波器，*LC* 滤波器和 *RC* 滤波器都可构成 Γ 形、T 形和 π 形滤波器，根据选频需要也可构成低通、高通、带通和带阻滤波器。*LC* 滤波器的选频性能比 *RC* 滤波器好。

6. 利用材料的压电性能可制成各种固体滤波器。它们具有体积小、频率稳定无需调整和选择性好等优点，特别适宜制成固定频率的滤波器。

习题与思考题

2.1 串联谐振回路的 $f_0=1\text{MHz}$、$C=100\text{pF}$，谐振时 $r=10\Omega$，求 L、Q_0 以及 $BW_{0.7}$。

2.2 并联谐振回路的 $f_0=30\text{MHz}$、$L=1\mu\text{H}$、$Q_0=100$，求谐振电阻 R_0、谐振电导 g_0 和电容 C。

2.3　收音机输入谐振回路可通过调节可变电容器的电容量来选择电台信号。设在接收 600kHz 电台信号时，谐振回路电容量为 256pF。试求接收 1500kHz 电台信号时，回路电容应变为多少？

2.4　串联谐振回路 $L=3\mu H$、$f_0=10MHz$、$Q_0=80$，求损耗电阻 r。若等效为并联时，求谐振电导 g_0。

2.5　图 2-28 中，$R_s=10k\Omega$、$R_L=5k\Omega$、$C=20pF$、$f_0=30MHz$、$Q_0=100$、$N_{13}=6$ 匝、$N_{12}=2$ 匝、$N_{45}=3$ 匝。

求一次侧电感 L、有载品质因数 Q_e 和回路的插入损耗。

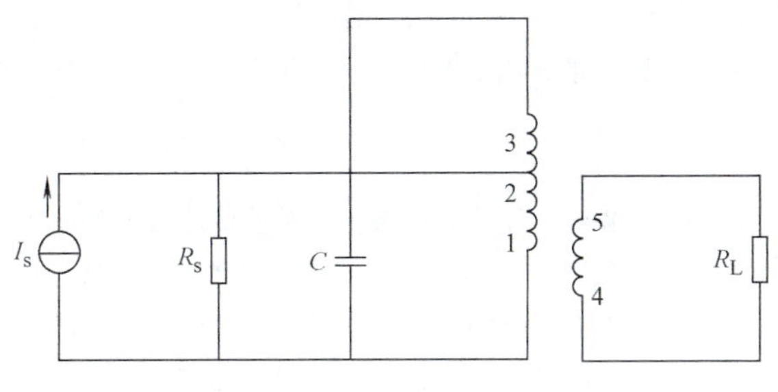

图 2-28　谐振回路的部分接入

2.6　调频广播的信号频率范围是 87～108MHz，如果用 LC 低通滤波器和高通滤波器组合成带通滤波器来选择这一频段的信号，滤波器元件的参数应如何选择？

2.7　什么是临界耦合？临界耦合时谐振曲线有何特点？耦合回路与单振荡回路比较有什么优缺点？

2.8　什么是固体滤波器？固体滤波器是根据什么原理制成的？

2.9　什么是声表面波？它是如何产生的？它与电磁波相比有何特点？

2.10　声表面波滤波器为什么会有好的选择性和较宽的频带宽度？它有什么优缺点？

2.11　*LC* 串联谐振回路 Q 值下降，频带（　　　　），选择性（　　　　）。

2.12　*LC* 选频网络电路形式有（　　　　）和（　　　　）两种类型。

2.13　*LC* 并联谐振回路中，当 $f=f_0$，谐振时回路阻抗最（　　　　）且为（　　　　），失谐时阻抗（　　　　）；当 $f<f_0$ 时，呈（　　　　）；当 $f>f_0$ 时，呈（　　　　）。

2.14　实际幅频特性曲线偏离理想特性曲线的程度，用（　　　　）来衡量。

2.15　接收机的输入回路中通过改变（　　　　）来进行选台。

2.16　对于电容分压耦合连接，通过改变（　　　　）的数值大小来实现阻抗变换。

2.17　强耦合时，耦合回路 η 越接近 1，谐振曲线的顶部越宽并且平坦，接近理想（　　　　），通频带较宽，选择性较（　　　　）。

2.18　临界耦合双调谐回路的通频带是单调谐回路通频带（　　　　）倍。

2.19　石英晶体谐振器品质因数 Q 值很（　　　　），由石英晶体谐振器组成的滤波器（　　　　）很好，阻带衰减特性（　　　　），工作频率（　　　　）。

2.20　声表面波滤波器存在（　　　　）和（　　　　）两个缺点。

2.21　*LC* 串联谐振回路发生谐振时，回路电流达到（　　）。

A. 最大值　　B. 最小值　　C. 零　　D. 不确定

2.22　单回路通频带 $BW_{0.7}$ 与回路 Q 值成（　　）。

A. 正比　　B. 反比　　C. 二次方　　D. 无关

2.23　串联谐振曲线是（　　）之间的关系。

A. 回路电流与谐振时回路电流　　B. 回路电压与信号电流

C. 谐振时电压与信号频率　　D. 回路电流幅度与信号电压频率

2.24　串联谐振的相频特性是（　　）函数。

A. 反正弦　　B. 反余弦　　C. 反正切　　D. 反正割

2.25　并联谐振回路谐振时，回路总导纳为（　　）。

A. 最大值　　B. 最小值　　C. 零　　D. 不确定

2.26　互感耦合回路耦合系数的表达式为 $k=$（　　）。

A. $\dfrac{M}{\sqrt{L_1+L_2}}$　　B. $\sqrt{\dfrac{M}{L_1+L_2}}$　　C. $\dfrac{M}{\sqrt{L_1L_2}}$　　D. $\sqrt{\dfrac{M}{L_1L_2}}$

2.27　声表面波滤波器的矩形系数接近（　　）。

A. 1　　B. 0　　C. 1/2　　D. 无穷大

2.28　并联谐振回路谐振时，回路总导纳为（　　）。

A. 最大值　　B. 最小值　　C. 零　　D. 不确定

2.29　通频带 $BW_{0.7}$ 是单位谐振曲线（　　）所对应的频率范围。

A. $N(f)\geqslant 0$　　B. $N(f)\geqslant \frac{1}{2}$　　C. $N(f)\geqslant \frac{1}{\sqrt{2}}$　　D. $N(f)\geqslant 1$

2.30　陶瓷滤波器的通频带比石英晶体滤波器的通频带窄。（　　）

2.31　谐振回路 Q 值越高，谐振曲线越尖锐，选择性越好，通频带越宽。（　　）

2.32　单振荡回路的矩形系数是一个定值，与回路的 Q 值和谐振频率无关。（　　）

2.33　石英晶体两个谐振频率 f_s 和 f_p 很接近，所以通频带宽度很窄。（　　）

2.34　串、并联谐振回路等效变换后回路的 Q 值不变。（　　）

第3章　高频小信号放大器

3.1　概述

无线电通信的特点是接收机接收到的无线电信号通常是微弱的，必须首先对它进行放大。高频小信号放大器是无线电通信设备必需的功能电路，它的作用是对微弱的高频小信号进行不失真的放大。常见的无线电接收机的高频和中频放大器都是高频小信号放大器。

高频小信号放大器的工作频率与接收的无线电信号的频率相关，接收机的前置高频放大器的工作频率与接收的信号频率相同，接收机的中频放大器的工作频率通常低于接收信号的频率而且是固定的。我国调幅广播接收机的中频是465kHz，调频广播接收机的中频是10.7MHz，电视接收机的中频是38MHz。调幅广播信号的频率从几百千赫兹到几十兆赫兹，调频广播和电视广播信号的频率从几十兆赫兹到几百兆赫兹，移动通信的频率有900MHz和1800MHz两个频段。因此，通常高频的范围是从几百千赫兹到几百兆赫兹甚至更高。接收机所接收的无线电信号很微弱，送到放大器的输入信号很小，可以认为放大器的晶体管（或场效应晶体管）是在线性范围内工作的，这样就可将晶体管（或场效应晶体管）看成线性器件，分析时可将其等效为四端网络。接收的无线电信号有一定的频带宽度，如调幅广播信号的频带宽度约为10kHz，电视信号的频道宽度为8MHz。因此，高频小信号放大器的通频带也应符合信号频带宽度的要求。

高频小信号放大器按所用器件不同可分为晶体管、场效应晶体管和集成电路放大器；按所用负载性质不同可分为谐振和非谐振放大器。

谐振放大器（resonant amplifier），就是用 LC 谐振回路作负载的放大器。由于谐振回路有选频特性，所以谐振放大器对接近谐振频率的信号，有较大增益；对远离谐振频率的信号，有较小增益。所以，谐振放大器既有放大作用，又有选频滤波作用。

单级谐振放大器的增益达不到要求时，可增加级数，级间可采用 LC 回路耦合连接。

非谐振放大器是由各种滤波器（LC 集中选择性滤波器、陶瓷滤波器、声表面波滤波器和石英晶体滤波器等）和阻容耦合放大器组成，由滤波器选频，放大器提供电压增益。非谐振放大器性能稳定、无需调整、便于集成化，现已广泛使用。

本章重点讨论晶体管单级窄带谐振放大器，对集成电路放大器、多级晶体管放大器也适当介绍。

高频小信号放大器的性能指标主要包括以下5项。

1. 电压增益与功率增益

电压增益 A_u（voltage gain）是放大器输出电压与输入电压之比。

功率增益 A_p（power gain）是放大器输出功率与输入功率之比。

2. 通频带

通频带（pass band）是放大器的电压增益下降到最大值的 $1/\sqrt{2}$ 时，所对应的频率范围，

用 $BW_{0.7}$ 或 $2\Delta f_{0.7}$ 表示。

3. 选择性（矩形系数）

矩形系数（rectangular coefficient）是衡量放大器选择性（selectivity）的指标。放大器用谐振回路或滤波器选频，其频率特性也由选频电路确定，但此时还须考虑晶体管和负载对谐振回路的影响。放大器的矩形系数与所用选频电路的矩形系数相同，即

$$K_{r0.1}=\frac{BW_{0.1}}{BW_{0.7}}$$

矩形系数表示实际放大器幅频特性与理想矩形幅频特性的差异，其值越大，偏离理想值就越大，选择性就越差；其值越小（越接近1），偏离理想值就越小，选择性就越好。

4. 稳定性

稳定性（stability）是指组成放大器的元器件参数变化时，放大器主要性能——增益、通频带和矩形系数（选择性）的稳定程度。一般，不稳定现象包括放大器增益变化、中心频率偏移、通频带变化和谐振曲线变形等，这些都会使放大器性能下降。不稳定的极端情况是放大器自激，以致放大器完全不能工作，所以放大器的稳定性是一项重要指标。

5. 噪声系数

放大器工作时，元器件在电路内部会产生噪声，在放大信号的同时也放大了噪声，使信号质量受到影响。噪声对信号的影响程度用信噪比来表示，电路中某处的信号功率与噪声功率之比称为信噪比。信噪比大，表示信号功率大，噪声功率小，信号受噪声影响小，信号质量好。

衡量放大器噪声对信号质量的影响程度用噪声系数（noise coefficient）来表示。噪声系数的定义是输入信号的信噪比与输出信号的信噪比的比值。如噪声系数等于1，则说明放大器没有增加任何噪声，这是理想情况。在多级放大器中，最前面一、二级对整个放大器的噪声起决定作用，因此要求它们的噪声系数尽量接近于1。为使放大器内部噪声小，应选用噪声小的元器件、合适的电路和正确选择工作点电流。

上述5项性能指标，相互间有联系也有矛盾，如增益和稳定性、通频带和选择性等。因此，应根据要求决定主次和取舍。

3.2　高频小信号放大等效电路

晶体管小信号放大时工作在线性区，在高频工作时，其内部参数将随工作频率的变化而变化。因而有必要讨论晶体管的高频等效电路。最常用的高频等效电路是 y 参数等效电路和混合 π 形等效电路。

3.2.1　y 参数等效电路

它是将晶体管等效看成有源线性二端口网络，用一些网络参数来组成的等效电路（equivalent circuit）。

晶体管共发射极电路如图 3-1 所示。

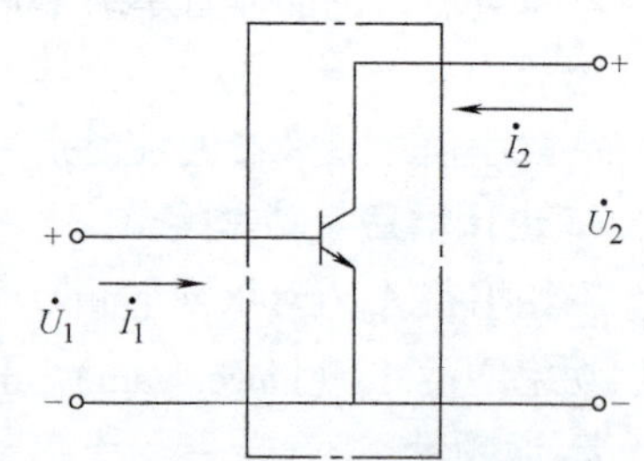

图 3-1　晶体管共发射极电路

工作时，输入端有输入电压 $\dot{U}_1$ 和输入电流 $\dot{I}_1$，输出端有输出电压 $\dot{U}_2$ 和输出电流 $\dot{I}_2$。

根据二端口网络理论，可用 4 个参数来表示点画线框内晶体管的性能。如选输入电压$\dot{U}_1$和输出电压$\dot{U}_2$为自变量，输入电流$\dot{I}_1$和输出电流$\dot{I}_2$为参变量，则可得 y 参数（导纳参数）方程组

$$\dot{I}_1 = y_{ie}\dot{U}_1 + y_{re}\dot{U}_2 \tag{3-1}$$

$$\dot{I}_2 = y_{fe}\dot{U}_1 + y_{oe}\dot{U}_2 \tag{3-2}$$

式中，$y_{ie} = \left.\dfrac{\dot{I}_1}{\dot{U}_1}\right|_{U_2=0}$ 称为共发射极电路输出短路时的输入导纳；$y_{re} = \left.\dfrac{\dot{I}_1}{\dot{U}_2}\right|_{U_1=0}$ 称为共发射极电路输入短路时的反向传输导纳；$y_{fe} = \left.\dfrac{\dot{I}_2}{\dot{U}_1}\right|_{U_2=0}$ 称为共发射极电路输出短路时的正向传输导纳；$y_{oe} = \left.\dfrac{\dot{I}_2}{\dot{U}_2}\right|_{U_1=0}$ 称为共发射极电路输入短路时的输出导纳。

根据式(3-1) 和式(3-2) 可得到晶体管共发射极组态的 y 参数等效电路，如图 3-2 所示。

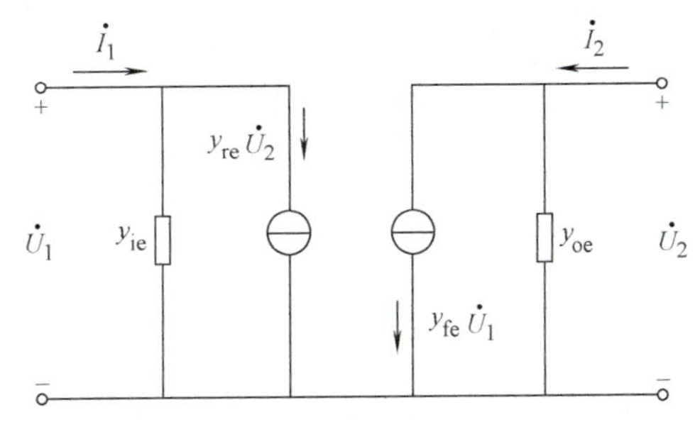

图 3-2　晶体管共发射极组态的 y 参数等效电路

对于共发射极组态，$\dot{I}_1 = \dot{I}_b$，$\dot{U}_1 = \dot{U}_{be}$，$\dot{I}_2 = \dot{I}_c$，$\dot{U}_2 = \dot{U}_{ce}$。

图 3-2 中受控电流源 $y_{re}\dot{U}_2$表示输出电压对输入电流的控制作用（反向控制），$y_{fe}\dot{U}_1$表示输入电压对输出电流的控制作用（正向控制）。y_{fe}表示晶体管的放大能力，y_{re}表示晶体管内部的反馈作用。晶体管内部的反馈对正常工作不利，是造成放大器自激的根源，同时也使分析复杂化，因此应尽量使 y_{re}减小，以减小它的影响。

根据 y 参数方程，按给定的条件，可以实际测得晶体管的 y 参数。通过查阅晶体管手册也可获得各种晶体管的 y 参数。

在高频工作时，晶体管的结电容和工作频率必须考虑，y 参数是一个复数。通常 y 参数表示如下：

$$y_{ie} = g_{ie} + j\omega C_{ie} \tag{3-3}$$

$$y_{oe} = g_{oe} + j\omega C_{oe} \tag{3-4}$$

$$y_{fe} = |y_{fe}|\angle\varphi_{fe} \tag{3-5}$$

$$y_{re} = |y_{re}|\angle\varphi_{re} \tag{3-6}$$

式中，g_{ie}、g_{oe}分别称为输入、输出电导；C_{ie}、C_{oe}分别称为输入、输出电容；φ_{fe}是正向传输导纳 y_{fe}的相角；φ_{re}是反向传输导纳 y_{re}的相角。

上面介绍了晶体管共发射极组态的 y 参数等效电路，根据上述方法，也可获得共基极组态和共集电极组态的 y 参数等效电路。

3.2.2 混合 π 形等效电路

上述晶体管 y 参数等效电路，是用网络参数从外部来分析和等效晶体管的，不涉及晶体管内部的物理结构和物理过程。

根据半导体的物理分析，晶体管内部工作的物理过程可用集中参数元件 RC 来模拟，用这种物理模拟方法所得的等效电路就是混合 π 形等效电路（hybrid π equivalent circuit）。图 3-3 是晶体管共发射极混合 π 形等效电路。

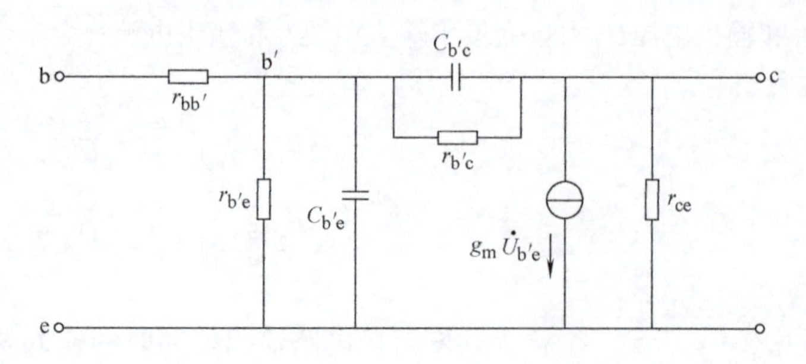

图 3-3 晶体管共发射极混合 π 形等效电路

图 3-3 中各元件的名称及参考数值范围如下：

$r_{bb'}$：基区体电阻，为 10 ~ 100Ω；$r_{b'e}$：发射结电阻，为 50 ~ 5000Ω；$r_{b'c}$：集电结电阻，为 0.1 ~ 10MΩ；r_{ce}：集电极-发射极电阻，为 20 ~ 200kΩ；$C_{b'e}$：发射结电容，为 10 ~ 500pF；$C_{b'c}$：集电结电容，为 1 ~ 10pF；g_m：晶体管跨导，为 20 ~ 80mS（毫西门子）。

确定晶体管混合 π 形等效电路的参数可先查阅晶体管手册，手册中一般有 $r_{bb'}$、$C_{b'c}$、β_0 和 f_T 等参数，然后可计算其他一些参数。由模拟电子技术原理可知，室温下有

$$g_m \approx \frac{I_{EQ}}{26} \tag{3-7}$$

$$r_{b'e} \approx \frac{26\beta_0}{I_{EQ}} \tag{3-8}$$

式中，g_m 是晶体管跨导；I_{EQ} 是发射极静态电流（mA）；β_0 是晶体管低频短路电流放大系数；$r_{b'e}$ 是发射结电阻。$r_{b'c}$ 和 r_{ce} 数值较大，可直接用欧姆表测得。

由于 $r_{b'c}$ 的值在所讨论的频率范围内比 $C_{b'c}$ 的容抗要大得多，所以可用 $C_{b'c}$ 代替 $r_{b'c}$ 和 $C_{b'c}$ 的并联电路，使等效电路适当简化。

通常在分析小信号谐振放大器时，采用 y 参数等效电路，但 y 参数并不能说明晶体管内部工作的物理过程。混合 π 形等效电路用集中参数元件 RC 来表示晶体管内部工作的物理过程，物理意义清楚，在分析电路原理时用得较多。y 参数等效电路和混合 π 形等效电路的参数变换关系可根据 y 参数的定义求得，其计算较复杂，本书不进行推导。

3.2.3 晶体管的高频参数

由于晶体管内结电容的影响，晶体管的高频电流增益是频率的函数，下面介绍几个有关的高频参数。

1. 共射截止频率 f_β

β 是晶体管共射短路电流放大系数，当工作频率增高时，β 值将下降。共射截止频率（cut-off frequency）f_β 定义为当 $|\beta|$ 下降到低频电流放大系数 β_0 的 $1/\sqrt{2}$ 时所对应的频率，如图 3-4a 所示。

根据定义 $\dot{\beta} = \left.\dfrac{\dot{I}_c}{\dot{I}_b}\right|_{U_{ce}=0}$，且由图 3-4b 知，$r_{b'e}$、$C_{b'e}$ 和 $C_{b'c}$ 三者并联，所以

$$\dot{\beta}=\frac{g_{m}r_{b'e}}{1+j\omega r_{b'e}(C_{b'e}+C_{b'c})}=\frac{\beta_0}{1+j\dfrac{f}{f_\beta}} \tag{3-9}$$

其模

$$|\dot{\beta}|=\frac{\beta_0}{\sqrt{1+\left(\dfrac{f}{f_\beta}\right)^2}} \tag{3-10}$$

由于$\beta_0 \gg 1$，所以在共射截止频率f_β时，$|\beta|=\beta_0/\sqrt{2}$仍比1大得多，这时晶体管还能起放大作用。

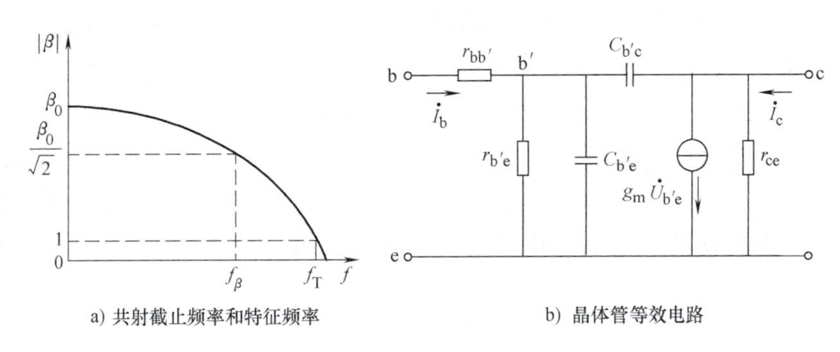

图3-4　晶体管的高频参数

2. 特征频率f_T

当工作频率增高，使$|\beta|$下降到1时所对应的频率称为特征频率（characteristic frequency），用f_T表示，如图3-4a所示。

根据定义

$$\frac{\beta_0}{\sqrt{1+\left(\dfrac{f_T}{f_\beta}\right)^2}}=1$$

得

$$f_T=f_\beta\sqrt{\beta_0^2-1} \tag{3-11}$$

通常$\beta_0 \gg 1$，所以

$$f_T\approx\beta_0 f_\beta \tag{3-12}$$

特征频率f_T是共发射极有电流增益的最高频率，当$f>f_T$时，$\beta<1$，晶体管将无放大能力。晶体管的实际工作频率应远小于此频率。

3. 共基截止频率f_α

α是晶体管共基短路电流放大系数，定义$\dot{\alpha}=\left.\dfrac{\dot{I}_c}{\dot{I}_e}\right|_{U_{ce}=0}$，当工作频率增高时，$\alpha$将下降。

f_α定义为当$|\dot{\alpha}|$下降到低频电流放大系数α_0的$1/\sqrt{2}$时的频率。

$f_\alpha\approx\dfrac{f_T}{\alpha_0}$，因$\alpha_0$略小于1，所以$f_\alpha>f_T$。又$f_T\approx\beta_0 f_\beta$，$\beta_0\gg1$，所以$f_\alpha>f_T\gg f_\beta$。

由于共基截止频率f_α远大于共射截止频率f_β，所以频率很高时，若采用共基电路，则其电压增益较共射电路要高。

3.3 高频小信号谐振放大器

高频小信号谐振放大器是由晶体管、场效应晶体管或集成电路与 LC 谐振回路组成的，作用是将微小的高频信号进行线性放大，并滤除不需要的干扰频率。

谐振放大器的主要性能指标是电压增益、功率增益、通频带和矩形系数等。

3.3.1 单级单调谐放大器

1. 电路组成与特点

图 3-5 是单调谐回路谐振放大器，晶体管 VT_1 和 LC 并联谐振回路组成一个单级单调谐放大器。晶体管 VT_1 是共发射极组态，其直流偏置由 R_1、R_2和 R_{e1} 实现，C_{b1}、C_{e1} 是高频旁路电容，其集电极负载是 LC 并联谐振回路，回路谐振频率应调谐在输入信号的中心频率上。回路与晶体管的连接采用自耦变压器部分接入方式，可减少晶体管输出导纳对回路的影响。负载与回路的连接采用变压器部分接入方式，可减少负载（或下级放大器）对回路的影响，还可使前后级直流电路分开。上述耦合方式也能较好地实现前、后级间的阻抗匹配。

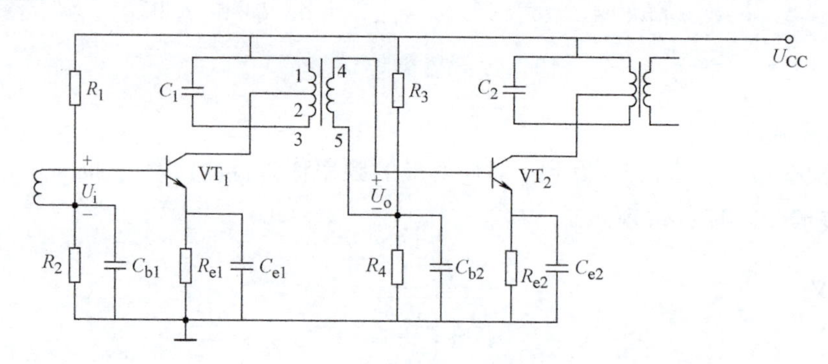

图 3-5 单调谐回路谐振放大器

2. 放大器的等效电路

图 3-6 是由晶体管 VT_1 组成的单调谐回路放大器的等效电路。其中晶体管采用 y 参数等效电路，忽略反向传输导纳 y_{re} 的影响，信号源用 $\dot{I}_s$ 和 y_s 等效，变压器二次侧为下一级放大器的输入导纳 y_{ie}。晶体管的集电极与 LC 回路的接入系数为 p_1，下一级放大器的输入导纳与 LC 回路耦合的接入系数为 p_2。

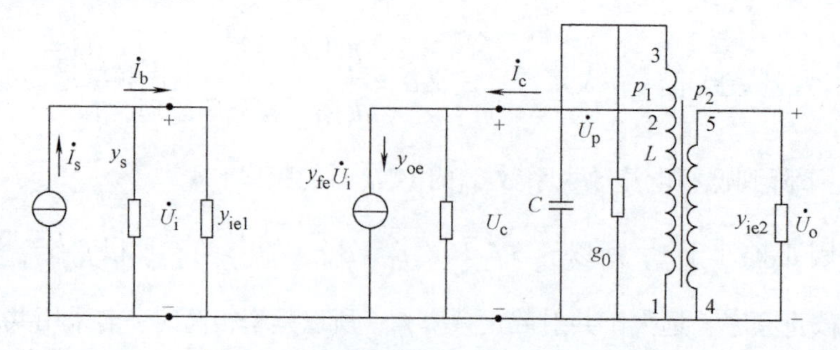

图 3-6 单级单调谐放大器的等效电路

3. 放大器的性能指标

(1) 电压增益$\dot{A}_u$　根据定义

$$\dot{A}_u = \frac{\dot{U}_o}{\dot{U}_i}$$

由图3-6可得

$$Y_\Sigma = g_\Sigma + j\omega C_\Sigma + \frac{1}{j\omega L}$$

式中，$g_\Sigma = p_1^2 g_{oe} + g_0 + p_2^2 g_{ie}$；$C_\Sigma = p_1^2 C_{oe} + C + p_2^2 C_{ie}$。

由部分接入等效关系可得

$$\frac{\dot{U}_o}{p_2} = -\frac{p_1 y_{fe} \dot{U}_i}{Y_\Sigma} = -\frac{p_1 y_{fe} \dot{U}_i}{g_\Sigma + j\omega C_\Sigma + \frac{1}{j\omega L}}$$

所以
$$\dot{A}_u = \frac{\dot{U}_o}{\dot{U}_i} = -\frac{p_1 p_2 y_{fe}}{g_\Sigma + j\omega C_\Sigma + \frac{1}{j\omega L}} \tag{3-13}$$

放大器谐振时，$\omega_0 C_\Sigma - \frac{1}{\omega_0 L} = 0$，对应的谐振频率为

$$\omega_0 = \frac{1}{\sqrt{LC_\Sigma}}$$

$$f_0 = \frac{1}{2\pi\sqrt{LC_\Sigma}} \tag{3-14}$$

回路有载品质因数为
$$Q_e = \frac{\omega_0 C_\Sigma}{g_\Sigma} = \frac{1}{\omega_0 L g_\Sigma} \tag{3-15}$$

谐振时的电压增益为
$$\dot{A}_{u0} = -\frac{p_1 p_2 y_{fe}}{g_\Sigma} \tag{3-16}$$

式(3-16)表示谐振时的电压增益$\dot{A}_{u0}$与晶体管的正向传输导纳y_{fe}成正比，与回路两端的总电导g_Σ成反比。负号表示放大器的输入电压和输出电压反相。但由于y_{fe}是一个复数，它有一个相角φ_{fe}，所以，$\dot{U}_o$和$\dot{U}_i$的相位差应是$180° + \varphi_{fe}$。

在进行电路计算时，电压增益用其模$|\dot{A}_{u0}|$表示，即

$$|\dot{A}_{u0}| = \frac{p_1 p_2 |y_{fe}|}{g_\Sigma} \tag{3-17}$$

(2) 谐振时的功率增益A_{p0}　放大器谐振时的功率增益可定义为输出到负载的功率P_o与输入功率P_i的比值。

由于$P_o = U_o^2 g_{ie2}$，$P_i = U_i^2 g_{ie1}$，所以

$$A_{p0} = \frac{P_o}{P_i} = \frac{U_o^2 g_{ie2}}{U_i^2 g_{ie1}} = A_{u0}^2 \frac{g_{ie2}}{g_{ie1}} \tag{3-18}$$

若VT_1和VT_2采用相同型号的晶体管，且工作电流相同时，则可得

$$A_{p0} = A_{u0}^2$$

（3）单位（归一化）谐振函数　单级单调谐放大器的单位谐振函数 $N(f)$ 与其并联谐振回路的单位谐振函数相同，可写成

$$N(f) = \frac{U}{U_o} = \frac{U_i A_u}{U_i A_{u0}} = \frac{A_u}{A_{u0}} = \frac{1}{\sqrt{1+\left(\frac{2\Delta f Q_e}{f_0}\right)^2}} \tag{3-19}$$

（4）通频带　单级单调谐放大器的通频带，根据通频带定义，由式(3-19) 可得

$$N(f) = \frac{A_u}{A_{u0}} = \frac{1}{\sqrt{1+\left(\frac{2\Delta f_{0.7} Q_e}{f_0}\right)^2}} = \frac{1}{\sqrt{2}}$$

则

$$\frac{2\Delta f_{0.7} Q_e}{f_0} = 1$$

所以

$$BW_{0.7} = 2\Delta f_{0.7} = \frac{f_0}{Q_e} \tag{3-20}$$

单级单调谐放大器通频带的表达式与并联谐振回路通频带的表达式相同，但 $Q_e < Q_0$，所以单级单调谐放大器的通频带比并联谐振回路的宽。

由式(3-14)、式(3-17) 和式(3-20) 可得

$$|\dot{A}_{u0}| BW_{0.7} = \frac{p_1 p_2 |y_{fe}|}{2\pi C_\Sigma} \tag{3-21}$$

此式说明，晶体管和电路参数确定后，放大器的电压增益和通频带的乘积为一定值，即通频带越宽，电压增益越小；通频带越窄，电压增益越高。

（5）矩形系数　单级单调谐放大器的矩形系数，根据矩形系数定义为

$$K_{r0.1} = \frac{2\Delta f_{0.1}}{2\Delta f_{0.7}}$$

由式(3-19)

$$N(f) = \frac{1}{\sqrt{1+\left(\frac{2\Delta f_{0.1} Q_e}{f_0}\right)^2}} = 0.1$$

得

$$2\Delta f_{0.1} = \sqrt{99}\frac{f_0}{Q_e}$$

则矩形系数为

$$K_{r0.1} = \frac{2\Delta f_{0.1}}{2\Delta f_{0.7}} = \frac{\sqrt{99}\frac{f_0}{Q_e}}{\frac{f_0}{Q_e}} = \sqrt{99} \approx 9.95 \tag{3-22}$$

单级单调谐放大器的矩形系数远大于1，说明它的谐振曲线与理想矩形相差很远，选择性很差。

例 3.1　在图3-5中，调频接收机中频放大器 VT_1 的工作频率 $f_0 = 10.7\text{MHz}$，谐振回路 $L_{13} = 4\mu\text{H}$，$Q_0 = 100$，$N_{13} = 20$ 匝、$N_{23} = 8$ 匝、$N_{45} = 3$ 匝，晶体管在直流工作点的参数为

$g_{oe}=200\mu S$、$C_{oe}=7pF$、$g_{ie}=2860\mu S$ 、$C_{ie}=18pF$、$|y_{fe}|=45mS$ 、$\varphi_{fe}=-54°$。设 $y_{re}=0$，试求单级放大器谐振时的电压增益 A_{u0}、等效 Q 值、回路电容 C 和通频带 $BW_{0.7}$。

解：

$$g_0=\frac{1}{Q_0\omega_0 L}=\frac{1}{100\times 2\pi\times 10.7\times 10^6\times 4\times 10^{-6}}S\approx 37.2\times 10^{-6}S$$

$$p_1=\frac{N_{12}}{N_{13}}=\frac{20-8}{20}=0.6$$

$$p_2=\frac{N_{45}}{N_{13}}=\frac{3}{20}=0.15$$

回路总电导为

$$\begin{aligned}g_\Sigma&=g_0+p_1^2 g_{oe}+p_2^2 g_{ie}\\&=(37.2\times 10^{-6}+0.6^2\times 200\times 10^{-6}+0.15^2\times 2860\times 10^{-6})S\\&=174\times 10^{-6}S\end{aligned}$$

谐振电压增益为

$$A_{u0}=\frac{p_1 p_2|y_{fe}|}{g_\Sigma}=\frac{0.6\times 0.15\times 45\times 10^{-3}}{174\times 10^{-6}}\approx 23$$

回路总电容为

$$C_\Sigma=\frac{1}{(2\pi f_0)^2 L}=\frac{1}{(2\pi\times 10.7\times 10^6)^2\times 4\times 10^{-6}}F\approx 55pF$$

电容 C 应为

$$\begin{aligned}C&=C_\Sigma-(p_1^2 C_{oe}+p_2^2 C_{ie})\\&=55pF-(0.6^2\times 7+0.15^2\times 18)pF\approx 52pF\end{aligned}$$

等效 Q 值为

$$Q_e=\frac{\omega_0 C_\Sigma}{g_\Sigma}=\frac{2\pi\times 10.7\times 10^6\times 55\times 10^{-12}}{174\times 10^{-6}}\approx 21$$

通频带为

$$BW_{0.7}=\frac{f_0}{Q_e}=\frac{g_\Sigma}{2\pi C_\Sigma}=\frac{174\times 10^{-6}}{2\pi\times 55\times 10^{-12}}Hz\approx 504kHz$$

矩形系数为

$$K_{r0.1}=\frac{2\Delta f_{0.1}}{2\Delta f_{0.7}}\approx 9.95>>1$$

由上述计算可知，单调谐放大器计算时要考虑晶体管输出参数和负载（下级晶体管的输入参数）的影响，因是部分接入，所以要考虑相应的接入系数。

单级单调谐放大器的电压增益不高，回路等效 Q 值下降，放大器的通频带因 Q_e 下降而变宽，放大器的矩形系数与单 LC 谐振回路的相同，远大于 1，选择性差。

3.3.2　多级单调谐放大器

单级单调谐放大器的电压增益不高，而实际运用中需要较高的电压增益，这就要用多级单调谐放大器来实现。下面讨论多级单调谐放大器的主要技术指标。

1. 电压增益

若放大器有 m 级，各级电压增益分别为 A_{u1}、A_{u2}、…、A_{um}，则总电压增益 A_m 是各级电压增益的乘积，即

$$A_m=A_{u1}A_{u2}\cdots A_{um}\tag{3-23}$$

若多级放大器是由完全相同的单级放大器组成，且各级电压增益相等，则 m 级放大器的总电压增益为

$$A_m=(A_{u1})^m\tag{3-24}$$

2. 单位谐振函数

m 个相同的放大器级联时，它的单位谐振函数等于各单级放大器单位谐振函数的乘

积，即

$$N(f)_m = \frac{A_m}{A_{m0}} = \frac{1}{\left[1+\left(\frac{2\Delta f Q_e}{f_0}\right)^2\right]^{\frac{m}{2}}} \tag{3-25}$$

3. 通频带

根据通频带定义 $$N(f)_m = \frac{A_m}{A_{m0}} = \frac{1}{\left[1+\left(\frac{2\Delta f Q_e}{f_0}\right)^2\right]^{\frac{m}{2}}} = \frac{1}{\sqrt{2}}$$

可得 $$(BW_{0.7})_m = (2\Delta f_{0.7})_m = \sqrt{2^{\frac{1}{m}}-1}\,\frac{f_0}{Q_e} \tag{3-26}$$

由于 m 是大于1的整数，所以多级放大器总的通频带比单级放大器的通频带要窄，级数越多，总通频带越窄。

4. 矩形系数

根据矩形系数定义

$$(K_{r0.1})_m = \frac{(2\Delta f_{0.1})_m}{(2\Delta f_{0.7})_m}$$

其中 $(2\Delta f_{0.1})_m$ 可由式(3-25) 求出，令 $N(f)_m = 0.1$，求得

$$(2\Delta f_{0.1})_m = \sqrt{100^{\frac{1}{m}}-1}\,\frac{f_0}{Q_e}$$

所以，m 级单调谐放大器的矩形系数为

$$(K_{r0.1})_m = \frac{\sqrt{100^{\frac{1}{m}}-1}}{\sqrt{2^{\frac{1}{m}}-1}} \tag{3-27}$$

由上式可知，级数越多，矩形系数越小，与理想矩形特性越接近。

例 3.2 由3个例3.1所述的单级单调谐放大器组成三级调频中频单调谐放大器。求三级放大器的总电压增益、总通频带和总矩形系数。

解： 由例3.1单级单调谐放大器的计算得谐振电压增益 $A_{u0} = 23$，分贝数 $20\lg A_{u0} = 20\lg 23\text{dB} \approx 27\text{dB}$。

通频带为 $$BW_{0.7} = 504\text{kHz}$$

矩形系数为 $$K_{r0.1} = 9.95$$

三级放大器谐振时的总电压增益为

$$A_{m0} = (A_{u0})^3 = 23^3 = 12167$$

分贝数为 $$20\lg A_{m0} = 20\lg 12167\text{dB} \approx 82\text{dB}$$

三级放大器的总通频带为

$$\begin{aligned}(BW_{0.7})_3 &= \sqrt{2^{\frac{1}{3}}-1}\,(BW_{0.7})_1 \\ &= \sqrt{2^{\frac{1}{3}}-1} \times 504\text{kHz} \\ &\approx 257\text{kHz}\end{aligned}$$

三级放大器的总矩形系数为

$$(K_{r0.1})_3 = \frac{\sqrt{100^{\frac{1}{3}} - 1}}{\sqrt{2^{\frac{1}{3}} - 1}} = \frac{1.91}{0.51} = 3.74$$

由本例计算可知，多级放大器可根据实际需要的总电压增益来选择放大器的级数，级数越多，增益越高。多级放大器的总通频带和总矩形系数，比单级放大器的通频带和矩形系数小，这对于提高整个放大器的选择性是有利的。特别是总矩形系数减小很多，说明谐振曲线较接近理想矩形，比单级放大器有很大改善。多级放大器通频带的缩减，对窄带放大器来说是有利的，如本例的三级调频中频放大器，单级放大器的通频带相对较宽，为504kHz，三级放大器的通频带缩减为257kHz，更接近于调频信号的频带宽度150kHz，对提高选择性是有利的。多级放大器总通频带的缩减对于信号频带宽的放大器是不利的，如电视中频信号的频带宽度为8MHz，中频为38MHz，相对带宽较宽，为保证信号能不失真地放大，多级放大器的总通频带应达到8MHz，每个单级放大器的通频带就要达到15.7MHz才能满足要求。因此多级单调谐放大器的总增益和总通频带还是存在矛盾的，即级数越多，增益越高，通频带越窄。

3.3.3 双调谐放大器

提高放大器的选择性，解决增益和通频带之间的矛盾，有效的方法之一是采用双调谐放大器。

双调谐放大器是采用两个相互耦合的单调谐回路作放大器的选频回路，两个单调谐回路的谐振频率都调谐在信号的中心频率上。

双调谐放大器就是将单调谐放大器中的单调谐回路改成双调谐回路，双调谐放大器的电路如图3-7所示，其等效电路如图3-8所示。

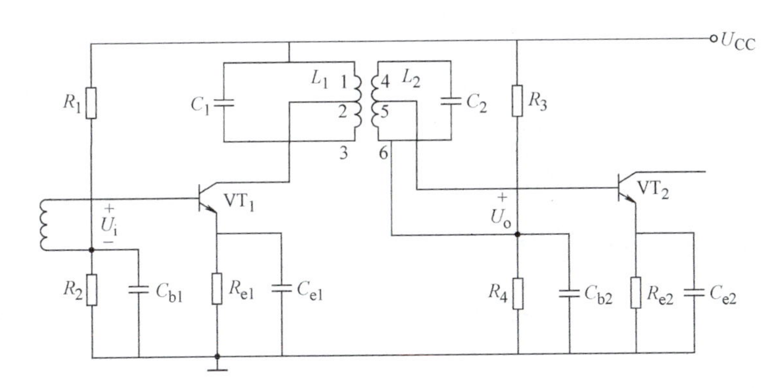

图3-7 双调谐放大器

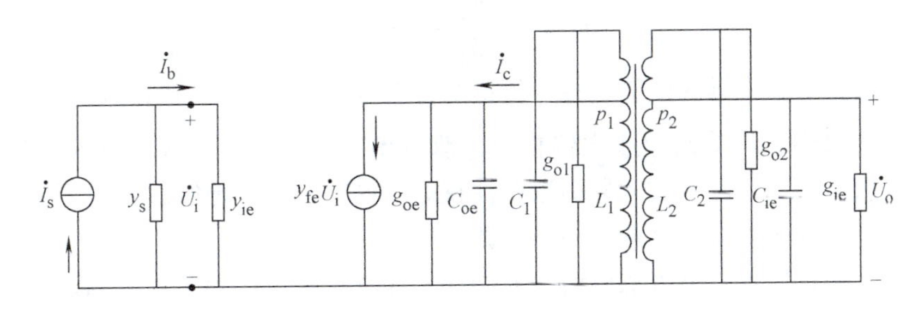

图3-8 双调谐放大器的等效电路

设两个回路元件参数都相同，并考虑晶体管接入的影响，即电感 $L_1 = L_2 = L$；一、二次回路的总电容 $C_1 + p_1^2 C_{oe} \approx C_2 + p_2^2 C_{ie} = C$；折合到一、二次回路的电导 $g_{o1} + p_1^2 g_{oe} \approx g_{o2} + p_2^2 g_{ie} = g$；回路谐振角频率 $\omega_1 = \omega_2 = \omega_0 = 1/\sqrt{LC}$；一、二次回路的有载品质因数 $Q_{e1} = Q_{e2} = Q_e = \frac{1}{g\omega_0 L} = \frac{\omega_0 C}{g}$。这样，考虑晶体管接入的影响后，再引入第 2 章耦合回路的结果，分析双调谐放大器的性能指标。

1. 电压增益

$$A_u = \frac{p_1 p_2 |y_{fe}|}{g} \times \frac{\eta}{\sqrt{(1 - \xi^2 + \eta^2)^2 + 4\xi^2}} \tag{3-28}$$

谐振时 $\xi = 0$，则

$$A_{u0} = \frac{\eta}{1 + \eta^2} \times \frac{p_1 p_2 |y_{fe}|}{g} \tag{3-29}$$

临界耦合时 $\eta = 1$，则

$$A_{u0} = \frac{p_1 p_2 |y_{fe}|}{2g} \tag{3-30}$$

2. 谐振曲线

双调谐放大器的单位谐振函数为

$$N(f) = \frac{A_u}{A_{u0}} = \frac{2\eta}{\sqrt{(1 - \xi^2 + \eta^2)^2 + 4\xi^2}} \tag{3-31}$$

此式与第 2 章耦合回路的谐振曲线表达式(2-53) 完全相同，当 $\eta < 1$（弱耦合）、$\eta = 1$（临界耦合）和 $\eta > 1$（强耦合）时，谐振曲线有不同的形状，如图 2-12 所示。

在常用的临界耦合（$\eta = 1$）时，有

$$N(f) = \frac{A_u}{A_{u0}} = \frac{2}{\sqrt{4 + \xi^2}} \tag{3-32}$$

3. 通频带

双调谐放大器的通频带与耦合回路的相同，即

$$BW_{0.7} = 2\Delta f_{0.7} = \sqrt{2}\frac{f_0}{Q_e} \tag{3-33}$$

4. 矩形系数

双调谐放大器的矩形系数与耦合回路的相同，即

$$K_{r0.1} = \frac{BW_{0.1}}{BW_{0.7}} = 3.15 \tag{3-34}$$

由上述对双调谐放大器的性能指标分析可知，单级双调谐放大器的通频带是单级单调谐放大器通频带的$\sqrt{2}$倍。与单调谐放大器相比，双调谐放大器的矩形系数较小，它的谐振曲线较接近于理想矩形。双调谐放大器的选择性较好，同时也较好地解决了通频带和增益之间的矛盾。但双调谐放大器有两个调谐回路，调试比较复杂。

双调谐放大器也可组成多级双调谐放大器，其计算方法可参照多级单调谐放大器，由于多级双调谐放大器的调试更为复杂，所以实际上较少采用。

3.3.4　谐振放大器的稳定性

前面已讨论的谐振放大器的主要性能增益、通频带和选择性等，都是基于谐振放大器稳定工作的情况下进行的。如果谐振放大器不能稳定工作，上述性能就会变化甚至丧失，所以放大器的稳定性极为重要。如能找出引起放大器不稳定的原因，设法减轻或消除它的影响，那么放大器的稳定性就会提高。

在讨论谐振放大器时都采用共射电路，共射电路的电压和电流增益都较大，是较常用的形式。讨论中都假定反向传输导纳 $y_{re}=0$，使分析讨论简化。实际上，$y_{re}\neq0$，即放大器的输出电压可以反馈到输入端，引起输入电流变化，可能引起放大器工作不稳定。如果这个反馈在相位上形成正反馈，而且反馈量较大，就会使放大器产生自激振荡，完全不能工作。

要提高谐振放大器的稳定性，就必须减少引起不稳定的因素，减小反向传输导纳 y_{re} 的值。y_{re} 的数值大小取决于集-基结电容 $C_{b'c}$。减小晶体管 $C_{b'c}$ 的方法有两种：①提高晶体管制作技术，减小其 $C_{b'c}$，选用 $C_{b'c}$ 小的晶体管作谐振放大器。②从电路上消除晶体管的内部反馈，使它单向化。单向化的方法又有中和法和失配法两种。

1. 中和法

中和法是在晶体管的输出端和输入端之间引入一个外部反馈电路（中和电路），以抵消晶体管内部反向传输导纳 y_{re} 的反馈作用。由于 y_{re} 的电导部分很小，可以忽略，内部反馈作用主要由晶体管集电极和基极间的极间电容 C_{bc} 造成，所以通常只用一个中和电容 C_N 来抵消 y_{re} 中反馈电容的影响，就可以达到中和的目的，如图 3-9 所示。要实现中和必须使通过 C_N 的外部反馈电流与 y_{re} 所产生的内部反馈电流在相位上相差 180°，而且数值相等，才能互相抵消影响。

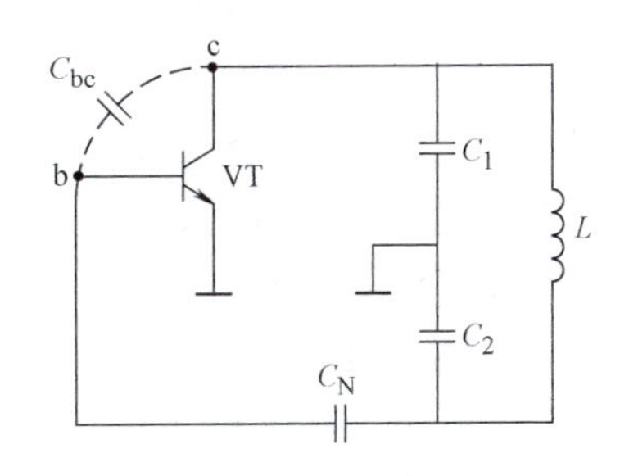

图 3-9　中和法原理电路

要实现严格的中和是很困难的，因为晶体管的反向传输导纳 y_{re} 是随频率变化而变化的，因而只可能对一个频率起到完全中和的作用。而且，由于晶体管参数的离散性，中和电容要在每个晶体管的实际调整过程中才能确定，不适宜大批量生产。现在由于晶体管制造技术的提高，晶体管的 y_{re} 很小，而且大批量生产要求调整简化，所以中和法已较少被采用。

2. 失配法

单向化的常用方法是失配法，失配法是使晶体管的负载阻抗与输出阻抗不匹配。如果把负载导纳 Y_L 取得比晶体管的输出导纳 y_{oe} 大得多，使输出电路严重失配，就会使电压增益大大减小，输出电压大幅度下降，从而使反馈到输入端的电流减小，使 y_{re} 减小，从而使放大器工作稳定。可见，失配法是以降低增益来取得放大器的稳定的。

失配法的典型电路是共射-共基级联放大器，其交流等效电路如图 3-10 所示。

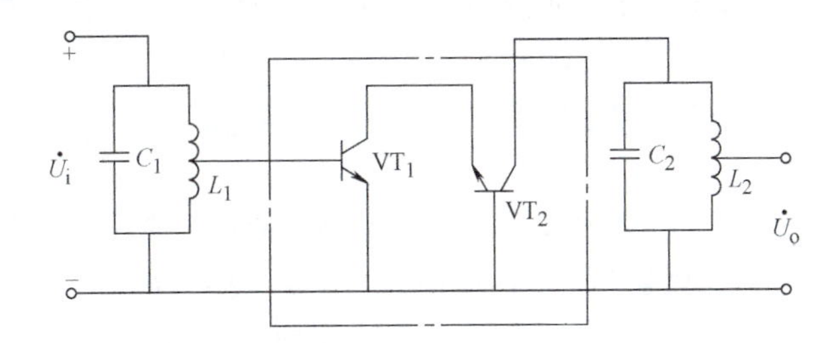

图 3-10　共射-共基级联放大器的交流等效电路

图中，两个晶体管组成级联电路，VT_1 是共射电路，VT_2 是共基电路。共基电路的输入阻抗很低，即输入导纳很大，而共射电路的输出导纳较小，这样 VT_1 和 VT_2 间严重失配，从而使 VT_1 电压增益下降，输出电压减小，管内反馈减小，放大器稳定性提高。虽然 VT_1 电压增益下降，但级联的 VT_2 是共基电路，有较大的电压增益，而且截止频率高，所以共射-共基级联放大器的增益仍较大，使高频特性提高。失配法的优点是工作稳定，生产中无需调整，适用于大批量生产。

3.3.5 场效应晶体管高频小信号放大器

高频小信号放大器按所用器件不同可分为晶体管、场效应晶体管和集成电路高频小信号放大器。场效应晶体管高频小信号放大器按所用负载性质不同也可分为谐振和非谐振放大器。场效应晶体管与晶体管相比，有输入阻抗高、动态范围大、噪声系数小、抗辐射性能好和线性范围宽的优点，但场效应晶体管的正向传输导纳远小于晶体管，所以场效应晶体管放大器的增益比晶体管放大器的增益要小。由于场效应晶体管的特点，它被用作前级高频小信号放大器是很合适的。图 3-11 是电视机高频调谐器中由双栅场效应晶体管组成的高频小信号放大器。

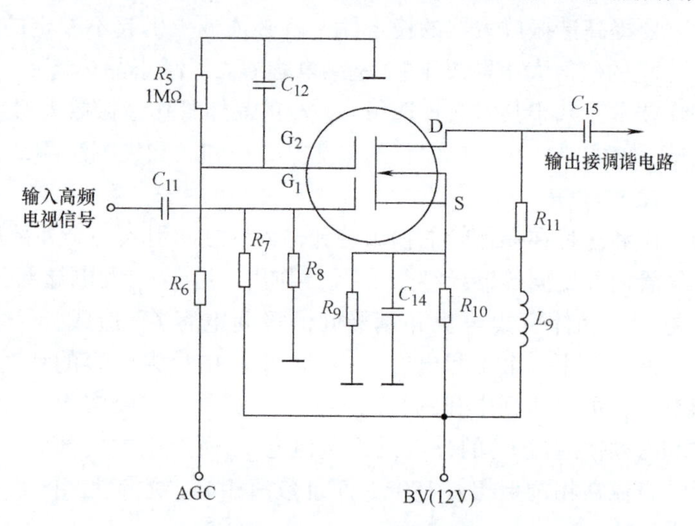

图 3-11 双栅场效应晶体管组成的高频小信号放大器

图 3-11 中，高频电视信号经电容 C_{11} 送至双栅场效应晶体管的第一栅极 G_1（信号栅），第一栅极 G_1 和源极 S、漏极 D 组成共源放大器，第二栅极 G_2 通过电容 C_{12} 交流接地并与源极 S、漏极 D 组成共栅放大器，这样双栅场效应晶体管就组成一个共源-共栅级联放大器。共源-共栅级联放大器的性能与晶体管的共射-共基级联放大器一样，是稳定性好、增益高和高频特性好的小信号放大器。双栅场效应晶体管组成的放大器的噪声很小，原因是绝缘栅场效应晶体管是由电荷感应工作的，管内载流子杂乱运动产生的散弹噪声非常小。另外，由于场效应晶体管是电压控制器件，没有因载流子随机复合引起的电流分配噪声。场效应晶体管的主要噪声只是沟道内电子不规则热运动引起的热噪声，比晶体管要少两种噪声来源，所以场效应晶体管放大器的噪声系数可低至 0.5dB，而低噪声系数对于前置高频小信号放大器来说是极为重要的。

3.4 集成电路高频小信号放大器

随着电子技术的发展，集成电路的使用越来越多，各类接收机中已广泛使用集成电路高频小信号放大器，通常是采用线性集成电路（linear integrated circuit）与选频电路相结合的方式实现的，线性集成电路又称为模拟集成电路（analog integrated circuit）。目前，线性宽频带集成放大电路的型号较多，但其内部工作原理基本相同。下面先讨论线性宽频带集成放大电路的内部结构和工作原理。

3.4.1 线性宽频带集成放大电路

由于集成电路的结构特点，其内部不能设置大电容、大电阻，更不可能有电感，因此其内部的级间耦合只能用直接耦合，不能采用阻容耦合或变压器耦合。因此早期的集成电路采用共射–共射直接耦合构成，如国产 8FZ1 型集成电路。8FZ1 型是属于利用负反馈展宽频带的放大器，其电路如图 3-12 所示。

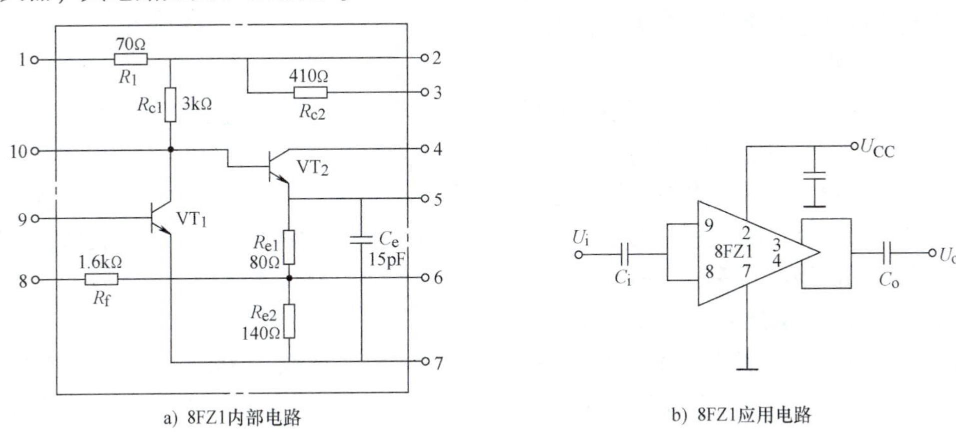

a) 8FZ1内部电路　　b) 8FZ1应用电路

图 3-12　8FZ1 型线性宽频带集成放大器

8FZ1 内部是由 VT_1 和 VT_2 两个晶体管组成的共射–共射直接耦合放大器。电路中有两级电流并联负反馈，从 VT_2 的发射极电阻 R_{e2} 上取得反馈信号经 R_f 反馈到输入端。电容 C_e 和 $R_{e1}+R_{e2}$ 并联，是为了使高频工作时反馈减小，以改善高频特性。改变外接元件可调节放大器的性能，如在引脚 8 和 6 间接入电阻与 R_f 并联可增强反馈，在引脚 8 和 9 间串入电阻可减小反馈，在引脚 2 和 3 间或引脚 3 和 4 间连接电阻可改变放大器的电压增益。在 8FZ1 的输入端（8、9 引脚）和输出端（3、4 引脚）接上输入和输出电容 C_i 和 C_o，接通电源，就构成宽频带放大器。

要取得较高增益需要多级放大，多级直接耦合会产生零点漂移，集成电路常采用差分电路来克服零点漂移，因此在较大规模的集成电路中，差分电路用得较多。图 3-13 所示 ULN2204型集成电路的中频放大器，就是由五级差分电路直接级联而成的。

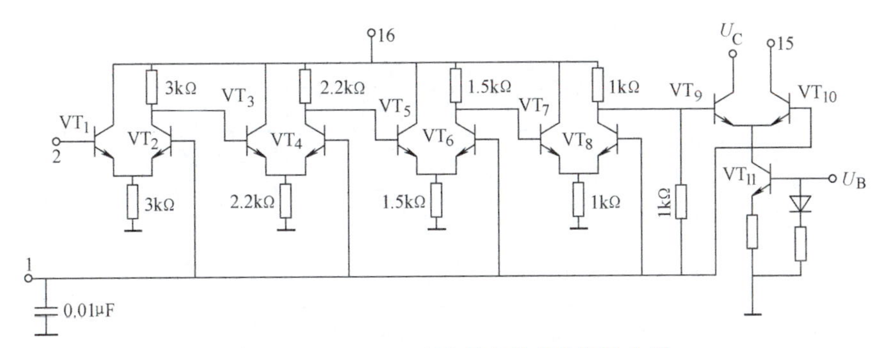

图 3-13　ULN2204 型集成电路的中频放大器

前四级差分放大（VT_1、VT_2，VT_3、VT_4，VT_5、VT_6，VT_7、VT_8）都是以电阻为负载的共集–共基放大电路，末级差分放大是采用恒流管 VT_{11} 的共集-共基级联放大对管（VT_9

和 VT_{10}）。共集-共基级联放大电路使影响晶体管高频特性的 $C_{b'c}$ 一端接地，消除了内部有害反馈，使放大器的稳定性提高，并扩展了高端截止频率。共集电路有电流放大作用，共基电路有电压放大作用，总的增益仍较大。所以，ULN2204 型集成电路的中频放大器是增益高、稳定性好的线性宽频带高频小信号放大器。

线性集成电路型号很多，但是用作高频小信号放大的，其内部电路都是直接耦合的共射电路或差分放大电路。不同型号的线性宽频带集成放大电路的性能和适用范围有所不同，应根据手册给定的技术参数和实际需要选用。

3.4.2　集成电路选频放大器

线性宽频带集成电路能对高频小信号提供高增益、宽频带、稳定性好的放大，将它与选频电路相结合就能组成各种常用的集成电路选频放大器。由于线性集成电路的内部都是多级直接耦合的放大器，只能在多级直接耦合放大器的输入端和输出端设置选频电路，因此对选频电路性能要求较高。除使用常见的 LC 谐振回路外，还广泛使用各种固体滤波器，如陶瓷滤波器、声表面波滤波器等。下面就一些常用的集成电路选频放大器进行讨论。

1. μPC 1018 型集成中频放大电路

μPC 1018 型放大电路是一种广泛应用于调频（FM）、调幅（AM）的集成中频放大电路。它的外形结构是双列直插 16 脚塑料封装，工作电压为 2.5～6V。它的内部有调频、调幅分开的中频放大电路，还有调幅的本振、混频及自动增益控制等电路。图 3-14 是 μPC 1018 型电路构成的中频放大电路，点画线框内是集成电路的内部结构框图，点画线框外是它的外围电路。

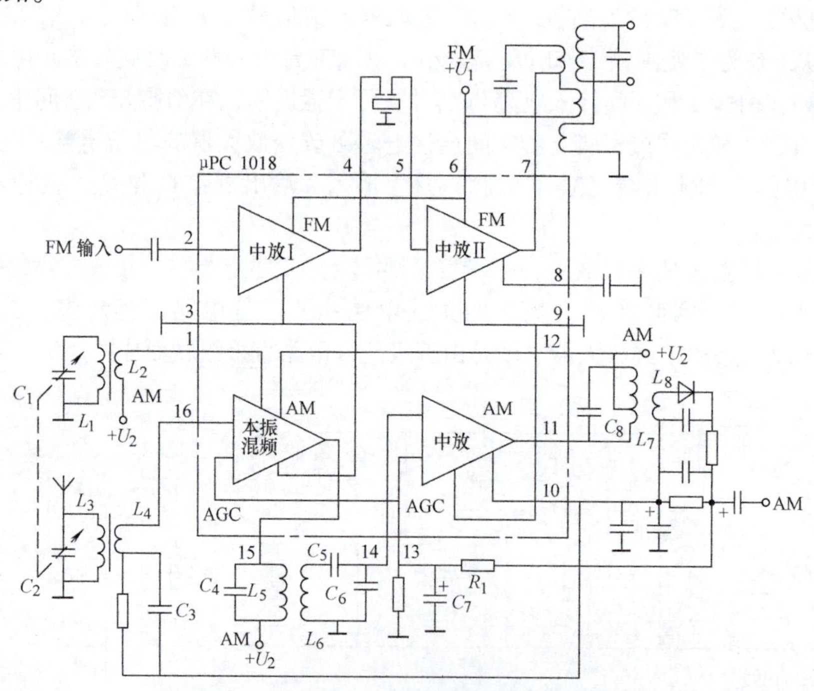

图 3-14　μPC 1018 型集成中频放大电路

（1）调幅（AM）中频放大的工作原理　调幅部分由输入选频、本振混频和中频放大 3 个电路组成。输入选频电路由 L_3、C_2 组成，其作用是从天线接收的信号中选出需要的电台信号，经 L_4耦合，从 16 脚送入混频电路。L_1、C_1为本振的振荡回路，本振信号经 L_2耦合，从 1 脚送入混频电路。混频后获得的多种频率信号从 15 脚输出。L_5、C_4和 L_6、C_5、C_6组成双调谐中频选频回路，具有较好的选频特性，其谐振频率为 465kHz。选出的中频信号从 C_5、C_6连接点以电容分压部分接入方式，经 14 脚送入中频放大电路。这样能实现级间阻抗匹配，减轻放大器对选频性能的影响。其中频放大是线性宽频带放大电路，其内部是直接耦合的多级放大器，具有增益高、稳定性好的特点。经放大后的中频信号从 11 脚输出，其输出负载 L_7、C_8是一单调谐选频回路，采用自耦变压器部分接入方式，以实现阻抗匹配，改善选频性能。最后由二次侧 L_8耦合，将中频信号送到二极管检波。

（2）调频（FM）中频放大的工作原理　μPC 1018 型集成电路的调频中放由两级中放（中放Ⅰ、中放Ⅱ）组成。调频的中频信号从 2 脚输入中放Ⅰ，经放大后从 4 脚输出，外接三端陶瓷滤波器选频。三端陶瓷滤波器等效为一个频率固定的双调谐选频回路，其谐振频率是调频中频 10.7MHz，其 Q 值较高，具有良好的选频特性。选频后信号从 5 脚送入中放Ⅱ，经放大后调频中频信号由 7 脚输出，加到双调谐选频回路的一次侧，采用自耦变压器部分接入方式，以达到阻抗匹配，保持良好的选频性能，这样就完成了调频中频的放大。

2. μPC 1366C 型图像中频放大电路

μPC 1366C 型电路是电视图像中频集成电路，它的内部由图像中放、视频检波、预视放、消噪电路、AGC 电压检波和 AGC 电压放大等 6 部分组成。它的图像中频放大器由四级差分放大电路直接耦合构成，是一个增益高、稳定性好的线性宽频带高频小信号放大器。μPC 1366C 型图像中频放大电路如图 3-15 所示。

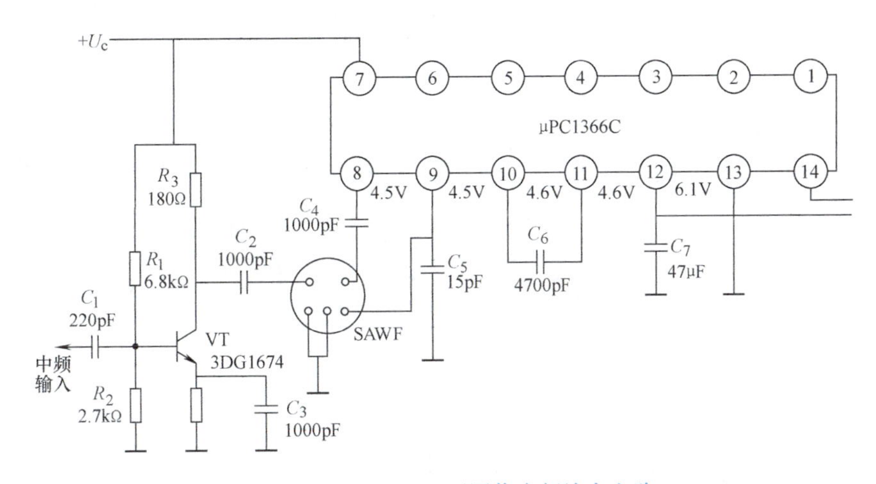

图 3-15　μPC 1366C 型图像中频放大电路

μPC 1366C 型图像中频放大电路包括 3 个部分：①前置补偿放大器。②声表面波中频滤波器 SAWF。③μPC1366C 型集成电路的图像中放部分。

由高频头送来的中频信号在晶体管 VT（3DG1674）进行预中放，以补偿采用声表面波滤波器造成的插入损耗。经 VT 放大后的中频信号送至声表面波中频滤波器 SAWF，SAWF 具有很好的选择性和较宽的频带，由它确定了中频放大器的幅频特性（参见图 2-25），使中频放大电路无需调整。由 SAWF 选出的中频信号频率为 38MHz，频带宽为 8MHz，并且幅频特性符合电视中频放大器的要求。中频信号经 SAWF 滤波后由⑧脚和⑨脚送入 μPC 1366C

内的图像中频放大器，经放大获得足够增益后送至 μPC 1366C 内的视频检波器。

3. 集成中频放大电路的内部结构

集成中频放大电路通常采用 3、4 级直接耦合的差分放大器，以保证足够的中放增益。由于集成电路内部没有谐振电路，因此在信号输入端采用声表面波滤波器滤波，以获得中频放大器所需要的频率特性。各种集成中频放大电路的结构大致相同，现以 TA7611AP 型集成中频放大器为例介绍，其电路如图 3-16 所示。

图 3-16 所示点画线框内是 TA7611AP 型集成中频放大器的内部电路，其输入端外接 SAWF 进行选频。TA7611AP 型宽频带中频放大器采用三级差分放大，总增益可达 80dB。三级差分放大的结构类似，所以只要了解中频放大 I 即可。中频放大 I 内 VT_1、VT_2 是差分射极输出器，用来实现集成中频放大器与声表面波滤波器 SAWF 的阻抗匹配，VT_3、VT_4 是差分放大器，VT_5 是 VT_3 和 VT_4 的多发射极恒流源，它能显著提高差分放大器的共模抑制比，稳定放大器的直流工作点。在三级中频放大的级间，均有差分射极输出器实现阻抗匹配。由于三级中频放大均是直接耦合，为减少电路的零点漂移，在每一级都有深度负反馈，还采用了极间负反馈，图中 R_{11}、R_{12} 就是极间负反馈电阻，用来把末级中频放大输出端的直流电平反馈到中频放大 I 的输入端，以保证直流工作点的稳定。

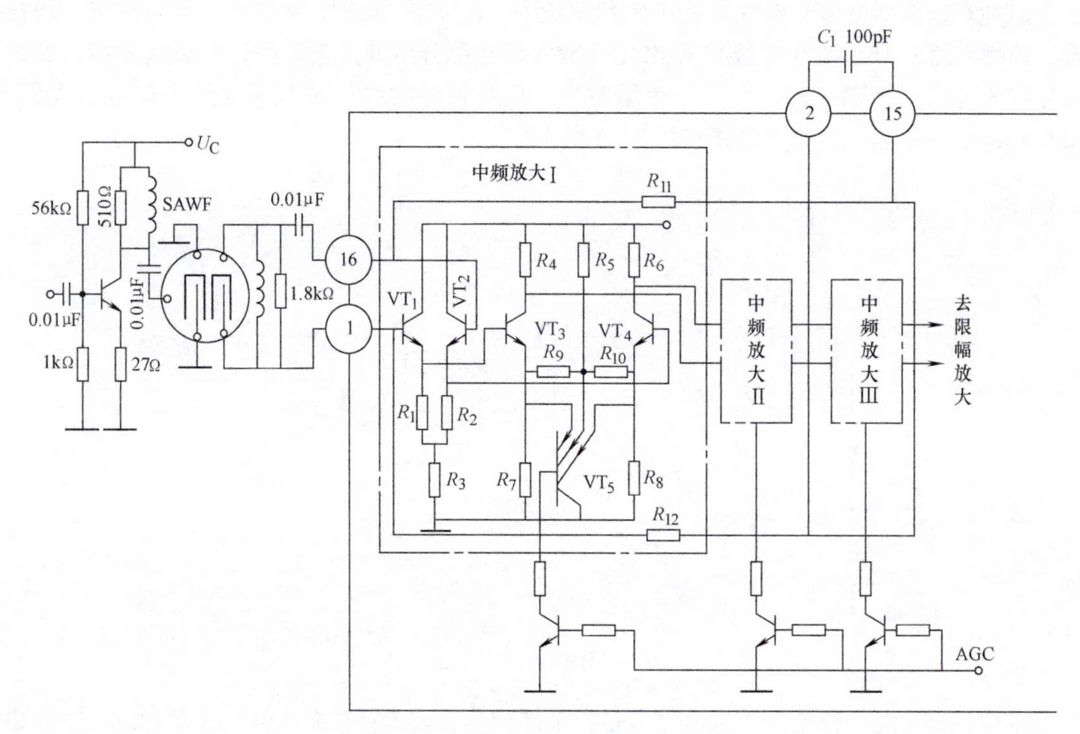

图 3-16 集成中频放大器的内部电路

3.5 噪声与干扰

高频小信号放大器的功能是把微弱的高频小信号进行不失真的放大。但在放大过程中，放大器可能产生噪声而使有用信号受到影响，所以它有一项重要的质量指标——噪声系数是不可忽视的。实际上，高频电子技术的其他单元电路也受噪声和干扰的影响，但噪声和干扰对处理微弱信号的电路影响更大，所以把它们放在本章讨论。

在通信技术领域，噪声是指通信设备或单元电路产生的影响有用信号的有害声音或信号。噪声一般指内部噪声，又分自然噪声和人为噪声两类。自然噪声有热噪声、散粒噪声和闪烁噪声等。人为噪声有交流噪声、感应噪声等。

干扰是指妨碍通信设备或单元电路正常接收和处理有用信号的有害电磁波。干扰一般指外部干扰，也分为自然干扰和人为干扰两类。自然干扰有天电干扰、宇宙干扰和大地干扰等。人为干扰主要有电气干扰和无线电台干扰。

本节主要讨论电路内部的自然噪声。

3.5.1　电路内部噪声的来源

电路内部噪声的主要来源是电阻的热噪声和放大器件的噪声。

1. 电阻的热噪声

电阻的热噪声是由电阻内部自由电子的热运动所产生的。在一定温度下，电阻内部的自由电子受热激发后，在电阻内部做大小和方向都无规则的热运动，这就在电阻内部形成无规则电流。在一定时间内，无规则电流的平均值为零，而其瞬时值在平均值的上下变动，称之为起伏电流或噪声电流。噪声电流在电阻两端产生噪声电压。同样，在一定时间内，噪声电压的平均值为零，而其瞬时值也在平均值的上下变动。由此可计算或测量起伏噪声电压的方均值，它代表噪声功率的大小。

由于起伏噪声的频谱在极宽的范围内有均匀的功率谱密度，具有类似于白色光功率谱在可见光频段内均匀分布的特点，通常把这种在无线电频段内功率谱均匀分布的起伏噪声称为白噪声，如图3-17所示。而把功率谱分布不均匀的噪声称为有色噪声。

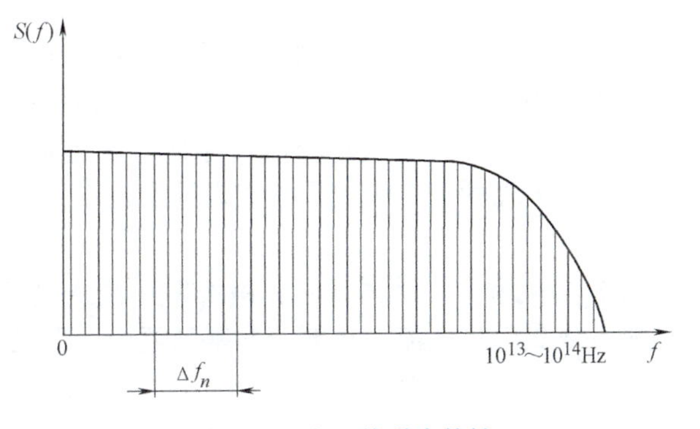

图3-17　电阻热噪声特性

对于电阻 R 的热噪声，其功率谱密度为

$$S(f)=4kTR \tag{3-35}$$

功率谱密度表示单位频带内噪声电压的方均值，所以噪声电压的方均值 $\overline{u_n^2}$（噪声功率）为

$$\overline{u_n^2}=4kTR\Delta f_n \tag{3-36}$$

噪声电流的方均值为

$$\overline{i_n^2}=4kTG\Delta f_n \tag{3-37}$$

以上各式中，$k=1.38\times10^{-23}$J/K，为玻耳兹曼常数；T 是电阻的热力学温度，单位为K；Δf_n为等效噪声频带宽度，单位为Hz；R 为电阻值，单位为Ω；G 为电导值，单位为S（西门子）。

由式(3-36) 可得噪声电压的有效值为

$$\sqrt{\overline{u_n^2}} = \sqrt{4kTR\Delta f_n} \tag{3-38}$$

例 3.3 试计算室温 25℃下，电阻 $R=100\text{k}\Omega$，$\Delta f_n = 200\text{kHz}$ 时的噪声电压。如放大 10^5 倍（100dB），则输出噪声电压为多少？

解：$\sqrt{\overline{u_n^2}} = \sqrt{4kTR\Delta f_n} = \sqrt{4\times1.38\times10^{-23}\times(273+25)\times100\times10^3\times200\times10^3}\text{V}$

$\approx 18\times10^{-6}\text{V} = 18\mu\text{V}$

放大 10^5 倍后，噪声电压为 $18\times10^{-6}\times10^5\text{V}=1.8\text{V}$

可见上述情况下电阻的噪声电压很小，为 18μV，但放大 10^5 倍（100dB）后输出噪声电压达 1.8V，已可测量和观察到，不容忽视。

理想电抗元件是不会产生噪声的，因为纯电抗元件没有电阻，不会有自由电子的热运动，也就不会产生噪声。但实际电抗元件是有电阻的，这些电阻损耗会产生噪声。实际电感的电阻损耗一般不能忽略，而实际电容的电阻损耗一般可不必考虑。

2. 晶体管的噪声

晶体管的噪声主要有热噪声、散粒噪声、分配噪声和闪烁噪声。热噪声和散粒噪声属于白噪声，分配噪声和闪烁噪声属于有色噪声。晶体管的噪声通常比电阻的噪声大得多。

（1）热噪声　在晶体管内，电子不规则的热运动会产生热噪声。这类热噪声主要由基区体电阻 $r_{b'b}$所产生，发射区和集电区体电阻很小，产生的热噪声可以忽略。由 $r_{b'b}$产生的热噪声电压的方均值$\overline{u_n^2}$为

$$\overline{u_n^2} = 4kTr_{b'b}\Delta f_n \tag{3-39}$$

（2）散粒噪声　晶体管内，由于少数载流子通过 PN 结注入基区时，在单位时间内注入的载流子数不同，是随机起伏的。这种起伏会引起集电极电流的起伏，由此引起的噪声称为散粒噪声。散粒噪声的大小与流过晶体管的电流大小成正比，电流大，散粒噪声就大。因此，通常放大器的第一级工作电流设计的较小，以减少散粒噪声。散粒噪声是晶体管的主要噪声。

（3）分配噪声　晶体管内，由发射区注入到基区的少数载流子中，大部分经基区到达集电极形成集电极电流，小部分在基区复合，形成基极电流，这两个电流的分配是有一定比例的，但载流子的复合数量是随机起伏的，从而使集电极电流起伏变化，由此产生分配噪声。分配噪声不是白噪声，而是有色噪声，有色噪声的功率谱分布是不均匀的。分配噪声随晶体管工作频率的增大而变大。原因是晶体管的工作频率提高后，共基极电流放大系数 α 下降，少数载流子在基区的停留时间会相对增加，这就增大了载流子复合的可能性，使分配噪声变大，所以分配噪声在高频时影响加大。使分配噪声明显增大的频率为

$$f = \sqrt{1-\alpha_0}f_\alpha \tag{3-40}$$

（4）闪烁噪声（1/f 噪声）　闪烁噪声主要在低频（1kHz 以下）范围内起作用，它的噪声频谱与频率 f 近似成反比。它的产生与半导体材料制作时表面的清洁处理和外加电压有关，在高频时可不考虑它的影响。

晶体管的噪声系数与频率的关系如图 3-18 所示。图中纵坐标是晶体管的噪声系数，f_1 是闪烁噪声（1/f 噪声）的上限频率，$f_2=\sqrt{1-\alpha_0}f_\alpha$ 是分配噪声的下限频率。由图 3-18 可知，晶体管的工作频率低于 f_1 或高于 f_2 时噪声系数增大，在 f_1 到 f_2 的频率范围内噪声系数基

本不变。

3. 场效应晶体管的噪声

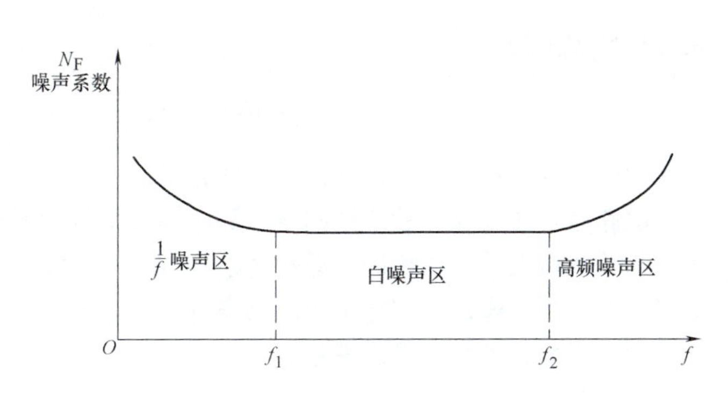

图3-18　晶体管的噪声系数与频率的关系

场效应晶体管的噪声主要有沟道热噪声、栅极感应噪声、栅极散粒噪声和闪烁噪声（1/*f*噪声）。

（1）沟道热噪声　这是由场效应晶体管沟道内电子的不规则热运动引起的噪声。场效应晶体管的沟道电阻不是一个定值，而是由栅极电压控制的。与其他电阻一样，沟道电阻中载流子的热运动也产生热噪声，沟道热噪声和场效应晶体管的跨导成正比，可用下式计算：

$$\overline{i_n^2}=4kTg_m\Delta f_n \tag{3-41}$$

式中，g_m是场效应晶体管的跨导。

（2）栅极感应噪声　这是场效应晶体管沟道内的起伏噪声在栅极上感应产生的噪声。它与场效应晶体管的工作频率以及沟道和栅极间的电容成正比，与场效应晶体管的跨导成反比。

（3）栅极散粒噪声　这是场效应晶体管栅极内电荷的不规则起伏运动引起的。由于场效应晶体管的栅极漏电流很小，所以栅极散粒噪声很小，可以忽略。

（4）闪烁噪声（1/*f*噪声）　场效应晶体管的闪烁噪声（1/*f*噪声）与晶体管的类似，主要在低频范围内起作用，它的噪声频谱与频率*f*近似成反比，在高频时可不考虑它的影响。

根据数学推导和实验，得室温下场效应晶体管的噪声系数N_F的近似计算公式为

$$N_F\approx1+\frac{1}{R_sg_m} \tag{3-42}$$

上式说明，场效应晶体管的噪声系数N_F与信号源内阻R_s和场效应晶体管的跨导g_m成反比，所以场效应晶体管适合于高内阻的信号源。

3.5.2　电路的噪声系数

噪声系数是衡量某一电路或系统噪声大小的参数，常用符号N_F表示。研究噪声的目的是为了减小它对信号的影响。噪声对信号的影响不取决于噪声电平绝对值的大小，而取决于信号功率与噪声功率的相对值，即信噪比。

1. 信噪比

在电路某处信号功率与噪声功率之比称为信噪比，用符号p_s/p_n表示。对于任何电路，都希望它的输出端有足够高的信噪比。

2. 噪声系数

电路的噪声系数是指电路输入端信噪比p_{si}/p_{ni}与输出端信噪比p_{so}/p_{no}的比值，用N_F表示，即

$$N_F=\frac{p_{si}/p_{ni}}{p_{so}/p_{no}} \tag{3-43}$$

用分贝数表示为

$$N_F(\mathrm{dB}) = 10\lg \frac{p_{si}/p_{ni}}{p_{so}/p_{no}} \tag{3-44}$$

它表示信号通过电路后，信噪比变坏的程度。

如果电路是理想无噪声的线性网络，那么输入信号和噪声会得到同样的处理，使输出端的信噪比与输入端的信噪比相同，即噪声系数 $N_F = 1$，$10\lg N_F = 0\mathrm{dB}$。

如果电路本身有噪声，则输出噪声功率等于输入噪声功率和电路本身噪声功率之和，使输出端信噪比降低，这样，噪声系数 $N_F > 1$，$10\lg N_F > 0\mathrm{dB}$。

由式(3-43) 可得噪声系数的另一种表示式

$$N_F = \frac{p_{si}}{p_{so}} \times \frac{p_{no}}{p_{ni}} = \frac{p_{no}}{A_p p_{ni}} = \frac{p_{no}}{p_{no1}} \tag{3-45}$$

式中，$A_p = p_{so}/p_{si}$是电路的功率增益；$p_{no1} = A_p p_{ni}$表示输入噪声经电路处理后在输出端所得到的噪声功率。

式(3-45) 表明，噪声系数 N_F仅与输出端的两个噪声功率 p_{no}、p_{no1}有关，而与输入信号的大小无关。实际上，电路的输出噪声功率 p_{no}由两部分组成，一部分是 $p_{no1} = A_p p_{ni}$，另一部分是电路本身产生的噪声在输出端呈现的噪声功率 p_{no2}，即

$$p_{no} = p_{no1} + p_{no2}$$

所以，噪声系数又可写成

$$N_F = 1 + \frac{p_{no2}}{p_{no1}} \tag{3-46}$$

由此可看出，噪声系数与电路内部噪声的关系。

3. 多级网络的噪声系数

电子设备或系统总是由许多单级放大器或其他网络级联而成的。研究电子设备或系统的总噪声系数与各级噪声系数之间的关系，对于减少电子设备或系统的总噪声是有价值的。多级级联网络的噪声系数示意图如图 3-19 所示。

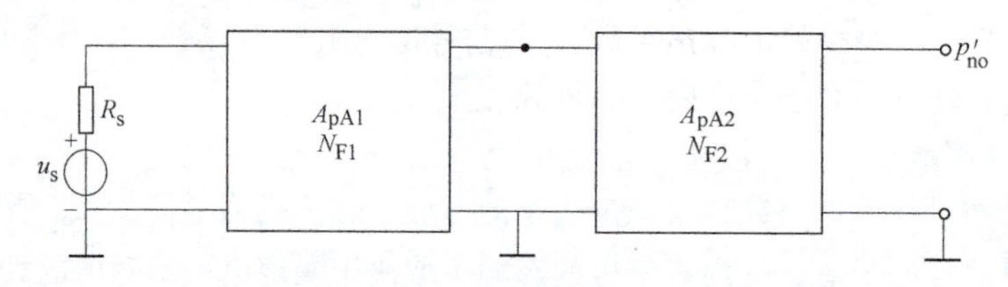

图 3-19　多级级联网络的噪声系数

根据图 3-19，再按噪声系数的定义可推导出（推导过程省略）n 级级联放大器的总噪声系数表达式为

$$(N_F)_n = N_{F1} + \frac{N_{F2}-1}{A_{pA1}} + \frac{N_{F3}-1}{A_{pA1}A_{pA2}} + \cdots + \frac{N_{Fn}-1}{A_{pA1}A_{pA2}\cdots A_{pA(n-1)}} \tag{3-47}$$

式中，N_{F1}、N_{F2}、…、N_{Fn}分别是第 1 级、第 2 级、…、第 n 级放大器的噪声系数；A_{pA1}、A_{pA2}、…、$A_{pA(n-1)}$分别是第 1 级、第 2 级、…、第 $n-1$ 级放大器的额定功率增益。

由式(3-47) 可知，多级放大器的总噪声系数取决于前面两级，而与后面各级的噪声系数关系不大。这是因为额定功率增益 A_{pA}的乘积很大，使后面各级的影响变得很小。通常要

求第 1、2 级放大器的噪声系数要小，而且额定功率增益要大，就可使多级放大器的总噪声系数较小。

3.5.3　减小噪声系数的措施

1. 选用低噪声的元器件

在放大电路或其他电路中，元器件的内部噪声对噪声系数起重要作用，选用低噪声的元器件就能大大降低电路的噪声系数。对于接收机或多级放大器来说，前面 1、2 级电路的影响最大，所以接收机的高放级、混频级和第 1 中频放大级应选用低噪声的晶体管（可由手册查得，N_F 应是高频工作时的数值），还可采用噪声系数低的场效应晶体管作高放级和混频级，所用电阻宜采用噪声低的金属膜电阻。

2. 正确选择放大级的直流工作点

放大器的噪声系数和晶体管的直流工作点有较大关系。对于一定的信号源内阻 R_s，存在一个使 N_F 最小的最佳电流 I_C 值，也就有一个使 N_F 最小的最佳电流 I_E 值（$I_E = I_C + I_B$，因为 I_B 很小，所以 $I_E \approx I_C$）。电流 I_E 值的适宜范围是 0.1～0.4mA，电流 I_E 太大将使热噪声增加，电流 I_E 太小，则放大器的功率增益小，也会使噪声系数变大。图 3-20 所示为晶体管 3AG32 的 N_F 与 I_E 的关系曲线。

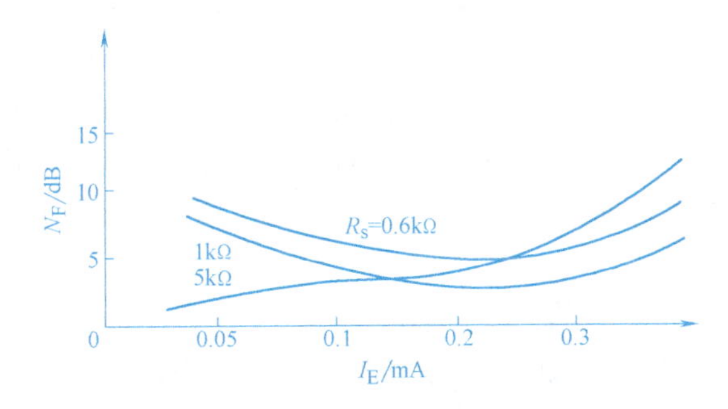

图 3-20　晶体管 N_F 和 I_E 的关系曲线

3. 选择合适的工作带宽

噪声电压与通频带宽度有关，接收机或放大器的带宽增大时，各种内部噪声也增大。因此必须选择合适的带宽，既要满足信号通过的要求，但又不宜过宽，以免信噪比下降。

4. 选用合适的放大电路

放大器的选用要考虑功率增益和最小噪声，就是要兼顾功率匹配和噪声匹配，工作频率不太高时，共射放大器能兼顾功率匹配和噪声匹配。因此，在很多多级级联放大器中，输入级常采用共射放大器。在工作频率较高的系统中，多级级联放大器的第 1 级采用共基放大器是有利的。前面介绍的共射-共基级联放大电路，也是高稳定和低噪声的电路。

5. 降低放大器的工作温度

热噪声是内部噪声的主要来源之一，所以降低放大器，特别是接收机前端放大器件的工作温度，对减小噪声系数是有作用的。对灵敏度要求特别高的设备来说，降低工作温度是减小噪声系数的一个重要措施，如在卫星地面站接收机的高频放大器采用“冷参放”（制冷至 20～80K 的参量放大器）。其他器件组成的放大器致冷后，噪声系数也有明显降低。

6. 减少接收天线的馈线损耗

接收天线到接收机的馈线太长，馈线损耗过大，对整机噪声的影响很大。为减少馈线损耗，可将接收机的前端电路（高放、混频和前置中放等）放置于天线输出端口，使天线接收的信号经放大有一定功率增益后，再经电缆送往主中放，就可减少馈线的损耗，降低整机噪声。

3.5.4　外部干扰的类型及其抑制

前面讨论了电子设备或系统的内部噪声，实际上电子设备或系统还会受到外部干扰的影响。干扰是指妨碍电子设备或系统正常工作的有害电磁波。干扰一般分为自然干扰和人为干扰两类。自然干扰有天电干扰、宇宙干扰和大地干扰等。人为干扰主要有电气干扰和无线电台干扰。无线电台干扰主要是通过提高接收机的选择性来防止。下面介绍最常见的天电干扰和电气干扰。

1. 天电干扰

天电干扰主要来源于自然界的雷电现象，地球上平均每秒钟发生100次左右的空中雷电，而每次雷电都产生强烈的电磁场扰动，并向四面八方传播到很远的地方。因此，即使距离雷电几千千米以外，在看不到雷电现象的情况下，也可能有天电干扰。此外，带电的雨雪和灰尘的运动，以及它们对天线的冲击都可能引起天电干扰。一般在地面接收时，主要的天电干扰是由雷电放电所引起的。

天电干扰的大小与地理位置、季节和时间有关。赤道、热带和高山等地区发生雷电较多，天电干扰电平较高。在同一地区，天电干扰电平夏季比冬季高，夜间比白天高等。天电干扰属于脉冲干扰性质。脉冲干扰的振幅随频率的升高而减小，因此，频率升高时，天电干扰的电平降低，所以天电干扰对短波广播的影响小于对中波广播的影响。此外，在较窄通频带内通过的天电干扰能量小，所以天电干扰的强度随通频带的变窄而减弱。

要完全克服天电干扰是困难的，因为不可能在产生干扰的地方进行抑制。因此，只能在接收机等设备上采取一些措施，如电源线加接滤波电路、采用窄通频带以及加接抗脉冲干扰电路等，或在雷电多的季节采用较高的频率进行通信。

2. 电气干扰

电气干扰是由各种电气装置中的电流（或电压）急剧变化所形成的电磁辐射，作用在接收机天线和电路上所产生的干扰。在工农业、交通运输业以及其他行业和家庭中都大量使用各种电气设备，例如电动机、电焊机、高频电气装置、X射线机、电弧炉、电磁炉、空调器、汽车点火系统和电气开关等，它们在工作过程中或者由于产生火花放电而伴随电磁辐射，或者本身就存在电磁辐射。

电气干扰的强弱取决于产生干扰的电气设备的多少、性质及分布情况。当这些干扰源离接收机很近时，产生的干扰是很难消除的。电气干扰传播的途径，除直接辐射外，还可沿电力线传播，并通过接收机的交流电源线直接进入接收机，也可能通过天线与有干扰的电力线之间的分布电容耦合而进入接收机。

电气干扰沿电力线传播比它在相同距离的直接辐射强度大得多。在城市中的电气干扰显然比农村严重得多。电气设备越多的大城市，情况越严重。

从电气干扰的性质来看，它们大都属于脉冲干扰。通常，脉冲干扰可看成一个突然上升又按指数规律下降的尖脉冲。分析表明，干扰的振幅与频率有一定的关系，脉冲干扰的影响在频率较高时比频率低时弱得多。另外，接收机的通频带较窄时，通过的脉冲干扰的能量小，从而使干扰的影响减弱。因此，电气干扰对中波波段的影响较大，随着接收机的工作波段进入短波、超短波（工作频率在20MHz以上），这类干扰的影响就显著下降。

为了克服电气干扰，最好在产生干扰的地方进行抑制。例如，在电气开关、电动机火花系统的接触处并联一个电阻和电容，以减小火花作用，或在干扰源处加接防护滤波器，除此以外，还可以把产生干扰的设备，加以良好的屏蔽来减小干扰的辐射作用。

目前，我国对有关电气设备所产生的干扰电平都有严格的规定。为了避免沿电力线传播的干扰进入用交流电作为电源的接收机和测量仪器，通常对输入这些设备的交流电进行滤波，如图3-21所示。

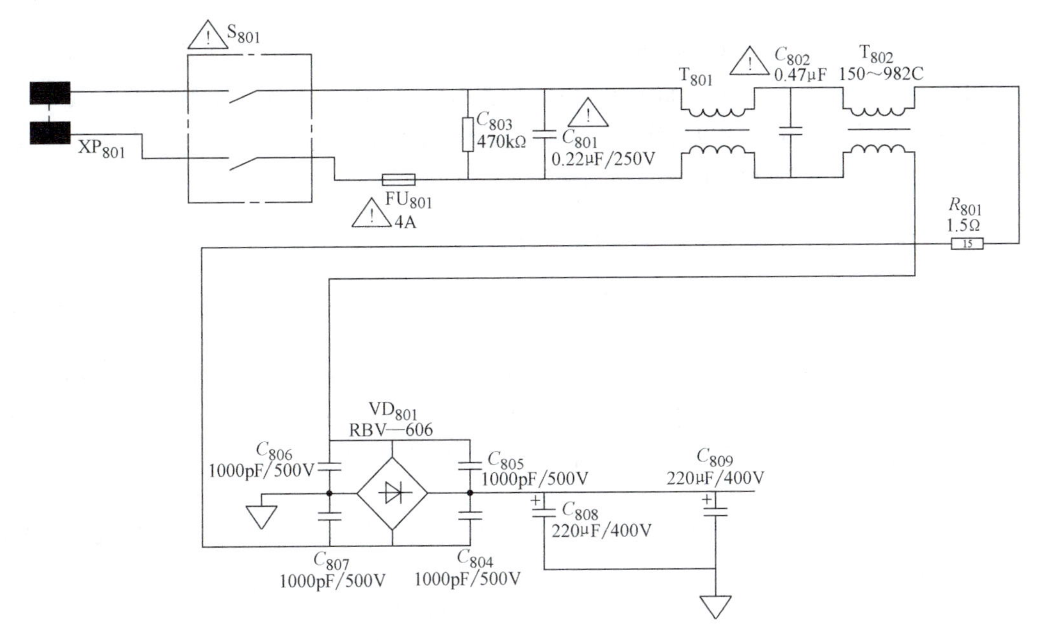

图3-21 某接收机电源线滤除脉冲干扰的装置

图3-21中的T_{801}和T_{802}是低通滤波线圈，可以通过50Hz交流电但对高频脉冲干扰有很大阻抗，它们与电容C_{801}、C_{802}构成π形滤波网络，可以滤除电源线的脉冲干扰，滤除脉冲干扰后的50Hz交流电再送到接收机的整流滤波电路。

本章小结

1. 高频小信号放大器是对微弱高频信号进行不失真放大的功能电路。它有增益、通频带、选择性（矩形系数）、稳定性和噪声系数共5项技术指标。

2. 谐振放大器是用*LC*谐振回路作负载的放大器，谐振放大器既有放大作用又有选频作用。谐振放大器的幅频特性曲线与所用*LC*谐振回路相同。单调谐放大器选择性较差，双调谐放大器选择性较好。为实现阻抗匹配，提高电压增益，减少晶体管输入、输出参数对回路谐振特性的影响，谐振回路与信号源和负载的连接通常采用部分接入方式。

3. 分析高频小信号谐振放大器时，常采用y参数等效电路，y参数不仅与静态工作点有关，而且还是工作频率的函数。混合π形等效电路是把晶体管内的复杂物理结构用集中参

数元件 RC 来表示的等效电路，也是分析高频小信号放大器的常用电路。

4. 线性宽频带集成电路能对高频小信号进行高增益、高稳定性地放大，它与选频电路结合就组成集成电路选频放大器。它对选频电路的频率特性要求较高，选频电路除了常用的 LC 谐振回路外，还广泛使用陶瓷滤波器、声表面波滤波器等集中滤波器。集成电路和集中滤波器组成的高频小信放大器，其性能指标优于分立元器件组成的多级谐振放大器，而且调试简单。

5. 内部噪声影响信号的接收和处理，内部噪声主要有电阻热噪声、晶体管噪声等。噪声系数是衡量放大器及线性电路性能的重要指标。在多级放大器中，前端放大器的性能对总噪声系数影响最大，因此要特别注意降低第 1、2 级的噪声系数，提高第 1 级的额定功率增益。

6. 外部干扰的类型及其抑制。干扰是指妨碍电子设备或系统正常工作的有害电磁波。干扰一般分为自然干扰和人为干扰两类。自然干扰有天电干扰、宇宙干扰和大地干扰等。人为干扰主要有电气干扰和无线电台干扰。提高接收机的选择性可减少无线电台干扰，电气干扰可以通过对输入设备的交流电进行滤波来抑制。

习题与思考题

3.1　晶体管 3DG6C 的特征频率 $f_T = 250\text{MHz}$，$\beta_0 = 100$，求 $f = 1\text{MHz}$、10MHz 和 50MHz 时该管的 β 值。

3.2　说明 f_β、f_T、f_α 的物理意义，并分析说明它们之间的大小关系。

3.3　为什么高频小信号谐振放大器中要考虑阻抗匹配？如何实现阻抗匹配？常用哪些连接方式？

3.4　单调谐放大器和双调谐放大器各有什么优缺点？

3.5　为什么晶体管在高频工作时要考虑单向化，而在低频时可不必考虑？如何实现单向化？

3.6　共射-共基级联放大器有何特点？它的性能如何？

3.7　图 3-22 是一个单调谐放大器。设工作频率 $f_0 = 30\text{MHz}$，晶体管用 3DG47 型高频管，在工作条件下，其 y 参数如下：

$$g_{ie} = 1.2\text{mS} \qquad C_{ie} = 12\text{pF}$$
$$g_{oe} = 400\mu\text{S} \qquad C_{oe} = 9.5\text{pF}$$
$$|y_{fe}| = 58.3\text{mS} \qquad \varphi_{fe} = -22^\circ$$
$$|y_{re}| = 310\mu\text{S} \qquad \varphi_{re} = -88.8^\circ \qquad (\text{计算时可设 } y_{re} = 0)$$

回路电感 $L = 1.4\mu\text{H}$；接入系数 $p_1 = 1$，$p_2 = 0.3$；回路空载品质因数 $Q_0 = 100$。求单级谐振放大器谐振时的电压增益 A_{u0}、通频带 $BW_{0.7}$ 以及回路电容 C 是多少时才能使回路谐振？

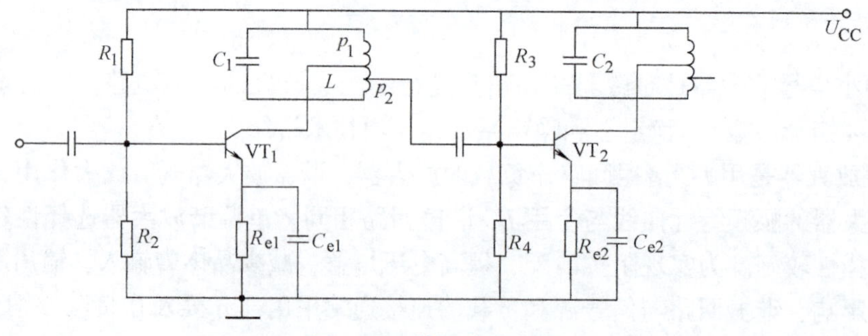

图 3-22　单调谐放大器

3.8　图3-5所示单调谐放大器，工作频率$f_0=10.7\text{MHz}$，调谐回路电感$L_{13}=4\mu\text{H}$，$Q_0=100$，$N_{13}=20$匝，$N_{23}=5$匝，$N_{45}=5$匝。所用晶体管3DG39在工作条件下的参数如下：

$$g_{ie}=2860\mu\text{S}\qquad C_{ie}=18\text{pF}$$
$$g_{oe}=200\mu\text{S}\qquad C_{oe}=7\text{pF}$$
$$|y_{fe}|=45\text{mS}\qquad \varphi_{fe}=-54°$$

设$y_{re}=0$，求单级谐振放大器的电压增益、功率增益、通频带和矩形系数。如采用三级相同放大器级联，求三级级联放大器的电压增益、通频带和矩形系数。

3.9　放大器的内部噪声是如何产生的？对于多级级联放大器或接收机应如何控制总噪声系数？

3.10　一个电阻阻值为10kΩ，在温度为27℃，工作通频带为10MHz情况下工作，试计算它两端产生的噪声电压（有效值）。

3.11　晶体管噪声和场效应晶体管噪声的主要来源有哪些？为什么场效应晶体管内部噪声较小？

3.12　集成电路选频放大器有何特点？如何构成？

3.13　什么是噪声系数？如何降低多级级联放大器的总噪声系数？

3.14　噪声有哪些类型？如何降低噪声的影响？

3.15　信噪比是（　　　　　　　　　　　　　　　　　　　　）。

3.16　高频放大器按负载形式可分为（　　　　　）放大器和（　　　　　）放大器。

3.17　衡量选择性指标有（　　　　　）和（　　　　　）。

3.18　小信号调谐放大器当回路本身有损耗时，使功率增益（　　　　　），称为（　　　　　）。

3.19　小信号调谐放大器的主要技术指标有（　　　　　）、（　　　　　）、（　　　　　）、（　　　　　）和（　　　　　）。

3.20　在集成电路中，展宽高频小信号放大器通频带的方法有（　　　　　）和（　　　　　）。

3.21　晶体管高频等效电路与低频等效电路不同的是，高频必须考虑（　　　　　）。

3.22　小信号调谐放大器负载采用（　　　　　）电路，作用是（　　　　　）。

3.23　小信号调谐放大器不稳定的根本原因是（　　）。

A. 通频带太窄　　B. 增益太大

C. 晶体管$C_{b'c}$的反馈作用　　D. 谐振曲线太尖锐

3.24　白噪声是指（　　）。

A. 整个频段具有不同的频谱

B. 白色光引起的噪声

C. 整个频段具有均匀频谱的起伏噪声

D. 功率谱密度等于零的噪声

3.25　在电路参数相同的情况下，双调谐回路放大器的通频带与单调谐回路放大器的通频带相比（　　）。

A. 增大　　B. 减小　　C. 相同　　D. 无法确定

3.26　f_T是指（　　）。

A. 晶体管失去电流放大能力的频率

B. 当频率升高时，β的模值下降到1时的频率

C. 当频率升高时，β的模值下降到$\frac{1}{\sqrt{2}}\beta$时的频率

D. 当频率升高时，β的模值下降到$\frac{1}{\sqrt{2}}\beta$时的频率

3.27　多级单调谐回路放大器的级数越多，矩形系数就越（　　）。

A. 小　　B. 不变　　C. 大　　D. 不确定

3.28　对于双调谐回路放大器，谐振曲线在 $\eta>1$ 时会出现什么现象？(　　)

A. 谐振曲线达到最大值

B. 谐振曲线顶部凹陷

C. 谐振曲线的值等于零

D. 谐振曲线顶部变成一条直线

3.29　小信号调谐放大器的回路失配损耗，使功率增益（　　）。

A. 不变　　B. 上升　　C. 下降　　D. 等于零

3.30　选择性是指放大器从各种不同频率的信号中选出有用信号，抑制干扰信号的能力。(　　)

3.31　噪声电压与通频带宽度有关，接收机或放大器的带宽增大时，各种内部噪声减小。(　　)

3.32　降低放大器的工作温度可以减小热噪声。(　　)

3.33　放大器的增益与通频带存在矛盾，增益越高，通频带越窄。(　　)

第4章 正弦波振荡器

4.1 概述

很多电子通信设备中都需要使用正弦波，例如无线电发送设备需要高频载波，无线电接收设备需要本振信号，它们都是由正弦波振荡器所产生的。

振荡器（oscillator）和放大器一样，也是一种能量变换器，所不同的是振荡器无需外加输入信号，本身就能自动地将直流电能转换为特定频率、波形和幅度的交变电能输出。

振荡器的种类很多，根据产生振荡波形的不同，可分为正弦波振荡器和非正弦波振荡器。前者输出正弦波信号，后者输出矩形波、三角波和锯齿波等脉冲信号。正弦波振荡器按工作原理的不同，又可分为反馈型振荡器和负阻型振荡器。前者是在放大电路中引入正反馈，当正反馈足够强时，放大器就变成了振荡器；后者是将一个具有负阻特性的有源器件与谐振回路直接相连构成的振荡电路。为了得到一定频率的正弦波输出信号，在反馈型振荡电路中必须具有选频网络。根据选频网络所用元件的不同，正弦波振荡器又可分为 *LC* 振荡器、*RC* 振荡器和晶体振荡器等类型。本章主要讨论反馈型正弦波振荡器，此外对寄生振荡进行简要介绍。

正弦波振荡器广泛应用于各种电子设备中，特别是在通信系统中起着重要作用，如在无线电发送设备中，产生载波信号；在接收设备中，产生本振信号。在电子测量设备中也需要各种频率的正弦波振荡器。

实际应用中，对正弦波振荡器的要求是振荡频率和振荡幅度的准确性和稳定性，尤其是振荡频率的稳定性更为重要。晶体振荡器具有较高的频率稳定性，因此应用日益广泛。

4.2 反馈型振荡器的原理

4.2.1 反馈型振荡器的组成

利用正反馈方法获得等幅正弦波振荡的原理可用图 4-1 来说明。

在图 4-1 中，如果不接反馈网络，在放大电路输入端加上输入信号 $\dot{U}_i$，放大电路就有输出信号 $\dot{U}_o$，没有输入信号也就没有输出信号。现让输出信号 $\dot{U}_o$ 通过反馈网络产生反馈信号 $\dot{U}_f$，如果 $\dot{U}_f$ 的大小和相位与 $\dot{U}_i$ 一致，那么可以断开输入信号 $\dot{U}_i$，接上反馈信号

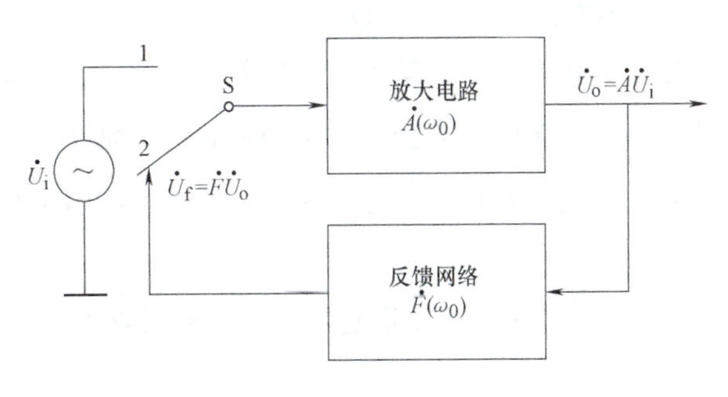

图 4-1 反馈型振荡器的原理

$\dot{U}_f$，即开关由1变换到2，就不会引起输出信号$\dot{U}_o$的变化，这样放大器就变成了振荡器。为了得到某一固定频率的正弦波振荡信号，电路中应具有选频网络。反馈型振荡器由选频网络和正反馈放大电路组成。选频网络可设置在放大电路$\dot{A}(\omega_0)$中，也可设置在反馈网络$\dot{F}(\omega_0)$中。

4.2.2　起振过程与起振条件

1. 起振过程

如上所述，反馈型振荡器是把反馈信号电压作为输入信号电压，那么最初的输入信号电压是怎么得来的呢？换句话说，振荡器是如何起振的呢？这个问题可以进行如下解释：在接通直流电源的瞬间，在电路的各部分中，将引起电扰动。这些电扰动是接通电源瞬间引起的电流突变或是管子和回路的固有噪声，由于振荡电路是一个闭环正反馈系统，不管电扰动最初发生在电路的哪个部分，最终要传到放大器输入端成为最初的输入信号电压。这些电扰动具有极宽的频率范围，由于选频网络的选频作用，只有频率等于选频网络谐振频率的分量得到放大，其余频率成分被抑制掉。放大后的角频率为ω_0分量的信号，通过反馈又回送到放大器的输入端，成为第二次输入信号，完成一次循环。经过一次循环后的输入信号与最初的输入信号相比，不仅相位相同，而且幅度也增大了。第二次循环随即开始，如此重复，一直继续下去。经过上述放大—反馈—再放大—再反馈的循环过程，角频率为ω_0的输出信号电压迅速增大，自激振荡就建立起来了。

2. 起振条件

振荡起始时，电扰动激起的振荡是微弱的，为了使振荡电压的振幅不断增长，必须使对LC回路的能量补充大于回路本身的能量损失，即使反馈到放大器输入端的信号电压大于原来输入端的信号电压。由图4-1可知，为使输出电压$\dot{U}_o$不断增长，必须使$\dot{U}_f > \dot{U}_i$。因为$\dot{U}_f = \dot{F}(\omega_0)\dot{U}_o = \dot{A}(\omega_0)\dot{F}(\omega_0)\dot{U}_i$，所以起振条件是

$$\dot{A}(\omega_0)\dot{F}(\omega_0) = \dot{T}(\omega_0) > 1 \tag{4-1}$$

式中，$\dot{A}(\omega_0)$是放大器的增益；$\dot{F}(\omega_0)$是反馈系数；$\dot{T}(\omega_0)$是环路增益。

式(4-1)也可分别写成

$$T(\omega_0) > 1 \tag{4-2}$$

$$\varphi(\omega_0) = 2n\pi \ (n = 0, 1, 2, \cdots) \tag{4-3}$$

式(4-2)和式(4-3)分别称为振幅起振条件和相位起振条件。

4.2.3　振荡平衡过程与平衡条件

振荡器起振以后，输出信号的幅值不可能无止境地增长下去，随着振荡幅度的增大，放大器逐渐由放大区过渡到饱和区或截止区，放大器的增益$\dot{A}(\omega_0)$迅速下降，当下降到一定程度时，导致环路增益$\dot{T}(\omega_0) = 1$，即在每一次循环中，反馈电压$\dot{U}_f$恰好等于循环开始时的输入电压$\dot{U}_i$，达到平衡状态，振荡幅度将不再增长。此时，在每个振荡周期中，直流电源补充给LC振荡回路的能量刚好等于回路损耗的能量，以维持等幅振荡，所以反馈振荡的平衡条件为

$$\dot{T}(\omega_0) = 1 \tag{4-4}$$

又可分别写成

$$T(\omega_0)=1 \tag{4-5}$$

$$\varphi(\omega_0)=2n\pi\ (n=0,1,2,\cdots) \tag{4-6}$$

式(4-5) 和式(4-6) 分别称为振幅平衡条件和相位平衡条件。

4.2.4　振荡器平衡状态的稳定条件

振荡器的稳定平衡，是指在外因作用下，如电源电压波动、温度变化和噪声干扰等，引起振荡器在平衡点附近建立起新的平衡状态，一旦外因消失，它又能自动地恢复到原来平衡状态的能力。稳定条件分为振幅稳定条件和相位稳定条件两种，下面分别进行讨论。

1. 振幅平衡的稳定条件

如前所述，由振幅起振条件知，要求振荡器的环路增益 $T(\omega_0)$ 随 U_i 增大应具有图4-2所示的特性。

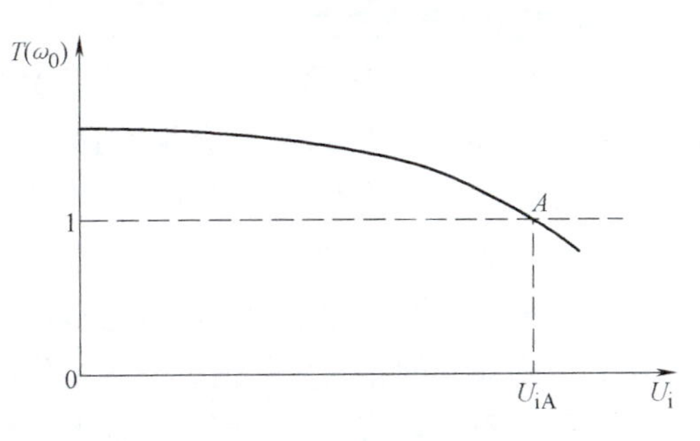

图4-2　满足起振条件的环路增益

当 $U_i=U_{iA}$，即 $T(\omega_0)=1$ 时，振荡器达到了振幅平衡状态。要使振荡幅度稳定，振荡器在平衡点 A 要求有阻止振荡幅度变化的能力，即在 $U_i=U_{iA}$ 附近，当 U_i 增大时，环路增益 $T(\omega_0)$ 应该减小，使反馈电压 U_f 减小，阻止 U_i 增大；反之，当 U_i 减小时，$T(\omega_0)$ 应该增大，使 U_f 增大，从而阻止 U_i 下降。即要求在平衡点 A 附近，$T(\omega_0)$ 随 U_i 的变化率为负值，则

$$\left.\frac{\partial T(\omega_0)}{\partial U_i}\right|_{U_i=U_{iA}}<0 \tag{4-7}$$

式(4-7) 称为振幅稳定条件。由于反馈网络为线性网络，即反馈系数不随 U_f 变化，故振幅稳定条件又可写为

$$\left.\frac{\partial A(\omega_0)}{\partial U_i}\right|_{U_i=U_{iA}}<0 \tag{4-8}$$

式(4-8) 说明，在反馈型振荡器中，要求放大器的增益随振荡幅度的增长而下降，振幅才能处于稳定状态。工作于非线性的晶体管正好具有这一特性，因此具有稳定振荡器振幅的功能。

2. 相位平衡的稳定条件

相位稳定条件是指相位平衡条件被破坏时，电路本身应能重新建立起相位平衡的条件。实质上，相位稳定条件和频率稳定条件是一回事。因为相位的变化必然引起频率的变化 $\left(\omega=\frac{\mathrm{d}\varphi}{\mathrm{d}t}\right)$，相位超前导致频率升高，相位滞后导致频率降低，所以频率随相位的变化关系可表示为

$$\frac{\mathrm{d}\omega}{\mathrm{d}\varphi}>0 \tag{4-9}$$

为了保持相位平衡点的稳定，振荡器本身应具有恢复相位平衡的能力。也就是说，在振荡频率发生变化的同时，振荡电路中应能产生一个新的相位变化以抵消由于外界因素引起的变化，因而二者符号应该相反，即相位稳定条件为

$$\left.\frac{\partial\varphi_{\mathrm{T}}}{\partial\omega}\right|_{\omega=\omega_0}<0 \tag{4-10}$$

式(4-10) 称为相位稳定条件。振荡器选频网络采用并联谐振回路，它的相频特性曲线如图4-3所示。

由图4-3可见，在谐振点附近具有负斜率，正好满足相位稳定条件的要求。

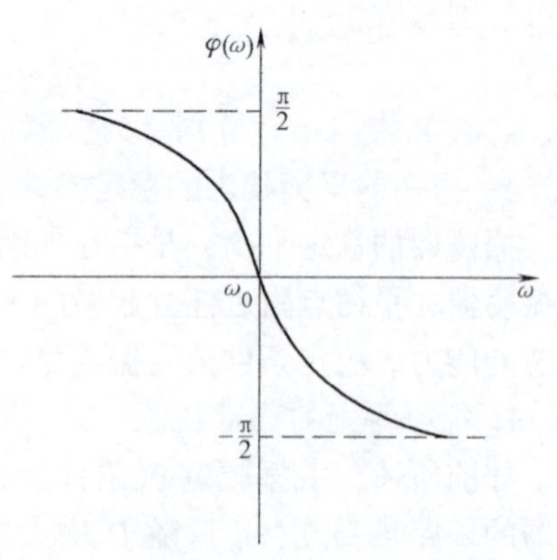

图4-3　并联谐振回路的相频特性曲线

4.2.5　振荡器的频率稳定度

1. 频率稳定度的定义

频率稳定度是振荡器的一个极其重要的性能指标，如在通信系统中频率不稳会影响通信的可靠性，在测量仪器中频率不稳会引起测量误差等。频率稳定度是指在一定时间间隔内，频率变化的相对值。根据所取时间间隔的不同，频率稳定度分为长期、短期和瞬间稳定度3种。长期稳定度指一天乃至几个月以内频率的相对变化值，它主要取决于元器件的老化特性。短期稳定度一般指一天以内频率的相对变化值，外界因素引起的变化大都属于这一类。瞬间稳定度指秒或毫秒内频率的随机变化值，它通常与元器件内部的噪声有关。

2. 提高频率稳定度的措施

在未采取任何措施时，LC 振荡器的频率稳定度为 10^{-3}左右，这样的稳定度往往不能满足要求，必须采取适当的措施，以提高稳定度。主要措施有以下两种。

(1) 减少外界因素变化的影响　减少外界因素变化影响的措施很多，例如，可将振荡器置于恒温槽中，以减少温度变化的影响；采用高稳定度的直流稳压电源供电，减少电源电压波动的影响；采用屏蔽，减少外界电磁场变化的影响；采用密封工艺，减少大气压力和湿度变化的影响；在负载和振荡器之间加接射极跟随器作为缓冲，减少负载变化的影响等。

(2) 提高振荡回路的标准性　提高频率稳定度，除减少外界因素变化的影响外，还要对振荡电路本身采取措施。提高振荡回路的标准性，就是指在外界因素变化时，保持振荡回路振荡频率不变的能力。振荡回路的标准性越高，频率稳定度就越高。提高振荡回路的标准性可采用如下措施：

1) 采用参数稳定的电感和电容。例如，在高频陶瓷骨架上采用烧渗银法制成电感线圈，采用热膨胀系数小的材料作可变电容的极板。此外，可采用性能稳定的固定电容，如云母电容、高频陶瓷电容等。

2) 采用温度补偿法。选择合适的具有不同温度系数的电感和电容，同时接入振荡回路，从而使因温度变化引起的电感和电容值的变化相互抵消，使回路总电抗量变化减小。

3) 改进安装工艺，缩短引线，合理布局元器件，减小分布电容和分布电感及其变化量。

4) 采用固体谐振器。例如，采用石英谐振器代替 LC 谐振电路。

5) 减弱振荡管与振荡回路的耦合。采用晶体管部分接入振荡回路，减小振荡管与振荡回路的耦合，能有效地提高回路的标准性。克拉泼和西勒振荡电路就是按这一思想设计的，因此具有较高的频率稳定度。

4.3　LC 振荡器

LC 振荡器的选频网络是由电感 L 和电容 C 组成的并联谐振电路，按其反馈方式不同，LC 振荡器可分为互感耦合式振荡器、电感反馈式振荡器和电容反馈式振荡器 3 种类型，其中后两种通常称为三点式振荡器。LC 振荡器可用来产生几十千赫兹到几百兆赫兹的正弦波信号。

4.3.1　互感耦合式振荡器

互感耦合式振荡器有 3 种形式：调集型电路、调基型电路和调发型电路。它们根据振荡回路是接在集电极、基极还是发射极来区分的。图 4-4 所示为调集型互感耦合式振荡器。

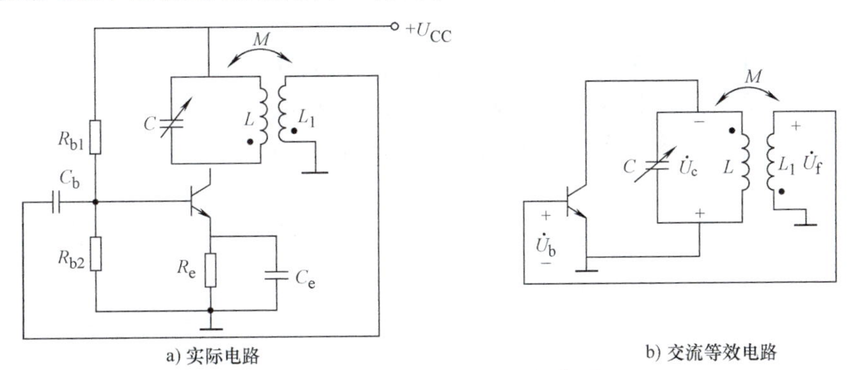

a) 实际电路　　b) 交流等效电路

图 4-4　调集型互感耦合式振荡器

图 4-4a 所示实际电路中 LC 组成谐振回路，L_1 是反馈线圈，R_{b1}、R_{b2}、R_e 为偏置电阻，C_b、C_e 为隔直与旁路电容，起振时 R_e 上产生自偏电压，起稳幅作用。由图 4-4b 所示交流等效电路可以看出，在 LC 回路谐振时，晶体管集电极负载为纯电阻，在基极加信号 $\dot{U}_b$，集电极输出电压 $\dot{U}_c$ 与 $\dot{U}_b$ 反相，根据图中互感线圈所示同名端位置，反馈电压 $\dot{U}_f$ 与 $\dot{U}_c$ 反相，故 $\dot{U}_f$ 与 $\dot{U}_b$ 同相，为正反馈，满足相位起振条件。只要适当选择静态工作点、LC 回路谐振电阻和反馈线圈的匝数，振幅起振条件也很容易满足。

在画图 4-4b 所示的交流等效电路时，只需画出与振荡有关的 LC 元件和晶体管，偏置电阻和隔直与旁路电容无需画出。交流等效电路可使复杂的实际电路简化，在判断振荡类型和能否起振时比较方便。

图 4-5 和图 4-6 分别画出了调基型和调发型电路。接线时必须注意同名端的位置以满足自激振荡的相位条件。由于基极和发射极之间的输入阻抗较小，为避免回路 Q 值降低过多，故在两电路中晶体管与振荡回路间采用部分接入耦合。

调集型电路在高频输出方面比其他两种电路稳定，而且幅度大，谐波成分小。调基型电路的振荡频率在较宽的范围内变化时，振荡幅度比较平稳。互感耦合式振荡器在调整反馈时，基本不影响振荡频率，但由于分布电容的影响，限制了振荡频率的提高，一般适合于较低频段。

4.3.2　三点式振荡器

1. 电路组成法则

三点式振荡器是指 LC 谐振回路的 3 个端点与晶体管的 3 个电极分别相连构成的一种振

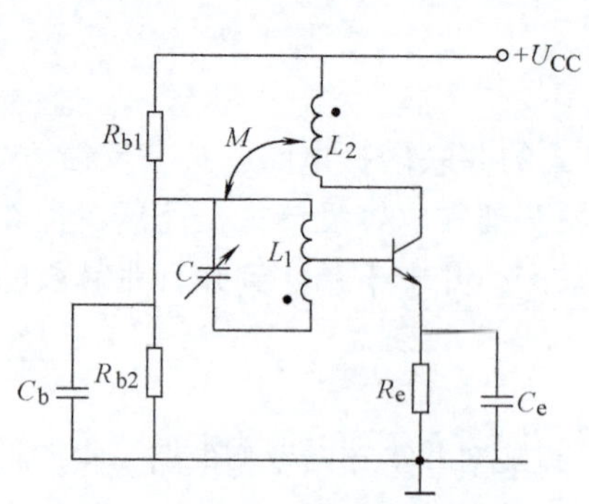

图 4-5　调基型互感耦合式振荡器

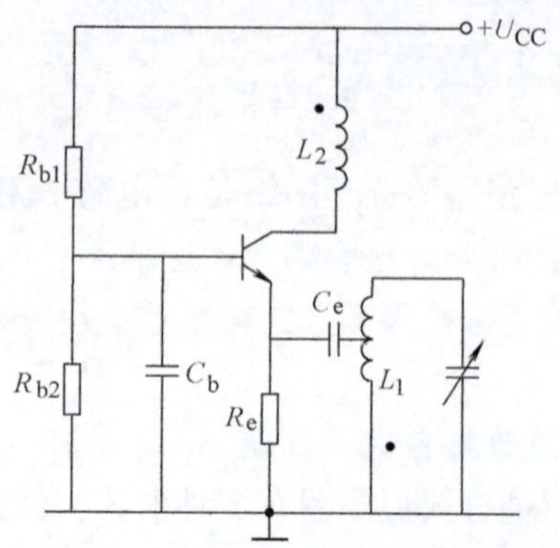

图 4-6　调发型互感耦合式振荡器

荡电路。图 4-7 所示是三点式振荡器的原理图。当回路元件的损耗电阻很小，可忽略不计时，图中 Z_1、Z_2、Z_3 可换成纯电抗 X_1、X_2、X_3。显然，要产生振荡，必须满足下列条件：

$$X_1+X_2+X_3=0 \tag{4-11}$$

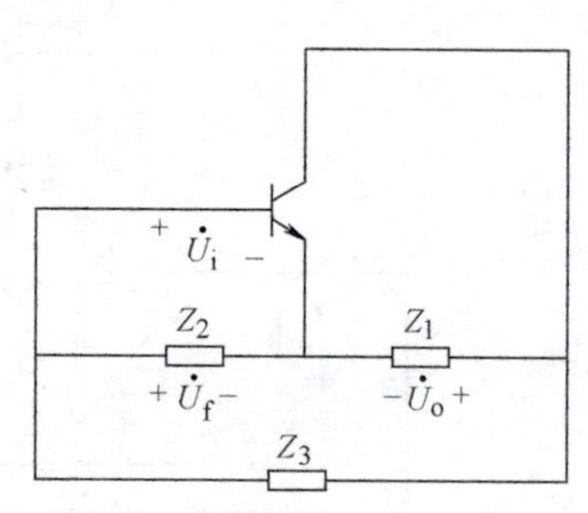

图 4-7　三点式振荡器的原理图

另外，为满足振荡的相位条件，$\dot{U}_f$与$\dot{U}_o$应反相，即要求$\dfrac{\dot{U}_f}{\dot{U}_o}<0$，而

$$\frac{\dot{U}_f}{\dot{U}_o}=\frac{X_2}{X_2+X_3}=-\frac{X_2}{X_1}$$

所以

$$\frac{-X_2}{X_1}<0 \tag{4-12}$$

由式(4-12) 可以看出，X_1、X_2 必须为同性电抗，另外，为满足式(4-11)，X_3 与 X_1、X_2 的电抗性质应相反。由以上分析可得出以下结论：对三点式振荡器，为满足振荡的相位条件，与晶体管发射极相连的两个电抗元件必须为同性，另一个电抗元件为异性，这就是三点式振荡器的相位判断法则。

2. 电感三点式振荡器（哈特莱振荡器）

哈特莱振荡器（Hartley oscillator）的实际电路如图 4-8 所示。

由图 4-8b 可见，C 和 L_1、L_2 构成谐振回路，谐振回路的 3 个端点分别与晶体管的 3 个电极相连，符合三点式振荡器的组成法则，由于反馈信号$\dot{U}_f$由电感线圈 L_2 上取得，故称为电感三点式振荡器。

电路的振荡频率可由振荡器的相位平衡条件求得，它取决于谐振回路的参数（忽略晶体管内参数的影响），由式(4-11) 和式(2-21) 可得

$$f_0\approx\frac{1}{2\pi\sqrt{(L_1+L_2+2M)C}} \tag{4-13}$$

式中，L_1、L_2 分别为线圈两部分的电感；M 为线圈两部分之间的互感。

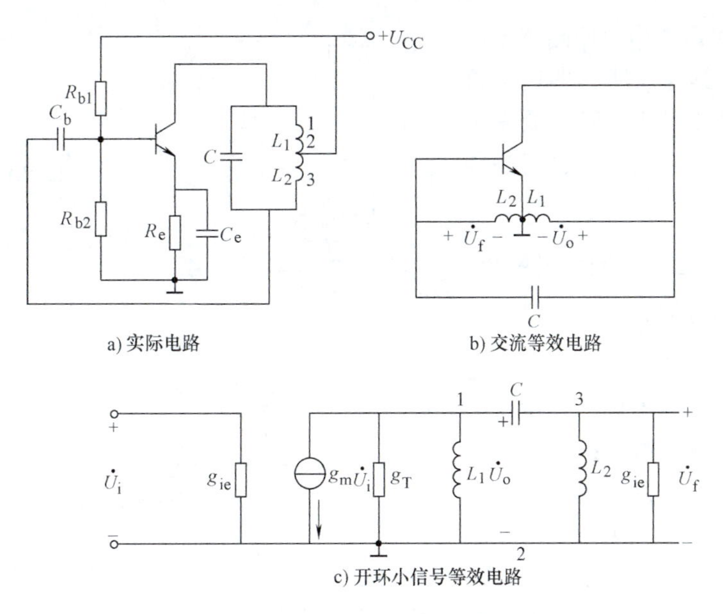

a) 实际电路　　b) 交流等效电路

c) 开环小信号等效电路

图 4-8　电感三点式振荡器

起振条件可由图 4-8c 所示开环小信号等效电路求得。图中，略去晶体管的输出电容和输入电容的影响，并设 $1/g_{ie} \gg \omega_0 L_2$。当振荡频率不十分高时，略去晶体管正向传输导纳的相移，y_{fe} 可近似认为等于 g_m。g_T 为考虑晶体管的输出电导 g_{oe} 的影响后，回路 1、2 两端的等效谐振电导。由此得到增益 $A(\omega_0)$ 和反馈系数 $F(\omega_0)$ 分别为

$$A(\omega_0)=\frac{U_o}{U_i}=-\frac{g_m}{g_T}$$

$$F(\omega_0)=\frac{U_f}{U_o}=-\frac{L_2+M}{L_1+M} \tag{4-14}$$

因此，振荡器的振幅起振条件为

$$A(\omega_0)F(\omega_0)=\frac{g_m}{g_T}\times\frac{L_2+M}{L_1+M}>1$$

即

$$g_m>g_T\frac{L_1+M}{L_2+M} \tag{4-15}$$

式中，$g_m=\dfrac{I_{EQ}(\mathrm{mA})}{26(\mathrm{mV})}$，$I_{EQ}$ 为振荡器的静态工作点电流。

电感三点式振荡器的优点是：①由于 L_1 和 L_2 之间存在互感，起振容易。②调整回路电容改变振荡频率时，反馈系数不变，不影响振荡幅度。它的主要缺点是：反馈支路为电感，对 LC 回路中的高次谐波反馈电压大，振荡器的输出波形不好。另外，晶体管的极间电容与回路电感并联，在振荡频率高时，可能改变电抗性质，破坏起振条件而不能振荡，所以其工作频率没有电容三点式振荡器高。

3. 电容三点式振荡器（考毕兹振荡器）

图 4-9a 所示是考毕兹振荡器（Colpitts oscillator）的典型电路。

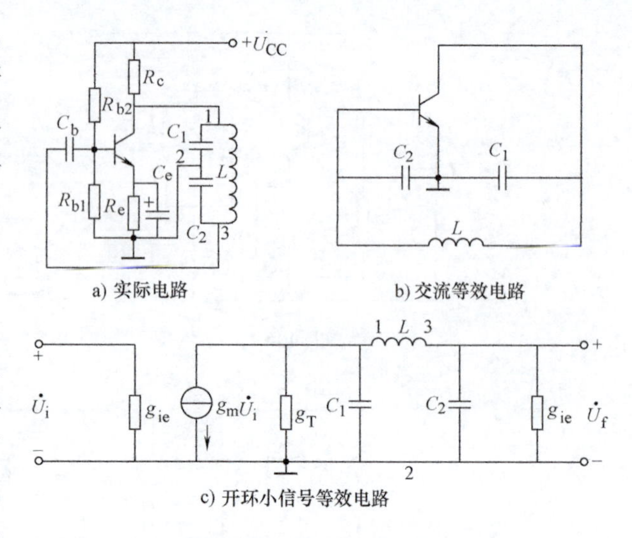

a) 实际电路　　b) 交流等效电路

c) 开环小信号等效电路

图 4-9　电容三点式振荡器

由图 4-9b 可以看出，回路三个电抗元件的种类及其与晶体管的连接符合三点式振荡器的组成法则，故满足相位起振条件。振荡频率（忽略晶体管内参数的影响）为

$$f_0 \approx \frac{1}{2\pi\sqrt{L\dfrac{C_1C_2}{C_1+C_2}}} \tag{4-16}$$

由图 4-9c 所示小信号交流等效电路，可求得振幅起振条件。图中，略去晶体管正向传输导纳的相移，y_{fe} 可近似认为等于 g_m。因晶体管的输出电容 C_{oe} 和输入电容 C_{ie} 均比 C_1、C_2 小得多，可将它们包括在 C_1、C_2 中。在谐振回路 1、2 端考虑 g_{oe} 和 R_c 影响后的等效电导为 g_T，并设 $g_{ie} \ll \omega_0 C_2$，可得电压放大增益 $A(\omega_0)$ 和反馈系数 $F(\omega_0)$ 分别为

$$A(\omega_0)=\frac{U_o}{U_i}=-\frac{g_m}{g_T}$$

$$F(\omega_0)=-\frac{C_1}{C_2} \tag{4-17}$$

由此可得出电容三点式振荡器的振幅起振条件为

$$A(\omega_0)F(\omega_0)=\frac{g_mC_1}{g_TC_2}>1 \tag{4-18}$$

因此，起振时所需晶体管的 g_m 为

$$g_m>\frac{g_TC_2}{C_1} \tag{4-19}$$

式中，$g_m=\dfrac{I_{EQ}(\text{mA})}{26(\text{mV})}$，$I_{EQ}$ 为振荡器的静态工作点电流。如果 C_1/C_2 增大，则 $F(\omega_0)$ 增大，有利于起振，但它会使 C_{ie} 对回路影响增大，回路 Q 值因此下降，等效谐振电导增大，不利于起振。一般取 $C_1/C_2=0.1\sim0.5$。为保证振荡有一定的稳定振幅值，起振时的回路增益一般取 3 ~ 5。

电容三点式振荡器与电感三点式振荡器相比，其优点是输出波形好。主要原因是电容三点式反馈支路为电容性，对高次谐波为低阻抗，反馈弱，输出谐波成分少，波形接近于正弦波。其次，晶体管的极间电容与回路并联，适当加大回路电容可以减小晶体管极间电容的不稳定性对振荡频率的影响，提高了频率稳定度。当工作频率很高时，可直接利用晶体管的输入、输出电容作为回路电容，所以电容三点式振荡电路可以获得较高的工作频率。

电容三点式振荡器的主要缺点是：调 C_1 或 C_2 改变振荡频率时，影响反馈系数，振荡幅度会发生变化。改进方法是在 L 两端并上一个可变电容 C_3，C_1、C_2 取固定值，调 C_3 改变振荡频率，则反馈系数基本不变。

4. 两种改进型电容三点式振荡器

（1）克拉泼振荡器　图4-10a所示是克拉泼（Clapp）振荡器的实际电路，图4-10b是其等效电路。它是在图4-9所示电容三点式振荡器的电感支路中串入一个可变电容 C_3 得到的。只要 L 和 C_3 串联等效为电感性，该电路仍然是一个电容三点式振荡器。

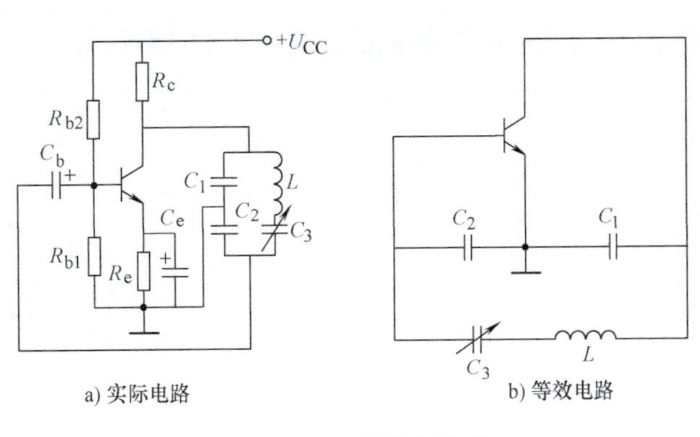

图4-10　克拉泼振荡器

克拉泼振荡器的振荡频率为

$$f_0 = \frac{1}{2\pi\sqrt{L\dfrac{C_1C_2C_3}{C_1C_2 + C_2C_3 + C_1C_3}}} \tag{4-20}$$

当 C_3 远小于 C_1 和 C_2 时，有

$$f_0 \approx \frac{1}{2\pi\sqrt{LC_3}} \tag{4-21}$$

式(4-21)表明，如果电容 C_3 取得远小于 C_1、C_2，那么 C_1 和 C_2 对频率的影响大大减小，与 C_1、C_2 并联的晶体管极间电容的影响也就大大减小了。

由图4-10b可见，晶体管与回路的接入系数 p 为

$$p = \frac{\dfrac{1}{C_1}}{\dfrac{1}{C_1} + \dfrac{1}{C_2} + \dfrac{1}{C_3}} \approx \frac{C_3}{C_1} \ll 1 \tag{4-22}$$

因此，晶体管对回路的影响很小，说明频率稳定度高。

最后指出，克拉泼振荡器是通过调整 C_3 来改变振荡频率的，由式(4-22)可看出，C_3 改变，接入系数 p 改变，放大器输出负载的谐振阻抗将随之改变，放大器的增益也改变。调整振荡频率时，可能由于 C_3 过小，振荡器会因为不满足振幅起振条件而停振。所以，克拉泼振荡器只适用于固定频率或波段很窄的场合，其频率覆盖系数一般只有1.2～1.5。

例4.1　图4-10所示克拉泼振荡器中，已知 $L = 1.6\mu H$，$C_1 = 51pF$，$C_2 = 200pF$，$C_3 = 3 \sim 10pF$。试求振荡器的振荡频率范围。

解： 由式(4-20)得克拉泼振荡器的振荡频率为

$$f_0 = \frac{1}{2\pi\sqrt{L\dfrac{C_1C_2C_3}{C_1C_2 + C_2C_3 + C_1C_3}}}$$

当 $C_3 = 3pF$ 时，把数值代入上式可算得

$$f_{01} = 7.53 \times 10^6 Hz = 7.53MHz$$

当 $C_3 = 10pF$ 时，把数值代入上式可算得

$$f_{02} = 4.44 \times 10^6 Hz = 4.44MHz$$

则克拉泼振荡器的振荡频率范围为4.44～7.53MHz。

（2）西勒振荡器　西勒（Seiler）振荡器是在克拉泼振荡器的基础上，在电感线圈两端

并联一个可变电容 C_4 构成的，如图 4-11 所示。

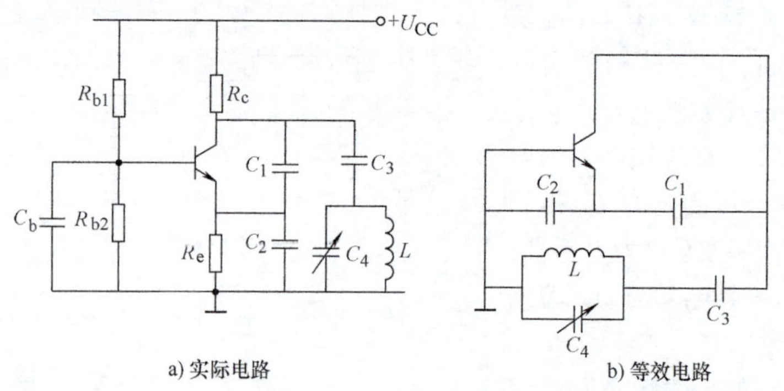

图 4-11 西勒振荡器

西勒振荡器的振荡频率为

$$f_0=\frac{1}{2\pi\sqrt{\left(C_4+\dfrac{1}{\dfrac{1}{C_1}+\dfrac{1}{C_2}+\dfrac{1}{C_3}}\right)L}}\approx\frac{1}{2\pi\sqrt{L(C_4+C_3)}} \tag{4-23}$$

接入系数的大小与克拉泼振荡器相同，由于西勒振荡器通过调整 C_4 改变频率，C_4 的改变不影响接入系数 p，故西勒振荡器适用于较宽波段的场合，其频率覆盖系数可达 1.6~1.8。

例 4.2 图 4-12 是一个三回路振荡器的等效电路，设有下列 4 种情况：

（1）$L_1C_1>L_2C_2>L_3C_3$。

（2）$L_1C_1<L_2C_2<L_3C_3$。

（3）$L_1C_1=L_2C_2>L_3C_3$。

（4）$L_1C_1<L_2C_2=L_3C_3$。

试分析上述 4 种情况是否都能振荡，振荡频率 f_0 与各回路谐振频率有何关系？分别属于何种类型的振荡器？

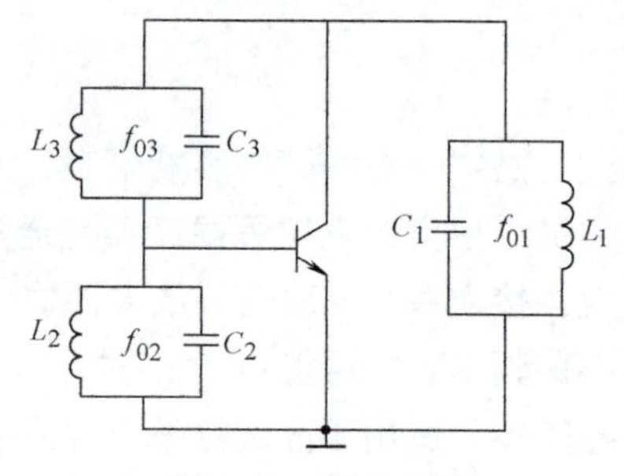

图 4-12 例 4.2 图

解： 根据三点式振荡器的组成法则可知，要使电路振荡，L_1C_1 回路与 L_2C_2 回路在振荡时应呈现同性电抗，L_3C_3 回路与它们的电抗性质应不同。又由于 3 个回路都是并联回路，根据并联谐振回路的相频特性，该电路要能够振荡，3 个回路的谐振频率必须满足：$f_{03}>\max(f_{01},f_{02})$ 或 $f_{03}<\min(f_{01},f_{02})$。

（1）因 $f_{01}<f_{02}<f_{03}$，故电路可能振荡，可能振荡的频率 f_0 为 $f_{02}<f_0<f_{03}$，属于电容三点式振荡器。

（2）因 $f_{01}>f_{02}>f_{03}$，故电路可能振荡，可能振荡的频率 f_0 为 $f_{02}>f_0>f_{03}$，属于电感三点式振荡器。

（3）因 $f_{01}=f_{02}<f_{03}$，故电路可能振荡，可能振荡的频率 f_0 为 $f_{01}=f_{02}<f_0<f_{03}$，属于电容三点式振荡器。

（4）因 $f_{01}>f_{02}=f_{03}$，故电路不可能振荡。

4.4 石英晶体振荡器

对于 LC 振荡器，由于 LC 元件的标准性较差，频率稳定度大约为 10^{-3} 数量级，改进型的克拉泼振荡器和西勒振荡器也只有 10^{-4} 数量级，如果要求更高的频率稳定度，可采用第 2 章 2.6 节介绍的石英晶体谐振器作为振荡回路构成石英晶体振荡器。由于石英晶体的精度不同，故石英晶体振荡器的频率稳定度为 $10^{-6} \sim 10^{-11}$ 数量级。

根据石英晶体在振荡电路中应用方式的不同，可将石英晶体振荡器分为两类：①石英晶体在振荡回路中作电感元件，构成电容三点式振荡器，称为并联型晶体振荡器。②石英晶体作为短路元件，工作于它的串联谐振频率上，接于反馈放大器的正反馈支路中，称为串联型晶体振荡器。

4.4.1 并联型晶体振荡器

并联型晶体振荡器有两种形式，如图 4-13 所示。①石英晶体接在晶体管的 C 极、B 极之间构成的电容三点式振荡器，又称皮尔斯（Pierce）振荡电路，如图 4-13a 所示。②石英晶体接在晶体管的 B 极、E 极之间构成的电感三点式振荡器，又称密勒（Miller）振荡电路，如图 4-13b 所示。

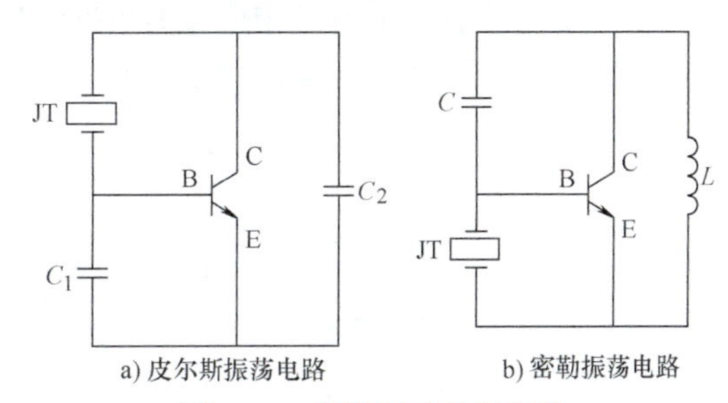

图 4-13 并联型晶体振荡器

图 4-14a 为典型的皮尔斯振荡电路，图 4-14b 是它的交流等效电路。由图可以看出，它类似于克拉泼振荡器。由于 C_s 非常小，因此晶体管与晶体谐振回路之间耦合极弱，所以频率稳定度很高。

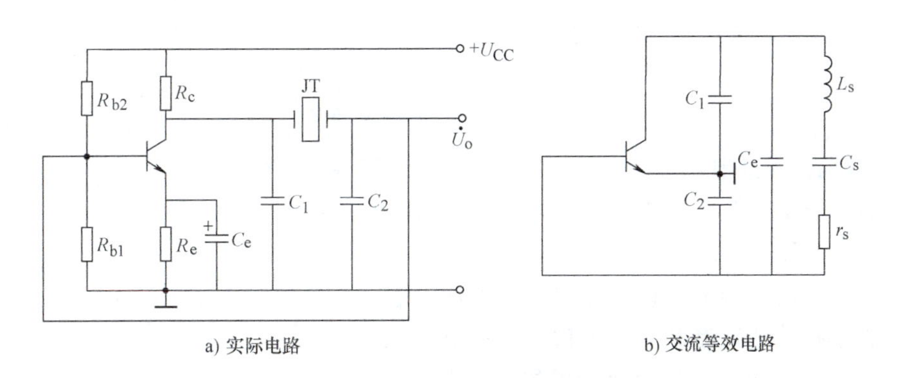

图 4-14 皮尔斯振荡电路

密勒振荡电路如图 4-15 所示，图 4-15a 为其实际电路，图 4-15b 为其交流等效电路。由图 4-15b 可知，L_1C_1 回路应呈感性，它的振荡频率 f 应低于振荡器的工作频率 f_0，振荡电路为哈特莱型振荡器。

密勒振荡电路与皮尔斯振荡电路相比，频率稳定度低，原因是密勒振荡电路中石英晶体接在晶体管输入阻抗较低的 B 极、E 极之间，降低了石英晶体的标准性。

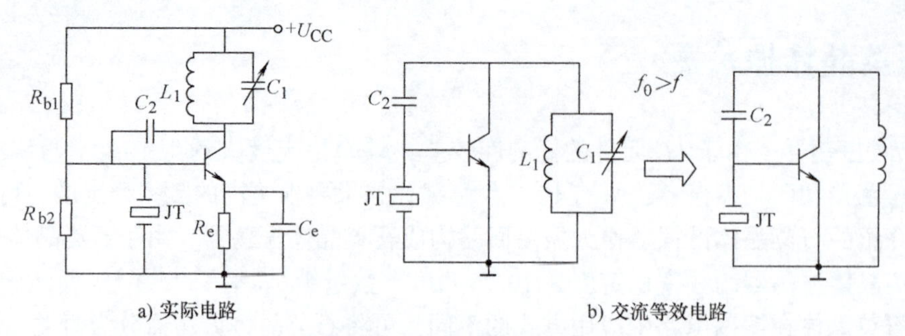

图 4-15　密勒振荡电路

4.4.2　串联型晶体振荡器

图 4-16 所示为串联型晶体振荡器，图 4-16a 为其实际电路，图 4-16b 为其交流等效电路。如将石英晶体短路，则该电路变为电容三点式振荡器。电路的工作原理是，当振荡频率等于晶体的串联谐振频率 f_s 时，晶体等效阻抗最小，正反馈最强，电路满足相位起振条件和振幅起振条件，电路能正常工作。当频率远离晶体的串联谐振频率 f_s 时，晶体等效阻抗增大，使正反馈减弱，不满足相位起振条件和振幅起振条件，电路不能正常工作。由于振荡频率主要取决于晶体的串联谐振频率，所以振荡频率稳定度较高。

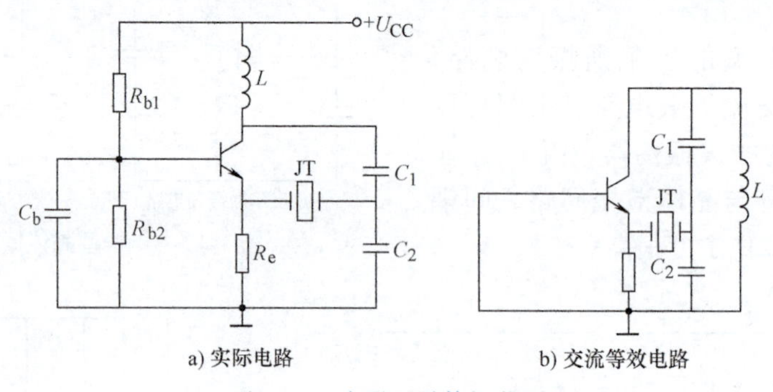

图 4-16　串联型晶体振荡器

4.4.3　泛音晶体振荡器

当需要工作频率很高的晶体振荡器时，多使用泛音（overtone）晶体振荡器。图 4-17 是一个应用泛音晶体构成皮尔斯振荡电路的实例。

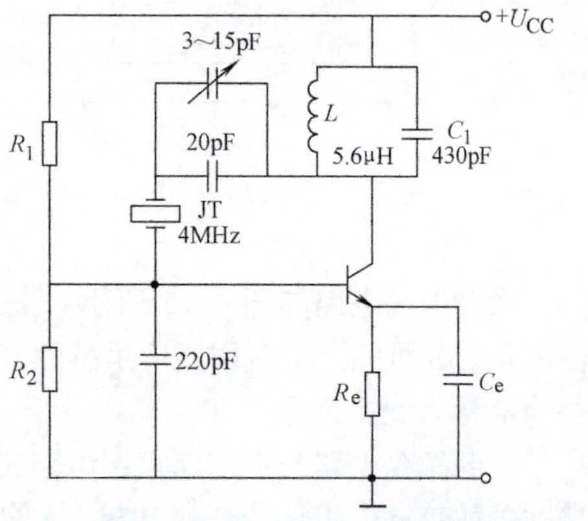

图 4-17　泛音晶体皮尔斯振荡器

为了保证振荡器能准确地工作在所需奇次泛音频率上，必须有效地抑制基频和低次泛音的寄生振荡，图中 LC_1 并联回路就是为此设置的。如需要工作在 5 次泛音频率上，LC_1 并联回路的谐振频率应选取在 5 次泛音频率和 3 次泛音频率之间。这样，对于低于工作频率的泛音频率，LC_1 并联回路呈感性，不满足三点式振荡器的组成法则，电路不能振荡。对 5 次泛音频率，LC_1 并联回路呈容性，满足三点式振荡器的组成法则，电路能正常工作。对 7 次泛音以上的频率，LC_1 并联回路虽仍呈容性，但容抗减小，使放大电路的放大倍数下降，回路增益小于1，不满足振幅起振条件，而得到抑制。需要注意的是，泛音晶体振荡器的泛音次数不能太高，一般为3、5、7次。更高次的泛音晶体振荡器，由于接入系数的降低，等效到晶体管输出端的负载电阻下降，使放大器的增益减小，振荡器可能停振。

4.5　RC振荡器

当需要产生几十千赫兹以下的正弦波信号时，如果仍采用LC振荡器，则所需要的L、C数值较大，使它们的体积增大，给振荡器的安装调试带来不便。因此，在需要较低频率正弦波振荡器时，通常采用RC振荡器。RC振荡器也是反馈型振荡器，它用电阻、电容构成选频网络，由于RC选频网络的选频作用差，所以输出波形和频率稳定度都较差。

根据RC选频网络的不同形式，RC振荡器可分为移相式和桥式两种类型。

4.5.1　RC移相式振荡器

RC移相式振荡器由一级反相放大器和三节以上RC移相电路组成，如图4-18所示。

由RC电路原理可知，一节RC电路的移相范围为0°~90°，不可能满足振荡的相位平衡条件。两节RC电路的移相范围为0°~180°，但在接近180°时，电压传输系数$F(\omega_0)=0$，无法满足振幅平衡条件。三节RC电路的移相范围可达0°~270°，其中必定在某一频率上移相$\varphi(\omega_0)=180°$，且电压传输系数$F(\omega_0)$不为零，此时可同时满足相位平衡条件和振幅平衡条件，产生振荡。图4-18所示RC移相式振荡器，是由三节RC相位超前移相网络（也可使用三节相位滞后移相网络）和一级反相比例运算放大器组成的，该振荡器的振荡频率f_0和振幅起振条件分别为

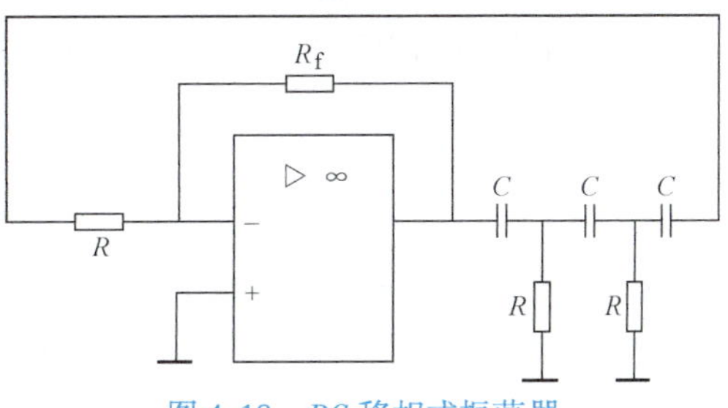

图4-18　RC移相式振荡器

$$f_0=\frac{1}{2\pi\sqrt{6}RC} \tag{4-24}$$

$$\frac{R_f}{R}>29 \tag{4-25}$$

4.5.2　文氏电桥振荡器

1. RC串、并联网络的频率特性

图4-19a所示为RC串、并联网络，它是由相同的RC串、并联组成的。设Z_1为RC串联阻抗，Z_2为RC并联阻抗，$\dot{U}_1$为输入电压，$\dot{U}_2$为输出电压。电压传输系数为

$$\dot{F}(\omega)=\frac{\dot{U}_2}{\dot{U}_1}=\frac{Z_1}{Z_1+Z_2}$$

$$Z_1=R+\frac{1}{\mathrm{j}\omega C}\qquad Z_2=\frac{R\frac{1}{\mathrm{j}\omega C}}{R+\frac{1}{\mathrm{j}\omega C}}$$

将 Z_1、Z_2代入上式化简得

$$\dot{F}(\omega)=\frac{1}{3+\mathrm{j}\left(\frac{\omega}{\omega_0}-\frac{\omega_0}{\omega}\right)} \tag{4-26}$$

式中

$$\omega_0=\frac{1}{RC} \tag{4-27}$$

RC 串、并联网络的幅频特性和相频特性分别为

$$F(\omega)=\frac{1}{\sqrt{3^2+\left(\frac{\omega}{\omega_0}-\frac{\omega_0}{\omega}\right)^2}} \tag{4-28}$$

$$\varphi(\omega)=-\arctan\frac{1}{3}\left(\frac{\omega}{\omega_0}-\frac{\omega_0}{\omega}\right) \tag{4-29}$$

根据式(4-28) 和式(4-29)，可画出 RC 串、并联网络的幅频特性曲线和相频特性曲线，如图 4-19b、c 所示。由图可见，当 $\omega=\omega_0$时，$F(\omega_0)=1/3$ 达最大值，且 $\varphi(\omega_0)=0$，RC 串、并联网络的输出电压与输入电压同相，且其幅值最大，等于输入电压幅值的 1/3。

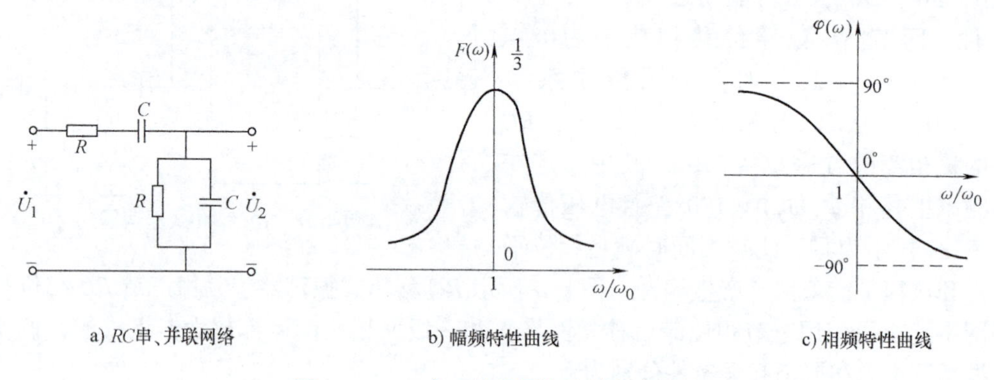

a) RC串、并联网络　　b) 幅频特性曲线　　c) 相频特性曲线

图 4-19　RC 串、并联网络及其频率特性

由图 4-19b、c 可以看出，RC 串、并联网络具有和 LC 并联谐振回路相似的频率特性，因此也有选频作用。但由于采用电阻，其幅频特性比较平坦，选频作用较差。

2. 文氏电桥振荡器电路

文氏电桥振荡器的电路如图 4-20 所示，它是由同相比例运算放大电路和 RC 串、并联选频网络组成的。同相比例运算放大电路的输出电压$\dot{U}_o$与输入电压$\dot{U}_i$同相，而在 $\omega=\omega_0$时，$\dot{U}_f$与$\dot{U}_o$同相，则$\dot{U}_f$与$\dot{U}_i$同相，满足相位平衡条件，同时反馈系数最大，即 $F_{max}=1/3$，为满足振幅平衡条件，同相运算放大器的电压增益 A 应等于 3。起振时，要求 $A>3$。由于同相比例运算放大电路的电压增益为$A=(1+R_f/R_1)$，故当 $\omega=\omega_0$时振荡器的回路增益为

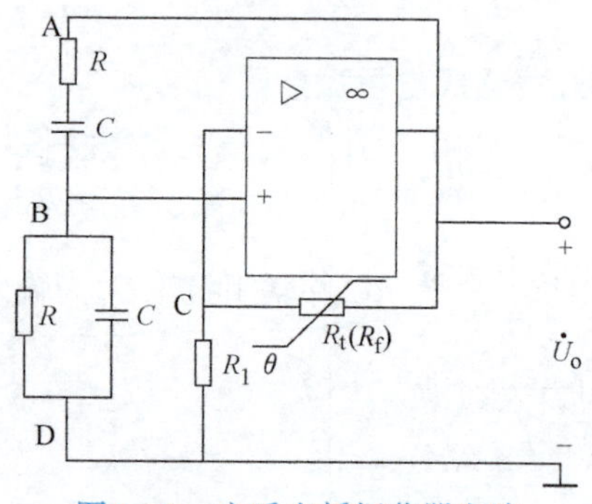

图 4-20　文氏电桥振荡器电路

$$AF = \frac{1}{3}\left(1 + \frac{R_f}{R_1}\right) \tag{4-30}$$

根据起振时要求 $AF > 1$ 和平衡时要求 $AF = 1$ 的条件，可得起振和平衡时的振幅条件分别为

$$R_f > 2R_1 \tag{4-31}$$

$$R_f = 2R_1 \tag{4-32}$$

式(4-31)和式(4-32)表明，振荡器从起振到平衡状态要求 R_f 从大于 $2R_1$ 降到等于 $2R_1$，相应的放大倍数从大于3降到等于3，这就要求 R_f 具有随振荡幅度增强而减小的特性。所以在实用电路中，R_f 采用具有负温度系数的热敏电阻。刚起振时，R_f 温度最低，相应的阻值最大（$R_f > 2R_1$），则运算放大电路的放大倍数最大（$A > 3$）。随着振荡幅度增大，R_f 上消耗的功率增大，温度升高，阻值相应减小，运算放大电路的放大倍数 A 也随之减小，直到 $R_f = 2R_1$（或 $A = 3$）时，振荡器进入平衡状态。这种稳幅实质上是通过非线性电阻 R_f 自动调节负反馈的强弱来维持输出电压恒定的，此时运算放大电路工作在线性区，输出波形得到改善。

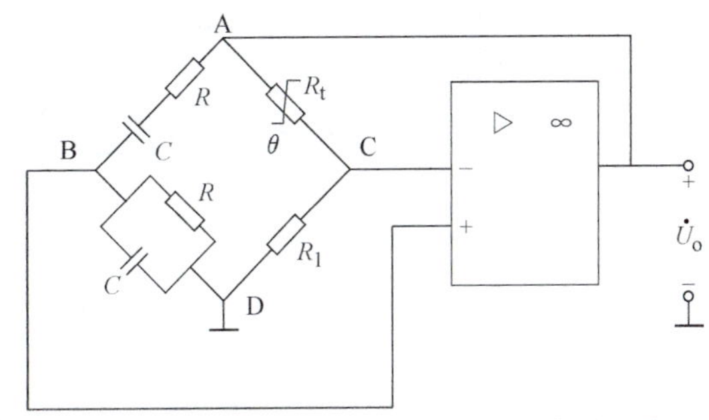

图 4-21　改画成文氏电桥形式的振荡器电路

图4-21所示电路是由图4-20电路改画而得到的，从图中可以看出，RC 串、并联网络与负反馈支路电阻 R_f（即 R_t）、R_1 构成文氏电桥的四臂，放大器的输入端和输出端分别接到电桥的两对角线上，所以把这种振荡器称为文氏电桥振荡器，其振荡频率为 $f_0 = \dfrac{1}{2\pi RC}$。

4.6　集成电路振荡器应用介绍

集成电路振荡器是由集成电路加外接选频网络构成的。由集成运算放大器代替分立器件晶体管，可以组成以上各节所介绍的正弦波振荡器，本节不再重复介绍。下面重点介绍两种集成振荡器：①单片集成振荡器 E1648。②在彩色电视机色度解码电路中作基准色副载波恢复电路的压控振荡器（VCO）。

4.6.1　单片集成振荡器 E1648

E1648 是中规模集成电路，其内部电路如图4-22所示。

1. 电路组成

该电路由差分对管振荡电路、放大电路和偏置电路3部分组成。

（1）差分对管振荡电路（又称索尼振荡器）　在图4-22中，VT_7、VT_8 管与10、12脚之间外接 LC 回路组成差分对管振荡电路，其中 VT_9 为可控恒流源。图4-23a为差分对管振荡电路的部分电路图，图4-23b为其交流等效电路。由图4-23b可以看出，它是一个共集-共基反馈式振荡电路，在 LC 回路的谐振频率时，共集-共基级联放大电路为同相放大电路，

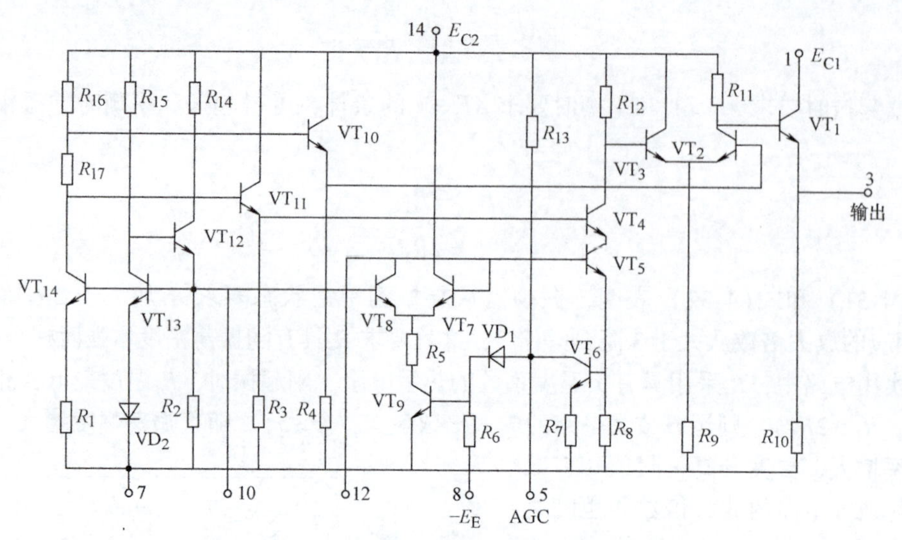

图 4-22　单片集成振荡器 E1648 的内部电路

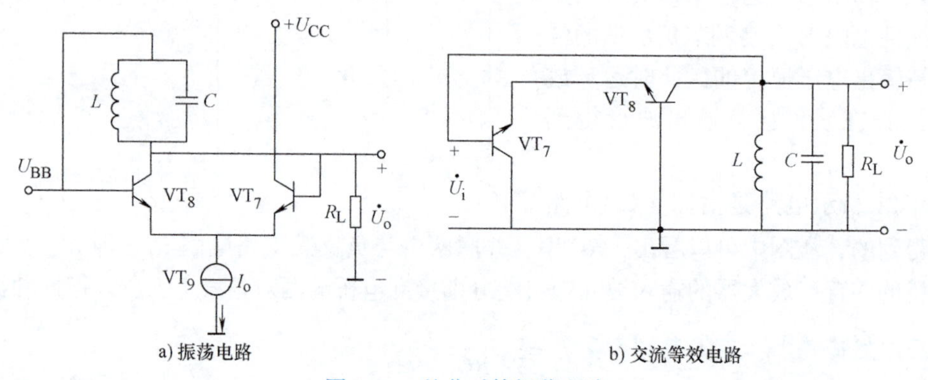

a) 振荡电路　　　b) 交流等效电路

图 4-23　差分对管振荡电路

且增益可设计为大于 1，因此电路满足相位和振幅平衡条件，可产生正弦波振荡输出。

（2）放大电路　振荡信号由 VT_7 的基极输出，送往两级放大电路进行放大。第一级放大电路由 VT_5 和 VT_4 管组成共射-共基级联放大电路，第二级由 VT_3 和 VT_2 管组成单端输入、单端输出差动放大电路。放大后的信号经射随器 VT_1 由 3 脚输出。

（3）偏置电路　偏置电路由 VT_{10} ~ VT_{14} 管组成，其中 VT_{10}、VT_{11} 分别为两级放大电路提供偏置电压，VT_{12} ~ VT_{14} 管分别为差分对管振荡电路提供偏置电压。VT_{12}、VT_{13} 管组成互补稳定电路，稳定 VT_8 的基极电位。假若因某种原因，VT_8 基极电位升高，则有 $u_{B8}(u_{B13})\uparrow \rightarrow u_{C13}(u_{B12})\downarrow \rightarrow u_{E12}(u_{B8})\downarrow$，这一负反馈作用，使 VT_8 的基极电位保持恒定。

2. 实际振荡电路

图 4-24 所示是利用 E1648 组成的正弦波振荡电路。振荡频率 $f_0=\dfrac{1}{2\pi\sqrt{L_1(C_1+C_i)}}$，其中 $C_i\approx 6\text{pF}$，是 10、12 脚之间的输入电容。

E1648 单片集成振荡器的振荡频率可达 200MHz，有两个输出端，3 脚由内部 VT_1 管的发射极引出，另外可在 1 脚外接振荡回路，由 1 脚输出。如在 10 和 12 脚外接包括变容二极

管在内的 LC 元件，则可构成压控振荡器；如果外接石英晶体，则可构成石英晶体振荡器。

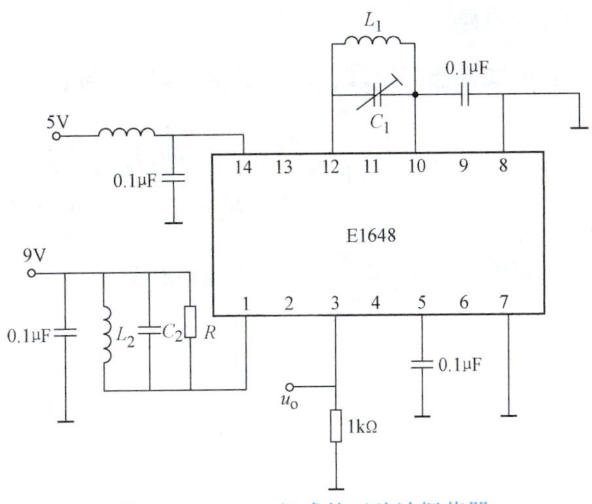

图 4-24 E1648 组成的正弦波振荡器

4.6.2 副载波恢复电路中的压控振荡器

压控振荡器是以电压来控制振荡频率的振荡器，其英文缩写为 VCO。在电子通信设备中，压控振荡器广泛应用于自动频率控制（AFC）、自动相位控制（APC）或锁相环（PLL）系统中的振荡电路。彩色电视机中要对色度信号解调，就要恢复基准色副载波。副载波恢复电路中的压控振荡器就是起这个作用。

图 4-25 所示为副载波恢复电路中的压控振荡器，它是高通型可变相移网络与石英晶体串联组成的压控振荡器。

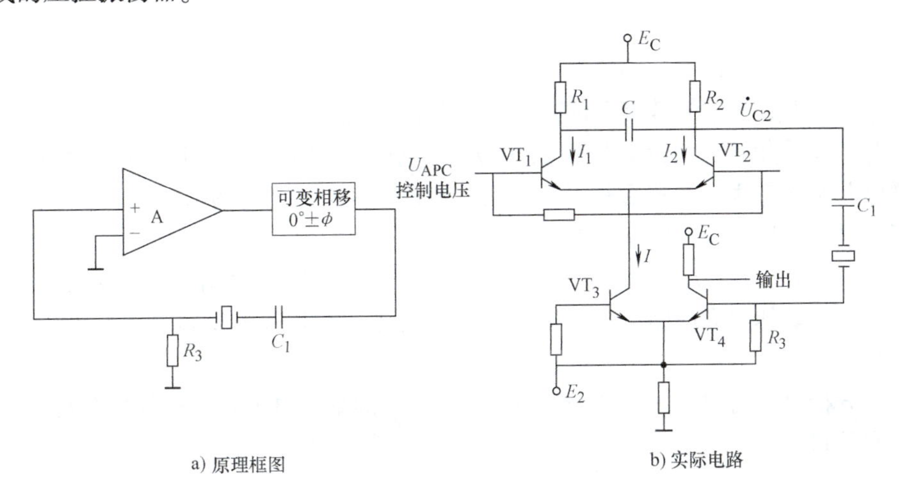

图 4-25 串联型晶体压控振荡器

图 4-25b 中，VT_1、VT_2及 R_1、R_2、C 组成可变相移网络，VT_3、VT_4 组成同相差动放大电路。当自动相位控制电压 U_{APC}为零时，可变相移网络相移为 0°，振荡频率为石英晶体的串联谐振频率 f_s。C_1R_3 组成高通滤波器，C_1 可微调振荡频率。改变 VT_1 的基极输入控制电压 U_{APC}，可改变 VT_1 和 VT_2 的集电极电流 I_1和 I_2，使输出相位发生变化，从而使振荡频率发生变化。为理解相移网络的工作原理，可以分析 U_{APC}控制电压的改变引起 VT_2 集电极输出电压 $\dot{U}_{C2}$的相移与 I_1、I_2的关系。图 4-26 画出了相移网

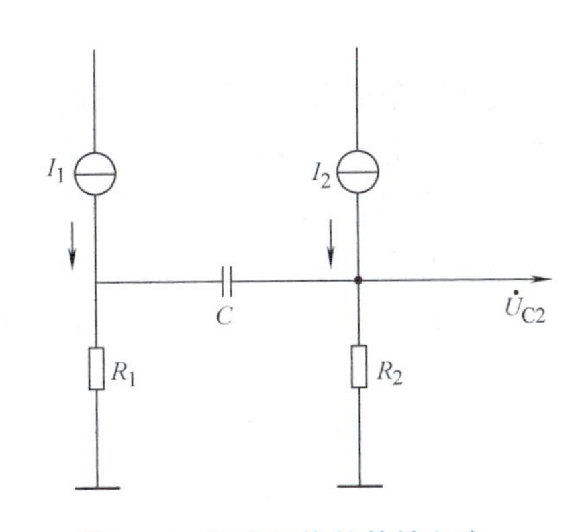

图 4-26 相移网络的等效电路

络的等效电路。

根据线性叠加定理，输出电压$\dot{U}_{C2}$是I_1与I_2分别作用的结果，即

$$\dot{U}_{C2}=\frac{R_2\left(R_1-\mathrm{j}\frac{1}{\omega C}\right)}{R_2+R_1-\mathrm{j}\frac{1}{\omega C}}I_2+\frac{R_1\left(R_2-\mathrm{j}\frac{1}{\omega C}\right)}{R_1+R_2-\mathrm{j}\frac{1}{\omega C}}\times\frac{R_2}{R_2-\mathrm{j}\frac{1}{\omega C}}I_1$$

一般取$R_1=R_2=\frac{1}{\omega C}=R$，上式可化简为

$$\dot{U}_{C2}=\frac{R}{5}(3I_2+2I_1)+\mathrm{j}\frac{R}{5}(I_1-I_2)$$

$$U_{C2}=\frac{R}{5}\sqrt{5I_1^2+10I_2^2+10I_1I_2} \tag{4-33}$$

$$\theta=\arctan\frac{I_1-I_2}{3I_2+2I_1} \tag{4-34}$$

以上两式表明，改变I_1与I_2的大小即能改变VT_2集电极输出电压的幅度和相位。由于$I_1+I_2=I$为常量，所以VT_1基极输入控制电压U_{APC}的变化只能改变I_1与I_2的相对比例大小，因而能改变U_{C2}的相位。

当$U_{APC}=0$时，VT_1和VT_2两管的基极电压相等，即$I_1=I_2=I/2$，故$U_{C2}=IR/2$，$\theta=0°$，此时可变相移网络没有相移，因此振荡频率等于石英晶体和电容C_1的串联谐振频率。

当$U_{APC}>0$时，VT_1的基极电位比VT_2的基极电位高，$I_1>I_2$，故θ为正值，表示可变相移网络有了超前相移，为满足振荡的相位平衡条件，必须使反馈回路的总相移为零。因此，串联电路必然产生一个滞后相移，补偿可变相移网络产生的超前相移。这时，石英晶体串联电路应呈电感性，振荡频率必然上升。

当$U_{APC}<0$时，$I_1<I_2$，故θ为负值，这表明可变相移网络有了滞后相移，为满足相位平衡条件，石英晶体串联电路必然产生一个超前相移，这时石英晶体串联电路应呈电容性，振荡频率必然下降。

由以上分析可以看出，改变差分对管VT_1、VT_2的基极电位就能达到控制相位，最终控制振荡频率的目的。

4.7　正弦波振荡器的选用

上面已介绍多种正弦波振荡器，各种正弦波振荡器有不同的特性和使用范围。在电子设备中如何选用正弦波振荡器，是必须要考虑的问题。

4.7.1　正弦波振荡器的类型选择

选择正弦波振荡器的类型，首先要考虑的是正弦波振荡器的工作频率范围和频率稳定度，其次要考虑电路结构和使用的方便性。一般可参考表4-1所示常用正弦波振荡器的主要特性来选用。

4.7.2　振荡管与振荡器参数的选择

确定了正弦波振荡器的类型后，就要考虑振荡管的选择、偏置电路的确定、振荡回路的参数和电压反馈系数F_V的选取。

表 4-1　常用正弦波振荡器的主要特性

序号	振荡器类型	频率范围	频率稳定度	特　　性
1	RC 振荡器	几赫兹～几兆赫兹	10^{-2}～10^{-3}	适合于低频，电路简单，体积小
2	互感耦合 LC 振荡器	几百千赫兹～几十兆赫兹	10^{-3}～10^{-4}	适合于较低频率
3	电感三点式振荡器	几百千赫兹～几十兆赫兹	10^{-3}～10^{-4}	适合于较低频率，容易起振
4	电容三点式振荡器	几兆赫兹～几百兆赫兹	10^{-4}～10^{-5}	适合于较高频率，波形好，电路简单
5	克拉泼振荡器	几兆赫兹～几百兆赫兹	10^{-4}～10^{-5}	适合于较高频率，波形好，频率覆盖系数较小
6	西勒振荡器	几兆赫兹～几百兆赫兹	10^{-4}～10^{-5}	适合于较高频率，波形好，频率覆盖系数较大
7	石英晶体振荡器	几十千赫兹～几百兆赫兹	10^{-4}～10^{-11}	频率稳定度高，适用于固定频率振荡器或频率合成器

1. 振荡管的选择

对于小功率正弦波振荡器，主要考虑的是在满足振荡条件的前提下，振荡器要容易起振，并且频率稳定度要高，所以振荡管的选择要注意以下两点：①振荡管的共射短路电流放大系数β值要足够大，以满足振幅起振条件。②振荡管的特征频率f_T要足够高，使频率稳定度高。这是因为f_T高的管子，在较低频率工作时，频率稳定性好。一般可按下式选择：

$$f_T > (3 \sim 10) f_0 \tag{4-35}$$

如果要求振荡器输出一定的功率，那么对振荡管的功率大小也是有要求的。

2. 偏置电路的确定

偏置电路的确定就是要确定静态工作点。按照自给偏置的要求，正弦波振荡器的静态工作点应处于放大区内，起振时，振荡管处于甲类工作状态，以满足振幅起振条件，振荡器平衡稳定后要进入非线性区，工作在丙类工作状态。

3. 振荡回路参数的选取

对 LC 元件的选取，振荡电容 C 应选得大一点，有利于减少振荡管极间电容和分布电容对回路的影响，有利于提高频率稳定度。但电容 C 大，电感 L 就要小，回路 Q 值就不会高，振荡幅度也会较小，所以要综合考虑来选择 L 和 C 的大小。一般可根据以下关系式来选取。

振荡频率

$$f_0 = \frac{1}{2\pi\sqrt{LC}}$$

感容比

$$\frac{L}{C} = 10^5 \sim 10^6 \tag{4-36}$$

4. 电压反馈系数 F_V 的选取

电压反馈系数 F_V大时，振荡幅度大，但振荡管的输入阻抗对选频回路的影响也大，会使振荡波形变差，振动频率不稳；F_V小时，振荡幅度小，不利于起振。

对于三点式振荡器，通常取

$$F_V = 0.1 \sim 0.4 \tag{4-37}$$

*4.8　寄生振荡

寄生振荡不是有意设置的，而是由于电路中的寄生参数形成了正反馈，满足自激条件而引起的有害振荡。寄生振荡可能在一切有源电路中产生。寄生振荡产生后就会影响电路的正常工作，严重时会完全破坏电路的工作。

在电子电路的调测工作中，处理寄生振荡非常重要。因为寄生振荡是由寄生参数产生的振荡，其形式是多种多样的，而且定量困难，这就给分析处理增加了难度。这里只讲述一些寄生振荡的概念，介绍几种常见寄生振荡的表现形式、产生原因及其防止和消除的方法。

4.8.1　寄生振荡的表现形式

若电路中产生了寄生振荡，在一般情况下，可以从示波器的荧光屏上观察出来。由寄生参数构成的寄生振荡回路，很难刚好达到$AF=1$。如果回路中没有高Q值的寄生振荡选频网络，则观察到的往往是失真的正弦波，或是张弛振荡。在有些情况下，寄生振荡的频率远比示波器上的截止频率高，寄生振荡将被示波器的电路滤除而不能在荧光屏上显示出来。这时，可以通过测量元器件的工作状况，并分析其异常工作状况来判知是否有寄生振荡。例如，观察不到元器件有输出信号波形，又测量不到正向偏压，甚至测出有反向偏压，可是却有直流电流通过元器件，这表明产生了强烈的高频振荡。由于频率高，故观察不到波形，由于振荡幅度大，产生了很大的自生反向偏压。这时，如以人手触摸电路的某些部位，有可能观察到元器件直流工作状态的变化。这是因为人手的寄生参数使寄生振荡的幅度发生变化，从而改变了元器件的直流工作状态。

在实验中，还可能观察到这样的现象，即寄生振荡与有用信号的幅度有关。这是因为电子元器件具有非线性特性，寄生参数形成的正反馈环的环路增益，随有用信号大小的变化而发生变化。由图4-27所示波形可看到，寄生振荡叠加在有用信号上。寄生参数形成的正反馈环路，只是在有用信号的幅度达到某一值时，其环路增益才满足自激条件。

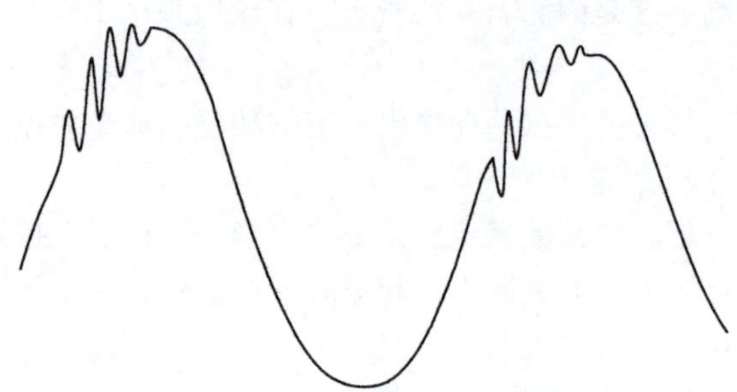

图4-27　寄生振荡叠加在有用信号上的波形

4.8.2　寄生振荡的产生原因及防止方法

寄生振荡产生的原因不胜枚举，这里举几个常见的典型模式，读者可以从中得到一些初步的概念，以便在实践时有所借鉴。

1. 共用电源内阻抗的寄生耦合

多级放大器共用一个电源时，后级输出的电流流过共用电源，在电源内阻抗上产生的电压，反馈到前面各级，便构成寄生反馈。放大器各级和共用电源内阻抗产生的相移叠加的结果，可能在某个频率上形成正反馈。有两种可能的情况：①在低频端形成正反馈，其形成正反馈的原理是共用电源的滤波电容随频率的降低，电抗增大，相移也增大，若各个放大级有耦合电容、变压器等低频产生相移的元器件，则总的相移就有可能满足正反馈条件。若各个放大级之间为直接耦合，仅有共用电源内阻抗产生的相移，则是不会构成正反馈的。因此，放大器级间应尽量避免采用电容或变压器耦合，当不得已而采用电容或变压器耦合时，应加大共用电源滤波电容的容量，或各级供电电源之间加去耦滤波器，以减小反馈量，使之不满足自激条件。②在高频端形成正反馈。接于直流电源输出端的大容量滤波电容附带有相当的寄生电感，寄生电感是和电容串联的。随着频率的升高，寄生电感的感抗不断增大，甚至超过电容的容抗。这时，共用电源内阻抗便成为感性阻抗，在频率很高时，感抗便变得十分可观。后级输出的交流电流也将产生相当大的电压反馈到前级，寄生电感产生的相移和放大器各级的高频相移叠加起来，就有可能在高频端的某一频率上满足自激条件。防止和消除这种高频寄生振荡的方法是在原有的大容量滤波电容两端并联一个小容量的无感电容，例如$10^4 \sim 10^5$pF。这样，虽然在高频时大容量的电容呈现为相当大的感抗，但并联的小容量无感电容却呈现为很小的容抗。在频率很高时，电源引线的引线电感也可能形成相当可观的寄生反馈。在布线时应尽可能缩短电源引线。若结构上无法缩短电源引线，则可在电源引线的尽头，即在低电平级供电点接一个小容量的无感电容到地，使之与引线电感构成一个低通滤波器。

2. 元器件间分布电容、互感形成的寄生耦合

任意两个元器件，都可能相互形成分布电容和互感耦合。距离越近，寄生耦合越强。电平相差越大的级，构成寄生反馈时，AF也就越大，其所产生的不良影响就越严重。因此，在布局上，应避免最前面一级和最末一级安装在相互接近的位置。当不可避免要安装在较接近的位置时，可以在两者之间加静电屏蔽或磁屏蔽。静电屏蔽宜选用电导率高的材料，磁屏蔽则应选用磁导率高的材料。静电屏蔽必须接地，否则起不到应有的作用。为减小互感耦合，安装时使两个元器件产生的磁场相互垂直，有利于减小互感。

3. 引线电感、器件极间电容和接线电容构成谐振回路的高频寄生振荡

这种振荡的频率很高，往往在100MHz以上，一般不能在普通示波器上直接观察到，而只能通过间接的方法判知其是否存在。例如，测得器件的工作状态异常，出现与正常情况严重不相符的测量结果，可是检查电路，却未见有焊接或器件数值有问题。当人体触摸或接近电路的某些部分时，可出现器件工作状态的改变或输出波形的变化。有时，即使是单管电路也可能产生此类振荡。

防止和消除这类寄生振荡的方法是缩短接线。如此处理以后，组成振荡回路的寄生电容和寄生电感因接线缩短而减小，满足自激相位条件的频率跟着升高。但器件的放大性能却随频率的升高而下降，使得自激的振幅条件难以满足，寄生振荡便不能产生。当缩短接线有困难时，可以在器件的输入端串入一个防振电阻。接入防振电阻消除和防止寄生振荡的原理是防振电阻处于寄生振荡的谐振回路中，降低了回路增益。因此，防振电阻必须焊接在紧挨器件引脚处，否则，防振电阻就会处于寄生反馈环以外，起不到应有的作用。防振电阻的接入，会损耗输入的有用信号，所以应使防振电阻的值比器件的输入电容在最高工作频率呈现的容抗小得多。

4. 正常反馈环的负反馈变为正反馈引起的寄生振荡

前面谈及的3种情况，产生寄生振荡的反馈环不是人们有意安排的。这里所指的正常反馈环，是指人们为了实现某种功能而有意安排的负反馈。但是当反馈环所包含的级数较多时，由于各级相移的累积，就有可能在某些频率上变成正反馈。如果该频率满足全部起振条件，就会在电路中激起振荡。要消除和防止这种自激寄生振荡，必须在反馈环内加频率补偿元件，破坏起振条件，使相位起振条件和振幅起振条件不能同时在某一频率得到满足。最简单的办法是拉开各级截止频率的频差，可选择各级中，上截止频率最低的一级，接入电容，使之变得更低。当然，在采取这种措施时，应兼顾有用信号的高频分量，不应使其受到过度的衰减。关于防止反馈放大器自激的频率补偿，还可参阅模拟电子电路和运算放大器的有关书籍。

本章小结

本章主要介绍了反馈型正弦波振荡器的组成、工作原理及几种常用反馈型正弦波振荡器电路，此外还简要介绍了负阻型振荡器和寄生振荡现象，要点如下所述。

1. 反馈型正弦波振荡器是由放大电路、选频网络和反馈电路3部分组成的闭环正反馈系统，其中选频网络可包含在放大电路中，也可包含在反馈电路中。反馈型正弦波振荡器必须满足起振、平衡和稳定3个条件，每个条件都包括振幅和相位两个方面的要求。在振荡频率点，起振时要求回路增益$T(\omega_0)>1$，并且有$\frac{\partial T(\omega_0)}{\partial U_i}<0$的增益幅频特性和$\frac{\partial \varphi(\omega_0)}{\partial \omega}<0$的相频特性。

2. *LC*正弦波振荡器的主要形式是三点式振荡器。三点式振荡回路由3个电抗元件组成，3个电抗元件与晶体管3个电极相连的原则是“射同它异”。三点式振荡器有电容三点式和电感三点式两种基本类型。两种电路都较简单，且容易起振。电容三点式振荡器与电感三点式振荡器相比，不但输出波形好，而且工作频率也较高。但电感三点式振荡器可以通过调整回路电容改变振荡频率，比电容三点式振荡器调整频率方便。

3. 频率稳定度是振荡器的一项重要性能指标。为提高频率稳定度，可在减小外界因素变化和提高回路标准性两方面采取措施。克拉泼振荡器和西勒振荡器是两种改进型电容三点式振荡器，具有较高的回路标准性，频率稳定度较高。

4. 石英晶体振荡器分为并联型和串联型两类。对于并联型晶体振荡器，石英晶体在电路中等效为电感元件；对于串联型晶体振荡器，石英晶体在电路中起短路线作用。石英晶体振荡器由于回路元件标准性很高，所以频率稳定度很高。石英晶体振荡器由于频率可调范围小，所以只适用固定频率振荡器。

泛音晶体可用于产生较高频率的振荡器，但要采取措施抑制低次谐波振荡，保证在所需的工作频率上产生振荡。

5. 集成电路正弦波振荡器是集成电路加外接选频网络构成的，电路简单，调试方便，应用广泛。

6. *RC*振荡器分为移相式和电桥式两类，其中文氏电桥振荡器在各种低频信号发生器中应用十分普遍。*LC*振荡器在低频工作时，其选频网络将因电感量的增大而变得体积大、重量重，故只适用于高频。*RC*振荡器不存在类似问题，所以可以很方便地工作在低频。由于*RC*振荡器要求加深负反馈以提高振荡器的性能，工作于高频时要求有高增益的宽频带放大器，才能获得深度负反馈，这样会导致造价提高。所以，*RC*振荡器不宜工作于高频领域。

7. 对于寄生振荡问题，运用振荡理论，分析了寄生振荡的产生原因、表现形式，目的是在实际电路中防止和消除寄生振荡。

学习完本章之后，要求能够正确识别常用的正弦波振荡器，并会分析判断电路能否正常工作，明确各种振荡电路的优缺点及其应用范围，掌握振荡电路的分析、计算及调试方法。

习题与思考题

4.1　什么是振荡器的起振条件、平衡条件和稳定条件？

4.2　振荡器输出信号的振幅和频率分别是由什么决定的？

4.3　试从相位平衡条件出发，判断图4-28所示高频等效电路中，哪些可能振荡？哪些不可能振荡？能振荡的属于哪种类型的振荡器（用三点式振荡器的相位判断法则判断）？

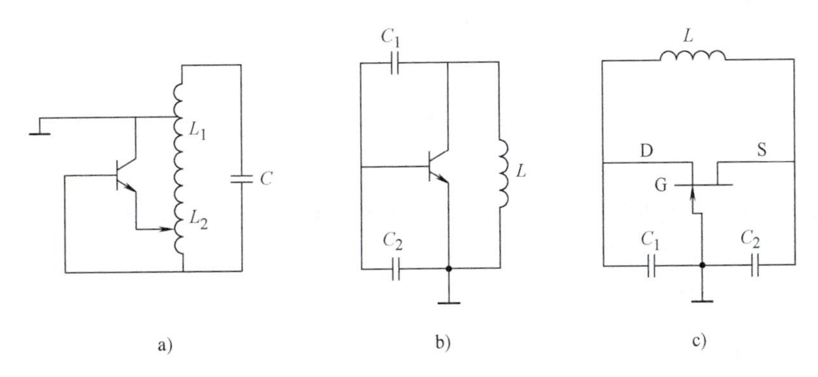

图4-28　习题4.3图

4.4　图4-29为互感耦合反馈振荡器，画出其高频等效电路，并注明电感线圈的同名端。

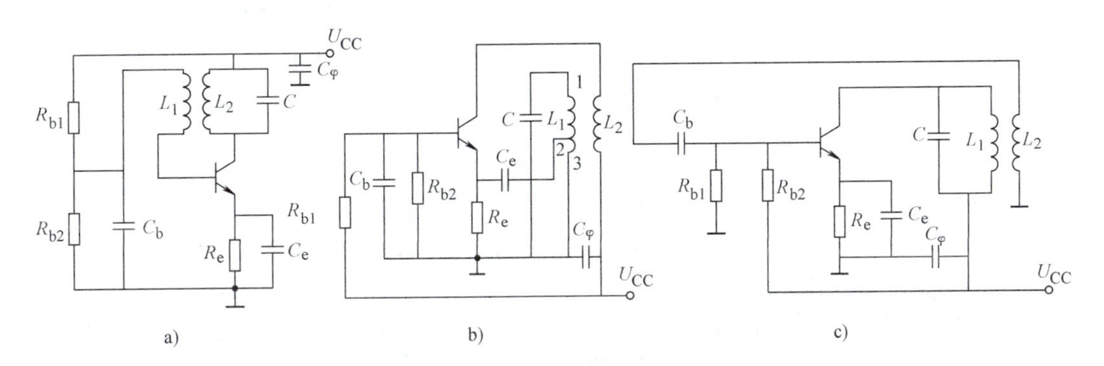

图4-29　习题4.4图

4.5　检查图4-30所示振荡电路有哪些错误，并加以改正。

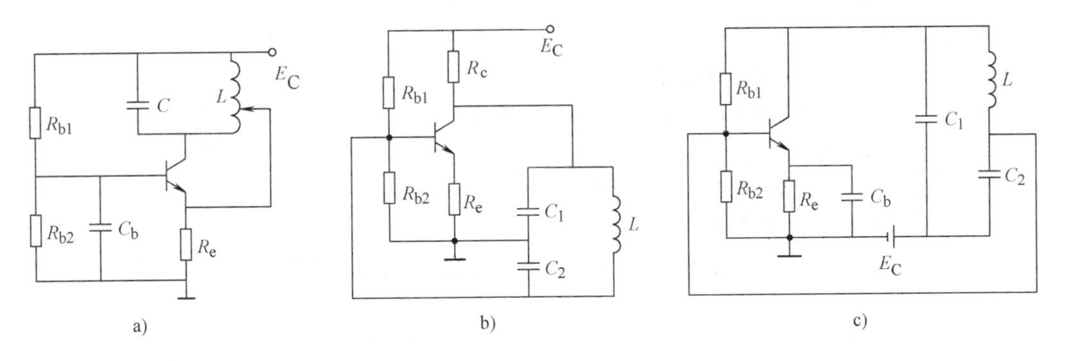

图4-30　习题4.5图

4.6　图4-31所示三点式振荡电路中，已知$L=1.3\mu H$，$C_1=51pF$，$C_2=200pF$，$Q_0=100$，$R_L=1k\Omega$，$R_e=500\Omega$。试问I_e应满足什么要求时振荡器才能振荡？

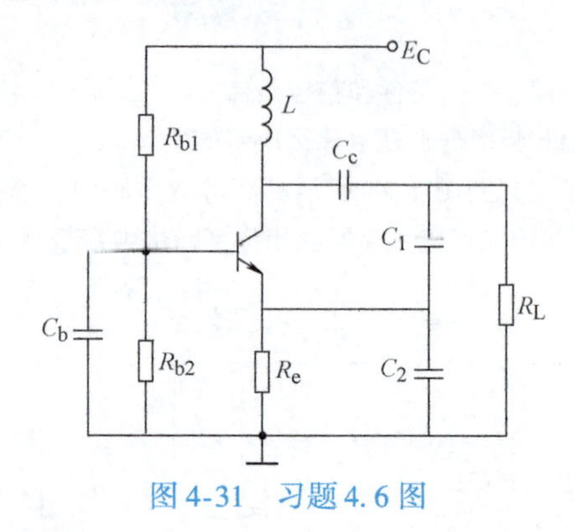

图4-31　习题4.6图

4.7　图4-32为两个实用石英晶体振荡电路，试画出它们的交流等效电路，并指出它们是哪一种振荡器，石英晶体在电路中的作用分别是什么。

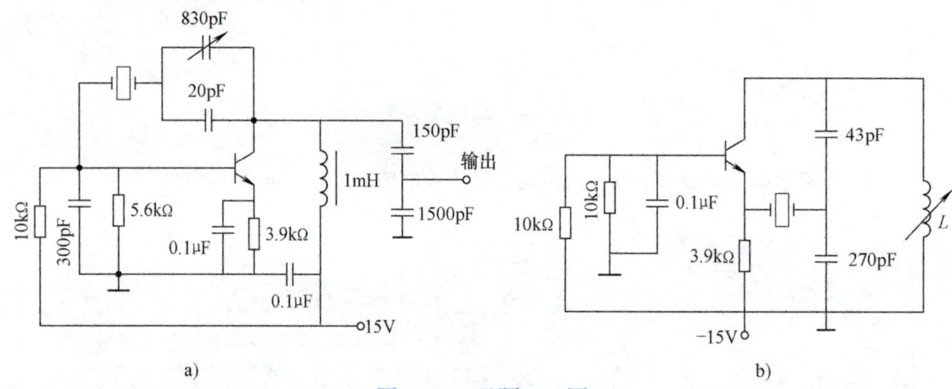

图4-32　习题4.7图

4.8　图4-18所示RC移相式振荡器中，已知$C=1000pF$，$R=1k\Omega$。试求振荡器的振荡频率，问R_f应满足什么要求时振荡器才能振荡？

4.9　为了提高LC振荡器的振幅稳定性，并兼顾其他性能指标，应如何选择晶体管的工作状态？

4.10　电路中为什么会产生寄生振荡？如何防止和消除寄生振荡？

4.11　集成电路正弦波振荡器是如何构成的？有何特点？

4.12　文氏电桥振荡器是如何构成的？使用上有何特点？

4.13　反馈式振荡器的自激条件是（　　　　）、（　　　　）。

4.14　正弦波振荡器由（　　　　）、（　　　　）和（　　　　）组成。

4.15　振荡频率变化的原因可分为（　　　　）、（　　　　）、（　　　　）。

4.16　正弦波振荡器要有大的放大倍数，起振时振荡管工作于（　　　　）状态。

4.17　LC振荡器可分为（　　　　）、（　　　　）和（　　　　）三种类型。

4.18　电容三点式振荡器与电感三点式振荡器相比，主要优点是（　　　　）。

4.19　三点式振荡器的相位判断法则是（　　　　　　　　　　　　）。

4.20　克拉波振荡器由于可变电容过小，会出现不满足振幅起振条件而停振的现象，因此它只适用于（　　　　）和（　　　　）场合。

4.21　RC振荡器可分为（　　　　）和（　　　　）两种类型。

4.22　石英晶体振荡器主要分为两类：一类是将石英晶体作为（　　　　）元件；另一类是将石英

晶体作为（　　　　　）元件。

4.23　LC 振荡器的静态工作点一般在（　　）区。

A. 饱和　　B. 放大　　C. 截止　　D. 都可以

4.24　维持反馈振荡器工作的基本条件是（　　）。

A. 足够大的电感　　B. 足够大的电容

C. 足够的正反馈　　D. 足够的负反馈

4.25　下列哪项不是提高频率稳定度的措施？（　　）

A. 降低回路的 Q 值　　B. 减小温度的影响

C. 减小负载的影响　　D. 使振荡频率接近回路的谐振频率

4.26　文氏电桥振荡器的振荡频率为 f_0 =（　　）。

A. $\frac{1}{RC}$　　B. πRC　　C. $\frac{2\pi}{RC}$　　D. $\frac{1}{2\pi RC}$

4.27　石英晶体振荡器的振荡频率基本上取决于（　　）。

A. 石英晶体的谐振频率　　B. 电路中电抗元件的相移性质

C. 放电管的静态工作点　　D. 放大电路的增益

4.28　石英晶体振荡器在频率为（　　）时等效为一个电感。

A. $f<f_s$　　B. $f<f_s<f_p$　　C. $f>f_p$　　D. 都不是

4.29　泛音振荡器的泛音次数越高，放大增益（　　）。

A. 越小　　B. 不变　　C. 越大　　D. 不确定

4.30　下列哪项不属于电感三点式振荡器的特点？（　　）

A. 起振容易　　B. 工作频率低　　C. 输出波形好　　D. 反馈系数稳定

4.31　如果要求正弦信号发生器的频率在 1～20MHz 内可调，宜选用（　　）。

A. RC 振荡器　　B. LC 振荡器　　C. 晶体振荡器　　D. 都不行

4.32　振荡器平衡状态的稳定条件分为振幅条件和相位条件两种。（　　）

4.33　反馈式振荡器的工作频率等于回路的谐振频率。（　　）

4.34　正弦波振荡器要求输入正弦信号。（　　）

4.35　RC 移相振荡器由一级反相放大器和二级 RC 移相电路就可组成。（　　）

第5章 频率变换与混频电路

5.1 概述

在现代通信系统和各种电子设备中，根据信号传输和处理的需要，普遍采用振幅调制与解调、频率调制与解调、混频和倍频等电路，这些电路有一个共同特征，就是在输出信号中，产生了原输入信号所没有的新的频率分量。即对输入信号的频谱进行变换，使其具有所需频谱的输出信号。这些电路都属于频率变换电路。

频率变换电路的种类很多，根据电路的不同特点可分为线性频谱变换电路和非线性频谱变换电路。线性频谱变换的特点是在频率变换过程中，频谱结构不发生变化，输出信号频谱只是输入信号频谱沿频率轴上进行不失真的简单搬移，调幅、变频和检波等均属于这类电路。非线性频谱变换的特点是输出信号频谱和输入信号频谱不再是简单的线性关系，而是较复杂的非线性关系，调频、调相、鉴频和鉴相等电路都属于这类电路。

频率变换功能由非线性元器件产生，在高频电子电路中常用的非线性元器件有非线性电阻和非线性电容。各种二极管、晶体管及场效应晶体管都可看作非线性电阻器件，它们与线性电阻的区别在于其伏安特性是非线性的。变容二极管是一种常用的非线性电容元件，其结电容 C 随外加电压 u 的变化曲线是非线性的。现在广泛使用的频率变换非线性器件是集成模拟乘法器，它是由集成电路内部的差分对晶体管构成的。

混频是一种频率变换过程，是将信号从某一频率（或频段）变换为另一频率（或频段）的频谱线性搬移过程，显然，混频器也是一种非线性电路。

本章首先介绍非线性元器件的基本特性及其分析方法，然后介绍广泛应用于超外差接收机、频率合成器等电路中的混频器的工作原理。

5.2 非线性元器件的特性及分析方法

5.2.1 非线性元器件的特性

非线性元器件与线性元器件相比，有两个突出特性：

1）非线性元器件有多种不同含义的参数，而且这些参数随激励信号大小的变化而变化。以非线性电阻为例，常用参数有直流电阻和动态电阻。直流电阻是指非线性电阻伏安特性曲线上，任一点与原点之间连线斜率的倒数，如图 5-1 所示，Q 点的直流电阻为

$$R=\frac{U_{\mathrm{Q}}}{I_{\mathrm{Q}}} \tag{5-1}$$

动态电阻是指非线性电阻伏安特性曲线上任一点切线斜率的倒数，或近似为该点电压增量与电流增量的比值。在图 5-1 中 Q 点的动态电阻为

$$r=\frac{\mathrm{d}u}{\mathrm{d}i}\bigg|_{u=U_Q}\approx\frac{\Delta u}{\Delta i}\bigg|_{u=U_Q} \tag{5-2}$$

显然，工作点不同，直流电阻 R 和动态电阻 r 都不同，它们都是 U_Q（或 I_Q）的非线性函数。

2）非线性元器件不满足叠加定理。比如，设非线性元器件的伏安特性为

$$i=au^2$$

则当 $u=u_1+u_2$ 时

$$i=au_1^2+2au_1u_2+au_2^2\neq au_1^2+au_2^2$$

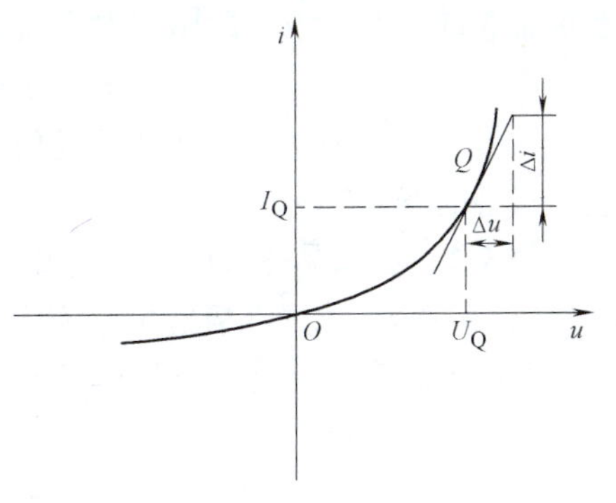

图 5-1　非线性电阻的伏安特性

可见，电流 i 中除有两个电压分别作用时的响应电流外，还增加了两个电压乘积项作用的响应电流，这个乘积项在频率变换过程中起着非常重要的作用。

5.2.2　非线性电路的分析方法

含有一个或多个非线性元器件的电路称为非线性电路，在高频电路中除小信号谐振放大器外，其余电路均属于非线性电路。工程上对非线性电路的分析常采用图解法和解析法，本章重点介绍解析法。用解析法分析非线性电路，首先要写出非线性元器件伏安特性曲线的数学表达式。有的元器件已经找到了比较准确的表达式，有的则没有，只能选择近似函数来逼近。

1. 幂级数分析法

常用非线性元器件的伏安特性曲线可用幂级数表示，例如，用一个函数 $i=f(u)$ 表示。如果函数在静态工作点 U_Q 附近各阶导数都存在，则该函数可在静态工作点 U_Q 附近展开为幂级数，这样得到的级数又称为泰勒级数，即

$$\begin{aligned}i&=f(U_Q)+f'(U_Q)(u-U_Q)+\frac{f''(U_Q)}{2!}(u-U_Q)^2+\cdots+\frac{f^{(n)}(U_Q)}{n!}(u-U_Q)^n \quad (5\text{-}3)\\&=a_0+a_1(u-U_Q)+a_2(u-U_Q)^2+\cdots+a_n(u-U_Q)^n\end{aligned}$$

式中，$a_n=\dfrac{f^{(n)}(U_Q)}{n!}$（$n=1, 2, 3, \cdots$）。如果直接使用式(5-3) 表示的幂级数，会给计算带来很大麻烦，从工程计算实际要求出发，在允许的准确度范围内，应当尽量选取较少的项数来近似。例如，信号电压很小，而且只工作在伏安特性曲线比较接近直线的部分时，如图 5-2 中的 BC 段，只要取幂级数的前两项就可以了，这样就是一个一次多项式：

$$i=a_0+a_1(u-U_Q) \tag{5-4}$$

式中，a_0、U_Q 分别为静态工作点 Q_A 处的电流值和电压值；a_1 为过 Q_A 点切线 ED 的斜率，即 Q_A 点的电导。实际上，式(5-4) 是切线 ED 的方程式。很明显，信号越小误差越小。在这里是把非线性元器件近似当作线性元器件处理。

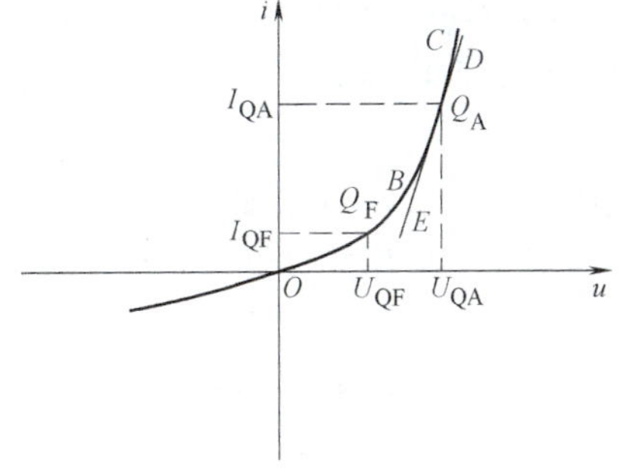

图 5-2　非线性元器件的伏安特性

如果工作点位于曲线的起始弯曲部分，如图 5-2 中的 OB 段，此时静态工作点在 Q_F 处，这种情况至少

要取幂级数的前三项，即用二次多项式来近似：

$$i = a_0 + a_1(u - U_Q) + a_2(u - U_Q)^2 \tag{5-5}$$

式中，a_0、U_Q分别为Q_F点的电流值和电压值。式(5-5) 实际上是用通过Q_F点的一条抛物线近似代替曲线OB段。

例 5.1 已知晶体管的转移特性为$i_C = a_0 + a_1 u + a_2 u^2$，$u = u_1 + u_2$，设$u_1 = U_{1m}\cos\omega_1 t$，$u_2 = U_{2m}\cos\omega_2 t$，求集电极输出电流中的频率分量。

解：本题实际上是分析晶体管基极在直流偏压为零时，叠加上两个不同频率的交流信号时的频率变换情况。

将$u = u_1 + u_2$代入晶体管转移特性，并用三角函数公式展开，可求得

$$\begin{aligned} i_C &= a_0 + a_1(U_{1m}\cos\omega_1 t + U_{2m}\cos\omega_2 t) + a_2(U_{1m}\cos\omega_1 t + U_{2m}\cos\omega_2 t)^2 \\ &= \left(a_0 + \frac{1}{2}a_2 U_{1m}^2 + \frac{1}{2}a_2 U_{2m}^2\right) + a_1 U_{1m}\cos\omega_1 t + a_1 U_{2m}\cos\omega_2 t + \frac{a_2}{2}U_{1m}^2\cos 2\omega_1 t + \\ &\quad \frac{a_2}{2}U_{2m}^2\cos 2\omega_2 t + a_2 U_{1m}U_{2m}\cos(\omega_1 + \omega_2)t + a_2 U_{1m}U_{2m}\cos(\omega_1 - \omega_2)t \end{aligned}$$

由上式可见，当非线性元器件的输入电压有两个频率分量时，其输出电流中除有直流分量、两个频率的基波分量和谐波分量外，还产生了和频及差频分量。如果把幂级数的项数取得更多一些，则会有更多的组合频率分量。集电极电流i_C中的组合频率分量一般可表示为

$$\omega_{p,q} = |\pm p\omega_1 \pm q\omega_2| \tag{5-6}$$

式中，p和q是包括零在内的正整数。其中，$p=1$、$q=1$的组合频率分量$\omega_{1,1} = |\pm\omega_1 \pm\omega_2|$是有用相乘项产生的，而其他的组合频率分量都是无用相乘项产生的。它们产生的规律为：凡是$p+q$为偶数的组合频率分量均是由幂级数中n大于或等于$p+q$的各偶次方项产生的，凡是$p+q$为奇数的组合频率分量均是由n大于或等于$p+q$的各奇次方项产生的。为了实现理想相乘运算，必须减少无用的高次相乘项及其产生的组合频率分量。通常可采取以下措施：

1）选用具有平方律特性的场效应晶体管。

2）用多个非线性元器件组成平衡电路，抵消一部分无用的组合频率分量。

3）减小其中一个输入信号的幅度，以便有效地减少高次相乘项及其产生的组合频率分量的幅度。如果u_1为参考信号，u_2为输入信号，则限制u_2的幅值可使元器件工作在线性时变状态。

2. 指数函数分析法

非线性函数的另一种较为简单而准确的描述，是用指数函数来近似。当二极管（PN结）的正向电压大于50mV时，其伏安特性可以相当精确地表示为

$$i = I_S e^{u/U_T} \tag{5-7}$$

式中，$U_T = 26\text{mV}$；I_S是二极管的反向饱和电流；u为偏置电压；i为二极管的正向电流。

对于双极型晶体管，u为B-E极间电压，i为集电极电流，则式(5-7) 变为

$$i_C = I_S e^{u_{BE}/U_T} \tag{5-8}$$

当输入余弦信号$u(t) = U_m\cos\omega t$时，$u_{BE} = V_B + U_m\cos\omega t$，则

$$i_C = I_S e^{V_B/U_T} e^{x\cos\omega t} \tag{5-9}$$

式中，$x = U_m/U_T$，它是输入信号的幅度U_m对U_T的比值。当$\omega t = 0, 2\pi, 4\pi, \cdots$时，

$\cos\omega t=1$，i_C 达到最大值 I_{Cm}，从而得到

$$I_{Cm}=I_S e^{V_B/U_T}e^{x} \tag{5-10}$$

将 i_C 对 I_{Cm} 归一化得

$$\frac{i_C}{I_{Cm}}=\frac{e^{x\cos\omega t}}{e^{x}} \tag{5-11}$$

以 x 为参数，画出 $i_C/I_{Cm}\sim\omega t$ 的关系曲线，如图 5-3 所示。

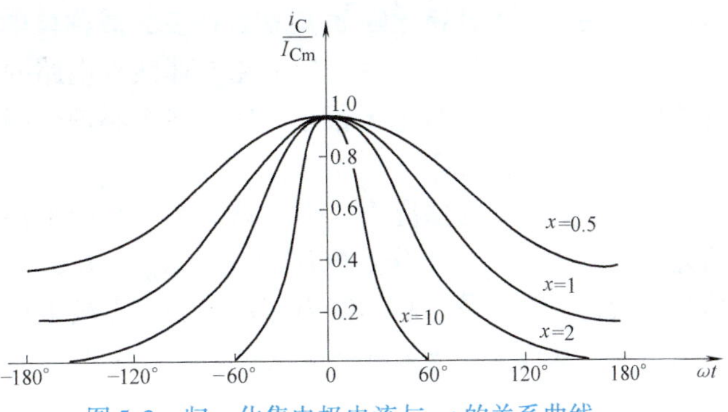

图 5-3　归一化集电极电流与 ωt 的关系曲线

从图 5-3 可以看出，当 x 很小时，i_C 几乎为一系列余弦波，x 增大后，i_C 变成脉冲波形，x 越大脉冲越窄。用傅里叶级数将其展开，可得到各次谐波成分。输出电流的频率分量可表示为

$$\omega_n=n\omega \qquad n=0,1,2,\cdots \tag{5-12}$$

3. 折线分析法

当输入信号足够大时，用幂级数分析法就必须选用比较多的项，这将使计算变得过于复杂，在这种情况下，折线分析法是一种比较好的方法。当输入信号较大时，晶体管的非线性主要表现为截止、导通和饱和等几种不同状态之间的变换，这时，可以忽略 $i_C\sim u_{BE}$ 曲线的弯曲部分，用 OA 和 AB 两段直线段来近似，不会造成很大的误差，如图 5-4 所示（其中虚线为原特性曲线）。

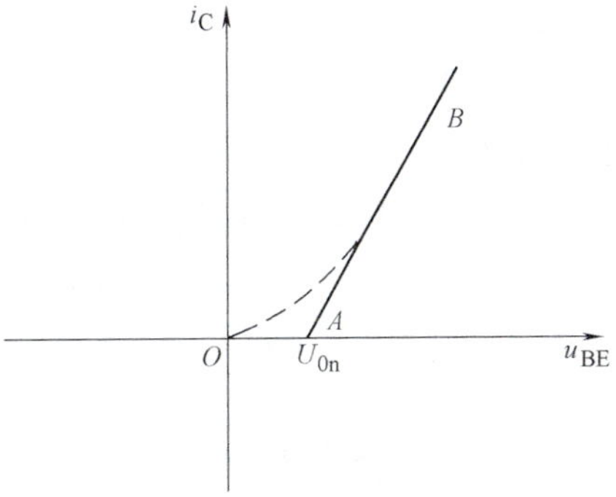

图 5-4　晶体管转移特性的近似表示

对于图 5-4 所示特性曲线，用折线近似表示的数学表达式为

$$\begin{cases} i_C=0 & u_{BE}\leqslant U_{0n} \\ i_C=g_m(u_{BE}-U_{0n}) & u_{BE}>U_{0n} \end{cases} \tag{5-13}$$

式中，g_m 是晶体管跨导，即 AB 直线的斜率；U_{0n} 是晶体管特性曲线折线化后的截止电压。若基极上除直流偏压 U_{BB} 外，再加入一个振幅较大的余弦电压时，只有发射结电压 u_{BE} 大于 U_{0n} 时才有集电极电流 i_C 通过，其余时间晶体管处于截止状态。因此，集电极电流变成余弦脉冲波形，用傅里叶级数展开，集电极电流中的频率分量同式(5-12)。折线分析法的具体应用将在第 6 章高频功率放大器中进行讨论。

5.2.3　线性时变工作状态分析法

由上面的分析可知，当两个交流信号叠加输入时，晶体管的输出电流里含有输入信号的无穷多个组合频率分量。而在调幅、检波和混频电路中，只要求输出两个信号的和频或差频。因此，必须采取措施尽量减少无用的组合频率分量。使晶体管工作在线性时变状态，这可以大大减少无用的组合频率分量。

1. 时变跨导分析法

图 5-5 所示为晶体管的时变跨导特性。设两个不同频率的信号 u_1、u_2 同时作用于放大器的输入端，其中 u_1 信号幅度较大，可以认为器件跨导基本上受 u_1 控制。对于振幅小的信号电压 u_2 来说，在它的变化范围内，近似认为器件跨导为常量，处于线性工作状态。在信号

电压的作用下，器件跨导随 u_1 周期性改变，故称该电路为线性时变跨导电路。线性时变跨导电路与非线性电路的工作原理不同，该电路中信号电压很小，所以多个小信号同时作用时可以运用叠加定理。

在 $U_{1m} >> U_{2m}$ 的情况下，可以认为图 5-5 所示特性的电路是信号电压为 u_2、工作点电压为 $u_B = U_{BB} + U_{1m}\cos\omega t$ 的小信号放大器。在不考虑晶体管内部反馈和集电极电压反作用的情况下，基极电压与集电极电流的函数关系可写为

$$i_C = f(u_{BE})$$

式中，$u_{BE} = u_B + u_2$。

将上式用泰勒级数在 u_B 点展开，得

$$i_C = f(u_B) + f'(u_B)u_2 + \frac{1}{2}f''(u_B)u_2 + \cdots \tag{5-14}$$

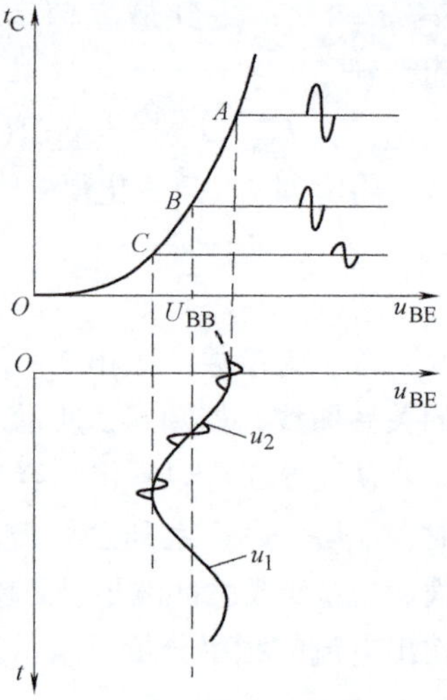

图 5-5　晶体管的时变跨导特性

由于 u_2 很小，可忽略二次方及以上各项，得近似方程为

$$i_C = f(u_B) + f'(u_B)u_2 \tag{5-15}$$

式中，$f(u_B)$ 和 $f'(u_B)$ 为 $u_{BE} = u_B$ 时的集电极电流和跨导，它们是 u_1 的函数。由于 u_1 是周期性函数，所以 $f(u_B)$ 和 $f'(u_B)$ 也为周期性函数，可用傅里叶级数展开，得

$$f(u_B) = f(U_{BB} + U_{1m}\cos\omega_1 t) = I_{C0} + I_{C1m}\cos\omega_1 t + I_{C2m}\cos 2\omega_1 t + \cdots \tag{5-16}$$

$$f'(u_B) = g_0 + g_1\cos\omega_1 t + g_2\cos 2\omega_1 t + \cdots \tag{5-17}$$

$$i_C = (I_{C0} + I_{C1m}\cos\omega_1 t + I_{C2m}\cos 2\omega_1 t + \cdots) + (g_0 + g_1\cos\omega_1 t + g_2\cos 2\omega_1 t + \cdots)U_{2m}\cos\omega_2 t$$

$$= I_{C0} + \sum_{n=1}^{\infty} I_{Cnm}\cos n\omega_1 t + \left(g_0 + \sum_{n=1}^{\infty} g_n\cos n\omega_1 t\right)U_{2m}\cos\omega_2 t \tag{5-18}$$

由式(5-18) 可以看出，线性时变电路的输出信号 i_C 中包含的频率分量为

$$n\omega_1 \text{ 和 } n\omega_1 \pm \omega_2 \qquad n = 0,1,2,3,\cdots \tag{5-19}$$

显然，线性时变电路大大减少了非线性元器件的组合频率分量。

2. 开关函数分析

在有些情况下，非线性元器件受一个大信号控制而周期性地导通与截止，实际上起着一个开关的作用。图 5-6a 所示电路中，$u_1(t)$ 是大信号，$u_2(t)$ 是小信号，$u_1(t)$ 的幅值足够大，控制二极管 VD 工作在开关状态，等效电路如图 5-6b 所示。

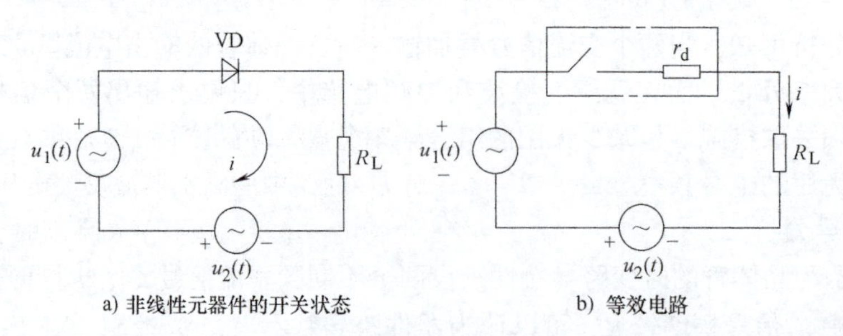

a) 非线性元器件的开关状态　　b) 等效电路

图 5-6　大小两个信号同时作用于非线性元器件的原理电路

设
$$u_1(t)=U_{1m}\cos\omega_1 t$$
$$u_2(t)=U_{2m}\cos\omega_2 t$$

在 $u_1(t)$ 的正半周，二极管导通（设二极管的导通电阻为 r_d），负半周二极管截止。因此，流过二极管的电流可用下式表示：

$$i=\begin{cases}\dfrac{1}{r_d+R_L}(u_1+u_2) & (u_1>0)\\ 0 & (u_1<0)\end{cases} \tag{5-20}$$

将二极管的开关作用用以下函数表示：

$$K_1(\omega_1 t)=\begin{cases}1 & (u_1>0)\\ 0 & (u_1<0)\end{cases} \tag{5-21}$$

则电流可写成

$$i=\frac{1}{r_d+R_L}K_1(\omega_1 t)(u_1+u_2) \tag{5-22}$$

由式(5-22) 可以看出，它描述的也是一种时变跨导电路，不过该电路的跨导为线性电导，当 $K_1(\omega_1 t)$ $=0$ 时，电导也变为零。所以，该电路又称为时变电导电路。

由于 $u_1(t)$ 是周期性函数，所以开关函数 $K_1(\omega_1 t)$ 也是周期性函数，其周期与 $u_1(t)$ 的周期相同。图 5-7a 所示为控制信号 $u_1(t)$ 的波形，图 5-7b 所示为开关函数 $K_1(\omega_1 t)$ 的波形，它是幅度为 1 的周期性矩形脉冲系列。

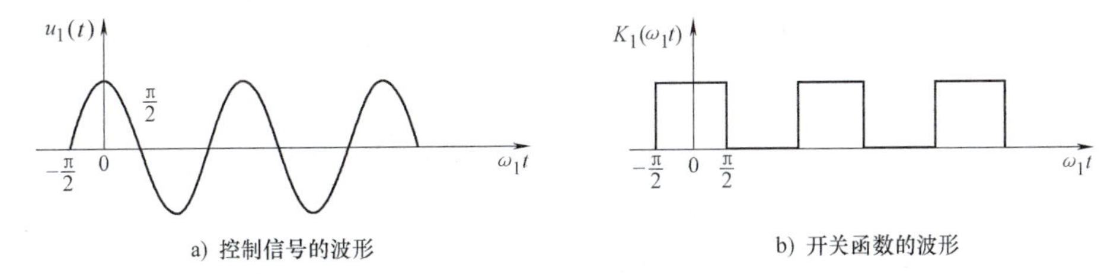

图 5-7 开关控制信号及其开关函数

由于 $K_1(\omega_1 t)$ 是周期为 $T_0=2\pi/\omega$ 的周期性函数，故可将其展开为傅里叶级数：

$$K_1(\omega_1 t)=\frac{1}{2}+\sum_{n=1}^{\infty}(-1)^{n-1}\frac{2}{(2n-1)\pi}\cos(2n-1)\omega_1 t \tag{5-23}$$

由式(5-23) 可看出，$K_1(\omega_1 t)$ 中只有直流分量和 ω_1 的奇次谐波分量。将式(5-23) 和 $u_1(t)$、$u_2(t)$ 的数学表达式代入式(5-22)，展开并整理，即可求出电流 $i(t)$ 的频谱。在这里不再进行详细运算。结合式(5-22) 和式(5-23) 可以看出电流 $i(t)$ 中包括以下频率成分：

1) u_1 和 u_2 的频率成分 ω_1 与 ω_2。

2) u_2 的频率与 u_1 奇次谐波的和频及差频，即 $|\pm(2n-1)\omega_1\pm\omega_2|$，这里 n 为除零以外的正整数。

3) ω_1 的偶次谐波。

4) 直流成分。

可见，二极管受 $u_1(t)$ 控制的开关工作状态是线性时变工作状态的一个特例，考虑到

线性时变电路输出信号中所包含的频率分量的特点［如式(5-19)所示］，i 中的组合频率分量进一步减少，但有用的和频及差频 $|\pm\omega_1\pm\omega_2|$ 仍然存在。

5.3　模拟乘法器

前面介绍了二极管、晶体管等非线性器件的特性，它们都可用于频率变换。随着集成电路的发展，模拟集成乘法器（analogmultiplier）已成为一种普遍应用的非线性模拟电路，用于频率变换有比分立元器件更好的特性，广泛地应用于无线电广播、电视和通信设备的有关电路中。本节简要介绍模拟乘法器的电路组成、工作原理和分析方法。

5.3.1　模拟乘法器的基本概念与特性

模拟乘法器具有两个输入端口 x、y，一个输出端口 z，是一个三端非线性网络，其电路符号如图 5-8 所示。

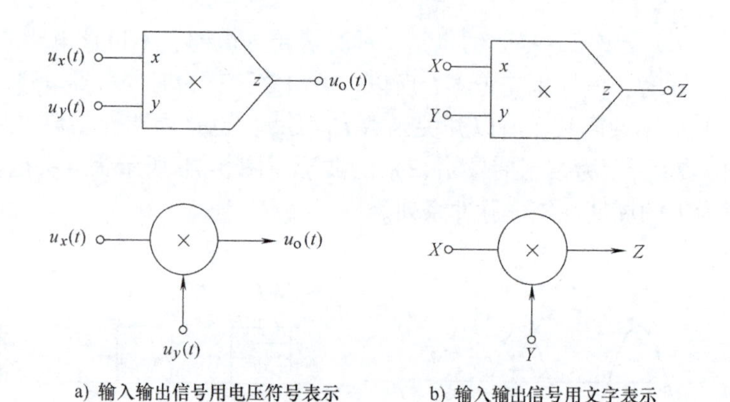

图 5-8　模拟乘法器的电路符号

一个理想的模拟乘法器，其输出端的瞬时电压 $u_o(t)$ 仅与两输入端的瞬时电压 $u_x(t)$ 和 $u_y(t)$ 的乘积成正比，不含任何其他分量。模拟乘法器的输出特性可表示为

$$u_o(t)=Ku_x(t)u_y(t) \tag{5-24}$$

或

$$Z=KXY \tag{5-25}$$

式中，K 为相乘增益，其数值取决于模拟乘法器的电路参数。

1. 模拟乘法器的工作象限

根据两个输入电压的极性，模拟乘法器有四个工作象限（或称区域），如图 5-9 所示。

当 $u_x>0$、$u_y>0$ 时，模拟乘法器工作于第Ⅰ象限；当 $u_x<0$、$u_y>0$ 时，模拟乘法器工作于第Ⅱ象限；当 $u_x<0$、$u_y<0$ 时，模拟乘法器工作于第Ⅲ象限；当 $u_x>0$、$u_y<0$ 时，模拟乘法器工作于第Ⅳ象限。

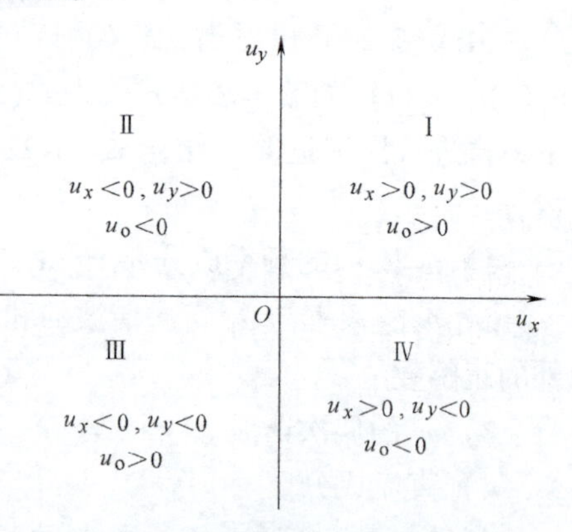

图 5-9　模拟乘法器的工作象限

如果模拟乘法器的两个输入电压都只能取同一极性（同为正或同为负）才能工作，这种乘法器称为“单象限乘法器”；如果模拟乘法器的一个输入电压极

性可正、可负，而另一个输入电压只能取单一极性（只能是正或只能是负），则称之为“二象限乘法器”；如果两个输入电压极性均可正、可负，则称之为“四象限乘法器”。两个单象限乘法器可构成一个二象限乘法器，两个二象限乘法器可构成一个四象限乘法器。

2. 模拟乘法器的线性与非线性

模拟乘法器是一种非线性器件，一般情况下，它体现出非线性特性。例如，两个输入信号为 $x=U_{\mathrm{cm}}\cos\omega t$、$y=U_{\Omega\mathrm{m}}\cos\Omega t$ 时，则输出电压为

$$z=Kxy=KU_{\mathrm{cm}}\cos\omega tU_{\Omega\mathrm{m}}\cos\Omega t=\frac{1}{2}KU_{\mathrm{cm}}U_{\Omega\mathrm{m}}[\cos(\omega+\Omega)t+\cos(\omega-\Omega)t]$$

在输出电压中产生新的频率分量，显示出非线性特性。

然而，在一定条件下，模拟乘法器又体现出线性特性。例如，输入信号为 $x=E$（恒定直流电压）、$y=u_1+u_2$（交流电压）时，则输出电压为

$$z=Kxy=KE(u_1+u_2)=KEu_1+KEu_2$$

此时，在输出电压中不含新的频率分量，而且符合线性叠加定理，所以此时模拟乘法器也可作线性器件使用。

5.3.2　集成模拟乘法器

实现模拟相乘的方法很多，有对数-反对数相乘法、四分之二平方相乘法、三角波平均相乘法、时间分割相乘法、霍尔效应相乘法、环形二极管相乘法和变跨导相乘法等。其中，变跨导相乘法采用差分电路，它的交流馈通误差小，温度稳定性好，运算精度高，速度快，成本低，便于集成化，因而得到广泛应用。目前单片集成模拟乘法器大多采用变跨导模拟乘法器。

1. 变跨导模拟乘法器的组成和工作原理

变跨导模拟乘法器的基本电路是带恒流源的差分放大电路，图5-10所示是带恒流源的差分放大电路的原理图。

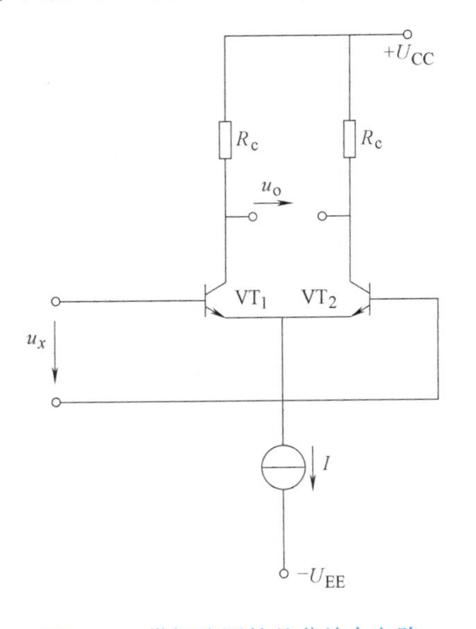

图5-10　带恒流源的差分放大电路

根据模拟电路中带恒流源的差分放大电路的有关分析，该电路的输出电压 u_{o} 与输入电压 u_x 的关系是

$$u_{\mathrm{o}}=-\frac{\beta R_{\mathrm{c}}}{r_{\mathrm{be}}}u_x \tag{5-26}$$

其中

$$r_{\mathrm{be}}=-r_{\mathrm{bb'}}+(1+\beta)\frac{U_{\mathrm{T}}}{I_{\mathrm{E}}} \tag{5-27}$$

式中，U_{T}是温度的电压当量，当 $T=300\mathrm{K}$ 时，$U_{\mathrm{T}}\approx 26\mathrm{mV}$；$I_{\mathrm{E}}$是晶体管发射极电流的静态值，理想情况下 $I_{\mathrm{E}}=I/2$。当 I_{E}值较小时，$r_{\mathrm{bb'}}$可忽略，式(5-27)可简化为

$$r_{\mathrm{be}}\approx 2(1+\beta)\frac{U_{\mathrm{T}}}{I}$$

将上式代入式(5-26)可得

$$u_o = -\frac{\beta R_c I}{2(1+\beta)U_T}u_x \approx -\frac{R_c I}{2U_T}u_x \tag{5-28}$$

如果将图 5-10 中的恒流源用一个电压控制的电流源代替，则电路如图 5-11 所示。电流 I 受另一个输入电压 u_y 控制，那么当 $u_y >> u_{be}$ 时，有

$$I \approx \frac{u_y}{R_e}$$

将上式代入式(5-28) 可得

$$u_o = -\frac{R_c}{2R_e U_T}u_x u_y = -K u_x u_y \tag{5-29}$$

式中，$K = \frac{R_c}{2R_e U_T}$。式(5-29) 表明电路的输出电压 u_o 与两个输入电压 u_x、u_y 的乘积成正比关系，体现了相乘作用。

在这种乘法器电路中，跨导 $g_m = I_e / U_T$ 是随另一个输入电压 u_y 变化的，因此称为变跨导模拟乘法器。

上面介绍的乘法器，虽然 u_x 可正可负，但 u_y 必须为正时电路才能工作，只能实现二象限相乘，在集成模拟乘法器中应用较少。为使 u_x 和 u_y 在任意极性时电路均能正常工作，实现四象限均可相乘，可采用图 5-12 所示的双平衡模拟乘法器。

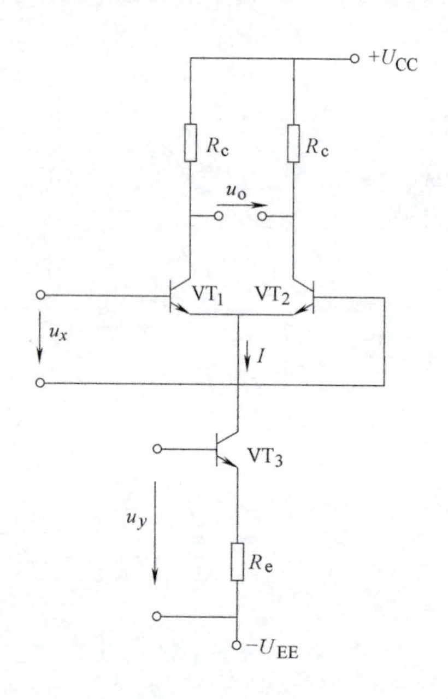

图 5-11　变跨导模拟乘法器的基本电路

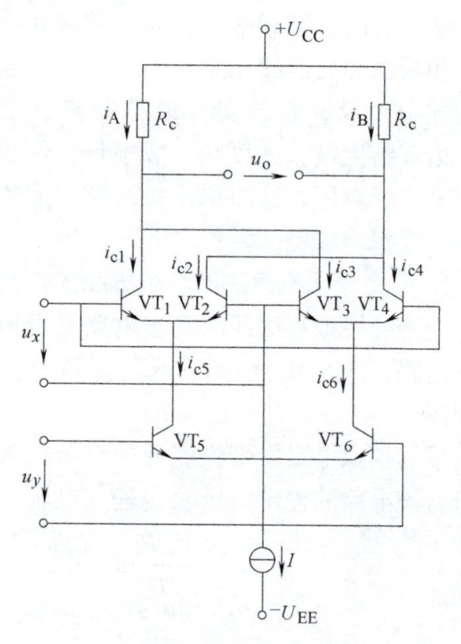

图 5-12　双平衡模拟乘法器的原理图

由于 u_x 和 u_y 都是差动输入信号，其值可正可负，所以这种乘法器是四象限的。

2. 常用集成模拟乘法器

双平衡模拟乘法器能实现两个输入信号的四象限相乘，而且频率特性较好，所以广泛应用于集成模拟乘法器中，如国内产品 XFC1596、CF1496/1596（与国外产品 MC1496/1596 性能相同）。图 5-13 所示是 XFC1596 集成模拟乘法器的内部电路图。

由图中可见，XFC1596 集成模拟乘法器内部由 6 个双极型晶体管分别组成 3 个差分电

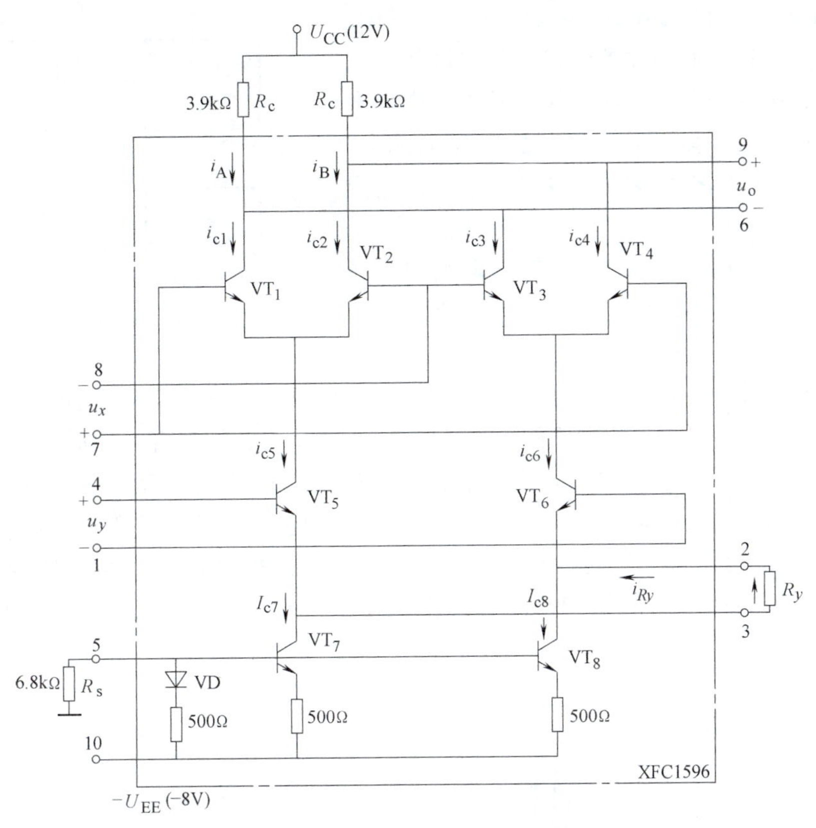

图 5-13　XFC1596 的内部电路图

路，是两个输入信号都是差动输入的双平衡模拟乘法器。为使输入信号 u_x 的线性范围扩大，还有改进型的 XFC1596 集成模拟乘法器，其内部增加了线性补偿网络，称为线性化双平衡模拟乘法器。国产 BG314、CF—1595、FZ4 等都是通用性很强的集成模拟乘法器。它们的内部电路由线性化双平衡模拟乘法器组成，其工作原理与国外产品 MC1495/1595、LM1495/1595 基本相同。

集成模拟乘法器不仅可应用于模拟运算电路中，而且广泛应用于无线电通信领域。通信系统中的模拟信号处理大都可归结为两个信号相乘或包含相乘的过程，因而可以使用通用模拟集成乘法器来完成，例如调制、解调、变频和倍频等非线性功能及实现 AGC 控制和压控振荡。采用集成模拟乘法器来实现这些功能，电路简单，性能优越而且稳定，调整方便，利于设备的小型化。

5.4　混频电路

混频就是将高频已调波信号变换成另外一个频率，而保持调制规律不变，具有这种功能的电路称混频电路。例如在超外差收音机中，把接收到的外来信号变换为 465kHz 的固定中频（低中频），这样能提高收音机的灵敏度和邻频道选择性。又如在工作频率为 2 ~ 30MHz 的单边带通信接收机中，却把接收到的外来信号变为 70MHz 的高中频，这样可以大大减少混频器产生的组合频率干扰和副波道干扰，提高接收机的抗干扰能力。

图5-14所示为混频器（mixer）的原理框图。它由非线性器件和带通滤波器组成。如果混频器和本地振荡器共用一个器件，即非线性器件既产生本振信号又实现频率变换，则称之为变频器（converter）。实际应用中常将“混频”与“变频”两词混用而不加以区别。

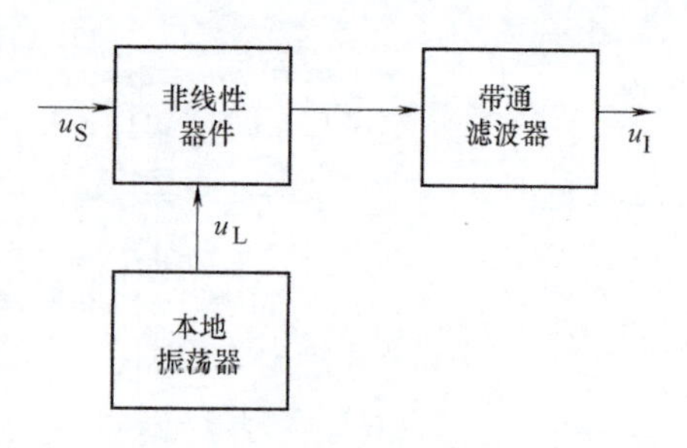

图5-14　混频器的原理框图

混频器是一种典型的线性时变参数电路。如5.2.3节时变跨导电路分析所述，如果一个振幅较大的振荡电压u_L与一个外来信号u_S同时加到具有线性时变参数的器件上，则输出端可取得两信号的差频或和频，完成频率变换作用。

下面以调幅信号为例说明混频的原理。图5-15所示为调幅波混频前后波形和频谱的变化。其中$u_S(t)$为混频前的输入信号，$u_I(t)$为混频后的中频输出信号。由图5-15可以看出，经过混频后，输出中频调幅波与输入高频调幅波的包络形状完全相同，唯一不同的是载波频率由高频f_S变为中频f_I。再从频谱来看，混频仅把已调波的频谱不失真地从高频位置移到中频位置，而频谱的内部结构并没有发生变化，因此，混频器也是一种频谱线性搬移电路。

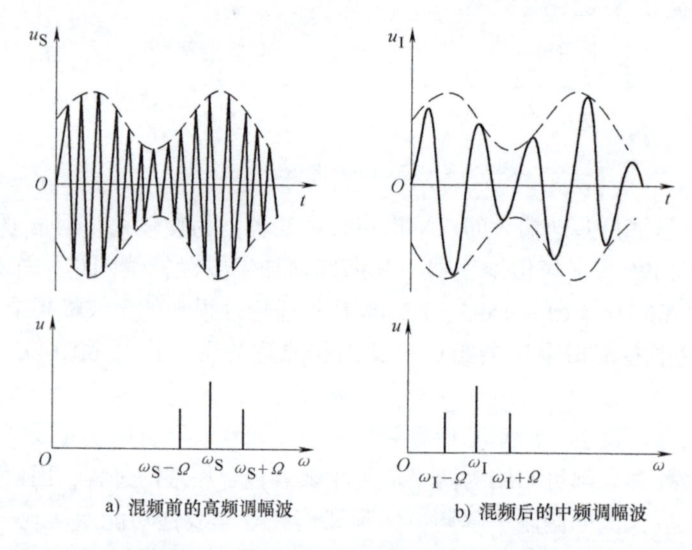

图5-15　调幅波混频前后波形和频谱的变化

5.4.1　混频器的主要性能指标

1. 混频增益

混频增益有混频电压增益A_{uc}和混频功率增益A_{pc}两种。混频器输出的中频电压振幅与输入的高频电压振幅之比，称为混频电压增益，常用分贝表示，即

$$A_{uc}=20\lg\frac{U_{im}}{U_{sm}}(\mathrm{dB}) \tag{5-30}$$

混频功率增益为输出中频信号功率P_I与输入高频信号功率P_S之比，也常用分贝表示，即

$$A_{pc}=10\lg\frac{P_{\mathrm{I}}}{P_{\mathrm{S}}}(\mathrm{dB}) \tag{5-31}$$

混频增益越大，接收机的灵敏度越高，但混频增益太大将使混频干扰增大。

2. 失真与干扰

如果混频器输出中频信号的频谱结构和输入信号的频谱结构不同，则表示产生了失真。此外，在混频过程中，还会产生大量不需要的组合频率分量，形成干扰，影响接收机的正常工作。所以混频器不应工作在非线性过于严重的区域，以既能完成频率变换，又能减少各种组合频率分量干扰为目的。

另外，混频器的主要指标还有选择性、噪声系数等，这里不再一一说明。

5.4.2 常用混频电路

混频电路的种类很多，在这里只介绍常用的集成模拟乘法器混频器、二极管混频器和晶体管混频器。

1. 集成模拟乘法器混频器

混频器是频谱线性搬移电路，所以可用集成模拟乘法器来实现。典型的单片集成模拟乘法器有 Motorola 公司生产的 MC1596、MC1595。图 5-16 所示是由 MC1596 组成的混频电路。已调波信号 u_{S}由 X 通道（1、4 脚）输入，本振信号 u_{L}由 Y 通道（8、10 脚）输入，中频信号（9MHz）由 6 脚单端输出。输出端 π 形带通滤波器调谐在 9MHz，回路带宽为 450kHz。本振注入电平为 100mV，信号电压在 5 ~7.5mV 之间，混频增益达 13dB。调 50kΩ 电位器使 1、4 脚直流电位差为零。

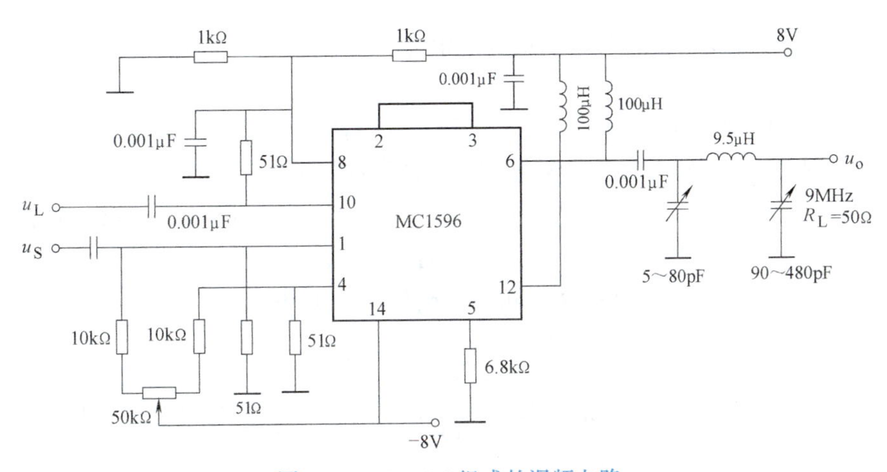

图 5-16 MC1596 组成的混频电路

2. 二极管混频器

图 5-17 所示是二极管平衡混频电路。

由图可见，若忽略输出电压 u_{I}的反馈作用，则 VD_1、VD_2两二极管上的电压分别为

$$u_1=u_{\mathrm{L}}+u_{\mathrm{S}}$$

$$u_2=u_{\mathrm{L}}-u_{\mathrm{S}}$$

由于 u_{S}很小，u_{L}很大，VD_1、VD_2受 u_{L}控制工作在开关状态。采用 5.2.3 节的分析方

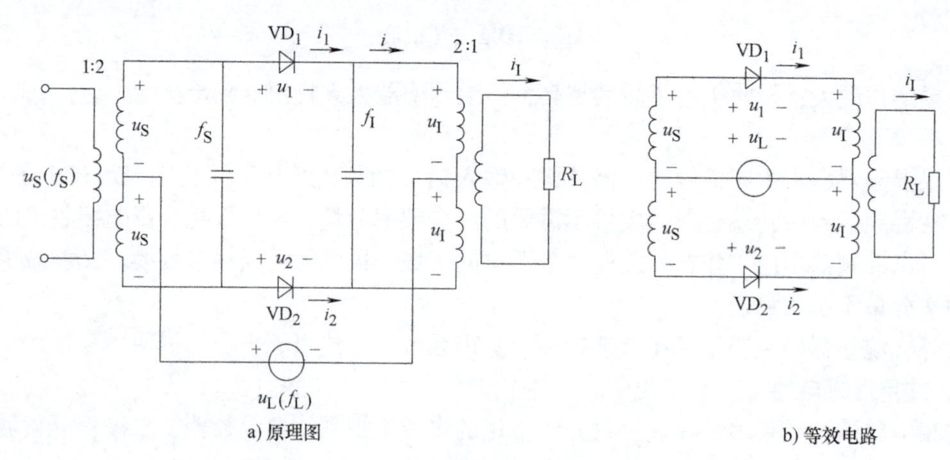

图 5-17 二极管平衡混频电路

法，并假设二极管导通时的电阻为 r_d（电导为 $g_d=1/r_d$），则

$$i_1=g_dK_1(\omega_Lt)(u_L+u_S)$$

$$i_2=g_dK_1(\omega_Lt)(u_L-u_S)$$

输出电流为

$$i=i_1-i_2=2g_dK_1(\omega_Lt)u_S \tag{5-32}$$

将式(5-23)代入式(5-32)，可求得 i 中的频率分量为 ω_S 和 $|\pm(2n-1)\omega_L\pm\omega_S|$，$n=1, 2, 3, \cdots$。其中，中频分量为

$$i_I=\frac{2}{\pi}g_dU_{Sm}\cos(\omega_L-\omega_S)t \tag{5-33}$$

式中，U_{Sm} 和 g_d 分别是信号的振幅和二极管的电导，若考虑输出电压的反馈作用，则实际中频电流要比上式小。

图 5-18 所示是环形混频电路，该电路可看成是由两个二极管平衡混频电路组成的。若 u_L 在正半周，则 VD_1、VD_2 两二极管导通，对应的开关函数为 $K_1(\omega_Lt)$；若 u_L 在负半周，则 VD_3、VD_4 两二极管导通，对应的开关函数为 $K_1(\omega_Lt-\pi)$。由图 5-18 可求得输出电流为

$$\begin{aligned}i&=(i_1-i_2)-(i_3-i_4)\\&=2g_d[K_1(\omega_Lt)-K_1(\omega_Lt-\pi)]u_S\\&=2g_dK_2(\omega_Lt)u_S\end{aligned} \tag{5-34}$$

式中，$K_2(\omega_Lt)=K_1(\omega_Lt)-K_1(\omega_Lt-\pi)=\sum_{n=1}^{\infty}(-1)^{n-1}\frac{4}{(2n-1)\pi}\cos(2n-1)\omega_Lt$，为双向开关函数。

将 $K_2(\omega_Lt)$ 代入式(5-34)，可得 i 中的频率分量为 $|\pm(2n-1)\omega_L\pm\omega_S|$，$n=1, 2, 3, \cdots$。其中，中频分量为

$$i_I=\frac{4}{\pi}g_dU_{Sm}\cos(\omega_L-\omega_S)t \tag{5-35}$$

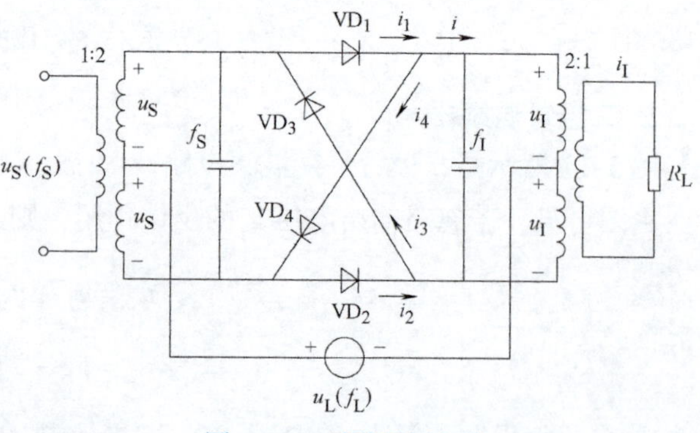

图 5-18 环形混频电路

平衡混频电路与环形混频电路输出的无用组合频率分量均比晶体管混频电路少，而环形混频电路比平衡混

频电路还要少一个 ω_S 分量，且混频增益加倍。

3. 晶体管混频器

晶体管混频器是利用晶体管的非线性实现混频的。

（1）电路形式　根据晶体管的组态和本振电压注入方式的不同，晶体管混频器有图 5-19 所示的 4 种基本形式。其中，图 5-19a、b 为共发射极混频电路。信号电压都是从基极输入，区别是图 5-19a 中本振电压由基极注入，图 5-19b 中本振电压由发射极注入。图 5-19c、d 为共基混频电路。信号电压都是由发射极输入，区别是图 5-19c 中本振电压由发射极注入，图 5-19d 中本振电压由基极注入。图 5-19a、b 所示电路应用较广，而图 5-19c、d 一般在工作频率较高的混频电路中采用。

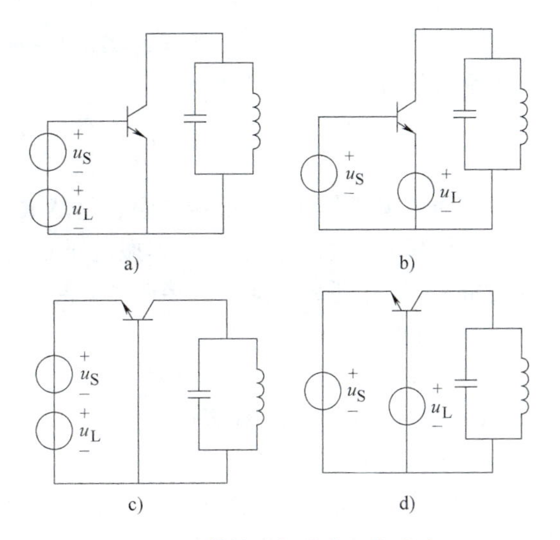

图 5-19　晶体管混频器的基本形式

上述 4 种形式的混频电路各有特点，但它们的混频原理是一样的，下面以图 5-19a 所示电路为例介绍它们的工作原理。

（2）工作原理　图 5-20 所示为晶体管混频器的原理图。图中，L_1C_1 为输入信号回路，调谐在 f_S 上；L_2C_2 为输出中频回路，调谐在中频 f_I 上。由图可见，本振电压 u_L、信号电压 u_S 和基极偏压 U_{BB} 串联接在晶体管的基极和发射极之间，即

$$u_{BE}=U_{BB}+u_L+u_S$$

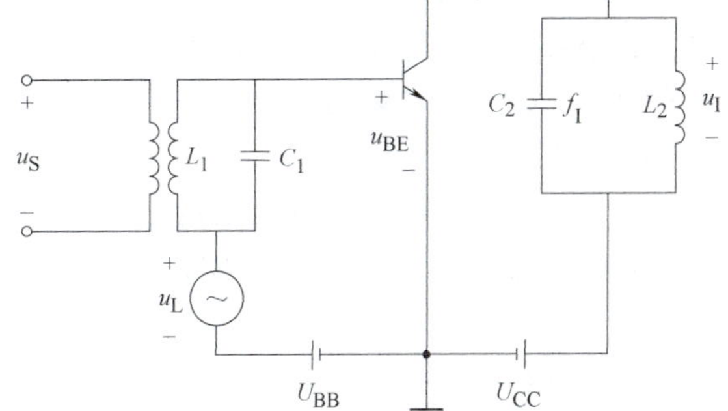

图 5-20　晶体管混频器的原理图

设 $u_S(t)=U_{Sm}\cos\omega_S t$，$u_L=U_{Lm}\cos\omega_L t$，一般情况下 $U_{Lm}\gg U_{Sm}$。在混频过程中，晶体管的跨导随本振电压做周期性变化，混频晶体管可看作线性时变参数器件。由 5.2.3 节线性时变跨导分析法可知，电流 i_C 中的频率分量为 $n\omega_L$ 和 $n\omega_L\pm\omega_S$。若采用下变频，则可得 i_C 中的中频电流分量为

$$i_I=g_c U_{Sm}\cos(\omega_L-\omega_S)t=I_{Im}\cos\omega_I t \tag{5-36}$$

式中，$I_{Im}=g_c U_{Sm}$ 为中频电流的振幅值；g_c 为混频跨导，它等于中频电流的振幅值 I_{Im} 与输入信号电压的振幅值 U_{Sm} 之比，即

$$g_c=\frac{I_{Im}}{U_{Sm}} \tag{5-37}$$

由式(5-36) 可知，输出电流的振幅值与输入电压的振幅值成正比。因此，若输入信号电压的振幅 U_{Sm} 按一定规律变化，则中频电流的振幅值 I_{Im} 也按相同规律变化。换句话说，经混频后只改变了信号的载波频率，包络形状没有改变。因此，当输入高频调幅波时，其振幅为 U_{Sm}（$1+m_a\cos\Omega t$），则混频器输出的中频电流也是调幅波，即

$$i_I = g_c U_{Sm}(1 + m_a \cos\Omega t)\cos\omega_I t \tag{5-38}$$

变频增益为

$$A_{uc} = \frac{U_{Im}}{U_{Sm}} = \frac{I_{Im}R_0}{U_{Sm}} = g_c R_0 \tag{5-39}$$

式中，R_0为中频谐振回路的谐振电阻，显然R_0越大，变频增益越高；g_c是混频电路的主要参数，它与管子的静态电流I_{EQ}、本振电压U_{Lm}有关。实验表明，当$I_{EQ}=0.2\sim1$mA，$U_{Lm}=50\sim200$mV时，g_c近似不变，且接近最大值，此时混频器的噪声系数最低。

（3）实际电路举例　图5-21a为收音机的变频电路（图中，电阻R_1上面的星号表示R_1的阻值可在一定范围内调整）。天线线圈L_1、C_{1a}、C_0组成输入回路，调谐在信号载频f_S上，选出所需的电台信号u_S，经变压器T_1输入到晶体管VT的基极。线圈L_3、L_4和电容C_{1b}、C_3、C_5组成振荡回路，调谐在本振频率f_L上。本振电压u_L经C_2注入到晶体管的发射极。T_3为中频变压器。L_5和C_4调谐在中频频率f_I上，它作为晶体管的负载选出中频信号，并经T_3输出。对于本振频率f_L而言，L_2、L_5可看成短路。于是可画出变频器中的本振交流等效电路如图5-21b所示。

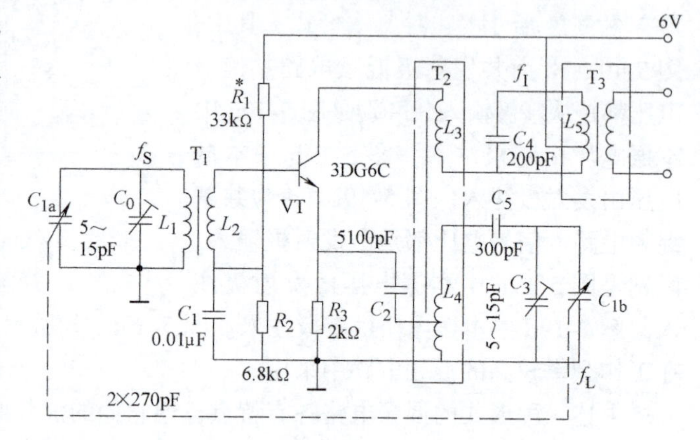

a) 电路图

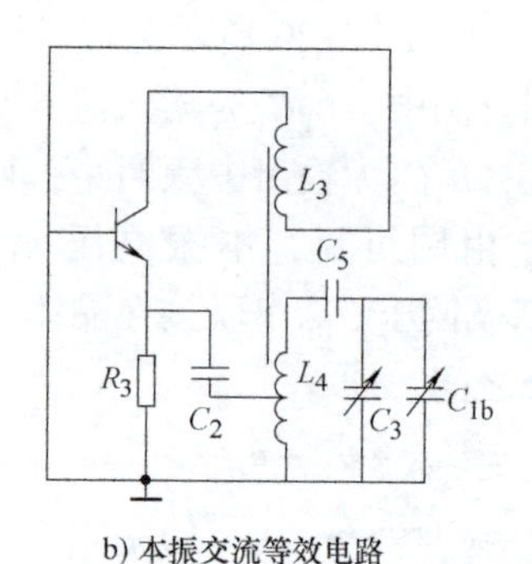

b) 本振交流等效电路

图5-21　收音机的变频电路

由图5-21b可知，这是一个变压器反馈式振荡器，调谐回路接在晶体管VT的发射极，L_3是反馈线圈。双联可变电容作为输入回路和本振回路的统调电容，使得在整个中波波段内，本振频率f_L均与输入信号载频f_S同步变化，且f_L比f_S高一个中频f_I（$f_I=465$kHz）。

5.4.3　混频干扰

为了实现混频功能，混频器件必须工作在非线性状态。混频器的输入除了有用信号电压和本振电压外，还有从天线进来的各种干扰（interference）信号。它们两两之间都有可能产生组合频率分量，这些组合频率分量如果等于或接近中频，将与有用信号一起通过中频放大器，经解调后在输出端形成干扰，影响有用信号的正常接收。下面对几种常见干扰进行讨论。

1. 组合频率干扰

若混频器不满足电路的时变工作条件，这时信号本身的谐波分量不可忽略，产生干扰的条件是

$$|\pm pf_L \pm qf_S| \approx f_I$$

上式可分解为4个关系式：$pf_L + qf_S \approx f_I$、$pf_L - qf_S \approx f_I$、$-pf_L + qf_S \approx f_I$和$-pf_L - qf_S \approx f_I$。由于$f_I = f_L - f_S$，故只有$pf_L - qf_S \approx f_I$和$-pf_L + qf_S \approx f_I$两式成立。将两式合并，且将$f_L = f_S + f_I$代入后，便可得到产生干扰啸叫声的信号频率为

$$f_S \approx \frac{p \pm 1}{q - p} f_I \tag{5-40}$$

式(5-40)表明，若p和q取不同的正整数，则可能产生干扰啸叫声的信号频率会有无限多个，但一部接收机的工作频率范围有限，所以能产生干扰啸叫声的组合频率分量并不多。

由式(5-35)可以看出，抑制干扰啸叫声的方法是合理地选择中频频率，将产生最强的干扰啸叫声的频率移到接收频段之外。例如当$p = 0$、$q = 1$，即$f_S \approx f_I$时的干扰啸叫声最强，为避免最强的干扰啸叫声，应将接收机的中频选在接收频段之外。

2. 副波道干扰（寄生通道干扰）

如果混频之前，输入回路和高频放大器的选择性不好，干扰信号也会进入混频器。这些干扰信号与本振信号同样也会形成接近中频的组合频率干扰，这种干扰称为副波道干扰或寄生通道干扰。设外来干扰信号频率为f_N，则产生副波道干扰应满足下列关系式：

$$|\pm pf_L \pm qf_N| \approx f_I$$

同样，由于$f_I = f_L - f_S$，因而上式只有$pf_L - qf_N = f_I$和$-pf_L + qf_N = f_I$两种情况成立。将这两式合并，且将$f_L = f_S + f_I$代入后，可得

$$f_N \approx \frac{1}{q}(pf_L \pm f_I) = \frac{p}{q} f_S + \frac{p \pm 1}{q} f_I \tag{5-41}$$

理论上能形成副波道干扰的频率很多，实际上，只有对应p、q较小的干扰信号才会形成明显的副波道干扰。由式(5-41)可知，产生副波道干扰最强的信号有两个：①$p = 0$、$q = 1$时的干扰，此时$f_N \approx f_I$，即干扰信号频率接近中频频率，故称中频干扰。②$p = 1$、$q = 1$时的干扰，此时

$$f_N \approx f_I + f_L = f_S + 2f_I \tag{5-42}$$

对f_L而言，f_N和f_S恰恰是镜像关系，故称为镜像频率干扰，简称镜像干扰。

对中频干扰，混频电路实际上起到中频放大器的作用，因而使中频干扰具有比有用信号更强的传输能力。镜像干扰具有与有用信号相同的变换能力。一旦这两种干扰进入混频器，就无法抑制掉。因此，减小这两种干扰的有效方法是提高混频电路前级的选择性。

3. 交叉调制干扰（交调干扰）

交叉调制干扰是由元器件特性的幂级数展开式中三次或更高次项产生的。其现象是：当接收机对有用信号调谐时，在听到有用信号的同时，还可听到干扰电台的声音；当接收机对有用信号失谐时，干扰台也随之消失，好像干扰信号调制在有用信号载波的振幅上，故称为交叉调制干扰。

交叉调制干扰的程度随干扰信号振幅的增大而急剧增大，与有用信号的振幅、干扰信号频率无关。减小交叉调制干扰的方法是提高混频前端电路的选择性、适当选择混频器件（如集成模拟乘法器、场效应晶体管和平衡混频器）等。

4. 互调干扰

当两个（或多个）干扰信号同时加到混频器输入端时，由于混频器的非线性作用，两个干扰信号与本振信号相互混频，产生的组合频率分量为$|\pm pf_L \pm qf_{N1} \pm rf_{N2}|$，混频器的输出存在寄生中频分量，经中放和检波后产生啸叫声，这就是互调干扰。

减小互调干扰的方法与抑制交叉调制干扰的措施相同。

例 5.2 有一超外差调幅收音机，试分析以下几种干扰的性质。

（1）当收听频率$f_S=550\text{kHz}$的电台时，听到频率为1480kHz电台的干扰声。

（2）当收听频率$f_S=1400\text{kHz}$的电台时，听到频率为700kHz电台的干扰声。

（3）当收听频率$f_S=1396\text{kHz}$的电台时，听到啸叫声。

解：（1）由于$(550+2\times465)\text{kHz}=1480\text{kHz}$，所以1480kHz是550kHz的镜像频率，此时的干扰为镜像干扰。

（2）当$p=1$、$q=2$时，由式(5-41）得

$$f_N=\frac{1}{2}\times[(1400+465)-465]\text{kHz}=700\text{kHz}$$

因此，700kHz电台的干扰声是$p=1$、$q=2$时的副波道干扰。

（3）由于$465\times3\text{kHz}=1395\text{kHz}$，即$f_S\approx3f_I$，由式(5-40）可知，当$p=2$、$q=3$时，$f_S\approx3f_I$，因此是组合频率干扰，且产生$(1396-1395)\text{kHz}=1\text{kHz}$的啸叫声。

5.4.4 零中频混频

超外差接收机通过混频将外来的高频信号变换为中频进行放大，从而获得比直接放大式接收机更好的性能。为了实现混频功能，混频器件必须工作在非线性状态，但这样混频器会产生多种混频干扰。虽然可以通过提高混频电路前级的选择性来抑制很多干扰，但有些干扰是由混频器的工作方式所产生的，仅靠提高混频电路前级的选择性是难以完全克服的。

例如，当干扰频率接近中频时，形成中频干扰，是难以抑制的。另外，当干扰频率f_N和信号频率相对于本振频率f_L呈镜像关系时，形成镜像频率干扰，也是很难抑制的。零中频混频能较好地避免这些干扰，下面简要介绍。

1. 零中频混频的原理

超外差接收机的镜像频率干扰为

$$f_N\approx f_I+f_L=f_S+2f_I$$

中频干扰为

$$f_N\approx f_I$$

这些干扰都与中频密切相关，如果能取消中频，这些干扰也就不存在了。零中频混频正是基于这种考虑来设计的。零中频混频就是把中频降到零的混频方式。

超外差接收机的本振频率为

$$f_L=f_S+f_I$$

当中频$f_I=0$时，本振频率等于信号频率，即

$$f_L=f_S$$

即零中频混频时，接收机的本振频率与外来信号频率相等。

采用零中频混频的接收机称为零中频接收机。既然零中频混频后中频信号的频率为零，那么混频后的信号已无载波，其频谱被搬移至零坐标两侧，使已调波信号变换成为低频调制信号。

2. 零中频混频电路

零中频接收机的中频 $f_I=0$，混频后信号无载波，已调波信号直接变换成为低频调制信号，这说明零中频混频实际上已完成了解调的任务。零中频混频既是混频也是解调，需采用正交解调技术处理。零中频接收机的正交解调组成框图如图 5-22 所示。

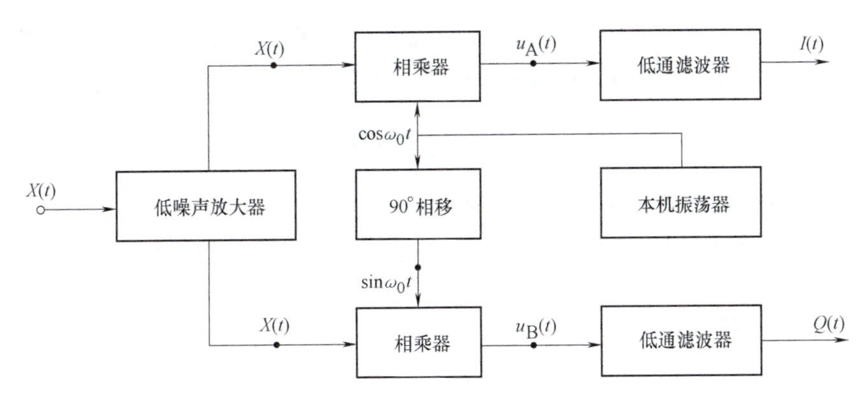

图 5-22　零中频接收机的正交解调组成框图

在零中频接收机的正交解调电路中，本机振荡器和 90°相移产生相互正交且与输入信号频率相同的正弦波，分别送到两个相乘器中与输入信号相乘，相乘后再由低通滤波器滤除高频分量后，获得低频调制信号输出。

零中频接收机的中频 $f_I=0$，这样彻底消除了超外差接收机的中频干扰和镜像频率干扰，这是它的突出优点。但是取消中频后，就没有中频放大级，中频放大增益高的优点也就不存在了。还有，零中频接收机需要正交解调，电路较为复杂。所以零中频混频多用于集成电路接收机，这样才能发挥其优点，避免不足。

本章小结

1. 二极管、晶体管及场效应晶体管的伏安特性均是非线性的，所以可将它们视为非线性电阻元器件。非线性元器件具有频率变换作用，可在输出端产生输入信号所不具有的新的频率分量。

2. 非线性元器件的特性分析是建立在函数逼近的基础上，根据实际情况采用合理的近似分析法，一般可采用指数函数、幂级数或折线函数来近似。当输入信号较小时，采用前两种函数分析比较准确；当输入信号较大时，采用折线分析法比较方便。当有两个信号同时输入，且其中一个信号远大于另一信号时，适用线性时变分析法。

3. 非线性元器件的输入是单一频率交流信号时，输出是输入信号的各次谐波；当输入是两个不同频率的交流信号叠加时，输出是两信号各次谐波的组合频率分量。实际频率变换电路要求的频率分量只是组合频率分量中的极少数，为减少无用组合频率分量的干扰，需要采取抑制干扰措施。

4. 集成模拟乘法器是普遍使用的非线性模拟电路，其内部是由晶体管差分对组成的变跨导模拟乘法器电路。集成模拟乘法器用于频率变换有比分立元器件更好的特性，可完成调制、解调、变频和倍频等非线性功能。

5. 混频器是一种线性频谱搬移电路。常用的混频电路有晶体管混频电路、二极管环形混频电路和集成模拟乘法器混频电路。使用二极管环形混频电路和集成模拟乘法器混频电路可以大大减少无用组合频率分量。

6. 混频电路的输出中存在特有的干扰，影响有用信号的正常接收，必须采取措施减小或消除这些干扰。

7. 零中频混频后，中频信号的频率为零，混频后的信号已无载波，其频谱被搬移至零坐标两侧，使已调波信号变换成为低频调制信号。零中频混频可以很好地消除混频干扰。

习题与思考题

5.1　常用的非线性元器件有哪些？如何理解它们的非线性？

5.2　已知非线性元器件的伏安特性为 $i = a_0 + a_1 u + a_2 u^2 + a_4 u^4$，若 $u = U_{1m}\cos\omega_1 t + U_{2m}\cos\omega_2 t$，试写出电流 i 中有哪些组合频率分量。求出其中 $\omega_1 \pm \omega_2$ 分量的振幅，并说明它们是由 i 中哪些项产生的。

5.3　已知非线性元器件的伏安特性为

$$i = \begin{cases} g_d u & u > 0 \\ 0 & u \leqslant 0 \end{cases}$$

设本振信号 $u_L = U_{Lm}\cos\omega_L t$，静态偏置电压为 U_Q，在满足线性时变条件下，分别求出下列4种情况下的混频跨导，画出时变跨导的波形，并说明能否实现混频。

（1）$U_Q = U_{Lm}$。

（2）$U_Q = \frac{1}{2}U_{Lm}$。

（3）$U_Q = 0$。

（4）$U_Q = -\frac{1}{2}U_{Lm}$。

5.4　二极管平衡混频器的电路如图5-23所示。

（1）求混频器输出电流的表达式（设二极管 $i = au^2$）。

（2）若将信号和本振电压输入位置互换，则混频器能否正常工作？为什么？

（3）若将二极管 VD_1 或 VD_2 极性倒置，则混频器能否正常工作？

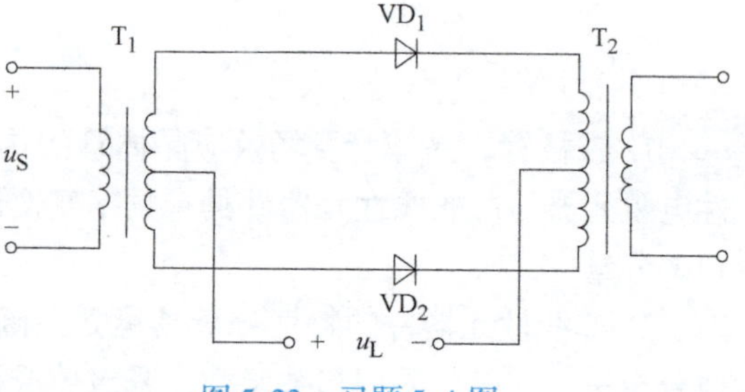

图5-23　习题5.4图

5.5　在一超外差收音机中，中频频率 $f_I = f_L - f_S = 465\text{kHz}$。试分析下列现象属于何种干扰，又是如何形成的。

（1）当收听频率 $f_S = 931\text{kHz}$ 的电台时，伴有音调1kHz的啸叫声。

（2）当收听频率 $f_S = 560\text{kHz}$ 的电台时，还能听到频率为1490kHz的强电台信号。

（3）当收听频率 $f_S = 1480\text{kHz}$ 的电台时，还能听到频率为740kHz的强电台信号。

5.6　变频器有哪些干扰？如何抑制？

5.7　什么是频率变换？如何实现频率变换？

5.8 什么是混频电路？有哪些种类的常用混频器？

5.9 图5-21所示的收音机变频电路中，3个谐振回路各起什么作用？分别谐振于什么频率？3个谐振频率之间有什么关系？

5.10 晶体管自激式变频器和混频器相比较，各有哪些优缺点？

5.11 为什么要用非线性元器件来完成变频？

5.12 集成模拟乘法器有什么用途？它有何特性？

5.13 什么是零中频混频？零中频混频有何优缺点？

5.14 根据频率变换电路的不同特点可分为（　　）变换电路和（　　）变换电路。

5.15 混频器的主要性能指标有（　　）、（　　）、（　　）、（　　）和（　　）。

5.16 工程上对非线性电路的分析通常采用（　　）和（　　）。

5.17 混频干扰主要包括（　　）、（　　）、（　　）和（　　）。

5.18 常用的混频器种类有（　　）、（　　）和（　　）。

5.19 调幅收音机的中频信号为（　　）。

A. 64kHz　　B. 465kHz　　C. 10.7MHz　　D. 38MHz

5.20 调频收音机的中频信号为（　　）。

A. 64kHz　　B. 465kHz　　C. 10.7MHz　　D. 38MHz

5.21 变频器在变换频率的过程中，改变（　　）频率。

A. 载波信号　　B. 本振信号　　C. 中频信号　　D. 调制信号

5.22 当收听频率$f_s = 1396\text{kHz}$的电台时，听到啸叫声，属于（　　）。

A. 交调干扰　　B. 寄生通道干扰　　C. 组合频率干扰　　D. 互调干扰

5.23 混频的实质是（　　）。

A. 两个信号频率相加　　B. 两个信号频率相乘开方

C. 信号时间轴的线性变换　　D. 频谱搬移

5.24 晶体管混频是利用晶体管的非线性来实现的。（　　）

5.25 二极管混频时，其变频增益可以做到大于1。（　　）

5.26 环形混频器的变频增益和抑制干扰能力比平衡混频器好。（　　）

5.27 提高接收机前端电路的选择性可以减小干扰啸叫声。（　　）

第6章　高频功率放大电路

6.1　概述

在高频电子技术中，需要对高频信号进行功率放大。如在无线电信号发射过程中，发射机里的振荡器产生的高频振荡信号功率很小，因此在它后面要经过一系列的放大，如缓冲级、中间级放大级、末级功率放大级等，获得足够大的高频功率后，才能馈送到天线上发射出去。因此，高频功率放大电路是所有无线电信号发射装置的重要组成部分。

功率放大电路通常位于多级放大器的最后一级，其任务是将前级放大电路的电压信号再进行功率放大，以足够大的输出功率推动执行机构工作。

无论是低频功率放大还是高频功率放大，都属于能量变换电路，它们将电源所提供的直流功率变换成被放大信号的交流功率，在这个变换过程中必须满足如下要求。

1. 较大的输出功率

输出功率等于输出交变电压和交变电流的乘积。为了获得最大的输出功率，功率放大管往往处于极限工作状态，这样在允许的失真范围内才能得到最大的输出功率。

2. 较高的变换效率

从能量观点看，功率放大电路是将集电极电源的直流功率变换成交流功率输出，在这个变换过程中有一定的能量损耗，应尽量设法降低损耗，提高效率。

3. 较小的非线性失真

功率放大管往往在大的动态范围内工作，电压、电流变化幅度大，就有可能超越输出特性曲线的放大区，进入饱和区或截止区而造成非线性失真，功率放大电路的非线性失真必须限制在允许的范围内。

高频功率放大电路由于工作于高频，和低频功率放大电路有着显著的差异，因为工作频率很高，相对通频带却很窄，因此一般都采用选频网络作为负载回路，工作状态选用丙类、丁类。对于需要在很宽的范围内变换工作频率的情况，还可采用宽频带高频功率放大电路，它不采用选频网络作负载，而是以频率响应很宽的传输线作负载。由于受功率放大管的限制，单个功率放大电路的输出功率是有限的，在大功率无线电信号的发射装置中，常采用功率合成技术来增大输出功率。

本章重点讨论丙类谐振高频功率放大电路，其次介绍丁类高频功率放大电路、宽频带高频功率放大电路和功率合成电路。另外，晶体管倍频器的工作原理和分析方法类似于高频谐振功率放大电路，故也在本章讨论。

6.2　丙类谐振功率放大电路

6.2.1　丙类谐振功率放大电路的工作原理

1. 高频功率放大电路的基本要求

由于高频功率放大电路的主要作用是对高频信号进行功率放大，事实上，功率是不可能被放大的，这里的功率放大实际上是指信号作用下的功率变换，即在高频信号作用下，通过晶体管的基极对集电极的控制作用，将直流电源所提供的功率 P_d 变换为交流功率 P_o 输出。在这个过程中，晶体管本身有一部分集电极耗散功率 P_c，则有

$$P_d = P_o + P_c$$

既然这种变换不是全部，这就有一个变换效率高低的问题，以 η_c 表示变换效率，则

$$\eta_c = \frac{P_o}{P_d} = \frac{P_o}{P_o + P_c} \tag{6-1}$$

上式表明，设法降低耗散功率 P_c，可提高变换效率 η_c。

由式(6-1) 得

$$P_o = \frac{\eta_c}{1 - \eta_c} P_c \tag{6-2}$$

式(6-2) 表明，如果维持晶体管的耗散功率不超过允许值，那么提高变换效率 η_c，就可增加输出功率 P_o，如 $\eta_c = 20\%$，$P_o = P_c/4$；$\eta_c = 80\%$，$P_o = 4P_c$。显然，提高变换效率可显著增加输出功率。

在概述中讲过，功率放大电路应该有较大的输出功率和较高的变换效率，根据上面的分析，增大输出功率和提高变换效率的关键是降低耗散功率，因此设法减少耗散功率是高频功率放大电路的基本要求。

2. 丙类谐振功率放大电路的特点

丙类是指按导通角 θ 的大小对放大器工作状态进行的分类，$\theta = 180°$ 为甲类，$\theta = 90°$ 为乙类，$\theta < 90°$ 为丙类。对应的工作电流波形如图 6-1 所示。

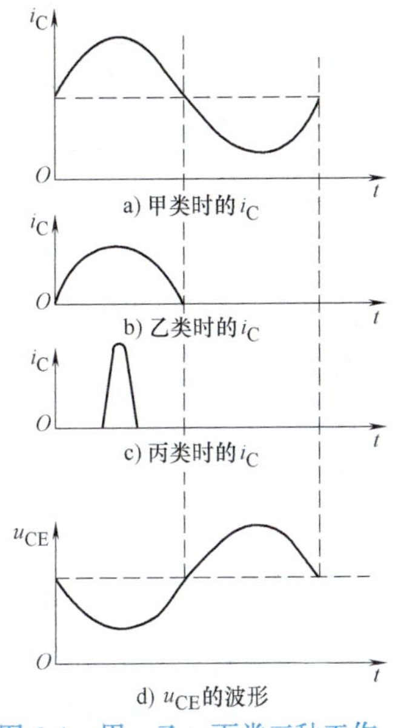

图 6-1　甲、乙、丙类三种工作状态下 i_C、u_{CE} 的波形

晶体管集电极的瞬时耗散功率等于集电极的瞬时电压 u_{CE} 与瞬时电流 i_C 的乘积，其平均功率为

$$P_c = \frac{1}{\pi} \int_{-\pi}^{\pi} i_C u_{CE} \mathrm{d}\omega t \tag{6-3}$$

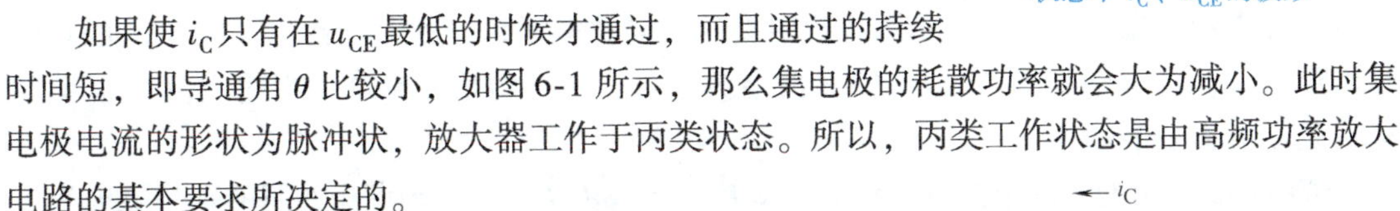

如果使 i_C 只有在 u_{CE} 最低的时候才通过，而且通过的持续时间短，即导通角 θ 比较小，如图 6-1 所示，那么集电极的耗散功率就会大为减小。此时集电极电流的形状为脉冲状，放大器工作于丙类状态。所以，丙类工作状态是由高频功率放大电路的基本要求所决定的。

图 6-2 为丙类谐振功率放大电路的基本电路图。

图中，U_{CC} 为集电极直流电源电压，U_{BB} 为晶体管基极偏置电压，为保证放大器工作于丙类状态，设

$$u_b = U_{bm} \cos\omega t$$

在基极回路有如下表达式：

$$u_{BE} = -U_{BB} + u_b = -U_{BB} + U_{bm} \cos\omega t \tag{6-4}$$

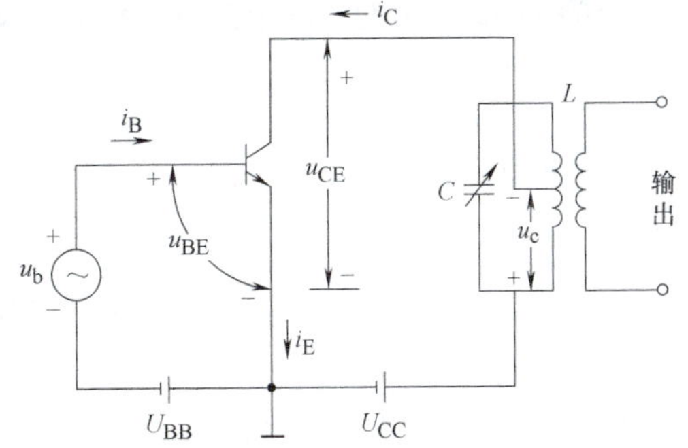

图 6-2　丙类谐振功率放大电路

在 u_{BE} 的作用下，放大电路中 i_C 的波形如图 6-3 所示。

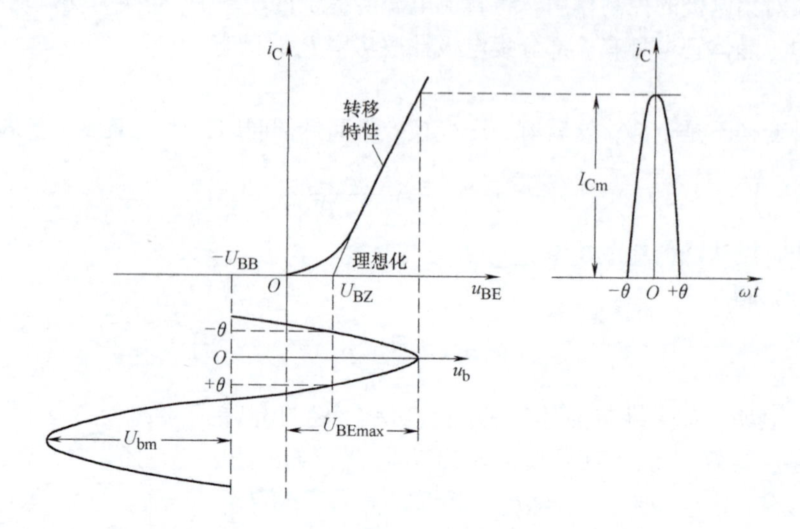

图 6-3　丙类谐振功率放大电路中 u_{BE}、i_C 的波形

由图中可以看出，集电极电流 i_C 是一系列余弦脉冲，若晶体管的起始电压为 U_{BZ}，硅管 $U_{BZ}=0.5\sim0.6V$，锗管 $U_{BZ}=0.2\sim0.3V$。当 $u_{BE}=U_{BZ}$ 时，晶体管导通。由式(6-4) 得导通角 θ 为

$$U_{BZ}=-U_{BB}+U_{bm}\cos\theta$$

$$\theta=\arccos\frac{U_{BB}+U_{BZ}}{U_{bm}} \tag{6-5}$$

可见，输入信号幅值一定时，U_{BB} 值越大，导通角 θ 越小，当 U_{BB} 不变时，导通角 θ 随输入信号幅值的增大而增大，这一点通过对图 6-3 的定性分析也可得出。既然晶体管集电极电流是脉冲波形，那么放大电路的输出端如何得到余弦电压波呢？这主要是利用集电极调谐回路的选频作用。根据傅里叶级数分解理论，脉冲波形的集电极电流 i_C 可分解成如下形式：

$$i_C=I_{C0}+i_{C1}+i_{C2}+\cdots+i_{Cn}=I_{C0}+I_{C1m}\cos\omega t+I_{C2m}\cos2\omega t+\cdots+I_{Cnm}\cos n\omega t \tag{6-6}$$

式中，I_{C0} 表示直流成分；i_{C1} 表示基波频率成分，它的角频率与放大电路输入信号 u_b 的角频率相同；i_{C2}、i_{Cn} 分别表示二次谐波、n 次谐波成分，它们的角频率分别为输入信号 u_b 角频率 ω 的 2 倍和 n 倍。

若图 6-2 所示的并联谐振电路谐振于基频，$Q=\omega L/R>>1$，则谐振回路的基频阻抗为

$$Z_p(j\omega)=R_P=p^2\frac{L}{CR}=p^2Q\omega L \tag{6-7}$$

谐波阻抗为

$$Z_p(jn\omega)=p^2\frac{(R+jn\omega L)\dfrac{1}{jn\omega C}}{R+j\left(n\omega L-\dfrac{1}{n\omega C}\right)} \tag{6-8}$$

式中，p 为接入系数；R_P 为谐振回路的等效电阻；R 为等效为电感的损耗电阻及负载的反射电阻。

由于 $Q=\omega L/R>>1$，因此 $\omega L>>R$，$n\omega L>>R$，另外回路谐振于基频，则 $\omega^2LC=1$。于是式(6-8) 可进行如下近似简化处理：

$$Z_{\text{p}}(\text{j}n\omega)\approx p^2\frac{n\omega L}{\text{j}n\omega C\left(n\omega L-\frac{1}{n\omega C}\right)}=-\text{j}p^2\frac{n\omega L}{n^2-1}$$

$$=-\text{j}p^2\frac{n}{(n-1)Q}Q\omega L=-\text{j}\frac{n}{(n^2-1)Q}Z_{\text{p}}(\text{j}\omega)$$

由此可知，回路对高次谐波呈容性阻抗。谐振回路的谐波阻抗与基频阻抗比值的绝对值为

$$\left|\frac{Z_{\text{p}}(\text{j}n\omega)}{Z_{\text{p}}(\text{j}\omega)}\right|=\frac{n}{(n^2-1)Q} \tag{6-9}$$

假定 $Q=100$，当 $n=2$、3、4 时，用上式可计算比值分别为 2/300、3/800、4/1500，这说明回路阻抗对于各次谐波来说，相比于基频阻抗之值非常小，可以认为是短路的。i_{C}中所包含的直流成分 I_{C0}通过谐振回路的电感时同样可以认为是短路的。因此，虽然 i_{C}的波形是脉冲状，但建立回路两端电压的只有 i_{C}中的基频成分 $i_{\text{C1}}=I_{\text{C1m}}\cos\omega t$，这时放大管集电极-发射极电压 u_{CE}为

$$u_{\text{CE}}=U_{\text{CC}}-I_{\text{C1m}}R_{\text{P}}\cos\omega t=U_{\text{CC}}-U_{\text{cm}}\cos\omega t \tag{6-10}$$

根据以上分析，可绘出丙类谐振功率放大电路中电压与电流的波形，如图 6-4 所示。

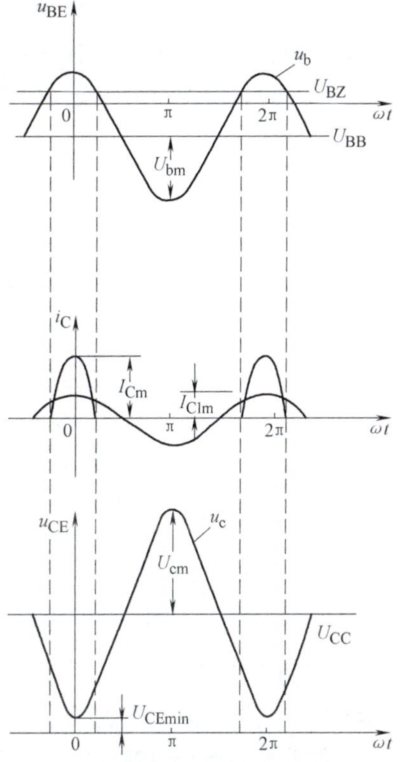

图 6-4　丙类谐振功率放大电路中电压与电流的波形

3. 丙类谐振功率放大电路输出功率和效率的分析

因为 i_{C}中的直流成分为 I_{C0}，因此直流电源所提供的功率为

$$P_{\text{d}}=U_{\text{CC}}I_{\text{C0}}$$

负载回路中的直流成分、二次及二次以上谐波成分近似短路，所以集电极输出的交流功率为

$$P_{\text{o}}=\frac{1}{2}I_{\text{C1m}}^2R_{\text{P}}=\frac{1}{2}I_{\text{C1m}}U_{\text{cm}} \tag{6-11}$$

由式(6-1) 可得集电极变换效率为

$$\eta_{\text{c}}=\frac{P_{\text{o}}}{P_{\text{d}}}=\frac{\frac{1}{2}I_{\text{C1m}}U_{\text{cm}}}{U_{\text{CC}}I_{\text{C0}}}=\frac{1}{2}\xi g_1(\theta) \tag{6-12}$$

式中，$\xi=U_{\text{cm}}/U_{\text{CC}}$，称为集电极电压利用系数；$g_1(\theta)=I_{\text{C1m}}/I_{\text{C0}}$，称为波形系数，它是导通角 θ 的函数。

若提高集电极电压利用系数 ξ 值，则无疑会提高变换效率 η_{c}和交流输出功率 P_{o}，由式(6-10) 得

$$U_{\text{CEmin}}=U_{\text{CC}}-U_{\text{cm}}$$

因为 $\xi<1$，所以通常取 $0.9<\xi<1$。

影响变换效率的另外一个因数是 $g_1(\theta)$，它与导通角 θ 的大小有关。同时，集电极输出的交流功率 P_o 与 i_{C1} 的大小有关，而 i_{C1} 的大小同样与导通角 θ 有关，因此合理选择导通角 θ 的大小至关重要。

式(6-6) 表示，集电极余弦脉冲电流可分解成直流成分、基波成分和各次谐波成分，它们的幅值大小可用傅里叶级数的求系数方法获得：

$$I_{C0}=I_{Cm}\frac{1}{\pi}\frac{\sin\theta-\theta\cos\theta}{1-\cos\theta}=I_{Cm}\alpha_0(\theta) \tag{6-13}$$

$$I_{C1m}=I_{Cm}\frac{1}{\pi}\frac{\theta-\sin\theta\cos\theta}{1-\cos\theta}=I_{Cm}\alpha_1(\theta) \tag{6-14}$$

$$I_{Cnm}=I_{Cm}\frac{2}{\pi}\frac{\sin\theta\cos\theta-n\cos\theta\sin\theta}{n(n^2-1)(1-\cos\theta)}=I_{Cm}\alpha_n(\theta) \tag{6-15}$$

式中，I_{Cm} 表示余弦脉冲电流 i_C 的振幅值；α_0、α_1、α_n 都是 θ 的函数，称为余弦脉冲的分解系数。

若 θ 取值为 0°~180°，计算各分解系数随 θ 值变化的情况，可得到图 6-5，图中虚线是 $\alpha_1(\theta)/\alpha_0(\theta)$，即波形系数 $g_1(\theta)$ 随导通角 θ 变化而变化的取值情况。

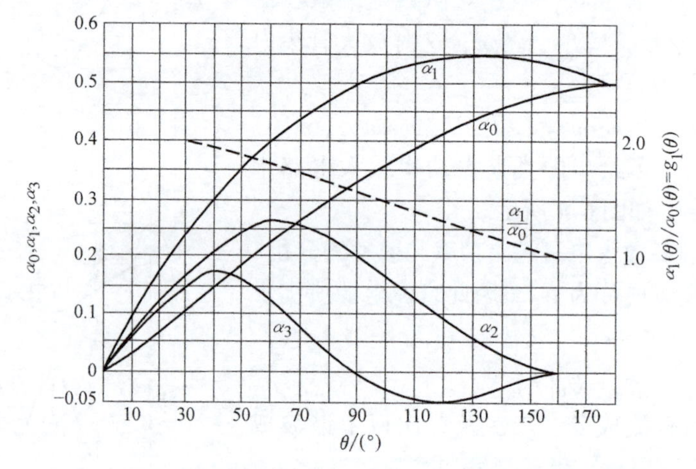

图 6-5　尖顶余弦脉冲的分解系数 $\alpha(\theta)$ 与波形系数 $g_1(\theta)$

根据图中所示，当 $\theta=0°$时，$g_1(\theta)=2$ 达到最大值。如果 ξ 值接近 1，那么效率几乎可达 100%。虽然这时效率最高，但 $i_C=0$，输出功率等于零，显然并非理想工作状态。从 $\alpha_1(\theta)$ 曲线看，当 $\theta\approx120°$时，i_{C1} 成分达到最大值，意味着输出功率最大，但 $g_1(\theta)\approx1.3$，$\xi<65\%$，变换效率较低。因此，为兼顾功率与效率，最佳导通角取 70°左右。

从图 6-5 还可以看出，当 $\theta=60°$时，α_2 达到最大值；当 $\theta=40°$时，α_3 达到最大值，这些数值是后面设计倍频器的参考值。

6.2.2　丙类谐振功率放大电路的特性分析

1. 集电极动态特性

所谓动态特性（dynamic characteristic）是指当基极加上输入信号并且集电极接上负载阻抗时，晶体管集电极电流 i_C 与 u_{BE} 或者 u_{CE} 之间的关系。利用图 6-2，根据前面的分析，若负载回路处于谐振状态，则有

$$u_{BE} = -U_{BB} + U_{bm}\cos\omega t$$

$$u_{CE} = U_{CC} - U_{cm}\cos\omega t$$

由以上两式可得

$$u_{BE} = -U_{BB} + \frac{U_{bm}}{U_{cm}}(U_{CC} - u_{CE}) \qquad (6\text{-}16)$$

另一方面，图 6-6 所示的晶体管转移特性曲线如果直线化近似处理，可得转移方程

$$i_C = g_c(u_{BE} - U_{BZ})$$

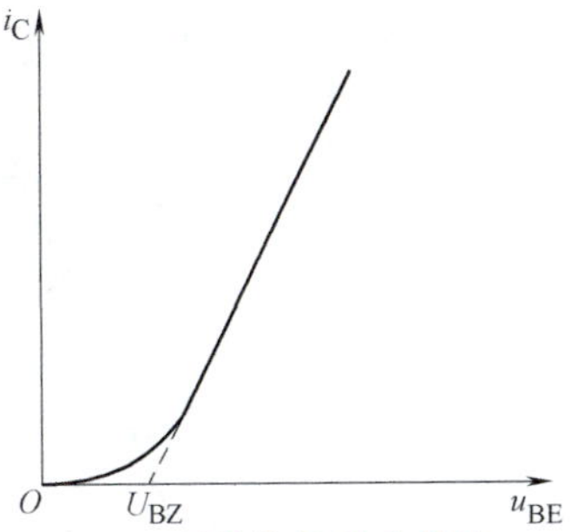

结合式(6-16) 可得出

$$i_C = g_c\left[-U_{BB} + \frac{U_{bm}}{U_{cm}}(U_{CC} - u_{CE}) - U_{BZ}\right]$$

$$= \frac{-g_c U_{bm}}{U_{cm}}\left(u_{CE} - \frac{U_{bm}U_{CC} - U_{BZ}U_{cm} - U_{BB}U_{cm}}{U_{bm}}\right) = g_d(u_{CE} - U_0) \qquad (6\text{-}17)$$

图 6-6　晶体管的转移特性曲线及其近似处理

由此可知，动态特性曲线为一条直线。在直线化近似处理过的晶体管输出特性平面内，通过特征点可画出该条直线，如图 6-7 所示。在 Q 点，$\omega t = 90°$，$u_{BE} = -U_{BB}$，$u_{CE} = U_{CC}$。由式(6-17) 得，$i_C = I_Q = g_d(-U_{BB} - U_{BZ})$，$I_Q$ 是负值，仿佛是一个倒流的电流，事实上该电流是不存在的，I_Q 仅是用来确定 Q 点的位置。在 A 点，$\omega t = 0$，$u_{CE} = u_{CEmin} = U_{CC} - U_{cm}$，$u_{BE} = u_{BEmax} = -U_{BB} + U_{bm}$，通过 A、Q 两点可作出动态特性线，同时可绘出相应的 i_C 脉冲波形。

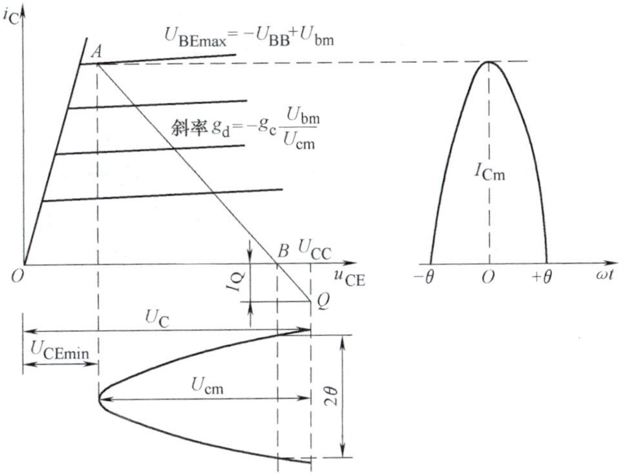

图 6-7　丙类谐振放大电路的动态特性线及相应 i_C 的波形

2. 负载特性

所谓负载特性（load characteristic）是指在维持放大器集电极电源电压 U_{CC}、基极偏置电压 U_{BB} 以及输入信号幅值 U_{bm} 不变的前提下，放大器输出电流、输出功率及效率等与负载 R_P 之间的关系。借助于动态特性线可以定性分析放大电路的负载特性。

因为动态特性线是一条直线，其斜率 $K = g_d = -g_c U_{bm}/U_{cm}$，当谐振网络的回路阻抗 R_P 发生变化时，U_{cm} 将跟随发生变化，R_P 越大，U_{cm} 越大，动态特性线的斜率绝对值越小，如图 6-8 所示，可以画出对应于不同 R_P 时的动态特性线和集电极脉冲电流波形。

图 6-8 中三条动态特性线 1、2、3 可分别获得 3 个对应的 i_C 波形。动态特性线 1 表示放大器工作于欠电压状态，其 i_C 为余弦脉冲，i_{Cmax} 最高；动态特性线 2 表示放大器工作于临界状态，i_C 仍为余弦脉冲，但高度比动态特性线 1 略有下降；动态特性线 3 表示放大器工作于过电压状态，集电极电流波形出现下凹。

定性分析图 6-8 可得到如下结论：

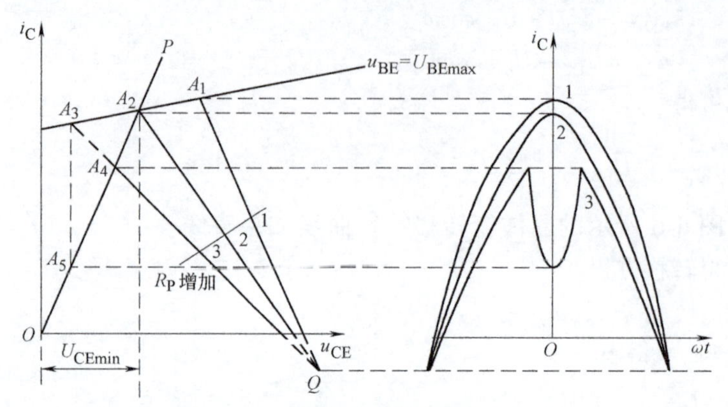

图 6-8　R_P 变化对动态特性线的影响

1）当 R_P 在欠电压区到临界线的范围内逐渐增大时，脉冲的高度和宽度略有下降但变化不大，因此在欠电压区 I_{C0} 与 I_{C1m} 同样会随 R_P 的增加略有下降，但几乎维持不变。输出电压幅值 $U_{cm}=I_{C1m}R_P$ 随 R_P 的增加而直线上升。进入过电压区后，集电极电流脉冲开始下凹，随着 R_P 的增加下凹越为严重，将导致 I_{C0} 与 I_{C1m} 显著下降，输出电压幅值 U_{cm} 随 R_P 的增加而缓慢上升，变化规律如图 6-9a 所示。

2）直流输入功率 $P_d=U_{CC}I_{C0}$，由于 U_{CC} 不变，因此 P_d 随 R_P 变化的规律同 I_{C0} 近似。交流输出功率 $P_o=U_{cm}I_{C1m}/2$，可以由 U_{cm} 与 I_{C1m} 两条曲线相乘求出，在临界点时 P_o 达到最大值。集电极耗散功率 $P_c=P_d-P_o$，因此 P_c 曲线可由 P_d 与 P_o 曲线相减而得。效率 $\eta_c=P_o/P_d$，在欠电压区 P_d 几乎不变，所以 η_c 随 P_o 的增加而增加，在靠近临界点的弱过电压状态出现最大值，进入深度过电压区后随 R_P 的增加，因 I_{C1m} 与 P_o 急速下降，所以 η_c 略有下降，相应的变化曲线如图 6-9b 所示。

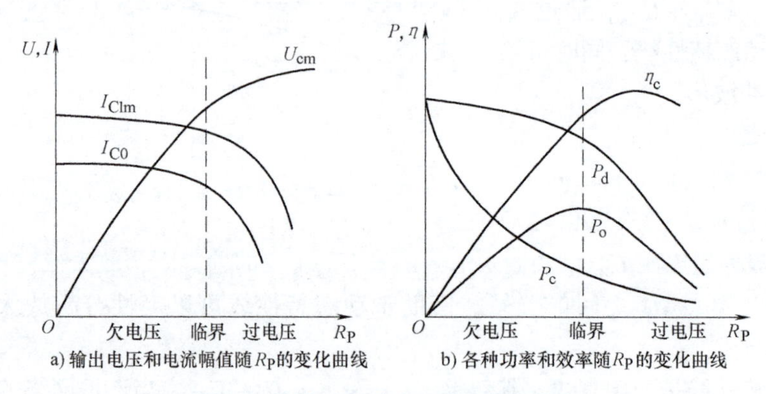

a) 输出电压和电流幅值随 R_P 的变化曲线　　b) 各种功率和效率随 R_P 的变化曲线

图 6-9　丙类谐振放大电路的负载特性

通过以上分析和图 6-9 所示情况可知，在临界点输出功率最大，效率也较高，这是谐振功率放大电路的最佳工作状态。

3. 振幅特性

高频功率放大电路的振幅特性是指只改变激励信号振幅 U_{bm} 时，放大电路的电流、电压、功率及效率随 U_{bm} 变化的特性。在放大某些振幅有变化的高频信号时，必须了解它的振幅特性。

由于基极回路的电压 $u_{BE}=-U_{BB}+u_b=-U_{BB}+U_{bm}\cos\omega t$，因此当 U_{BB} 不变时，u_{BEmax} 随 U_{bm} 的增加而增加，从而导致 i_{Cmax} 和 θ 的增加。在欠电压状态下，由于 u_{BEmax} 较小，因而集电极电流 i_C 的最大值 i_{Cmax} 与导通角 θ 都较小，i_C 的面积较小，从中分解出来的 I_{C0} 和 I_{C1m} 都较小。增大 u_b，i_{Cmax} 和 θ 增加，i_C 曲线与横轴包含的面积增加，I_{C0} 和 I_{C1m} 随之增加。当 u_b 增加到一定程度后，电路的工作状态由欠电压状态进入过电压状态，在过电压状态下，随着 u_b 的增加，u_{BEmax} 增加，虽然此时 i_C 的波形将产生凹顶现象，但 i_{Cmax} 与 θ 还会增加，从 i_C 中分解出来的 I_{C0}、I_{C1m} 随 u_b 的增加略有增加。图 6-10 给出 u_b 变化时 U_{cm}、I_{C1m} 和 I_{C0} 随 u_b 变化的特性曲线。由于 R_P 不变，因此 U_{cm} 的变化规律与 I_{C1m} 相同。

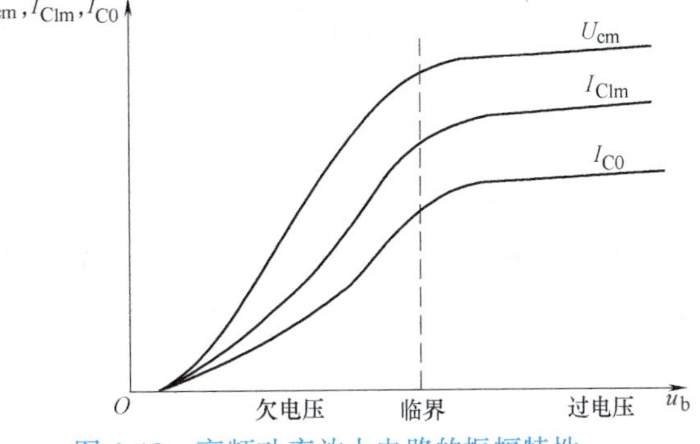

图 6-10 高频功率放大电路的振幅特性

从图 6-10 中可以看出，在欠电压区，U_{cm}、I_{C1m}、I_{C0} 随 u_b 的增加而增加，但不一定是线性关系。而在放大振幅变化的高频信号时，应使输出的高频信号的振幅 U_{cm} 与输入的高频激励信号的振幅 U_{bm} 成线性关系，这只有在 $\theta=90°$ 即乙类状态下才能得到。在过电压区，U_{cm} 基本不随 u_b 变化，可以认为是恒压区，放大等幅信号时，应选择在此状态下工作。

4. 调制特性

调制特性分为基极调制特性和集电极调制特性。

1）基极调制特性是指当集电极电压 U_{CC} 和负载阻抗 R_P 保持不变时，输出电压振幅 U_{cm} 随基极偏置电压 U_{BB} 或者输入信号振幅 U_{bm} 变化而变化的规律。由于 U_{BB} 是和振幅为 U_{bm} 的输入信号串联作用于输入级，因此它们的大小变化对输出电压振幅 U_{cm} 的影响是相同的，这类似于振幅特性所分析的情况。需要说明的是，因为在过电压区，I_{C0}、I_{C1m} 几乎不变，在欠电压区，电流随 u_{BE} 的增加而增加。因此，只有在欠电压区，U_{BB} 或 U_{bm} 才能有效地控制 I_{C1m} 的变化。因此基极调幅（相当于改变 U_{BB}）与已调波放大（相当于改变 U_{bm}）都应工作于欠电压状态。

2）集电极调制特性是指当基极偏置电压 U_{BB}、负载阻抗 R_P 和输入信号振幅 U_{bm} 都保持不变，输出电压振幅 U_{cm} 随集电极电源电压 U_{CC} 变化而变化的规律。改变 U_{CC} 的值又是如何影响放大器的工作状态呢？分析图 6-8，U_{CC} 值增加，相当于 Q 点右移，放大器将进入欠电压区，因为在欠电压区内，电流 I_{C0}、I_{C1m} 几乎恒定不变，所以对输出电压幅值 U_{cm} 影响不大；反之，若 U_{CC} 值减小，则相当于 Q 点左移，放大器将进入过电压区，U_{CC} 越小，过电压越深，而在过电压区内，过电压越深，集电极电流脉冲凹陷越深，相应的 I_{C0}、I_{C1m} 下降越多，输出电压振幅 U_{cm} 随之减小。图 6-11 反映了 U_{CC} 对放大器工作状态的影响。

由图 6-11 可以看出，在欠电压区，改变 U_{CC} 对 I_{C1m} 和 P_o 的影响不大，只有在过电压区，U_{CC} 才能有效地影响 I_{C1m} 和 P_o，才能发挥有效的调幅作用。

5. 调谐特性

所谓调谐是指当回路电容 C 调至某一值时，回路谐振于输入信号频率（集电极电流的基波频率），此时 I_{C0} 为最小值。因为由谐振功率放大电路的负载特性分析可知，当 U_{CC}、

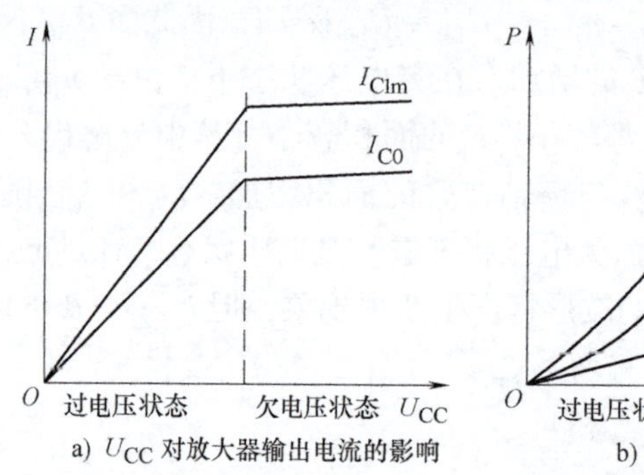

a) U_{CC} 对放大器输出电流的影响

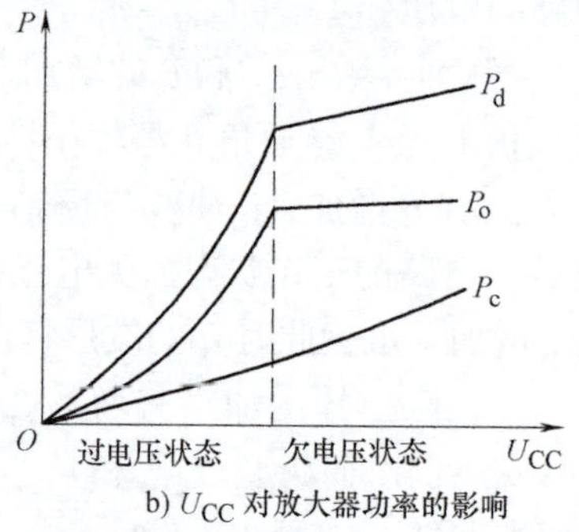

b) U_{CC} 对放大器功率的影响

图 6-11　U_{CC}对放大器工作状态的影响

U_{BB}、U_{bm}一定时，I_{C0}随 R_P 的增大而减小，如图 6-9a 所示。因为 L_1C 回路谐振时 R_P 为最大，因此回路谐振时直流电流 I_{C0}最小。在实际应用中常用的方法是用直流磁电式电流表测量集电极电流的直流分量 I_{C0}，用高频热偶式电流表测量天线电流 I_A，电路如图 6-12 所示。

调谐关系曲线如图 6-13 所示。

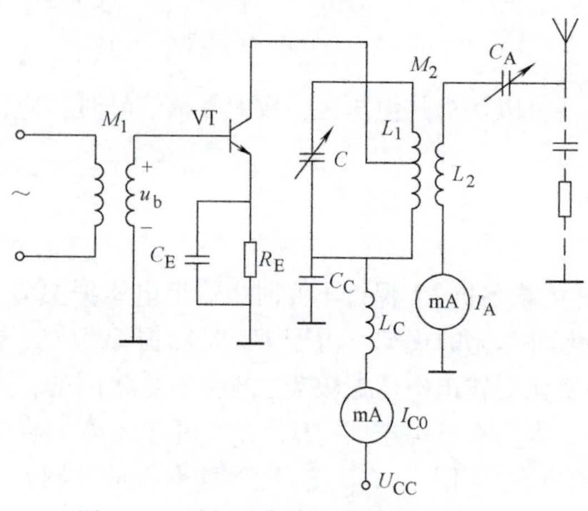

图 6-12　谐振功率放大电路的测试电路

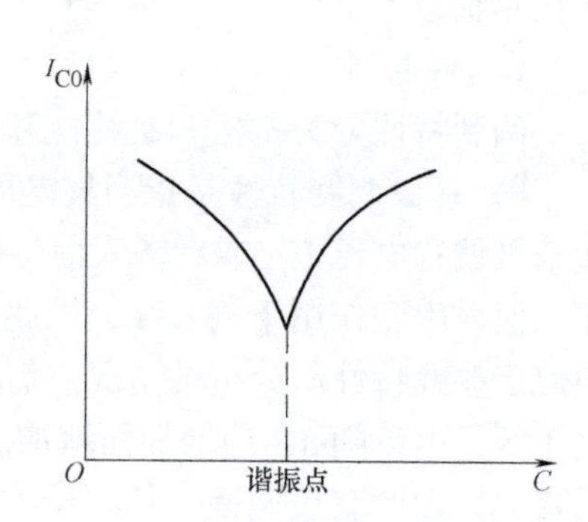

图 6-13　调谐关系曲线

当 L_1C 回路失谐时，阻抗会下降，一方面使 I_{C0}增加，导致 U_{CC}供给的直流功率增大，而另一方面，使放大器的输出功率 P_o随之减小。更严重的是，还将引起晶体管的损耗功率 P_c迅速增加，显然这对晶体管的安全是十分不利的。为此，在对放大器进行调谐前应做如下准备：

1）减小放大器的输入激励电压的振幅 U_{bm}，可通过减小互感 M_1 达到。

2）减弱天线回路（外接负载回路）对放大器的影响（或干脆断开天线回路），可通过减小互感 M_2 达到。

3）将直流电源电压 U_{CC}降至正常值的 1/3 ~ 1/2，待调谐完毕后，再将 M_1、M_2及 U_{CC}调回至正常值。

由于放大器失谐时工作于欠电压状态，减小激励电压振幅 U_{bm}，可使 i_{Cmax}下降，即 I_{C0}减小，因而使相应的 P_d及 P_o下降。

在调谐前，将 U_{CC}减小，同样可使 P_d及 P_o减小。

减弱天线回路对放大器的影响，即减小 M_2，可提高 L_1C 回路的 Q 值，因而使图 6-13 所示曲线更尖锐，使调谐更快更准确。同时，Q 值提高可使相应的输出功率 P_o 加大，从而使 P_c 减小，以减轻晶体管的压力。

在完成 L_1C 回路的调谐后，可继续进行天线回路的调谐。天线回路的调谐是通过 C_A 进行调整，并依靠 I_A、I_{C0} 指示。I_A、I_{C0} 与 C_A 的关系如图 6-14 所示。由图可知，当天线回路谐振时，天线电流 I_A 为最大。同时，天线回路谐振使放大器的负载加重，谐振电阻 R_P 减小，从而使 I_{C0} 上升。

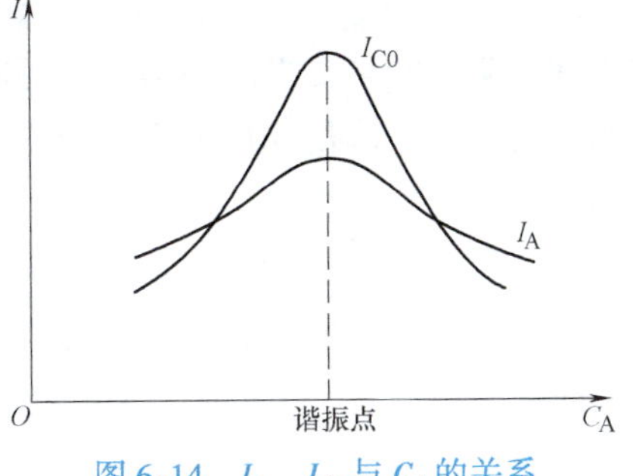

图 6-14 I_A、I_{C0} 与 C_A 的关系

在完成上述调谐以后，可将激励电压振幅 U_{bm} 加大，U_{CC} 增至额定值，再调 M_2（实际上是调整放大器的等效负载电阻），使放大器工作于额定状态，这便是谐振功率放大电路的“调整”过程。

例 6.1 某高频谐振功率放大电路工作于临界状态，输出功率为 15W，且 $U_{CC}=24\text{V}$，导通角 $\theta=70°$，$\xi=0.91$。试问：

（1）直流电源提供的功率 P_d、功率放大管的集电极损耗功率 P_c、效率 η_c 和临界负载电阻 R_L 各是多少？（α_0（70°）=0.253，α_1（70°）=0.436）

（2）若输入信号振幅增加一倍，功率放大电路的工作状态如何改变？此时的输出功率大致为多少？

（3）若负载电阻增加一倍，则功率放大电路的工作状态如何改变？

（4）若回路失谐，则会有何危险？

解：（1）根据放大电路工作于临界状态，有

$$U_{cm}=U_{CC}\xi=24\times0.91\text{V}\approx21.84\text{V}$$

$$I_{C1m}=\frac{2P_o}{U_{cm}}=\frac{2\times15\text{W}}{21.84\text{V}}\approx1.37\text{A}$$

$$I_{C0}=\frac{I_{C1m}}{\alpha_1(\theta)}\alpha_0(\theta)=\frac{1.37}{0.436}\times0.253\text{A}=0.79\text{A}$$

$$P_d=U_{CC}I_{C0}=24\text{V}\times0.79\text{A}=18.96\text{W}$$

$$P_c=P_d-P_o=18.96\text{W}-15\text{W}=3.96\text{W}$$

$$\eta_c=\frac{P_o}{P_d}=\frac{15\text{W}}{18.96\text{W}}\times100\%\approx79\%$$

$$R_L=\frac{U_{cm}}{I_{C1m}}=\frac{21.84\text{V}}{1.37\text{A}}\approx15.94\Omega$$

（2）若输入信号振幅增加一倍，则根据功率放大电路的振幅特性，放大电路将工作在过电压状态，此时输出功率基本不变。

（3）若负载电阻增加一倍，则根据功率放大电路的负载特性，放大电路将工作在过电压状态，此时输出功率约为原来的一半。

（4）若回路失谐，则功率放大电路将工作在欠电压状态，此时集电极损耗将增加，有可能烧坏晶体管。

6.2.3 谐振功率放大电路的组成和输出匹配网络

谐振功率放大电路和其他放大电路一样，其输入端和输出端的管外电路均由直流馈电电

路和输出匹配网络两部分组成。

1. 直流馈电电路

直流馈电电路包括集电极馈电电路和基极馈电电路。它应保证在集电极和基极回路使放大器工作所必需的电压、电流关系，即保证集电极回路电压 $u_{CE} = U_{CC} - U_{cm}\cos\omega t$ 和基极回路电压 $u_{BE} = -U_{BB} + U_{bm}\cos\omega t$，以及在回路中集电极电流的直流分量和基波分量都有各自的正常通路，并且要求高频信号不要通过直流源，以减小不必要的高频功率损耗。为了达到上述目的，需正确使用阻隔元件 L_B 和 C_B。这里，L_B 为扼流线圈，即大电感，C_B 为旁路电容。

（1）集电极馈电电路　图 6-15 所示是集电极馈电电路的两种形式：串联馈电电路和并联馈电电路，简称串馈和并馈。所谓串馈，指电子元器件、负载回路和直流电源三部分是串联起来的，如图 6-15a 所示，集电极电流的直流成分从 U_{CC} 正端流出，经扼流圈 L_B 和回路电感 L 流入集电极，然后经发射极回到电源负端。从发射极出来的高频电流经过旁路电容 C_B 和谐振回路再回到集电极。L_B 的作用是阻止高频电流流过电源，因为电源总有内阻，所以高频电流流过电源会损耗功率，而大多数放大器共用电源时，会产生不希望的寄生反馈。C_B 的作用是提供交流通路，C_B 的值应使它的阻抗远小于回路高频阻抗。

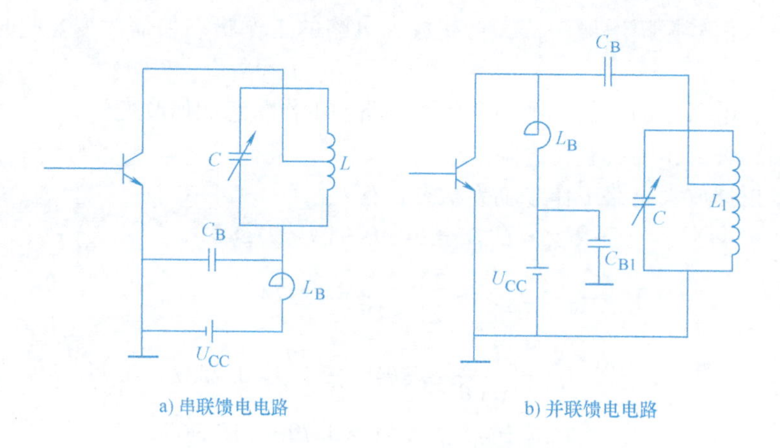

图 6-15　集电极馈电电路的两种形式

图 6-15b 所示电路中晶体管、直流电源和谐振回路三者是并联连接的，故称为并联馈电电路。图中，晶体管、直流电源和扼流圈组成直流通道，谐振回路、电容 C_B 和晶体管组成交流通道，电容 C_{B1} 是为了避免高频成分通过电源而设置的旁路。

串联馈电电路的优点是 U_{CC}、L_B、C_B 处于高频地电位，分布电容不易影响回路；并联馈电电路的优点是回路一端处于直流地电位，回路 L、C 一端可以接地，安装方便。但无论何种馈电形式均有 $u_{CE} = U_{CC} - u_C$。

（2）基极馈电电路　基极馈电电路也有串联和并联两种形式。图 6-16 给出了几种基极馈电电路的形式，基极的负偏压既可以是外加的，也可以是基极直流电流或发射极直流电流流过电阻产生的。前者称为固定偏压，后者称为自给偏压。图 6-16a 是发射极自给偏压，C_E 为旁路电容；图 6-16b 为基极组合偏压；图 6-16c 为零偏压。自给偏压的优点是偏压能随激励大小而变化，工作较稳定。

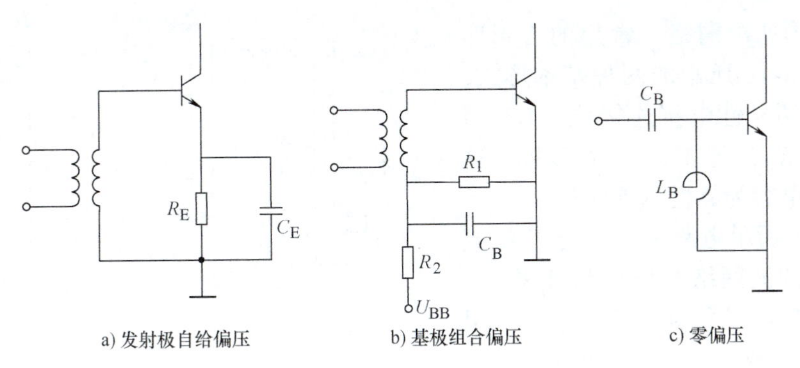

图 6-16　基极馈电电路的几种形式

2. 输出匹配网络

高频功率放大电路的级与级之间或功率放大电路与负载之间是用输出匹配网络来连接的，一般用双端口网络来实现，该双端口网络应具有以下几个特点：

1）要保证放大电路传输到负载的功率最大，即起到阻抗匹配的作用。

2）抑制工作频率范围以外不需要的频率成分，即有良好的滤波作用。

3）大多数发射机为波段工作，因此双端口网络要适应波段工作的要求，改变工作频率时调谐要方便，并能在波段内保持较好的匹配和较高的效率等。

常用的输出电路主要有两种类型：*LC* 匹配网络和耦合回路。

（1）串、并联阻抗变换　为了分析问题方便，这里先介绍两种串、并联阻抗变换方法。

1）电感和电阻串、并联变换。如图 6-17a 所示，L、r 为串联形式，而 L_p、R 为并联形式，若两电路是等效的，则应有如下关系：

$$\frac{1}{r+\mathrm{j}\omega L}=\frac{1}{R}+\frac{1}{\mathrm{j}\omega L_p}$$

对上式进行整理可得

$$\begin{cases} R=r(1+Q^2) \\ L_p=L\left(1+\dfrac{1}{Q^2}\right) \end{cases}$$

式中，$Q=\omega L/r$。

2）电容和电阻串、并联变换。如图 6-17b 所示，R 与 C_p 并联，而 C 与 r 串联，若两电路是等效的，则应有如下关系：

$$\frac{1}{r+\dfrac{1}{\mathrm{j}\omega C}}=\frac{1}{R}+\mathrm{j}\omega C_p$$

整理上式可得

$$\begin{cases} R=r(1+Q^2) \\ C_p=C\dfrac{1}{1+\dfrac{1}{Q^2}} \end{cases}$$

式中，$Q=\omega C_p R$。

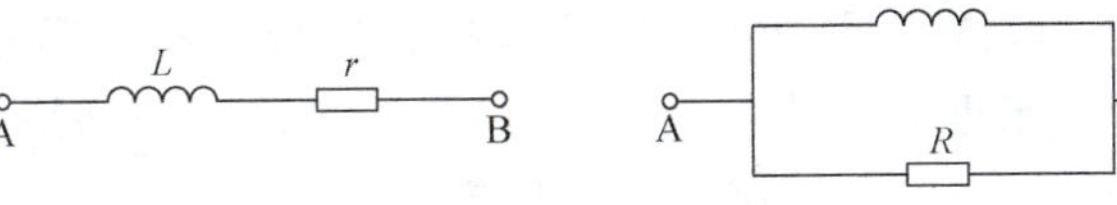

a) 电感和电阻串、并联变换

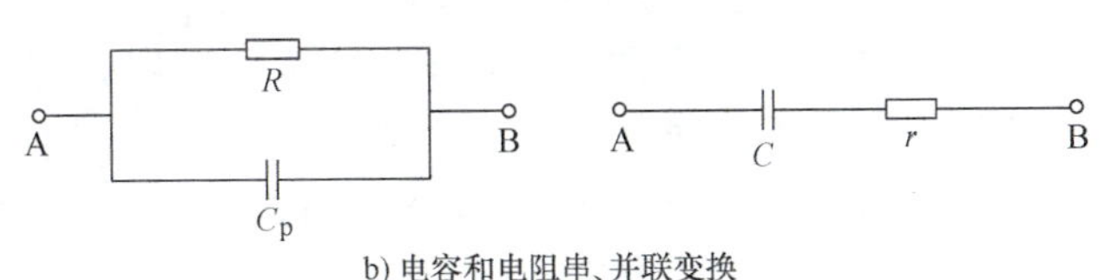

b) 电容和电阻串、并联变换

图 6-17　串、并联阻抗变换

(2) L形匹配网络　常用的L形匹配网络有图6-18所示的两种基本形式，其特点是由两异性电抗连接成“L”结构，图中的 X_p 为容抗，X_s 为感抗。这里称电感与电容为异性电抗元件。

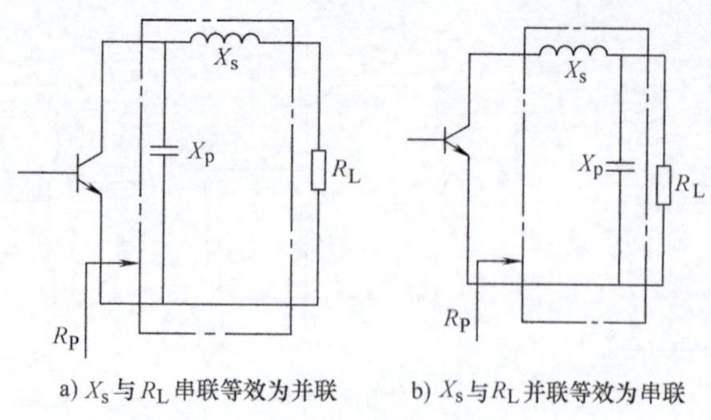

a) X_s与R_L串联等效为并联　　b) X_s与R_L并联等效为串联

图6-18　L形匹配网络

图6-18a所示电路中，X_p 与 X_s 组成的L形匹配滤波网络与外负载 R_L 相连，为晶体管的集电极负载，等效谐振电阻为 R_P（应等于放大器预定工作状态所需的负载电阻）。将 X_s 与 R_L 视为一串联支路，并将其并联等效，则有

$$R_P=(1+Q_L^2)R_L$$

$$Q_L=\sqrt{\frac{R_P}{R_L}-1}$$

$$|X_s|=Q_LR_L=\sqrt{R_L(R_P-R_L)}$$

$$|X_p|=\frac{R_P}{Q_L}=R_P\sqrt{\frac{R_L}{R_P-R_L}}$$

将 R_P、R_L 代入以上两式，便可求出 X_s、X_p。根据谐振频率 ω 的数值大小，很容易计算出电抗元件 L、C 的数值。

值得注意的是，这种匹配网络只适用于 $R_P>R_L$ 的情况。

在图6-18b所示电路中，将 X_P、R_L 并联形式变换成串联形式，同理可求得

$$R_P=\frac{1}{1+Q_L^2}R_L$$

$$Q_L=\sqrt{\frac{R_L}{R_P}-1}$$

$$|X_s|=Q_LR_P=\sqrt{R_P(R_L-R_P)}$$

$$|X_p|=\frac{R_L}{Q_L}=R_L\sqrt{\frac{R_P}{R_L-R_P}}$$

值得注意的是，这种匹配网络适用于 $R_P<R_L$ 的情况。

(3) π形匹配网络和T形匹配网络　该网路是指由3个电抗支路组成，其中两个支路为同性电抗，另一个为异性电抗，连成“π”形或“T”形结构的匹配网络。图6-19所示为π形匹配网络，图6-20所示为T形匹配网络。由两图可见，它们都可以分解成两个串接的L形匹配网络，但分解时应保证每个L形匹配网络应由异性电抗构成。图6-19中 $X_s=X_{s1}+X_{s2}$，图6-20中 $X_p=X_{p1}X_{p2}/(X_{p1}+X_{p2})$。

(4) 互感耦合输出回路　互感耦合输出回路是最常见的输出回路形式，如图6-21所示，这种电路是将天线（负载）回路通过互感或其他形式与集电极调谐回路相耦合。在图6-21中，介于电子元器件与天线回路之间的 L_1C_1 回路称为中介回路；R_A、C_A 分别为天线的等效电阻与等效电容；L_n、C_n 为天线回路的调谐元件，它们的作用是使天线回路处于串联谐振状态，以获得最大的天线回路电流 i_A，也即使天线的辐射功率达到最大。

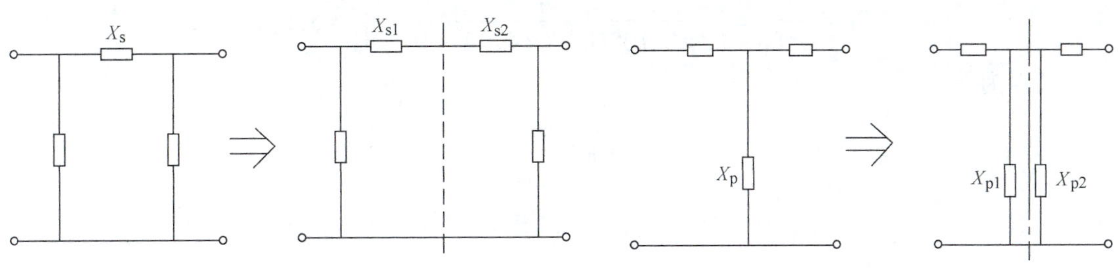

图 6-19　π 形匹配网络　　图 6-20　T 形匹配网络

图 6-21 所示的电路中，集电极负载可以等效为一个并联谐振回路，如图 6-22 所示。

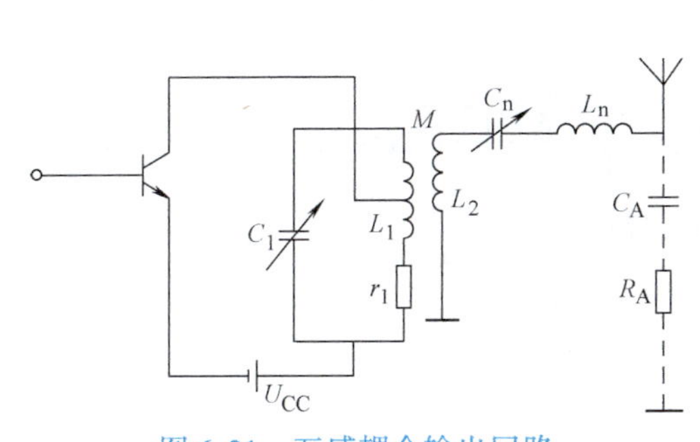

图 6-21　互感耦合输出回路

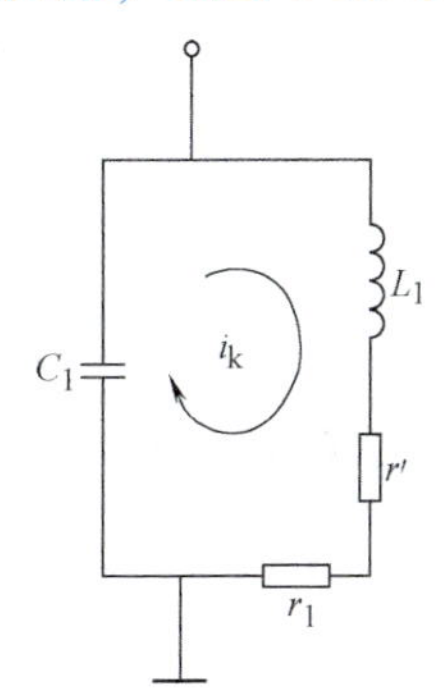

图 6-22　等效电路

由耦合电路的理论可知，当天线回路调谐到串联谐振状态时，它反映到 L_1C_1 中介回路的等效电阻为

$$r' = \frac{\omega^2 M^2}{R_A} \tag{6-18}$$

因而等效回路的谐振阻抗为

$$R_P = \frac{L_1}{C_1(r_1 + r')} = \frac{L_1}{C_1\left(r_1 + \dfrac{\omega^2 M^2}{R_A}\right)}$$

由上式可知，改变互感 M，就可以在不影响回路调谐的情况下调整中介回路的等效阻抗 R_P，以达到阻抗匹配的目的。耦合越紧，即互感 M 越大，则反射等效电阻 r'越大，回路的等效阻抗 R_P也就下降越多。在复合输出回路中，即使负载（天线）断路，对电子元器件也不致造成严重的损害，而且它的滤波作用要比简单回路优良，因而获得广泛的应用。

例 6.2　在图 6-21 所示电路中，设一、二次侧均调谐于工作频率 1MHz，已知 $R_A = 50\Omega$，放大管所需的回路阻抗 $R_P = 120\Omega$，试求 M、L_1 与 C_1 值为多少时才能使天线与放大管相匹配？设 $Q_0 = 100$，$Q_L = 10$，回路接入系数 $p = 0.2$。

解：根据谐振回路的理论可知

$$R_P = p^2 Q_L \omega L_1$$

所以

$$L_1 = \frac{R_P}{p^2 Q_L \omega} = \frac{120\Omega}{0.2^2 \times 2\pi \times 10^6 \times 10\text{Hz}} \approx 47.8\mu\text{H}$$

$$C_1=\frac{1}{\omega^2 L_1}=\frac{1}{(2\pi\times10^6\text{Hz})^2\times47.8\times10^{-6}\text{H}}\approx530\text{pF}$$

又因为

$$Q_0=\frac{\omega L_1}{r_1}$$

$$Q_L=\frac{\omega L_1}{r'+r_1}$$

所以

$$\frac{Q_0}{Q_L}=\frac{r_1+r'}{r_1}=10$$

$$r'=9r_1$$

$$r_1=\frac{\omega L_1}{Q_0}=\frac{2\pi\times10^6\times47.8\times10^{-6}}{100}\Omega\approx3\Omega$$

$$r'=9r_1=9\times3\Omega=27\Omega$$

由式(6-18)得

$$M=\frac{\sqrt{r'R_A}}{\omega}=\frac{\sqrt{27\Omega\times50\Omega}}{2\pi\times10^6\text{Hz}}\approx5.85\mu\text{H}$$

6.3 丁类高频功率放大电路

前已说明，高频功率放大的主要任务是完成功率变换，在这个过程中应努力设法提高变换效率和输出功率，以便减小功率损耗。为此，便有了丁类高频功率放大电路的出现。丁类高频功率放大电路中，晶体管处于开关状态。当晶体管饱和导通时，集电极-发射极之间的电压为饱和压降，即 $U_{CES}\approx0$；当晶体管截止时，流过晶体管集电极的电流 $i_C=0$。因为晶体管集电极的瞬时损耗功率等于集电极瞬时电流 i_C 和集电极-发射极之间瞬时电压 u_{CE} 的乘积，因此在理想情况下，晶体管丁类高频功率放大电路的效率可达100%。晶体管丁类高频功率放大电路都是由两个晶体管组成的，它们轮流导通来完成功率放大任务。输入信号可以是正弦信号，也可以是方波信号。丁类高频功率放大电路有电流开关型和电压开关型两种电路。

6.3.1 电流开关型功率放大电路

在电流开关型功率放大电路中，电源通过一个大电感 L，供给一个恒定电流 I_{C0}。两个晶体管轮流饱和导通，因而回路中的电流方向也随之轮流变换，如图6-23所示。每个晶体管的电流波形都是矩形脉冲。

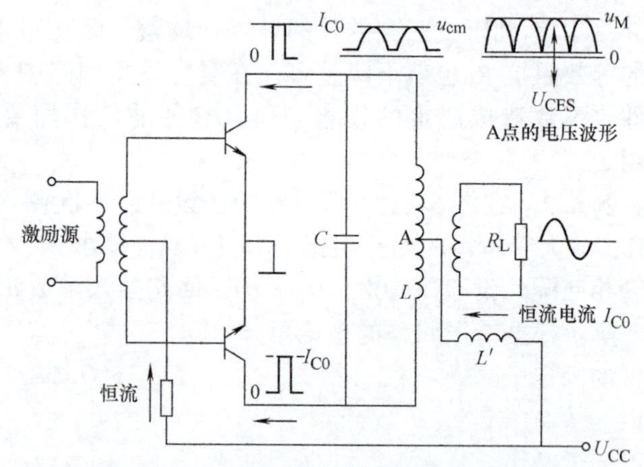

图6-23 电流开关型功率放大电路的原理图

当 LC 回路谐振时，在它两端所产生的正弦波电压与集电极方波电流中的基波分量同相。两个晶体管集电极-发射极之间的瞬时电压 u_{CE} 的波形如图 6-24a、b 所示。在开关变换的瞬间，回路电压等于零，因而此时中心抽头 A 点的电压等于晶体管的饱和压降 U_{CES}。当晶体管导通，集电极电流的基波分量为最大时，回路中 A 点的电压达到最大值 U_M，因而 A 点电压的波形如图 6-24c 所示。

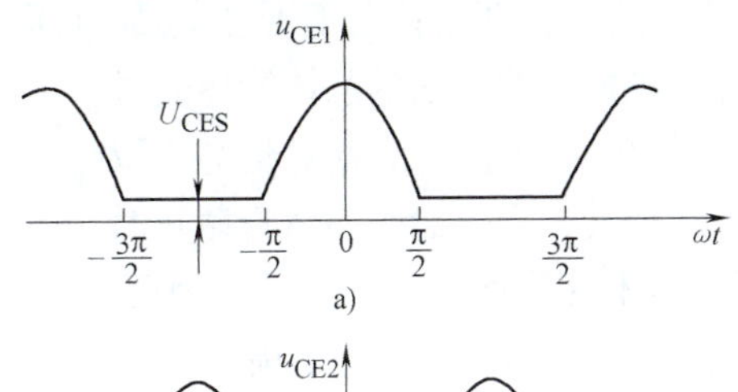

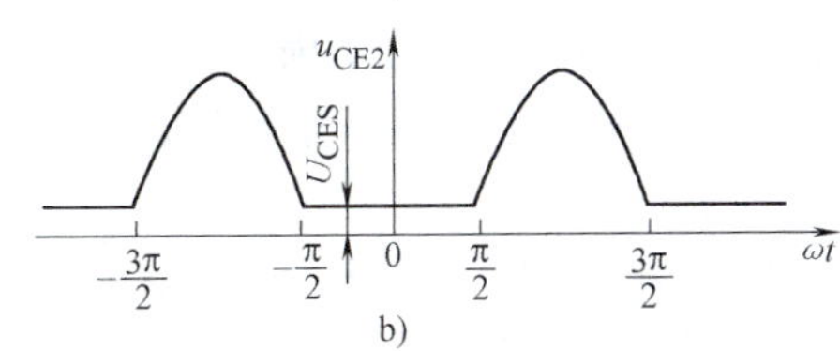

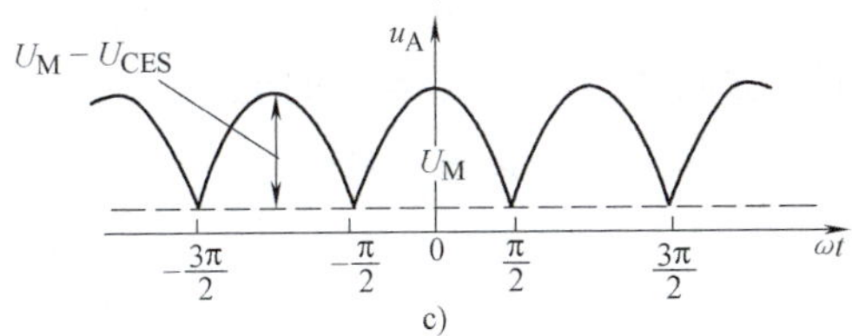

图 6-24　电流开关型功率放大电路谐振中心点的电压波形

A 点的电压平均值等于 U_{CC}，因此

$$U_{CC} = \frac{1}{\pi}\int_{-\frac{\pi}{2}}^{\frac{\pi}{2}}[(U_M - U_{CES})\cos\omega t + U_{CES}]d\omega t$$

$$= \frac{2}{\pi}(U_M - U_{CES}) + U_{CES}$$

可得

$$U_M = \frac{\pi}{2}(U_{CC} - U_{CES}) + U_{CES}$$

集电极回路两端交流电压的峰值为

$$U_{CM} = 2(U_M - U_{CES}) = \pi(U_{CC} - U_{CES}) \tag{6-19}$$

假设负载 R 反射到回路两端，使回路两端呈现的负载阻抗为 R_P，由于每个晶体管通过的基波分量振幅等于 $2I_{C0}/\pi$，因此在回路两端产生的基频电压振幅为

$$U_{CM} = \frac{2}{\pi}I_{C0}R_P \tag{6-20}$$

将式(6-19) 代入式(6-20) 可得

$$I_{C0} = \frac{\pi^2 U_{CM}}{2R_P} = \frac{\pi^2(U_{CC} - U_{CES})}{2R_P}$$

因而输出功率为

$$P_o = \frac{1}{2}\times\frac{U_{CM}^2}{R_P} = \frac{\pi^2(U_{CC} - U_{CES})^2}{2R_P} \tag{6-21}$$

直流输入功率为

$$P_d = U_{CC}I_{C0} = \frac{\pi^2 U_{CC}(U_{CC} - U_{CES})}{2R_P} \tag{6-22}$$

集电极耗散功率为

$$P_c = P_d - P_o = \frac{\pi^2(U_{CC} - U_{CES})U_{CES}}{2R_P} \tag{6-23}$$

集电极效率为

$$\eta_c = \frac{P_o}{P_d} = \frac{U_{CC} - U_{CES}}{U_{CC}} = 1 - \frac{U_{CES}}{U_{CC}}$$

因为 $U_{CC}>U_{CES}>0$，所以 $\eta_c<1$。

6.3.2 电压开关型功率放大电路

在图 6-25 所示的电压开关型功率放大电路中，两个晶体管是与电源电压 U_{CC} 串联的。当上面的晶体管导通时，下面的晶体管截止，A 点对地电压 $U_A=U_{CC}-U_{CES}$；当上面的晶体管截止时，下面的晶体管导通，$U_A=U_{CES}$。因而 A 点的电压为矩形波，其振幅等于 $U_{CC}-2U_{CES}$，它的基波电压振幅等于 $2(U_{CC}-2U_{CES})/\pi$。

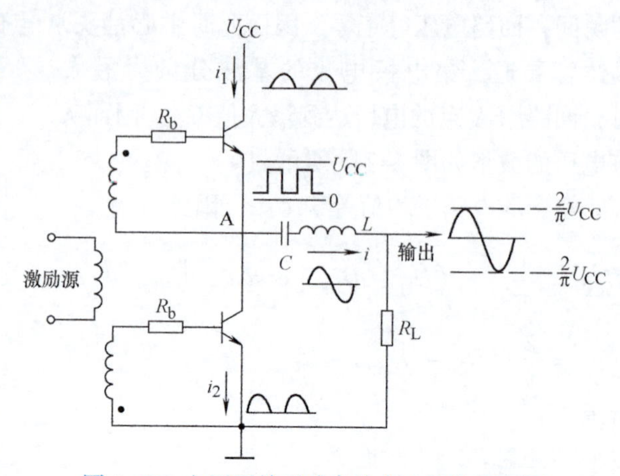

图 6-25 电压开关型功率放大电路的原理图

当 LC 串联谐振回路调谐于输入信号频率，且有载品质因数足够大时，通过串联谐振回路加到负载 R_L 上的电压仅为 U_A 中的基波分量，其振幅为

$$U_{LM}=\frac{2}{\pi}(U_{CC}-2U_{CES})$$

相应的通过负载 R_L 的基波电流振幅为

$$I_{LM}=\frac{U_{LM}}{R_L}=\frac{2}{\pi R_L}(U_{CC}-2U_{CES}) \tag{6-24}$$

通过电源的平均电流分量为

$$\begin{aligned}I_{C0}&=\frac{1}{2\pi}\int_{-\frac{\pi}{2}}^{\frac{\pi}{2}}\frac{2}{\pi R_L}(U_{CC}-2U_{CES})\cos\omega t\mathrm{d}\omega t\\&=\frac{2}{\pi^2 R_L}(U_{CC}-2U_{CES})\end{aligned} \tag{6-25}$$

因此，输出功率为

$$P_o=\frac{1}{2}U_{LM}I_{LM}=\frac{2(U_{CC}-2U_{CES})^2}{\pi^2 R_L}$$

电源供给功率为

$$P_d=U_{CC}I_{C0}=\frac{2U_{CC}(U_{CC}-2U_{CES})}{\pi^2 R_L}$$

集电极效率为

$$\eta_c=\frac{P_o}{P_d}=\frac{U_{CC}-2U_{CES}}{U_{CC}}$$

与通常的丙类高频功率放大电路相比，丁类高频功率放大电路是两管工作，输出电压、电流中的最低谐波是三次的，因此谐波输出小、效率高，因而特别适用于功率放大。尤其是晶体管的饱和压降很小，效率很高，这是一个显著的特点，也是最大的优点。但是它也有局限，主要是开关器件的功耗随开关频率的上升而加大，这就必然限制工作频率的上限，在这一方面，电压开关型功率放大电路比电流开关型好一些。因为在电流开关型功率放大电路

中，电流是方波，两管轮流导通是从截止立即转入饱和，或从饱和立即转入截止。实际上，电流的这种变换是需要时间的，频率低时，影响不大，频率高时必须考虑这一变换时间。电压开关型功率放大电路的电流是半波正弦的，而不是突变的方波，变换相对容易一些。但不管是电流开关型还是电压开关型，当频率升高后效率都会下降，而且在开关变换瞬间，晶体管可能同时导通或同时断开，就可能由于二次击穿作用使晶体管损坏。因此，丁类高频功率放大电路工作频率的上限受到限制。

6.4　宽频带高频功率放大电路

前面所讨论的丙类、丁类高频功率放大电路都是以 *LC* 谐振回路作为负载，其相对频带宽度比较小，通常称为窄频带高频功率放大电路，它适用于固定频率或者频率变化较小的信号处理。在多频道通信系统及频段通信系统中，一般采用宽频带高频功率放大电路，它不需要调谐回路，以非调谐宽频带网络作为输出匹配网络，能在很宽的波段范围内对载波或已调波信号进行线性放大，但是此类放大电路的工作效率较低（20%左右）。实际上，此类放大电路是以低效率换取宽频带的。因此，一般来说，宽频带高频功率放大电路适用于中、小功率级。对于大功率设备来说，可以采用宽频带功率放大电路作为推动级。常用的宽频带匹配网络是宽频带变压器，宽频带变压器有两种形式：①高频变压器。②常用的传输线变压器（transmission line transformer）。后者可使放大电路的最高工作频率扩展到几百兆赫兹甚至上千兆赫兹，并能同时覆盖几个倍频程的频带宽度，在改变工作频率时不需要重新调谐。现在也有采用共射-共基级联电路来实现宽频带功率放大的。

6.4.1　高频变压器耦合的性能要求

在低频功率放大电路中，变压器耦合是一种常见的耦合形式，它的相对频带也很宽，一般从几十赫兹到一万多赫兹，高低端频率之比可达几百甚至上千。对于理想变压器来说，传输能量应和频率无关，即通频带应是无限宽。但事实上，因漏感、分布电容以及磁心的高频损耗等，普通变压器的工作频率提高和工作频带展宽都受到限制，图6-26所示为音频变压器的频率特性。

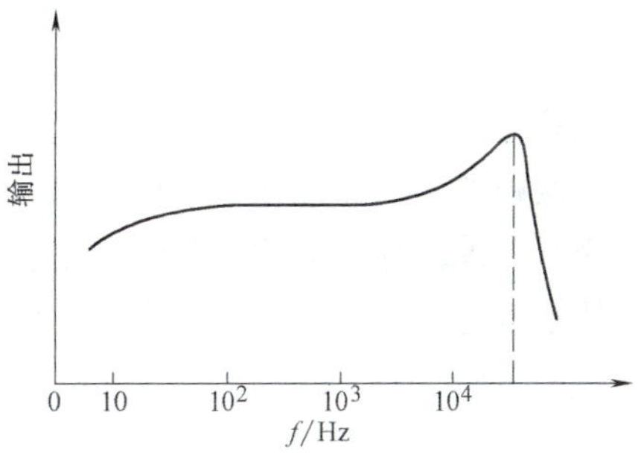

图6-26　音频变压器的频率特性

图6-26中，曲线在几十赫兹到1万Hz的范围内是比较平坦的，说明在这个频率范围内的信号都可以得到一致的线性放大。在低音频端频率响应下降，这是因为一次侧电感不可能为无穷大造成的。在高音频端，由于线圈电感与分布电容的影响，在某一频率可能出现串联谐振，频率响应出现高峰。然后随着频率的升高，它的输出因分布电容的旁路作用而迅速下降，因此普通变压器不能用于高频。为了展宽工作频带，可以采取以下措施。

1）尽量减小线圈的漏感与分布电容。为此，可将一、二次绕组绕在环形铁氧体做的磁心上，匝数要少，匝间距离要大。

2）采用高频铁氧体作磁心，减小磁心的功率损耗。

3）为了展宽低频响应，要求一次绕组的电感大。为此，应采用高磁导率磁心，加大环形磁心截面积，适当增加匝数。

从以上几点来看，展宽低频响应与改善高频响应之间是有矛盾的。解决矛盾的方法是采用高磁导率磁心，这样可在较少的绕组匝数下，获得较高的励磁电感，满足低频的要求，同时，漏感与分布电容也小，能满足高频的要求。对于普通磁导率的磁心，它的磁心功率损耗也大，因此应采用能在高频工作的高磁导率磁心，如相对磁导率为几十的铁氧体材料。

由于高频变压器用的是普通变压器的工作方式，因而线圈漏感与分布电容仍然是限制它工作到更高频率的主要因素。

6.4.2　传输线变压器的性能和匹配电路

传输线变压器是用传输线（双导线或同轴电缆）在高磁导率、低损耗的磁心上绕制而成的变压器。图 6-27 所示为 1∶1 倒相传输线变压器的结构及相应的传输线工作方式和变压器工作方式。

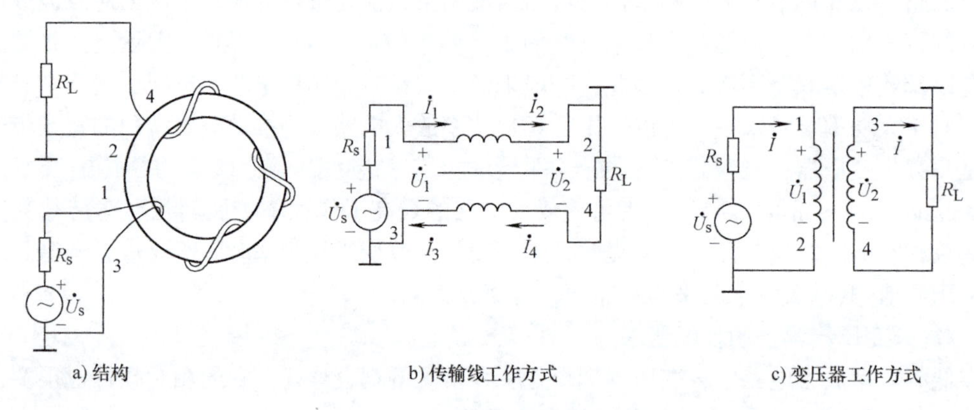

图 6-27　1∶1 倒相传输线变压器

低频时，即信号波长远大于导线长度时，信号从输入端 1、3 传输到输出端 2、4，传输线就是两根普通的连接线，如图 6-28a 所示。而在高频时，即信号波长和导线长度相比拟时，必须考虑两导线上的固有分布电感和线间分布电容的影响，如图 6-28b 所示。令 L 表示单位线长的分布电感，C 表示单位线长两线间的分布电容，则传输线的特性阻抗 Z_C 是与频率无关的电阻，即

$$Z_C = \sqrt{\frac{L}{C}}$$

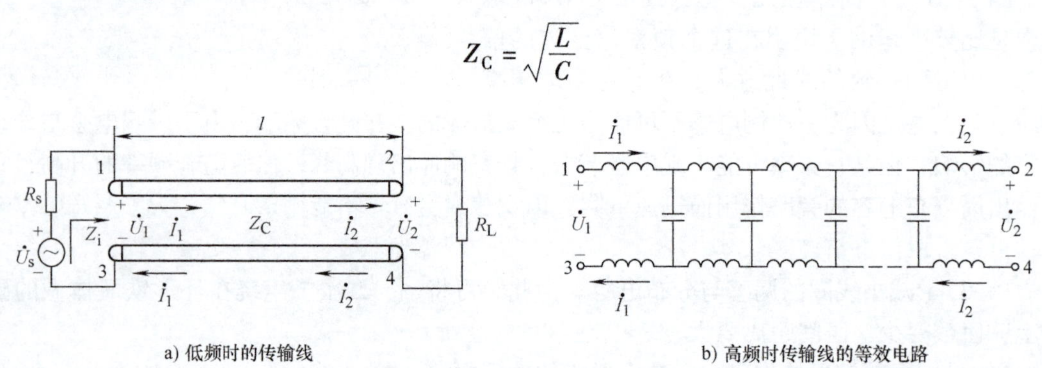

图 6-28　传输线及其等效电路

假设传输线无损耗，且终端又是匹配的，即 $Z_C = R_L$时，沿传输线任一位置上的电压和电流幅值才会处处相等，而且呈现在1、3端间的输入阻抗 $Z_i = Z_C$。对于无损耗和终端匹配的传输线来说，信号源向传输线始端供给的功率全部被 R_L所吸收。因此可以认为，无损耗和终端匹配的传输线肯定有无限宽的工作频带。

反之，如果传输线的终端不匹配，即 $R_L \neq Z_C$，则在其始端呈现的输入阻抗 Z_i就不再是纯电阻，而是与频率有关的复阻抗。在这种情况下，它的上限频率是有限的，而下限频率仍为零，因为当频率接近零时，传输线就是两根短接线，输入信号将直接加到负载上。

在实际情况下，为了扩展它的上限频率，首先使 R_L尽可能地接近 Z_C，即终端尽可能地接近匹配。其次，应尽可能地缩短传输线的长度 l。若上限频率所对应的波长为 λ_{min}，则应尽可能地使 l 小于 λ_{min}（工程上要求 $l < \lambda_{min}/8$）。在满足上述条件的情况下，可近似认为，传输线各个位置上的电压均相等，其值用 U 表示，通过传输线各个位置上的电流均相等，其值用 I 表示。下面讨论的各种传输线变压器都满足上述条件，即终端接近匹配，$l < \lambda_{min}/8$。

既然传输线变压器的能量是依靠传输线传输的，为什么还要做成变压器结构呢？对于图6-27c所示电路，为了实现输出电压倒相的功能，3端和2端必须接地。如果传输线不绕在磁环上，它就相当于两根短导线，输入信号就会被1端和2端间的短导线所短路，无法加到传输线始端1、3上。同理，负载也会被4端和3端间的短导线所短路。如果将传输线绕在磁环上，1端和2端间与4端和3端间的短导线就是感抗较大的电感线圈，而且它们又构成了变压器，输入信号和负载分别加在其一次绕组（1、2端）和二次绕组（3、4端）上。其中，输入信号加在绕组上的电压为 U，与传输线上的始端电压相同，通过磁感应在负载 R_L上产生的电压也为 U。可见，变压器结构保证了传输线传输信号的功率并实现了倒相功能。

综上所述，传输线变压器是依靠传输线传送能量的一种宽频带匹配器件，它的上限频率取决于传输线的长度及其终端匹配程度。

传输线变压器除了可以实现1:1倒相作用外，还可实现某些特定阻抗比的变换。图6-29分别给出了 R_i对 R_L为4:1和1:4的传输线变压器电路。对于4:1的电路而言，若设 R_L上的电压为 U，信号源提供的电流为 I，则通过 R_L的电流为 $2I$，信号源端呈现的电压为 $2U$。因此，信号源端呈现的输入阻抗为

$$R_i = \frac{2U}{I} = 4\frac{U}{2I} = 4R_L$$

要求传输线的特性阻抗为

$$Z_C = \frac{U}{I} = 2\frac{U}{2I} = 2R_L$$

对于1:4的电路而言，若设通过 R_L的电流为 I，信号源端呈现的电压为 U，则在 R_L上产生的电压为 $2U$，信号源提供的电流为 $2I$，因此，信号源端呈现的输入阻抗为

$$R_i = \frac{U}{2I} = \frac{2U}{4I} = \frac{1}{4}R_L$$

要求传输线的特性阻抗为

$$Z_C = \frac{U}{I} = \frac{1}{2} \times \frac{2U}{I} = \frac{1}{2}R_L$$

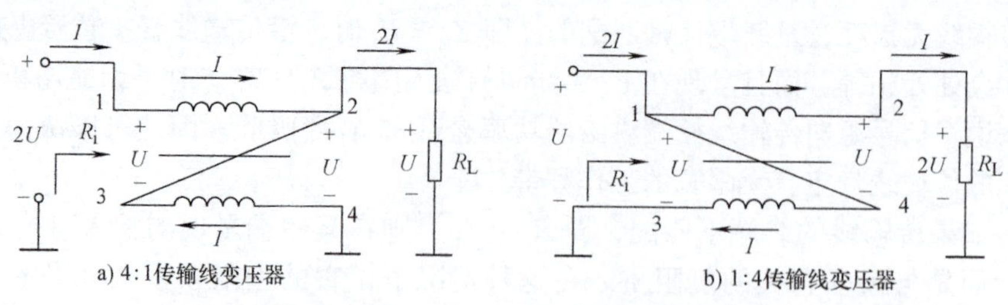

图 6-29　4:1 和 1:4 的传输线变压器电路

下面是一个宽频带传输线变压器耦合放大的实例，电路如图 6-30 所示。

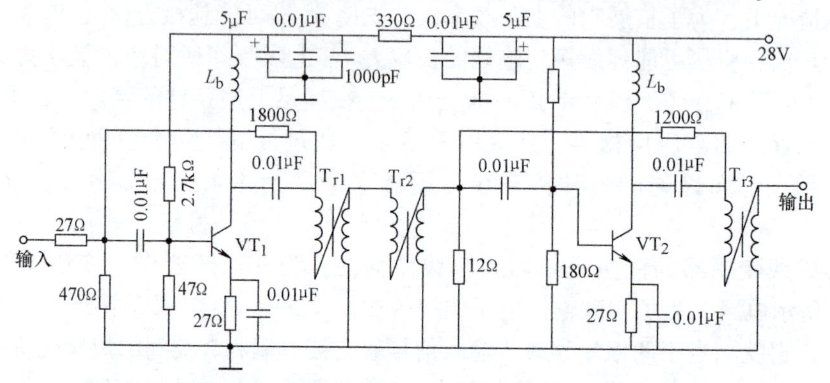

图 6-30　宽频带传输线变压器耦合放大电路

图中，T_{r1}、T_{r2}与T_{r3}就是宽频带传输线变压器，T_{r1}与T_{r2}串接进行阻抗变换，使 VT_2 的低输入阻抗变换为 VT_1 所需的高负载阻抗。

6.4.3　共射-共基级联宽频带高频功率放大器

晶体管的共射-共基级联电路在第 3 章已有介绍，晶体管的共射-共基级联电路作为小信号放大器时，具有工作稳定性好、增益高和高频特性好的特点，这些特点也是宽频带高频功率放大器所需要的，因此中、小功率的宽频带高频功率放大器也常采用共射-共基级联电路。

如多频彩色显示器的视频输出电路既有采用分立元器件共射-共基级联电路的，也有采用集成电路（内部是共射-共基级联电路）的。多频彩色显示器的视频输出电路要推动彩色显像管工作，输出功率较大，视频信号的通频带宽度可达到几十兆赫兹，属于宽频带高频功率放大器。

1. 分立元器件共射-共基级联视频输出电路

多频彩色显示器对视频输出电路的要求包括：①要有足够的电压增益，一般要大于12dB，以满足显像管对信号幅值的要求。②视频信号的通频带宽度要足够大，才能使屏幕图像细节部分清晰透亮。③要有一定的输出功率，保证为显像管阴极提供 0.5mA 以上的电流。④要保证视频放大器输出管的安全，防止显像管因打火而烧毁。

根据以上分析可看出，对视频放大器的要求是很高的，就分离元器件来说，要求视放管的反向击穿电压 BVcbo 大于等于 160V，带宽大于等于 40MHz。若选用共发射极电路，它的电压增益高，但通频带窄，要想达到 40MHz 的带宽就要选用特征频率很高的晶体管。而特征频率高的管子，反向击穿电压又比较低，比如特征频率 $f_T \geq 500$MHz 的管子，BVcbo 只有 40V 左右；而耐压 BVcbo 大于等于 160V 的管子，特征频率 $f_T \leq 200$MHz。因此，单独选用共发射极放大器是达不到要求的。若选用共基极电路，其特点是耐压高，对特征频率的要求低，f_T 只需 3 倍工作频率即可。这样可选用反向击穿电压 BVcbo 为 160V、特征频率为 200MHz 的管子，但共基极电路增益低，不能满足视频输出的要求。因此只有采用共射–共基级联放大电路才能满足视频放大器的要求，共射–共基级联放大电路具有两个放大器的优点，有较高的电压增益、功率增益和较宽的通频带，因而在很多显示器上被采用。这种共射–共基级联放大电路对视放管的要求是：共发射极接法的视放管应选用特征频率高（500MHz 以上）的晶体管，耐压可低一些（40V 即可），共基极接法的视放管应选用耐压高（应大于 160V）的晶体管，特征频率可低一些（200MHz，大于 3 倍工作频率即可）。

为了增强共射–共基级联放大电路的驱动能力，彩色显示器的视频输出常采用射极跟随器。射极跟随器又有单管和互补对称双管两种，近期生产的数控彩色显示器的视频输出多数采用互补对称双管射极跟随器。

采用共射–共基级联视频输出电路的机型有厦华 15ZⅢ型等多频数控彩色显示器，其电路如图 6-31 所示。

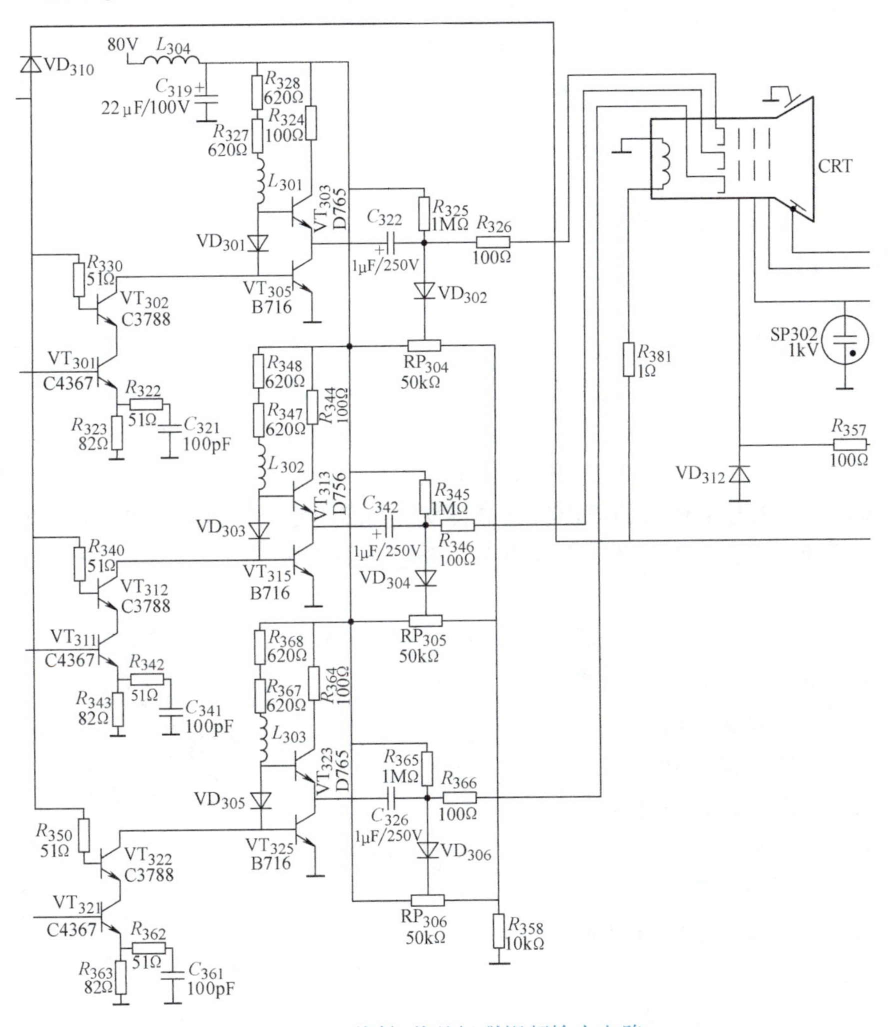

图 6-31　共射–共基级联视频输出电路

由图6-31可见，彩色显像管有红绿蓝3个基色阴极，3个阴极前都有相应的视频输出电路，3个视频输出电路结构完全相同，所以了解一个基色的视频输出电路即可。图中，晶体管VT_{301}、VT_{302}构成一个基色的共射-共基级联放大电路，实现了对基色视频信号的宽频带高频功率放大，晶体管VT_{303}、VT_{305}组成互补对称双管射极跟随器，增大放大电路的驱动能力。

2. 共射-共基级联集成视频输出电路

目前很多多频数控彩色显示器的视频输出电路采用了集成电路，有关电路如图6-32所示。

图中，LM2439T是9脚单列直插宽频带集成视频输出芯片，它的内部有3个共射-共基级联宽频带视频放大电路。R、G、B三个基色视频信号，分别由9、6、7三个引脚输入，经LM2439T内的共射-共基级联放大电路放大后，由1、3、2引脚输出，再经匹配网络送到彩色显像管的RK、GK、BK 3个阴极。

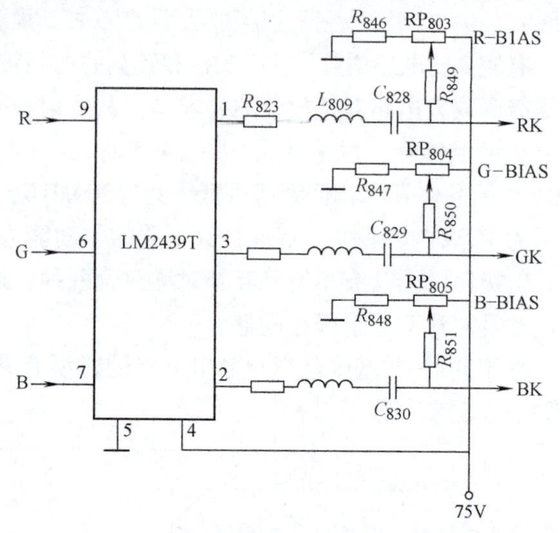

图6-32　宽频带集成视频输出电路

6.5　功率合成技术

在高频功率放大电路中，受电子元器件本身的限制，单个电子元器件的输出功率是有限的，当需要输出的功率比较大时，可以考虑将几个电子元器件的输出功率叠加起来来完成任务，这就是功率合成技术。在低频电子电路中，可以采用推挽或并联电路来增加输出功率，在高频电子电路中也可以采用此法，但是，推挽或并联电路都有一个共同的缺点：当其中一个晶体管损坏时，其他晶体管的工作状态也会发生剧烈的变化，因此推挽或并联电路不是进行功率合成的理想方案。为了对功率合成有一个定性的了解，给出图6-33所示的功率合成框图。

从图中可以看出，在功率合成技术中，除了功率放大环节以外，还有功率分配和功率合成环节。用传输线变压器构成的T形混合网络，既可以实现功率合成和功率分配的功能，又可以克服推挽和并联电路的缺陷，是一种较为理想的功率合成电路。

6.5.1　T形混合网络的工作原理

利用1:4传输线变压器组成的T形混合网络的基本电路如图6-34a所示，图6-34b为变压器形式的等效电路。

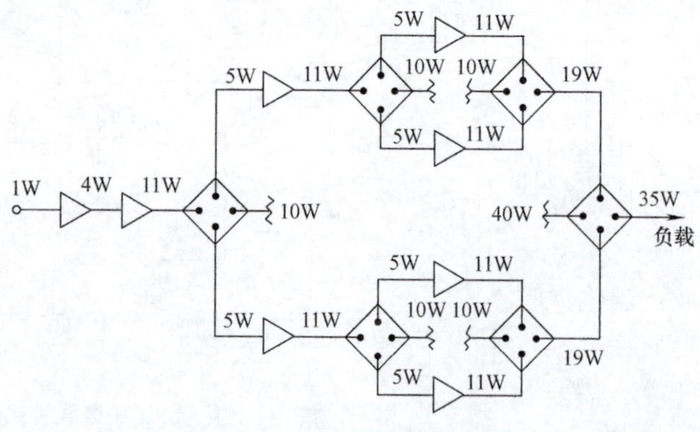

图6-33　功率合成框图示例

T 形混合网络有 A、B、C、D 4 个端点，为了满足网络匹配条件，取 $R_A=R_B=Z_C=R$、$R_C=Z_C/2=R/2$、$R_D=2Z_C=2R$、$Z_C=R$ 为传输线变压器的特性阻抗。在此基础上，利用 A、B、C、D 4 个端点，可以实现功率合成和功率分配，具体情况如下所述。

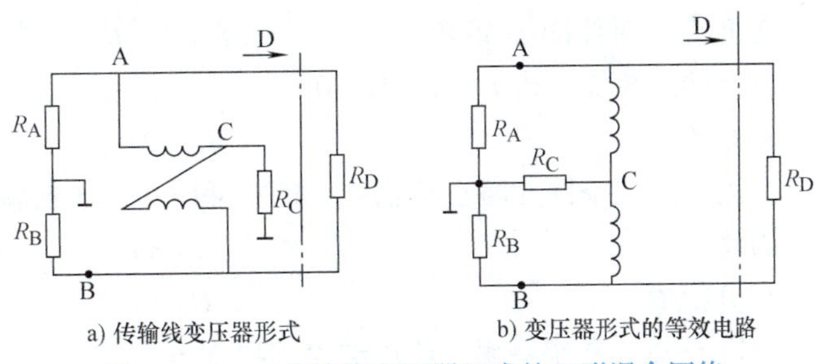

图 6-34 1:4 传输线变压器组成的 T 形混合网络

1. 反相功率合成

若 A、B 两个端点分别接两个功率放大器的输出端，且这两个功率放大器的输出电压幅值相同、极性相反，如图 6-35 所示，则可在 D 点获得它们的合成功率，C 点无输出。

这是因为，根据传输线变压器两绕组中的电流应大小相等、方向相反的原则，给出 I_1，假定流入 A 端的电流为 I，流入 D 点的电流为 I_2，则根据基尔霍夫电流定律，在 A 点有

$$I=I_1+I_2$$

根据电流连续性原理，流入 D 点的电流 I_2 经电阻 R_D 后流入 B 点。又因 $R_A=R_B$，信号电压幅值相同、极性相反，则两信号源提供等值反相电流，那么在 B 点有

$$I_2=I_1+I$$

以上两式相加，得出 $I_1=0$、$I_2=I$。这两个结果说明：$I_1=0$，即 C 点处没有功率输出；$I_2=I$，即 D 点输出的功率为

$$P_D=I(2U)=2UI$$

而 A、B 两点输出的功率为

$$P_A=P_B=UI$$

所以
$$P_D=P_A+P_B=2P_A(\text{或 }2P_B)$$

2. 同相功率合成

如图 6-36 所示，若从 A、B 两个端点输入电压的极性一致，则可获得同相功率合成，合成功率从 C 点输出，此时 D 点无输出，分析如下：

在 A 点仍有
$$I=I_2+I_1$$

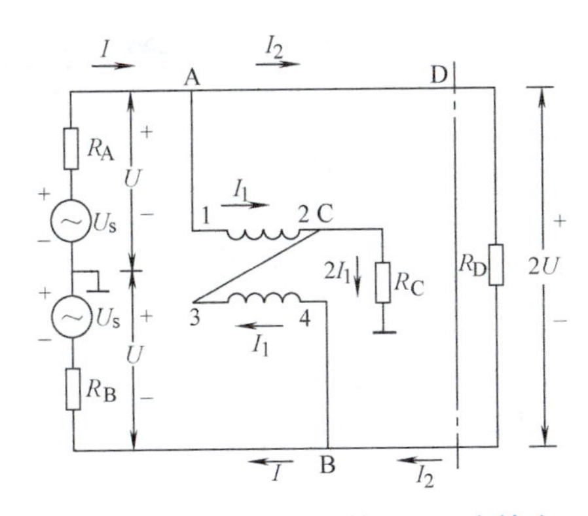

图 6-35 A、B 点反相输入，D 点输出

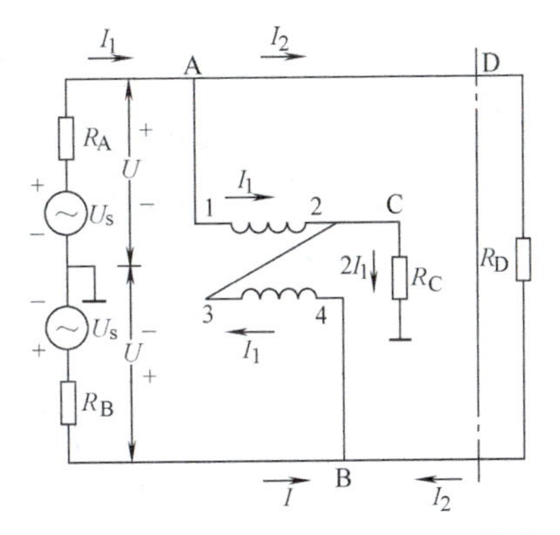

图 6-36 A、B 点同相输入，C 点输出

在 B 点，对照图 6-36 有　　　　　　$I=I_1-I_2$

以上两式相加，得 $I=I_1$、$I_2=0$。

在 C 点有　　　　　　$I_C=2I_1$

在满足匹配条件并略去传输线上的损耗时，变压器输入端与输出端的电压振幅也应该相等，因此　　　　　　$U_C=U$

在 D 点有　　　　　　$U_D=0$

所以 D 点无功率输出，C 点输出的功率为

$$P_C=U(2I)=2UI$$

而 A、B 两点输出的功率为

$$P_A=P_B=UI$$

因此　　　　　　$P_D=P_A+P_B=2P_A$（或 $2P_B$）

3. 反相功率分配

若从 D 点输入要被分配的信号，A 点和 B 点就能得到等值反相的功率，如图6-37所示。图中，T_{r2}为传输线变压器，完成平衡和不平衡的变换。

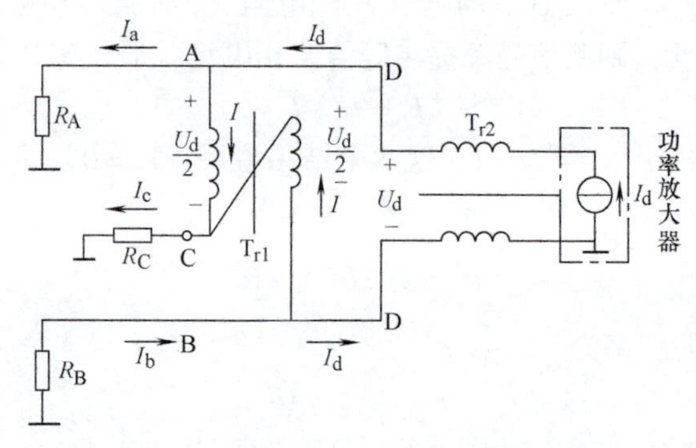

图 6-37　D 点输入，A、B 端点反相等值输出

各点电流的参考方向如图 6-37 所示，分析方法类似于反相功率合成电路。

在 A 点有　　　　　　$I_d=I+I_a$

在 B 点有　　　　　　$I_b=I+I_d$

在 C 点有　　　　　　$I_c=2I$

当 $R_A=R_B=R$ 时，$I_a=I_b$，结合上面两式得 $I=0$、$I_a=I_b=I_d$、$I_c=2I=0$，可见 C 点没有获得功率。由

$$U_A=U_d/2 \quad U_B=-U_d/2$$

$$P_A=U_AI_a=\frac{1}{2}U_dI_a$$

$$P_B=U_BI_b=-\frac{1}{2}U_dI_b$$

$$P_D=U_dI_d=P_A+(-P_B)$$

知 D 点的输入功率等值反相地分配到 R_A 和 R_B 上。

4. 同相功率分配

若从 C 点输入要被分配的信号，A 点和 B 点就能得到等值同相的功率，如图 6-38 所示。

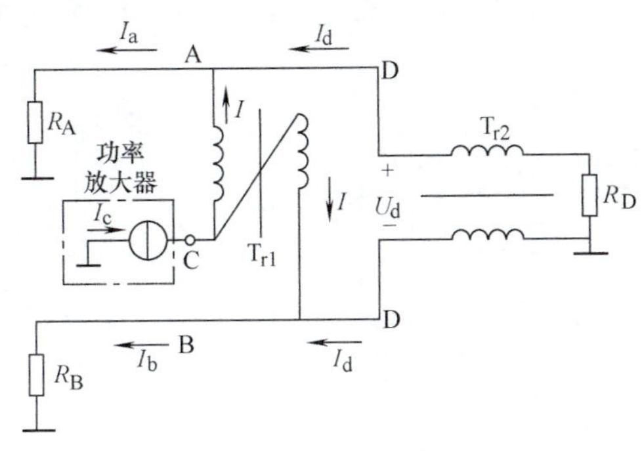

图 6-38　C 点输入，A、B 点同相等值输出

在 A 点有　$I = I_a + I_d$

在 B 点有　$I + I_d = I_b$

在 C 点有　$I_c = 2I$

在 D 点有　$U_d = I_a R_A - I_b R_B = I_d R_D$

联立上式求解得

$$I_d = \frac{I(R_A - R_B)}{R_D + R_A + R_B} = \frac{1}{2}\frac{I_c(R_A - R_B)}{R_D + R_A + R_B}$$

因 $R_A = R_B = R$，所以 $I_d = 0$，$I_a = I_b = I = I_c/2$。

可见，D 点没有获得功率，而 A 点和 B 点获得等值同相功率。

不论哪种分配电路，当 $R_A \neq R_B$ 时，功率放大器的输出功率就不能均等地分配到 R_A 和 R_B 上。

6.5.2　功率合成电路实例

图 6-39 所示是一个典型的反相功率合成电路，它是一个输出功率为 75W、通频带宽度为 30～75MHz 的放大电路的一部分。图中，T_{r2} 为反相功率分配网络，T_{r5} 为反相功率合成网络。T_{r1} 与 T_{r6} 为起平衡-不平衡变换作用的 1∶1 传输线变压器。T_{r3} 与 T_{r4} 为 4∶1 阻抗变换器。

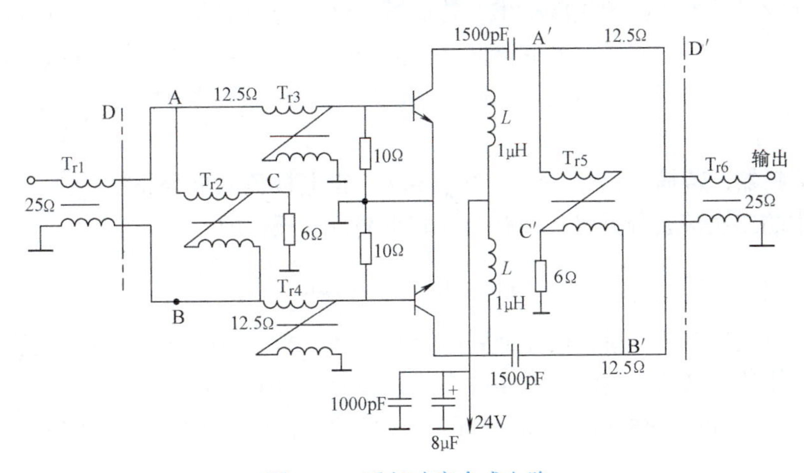

图 6-39　反相功率合成电路

反相功率合成电路的优点是：输出没有偶次谐波，输入电阻比单边工作时高，因而引线电感的影响减小。

图6-40所示是一个典型的同相功率合成电路。图中，T_{r1}为同相功率分配网络，T_{r6}为同相功率合成网络，T_{r2}、T_{r3}与T_{r4}、T_{r5}分别为4∶1与1∶4阻抗变换器，各处的阻抗均已在图中注明。晶体管发射极接入1.1Ω的电阻，用以产生负反馈，以提高晶体管的输入阻抗。各基极串联的22Ω电阻，作为提高输入电阻与防止寄生振荡之用。D点所接的200Ω与400Ω电阻是T_{r1}与T_{r6}的假负载电阻。

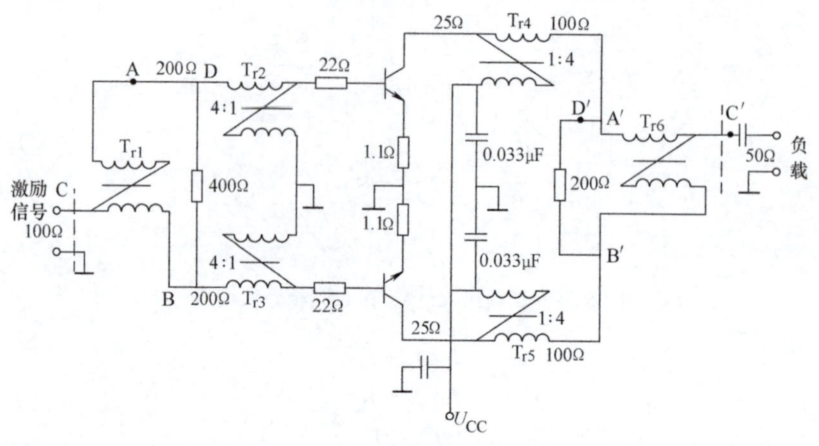

图6-40　同相功率合成电路

在同相功率合成电路中，由于偶次谐波在输出端是相加的，因此输出中有偶次谐波存在（反相功率合成电路中的偶次谐波在输出端互相抵消）。

6.6　晶体管倍频器

在前面所讲的丙类谐振功率放大电路中，集电极电流脉冲含有输入信号的各次谐波，输出电压的建立依靠谐振回路的选频输出。若谐振回路调谐于输入信号频率，则输出电压的频率等于输入信号的频率；同样，若调谐回路谐振于输入信号频率的2倍，则输出电压信号便为2倍频信号。所以，当放大器所用负载回路谐振于输入信号的整数倍信号频率时，就可构成倍频器。

例如二倍频器，若输入信号为$u_i=U_{im}\cos\omega t$，集电极负载回路谐振于2ω，那么集电极电流脉冲i_C中的二次谐波分量将在回路两端产生交流电压，即

$$u_{C2}=I_{C2m}R_P\cos2\omega t$$

对于基波及其他谐波分量，由于回路阻抗都很低，产生的电压与二次谐波相比，都可忽略不计，因而能从二倍频器的输出回路取得角频率为2ω的信号。

图6-41为二倍频器的电压、电流波形。其中，集电极电流的二次谐波分量i_{C2}及集电极瞬时电压u_{CE}分别为

$$i_{C2}=I_{C2m}\cos2\omega t=\alpha_2I_{Cm}\cos2\omega t$$

$$u_{CE}=U_{CC}-I_{C2m}R_P\cos2\omega t$$

式中，α_2为余弦脉冲的二次谐波分解系数；R_P为回路谐振于二次谐波时的阻抗。

由图 6-41 可见，当放大器的基极电压 u_{BE}为最高时，集电极电流脉冲达到最大，集电极电压 u_{CE}最低。因此倍频器的电流、电压关系也符合提高效率的要求——电流 i_C 最大时，晶体管压降 U_{CE}最小，为了使二倍频器的输出功率较大，导通角应选在$\theta=60°$（α_2最大）。

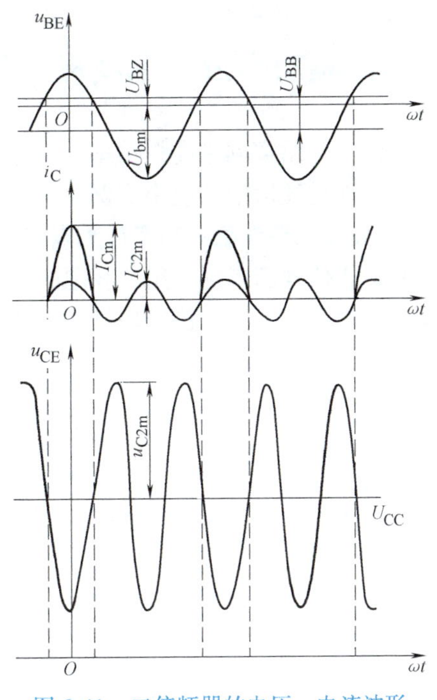

图 6-41　二倍频器的电压、电流波形

对于 n 次倍频器来说，应选取 $\theta=120°/n$。

输出功率为

$$P_{on}=\frac{1}{2}I_{Cn}U_{Cn}=\frac{1}{2}\alpha_nI_{Cm}\xi U_{CC}$$

效率为

$$\eta_{Cn}=\frac{P_{on}}{P_d}=\frac{\alpha_nI_{Cm}\xi U_{CC}}{2\alpha_0I_{Cm}U_{CC}}=\frac{\alpha_n}{2\alpha_0}\xi$$

式中，$\xi=U_{Cn}/U_{CC}$，称为集电极电压利用系数。

由于 α_n总小于 α_1，所以 n 次倍频器的输出功率和效率都低于基波放大器，而且 n 越大，相应的谐波分量幅值越小，P_{on}和 η_{Cn}越低。通常只采用二倍频器和三倍频器，如果实际设备需要更高的倍频次数，可将倍频器级联使用。

丙类倍频器电路简单，输出端只用一个选频电路就可实现，因而在小功率的通信设备中用得较多。

为进一步提高输出滤波能力，实际电路中常采用带有陷波电路的输出滤波电路。图 6-42 所示为三倍频器具有旁路基波作用的输出回路。图中，L_1、C_1 调谐在输入信号的基波频率 f 上，可旁路基波电流分量，称为基波陷波电路。L_1、C_1、C_2 和 C_3 组成并联谐振回路，调谐在三次谐波频率 $3f$ 上，同时利用 C_2 和 C_3 的分压作用达到匹配的要求。

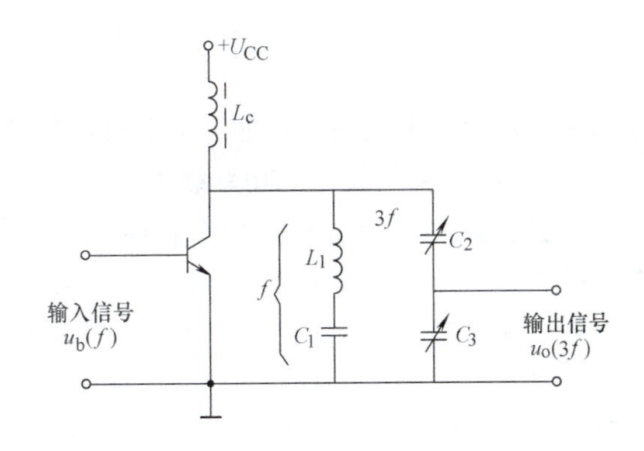

图 6-42　三倍频器实用电路

6.7 高频功率放大电路应用举例

前面已介绍宽频带高频功率放大电路在彩色显示器中的应用实例，本节介绍高频功率放大电路在移动通信中的应用实例。

6.7.1 分立元器件高频功率放大电路

移动通信现已广泛使用，我国的移动通信通常使用900MHz频段。移动电话（手机）内部有高频功率放大器对信号进行功率放大，如图6-43所示。

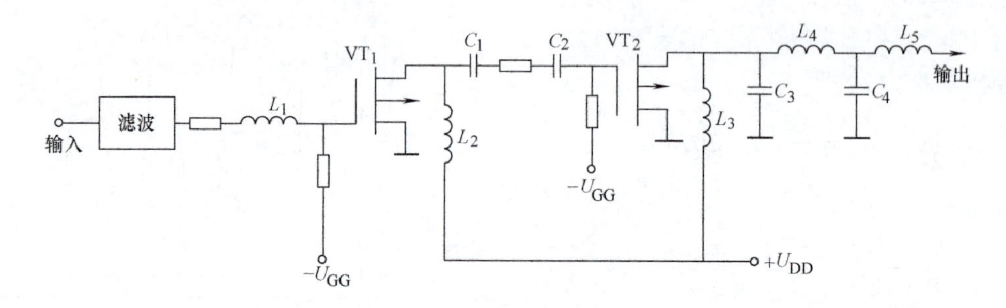

图6-43 分立元器件高频功率放大电路

图6-43为某手机发射电路中的功率放大电路，VT_1为功率放大驱动管，VT_2为功率放大输出级。两个放大管都采用砷化镓场效应晶体管器件，其栅极为负偏置，都受系统控制，该器件的特点是变换效率高。VT_2的功率增益约为20dBm，其负载为π形匹配调谐网络。手机的发射电路中一般均接有功率检测电路，根据检测结果对功率放大级（前级）进行功率控制，使发射功率维持在一定值。

6.7.2 集成高频功率放大与控制电路

在移动通信过程中，通常要对手机中的高频功率放大器进行自动功率控制。手机中发射功率不是固定不变的，由于手机工作在移动通信状态，手机和基站的距离在不断变化，基站根据收到信号的情况不断向手机发出功率级别信号。手机收到功率级别信号后，根据功率级别能自动调节自身的发射功率（称为自动功率控制）。离基站远，则发射功率大；离基站近，则发射功率小。采用自动功率控制可以节约电池电量和减小大功率发射对其他移动通信小区及设备造成的干扰。

在全球通（GSM）手机中，功率级别控制过程如下：手机中的数据存储器存放有功率级别数据（称为功率表），当手机收到基站发出的功率级别要求后，在微处理器的控制下，从功率表中调出相应的功率级别数据，经D/A（数/模）转换成标准功率控制电平。而GSM手机的实际发射功率经取样后也变换成一个对应的电平值，两个电平比较产生出功率误差控制电压，去控制激励放大电路、预放大电路和功率放大电路的放大量，从而使GSM手机的发射功率调整到要求的功率级上。

图6-44是一种GSM手机的功率放大及控制电路原理图。打电话时，来自基站的功率级别信号，经接收、解调和微处理器判断后从功率表中调出对应的功率级别数据，再经U500调制解调芯片的14、39脚输出，送U390功率放大控制芯片，经处理后从7脚输出控制电

压，加到 Q_{350} 功率放大激励管和 Q_{362}、VT_{368} 功率放大管，控制发射电路的输出功率。同时，通过 R_{380} 检测的发射输出信号，经 C_{394} 送入 U390 芯片的 2 脚，经 U390 处理后自动调节 7 脚输出的控制电压，使发射输出的功率和基站要求的功率等级一致。

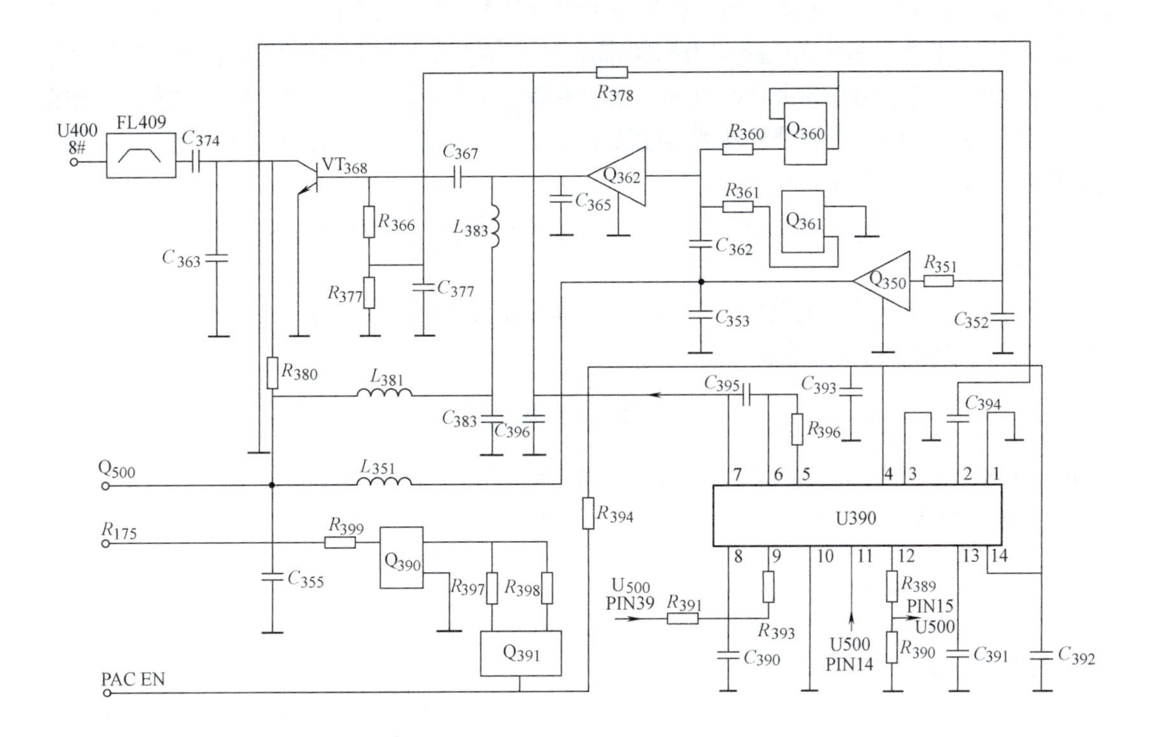

图 6-44　GSM 手机功率放大及控制电路原理图

本章小结

1. 高频功率放大电路的主要作用是对高频信号进行功率放大，其本质是将直流电源所提供的功率变换为交流功率输出。为使变换过程有较高的效率，放大电路应工作于丙类工作状态。为了减小信号失真，采用谐振网络作负载，实现选频滤波输出，所以也称为丙类谐振功率放大电路。

2. 导通角 θ 越小，丙类谐振功率放大电路的效率越高，但 θ 过小，就会导致输出功率减小，综合考虑效率和输出功率两个指标，θ 取值为 70°左右为宜。

3. 丙类谐振功率放大电路有欠电压、过电压和临界三种工作状态，集电极电压、基极偏置电压、输入信号和负载电阻等发生变化时，都将引起放大电路工作状态发生变化。在不同的应用场合，应选用不同的工作状态，放大等幅信号（如调频信号）时，应该工作在临界状态；放大非等幅信号（如调幅信号）时，应该工作在欠电压状态；进行基极调幅时，应该工作在欠电压状态；若用来进行集电极调幅，则应该工作在过电压状态。

4. 丙类谐振功率放大电路的输入端和输出端均由直流馈电电路和输出匹配网络两部分组成，直流馈电电路有串馈和并馈两种形式，匹配网络可以采用 LC 分立元器件组成的 L

形、T形、π形网络或互感耦合输出回路等形式。

5. 丁类高频功率放大电路能够进一步提高效率和输出功率，放大管工作于开关状态，有电流开关型和电压开关型两种电路，同样采用谐振网络作负载。两管工作，谐波输出小，效率高，适于功率放大。但缺点是工作频率上限受开关器件的限制。

6. 丙类、丁类功率放大电路均为窄频带放大，当要求能在很宽的波段范围内对信号进行功率放大时，需采用宽频带功率放大。宽频带高频功率放大电路采用非调谐方式，工作在甲类工作状态，常用有宽频带特性的传输线变压器进行阻抗匹配，也有采用共射-共基级联电路来实现宽频带功率放大的。

7. 利用功率合成技术可以增大输出功率，利用传输线变压器组成的T形混合网络，可以实现功率分配与功率合成。

8. 丙类谐振功率放大电路中，若负载网络谐振于二倍频，则可实现二倍频器的功能，θ取值为60°，但效率低于基波放大器。

习题与思考题

6.1 丙类谐振功率放大电路与低频功率放大电路有何区别？与小信号谐振放大电路有何区别？

6.2 当谐振功率放大电路的激励信号为方波时，集电极输出电压是何种波形？为什么？

6.3 某谐振功率放大电路，已知$U_{CC}=24V$，$P_o=10W$，当$\eta_c=60\%$时，P_c及I_{C0}的值是多少？若输出功率不变，则将η_c提高到80%时，P_c及I_{C0}又为多少？

6.4 已知高频功率放大电路工作在过电压状态，现欲将它调整到临界状态，可以改变哪些外界因素来实现？变化方向如何？在此过程中，集电极输出功率P_o如何变化？

6.5 已知高频谐振功率放大电路工作在临界状态，$\theta=80°$，$\alpha_1(\theta)=0.472$，$\alpha_0(\theta)=0.286$，$U_{CC}=18V$，$\xi=0.9$，今要求输出功率$P_o=2W$，试计算放大器的P_d、P_c、η_c以及临界电阻R的值。在U_{CC}不变的条件下，欲保持输出功率P_o不变，而要提高效率η_c，减小损耗功率，应如何调整放大电路的外部条件？并说明理由。

6.6 图6-25所示电压开关型丁类高频功率放大电路中，$U_{CC}=15V$，晶体管$U_{CES}=0.5V$，试求负载R_L上的电压振幅U_{LM}、通过电源的平均电流分量I_{C0}、输出功率P_o、电源供给的功率P_d和集电极效率η_c。

6.7 试给出由传输线变压器组成阻抗比为16:1的变换器的两种结构图。

6.8 已知$\theta=60°$，二倍频器工作于临界状态。如激励电压的频率提高一倍而振幅不变，问负载功率和工作状态将如何变化？

6.9 丙类高频功率放大电路的工作有何特点？如何减小输出信号失真？

6.10 宽频带高频功率放大电路工作有何特点？工作在什么状态？

6.11 要提高放大电路的效率和功率，可从哪些方面入手？

6.12 什么是功率合成技术？如何实现功率分配与功率合成？

6.13 如何使丙类谐振功率放大电路转化为倍频器？

6.14 高频功率放大器的三种工作状态为（　　　）、（　　　）和（　　　）。

6.15 高频功率放大器中谐振电路的作用是（　　　）、（　　　）和（　　　）。

6.16 高频功率放大器负载采用（　　　）电路，作用是（　　　）。

6.17 高频功率放大器的集电极输出电流为（　　　）波，经负载回路选频后输出（　　　）波。

6.18 丁类高频功率放大电路类型有（　　　）和（　　　）。

6.19 高频功率放大器下列哪种工作状态效率最高？（　）

A. 甲类　　B. 乙类　　C. 丙类　　D. 丁类

6.20　高频功率放大器的输出功率是指（　　）。

A. 信号总功率　　B. 基波输出功率

C. 直流信号输出功率　　D. 二次谐波输出功率

6.21　丙类高频功率放大器最佳工作状态是（　　）。

A. 临界　　B. 过电压　　C. 欠电压　　D. 都不是

6.22　丙类高频功率放大器输出功率为6W，当集电极效率为60%时，晶体管集电极损耗为（　　）。

A. 4W　　B. 6W　　C. 8W　　D. 10W

6.23　综合考虑丙类高频功率放大器的最佳导通角是（　　）。

A. 15°～30°　　B. 35°～45°　　C. 65°～75°　　D. 80°～90°

6.24　传输线变压器理想时上限频率为无穷大。（　　）

6.25　理想的功率合成电路，当其中某一个功率放大器损坏时，功率合成器输出总功率不变。（　　）

6.26　宽带高频功率放大器中，负载采用调谐形式。（　　）

6.27　传输线变压器应用于宽带放大器，它能够实现功率合成。（　　）

6.28　丁类高频功率放大电路中，晶体管处于开关状态。（　　）

第7章　振幅调制与解调

7.1　概述

采用无线电技术传送信息必须要进行调制。原始信息（声音、图像和文字等）由变换器转换成相应的基带信号，这些基带信号的频率较低，相对频带较宽，不能直接发送。要实现无线电通信，首先必须产生高频（high frequency）振荡信号，再把基带低频（low frequency）信号加到高频振荡信号上，去控制它的参数，这称为调制（modulation）。然后把已受基带信号调制的高频振荡信号放大后经发射天线发射出去，这样的高频已调无线电波就携带了基带信号一起发射。未经调制的高频振荡信号称为载波（carrier wave）信号，基带信号称为调制信号，经调制携带有基带信号的高频振荡信号称为已调波信号。当传输的基带信号是模拟（analog）信号时，称为模拟通信系统；当传输的基带信号是数字（digital）信号时，称为数字通信系统。虽然二者的基带信号不同，但通信系统的原理和组成是相同的。

高频载波通常是一个正弦波振荡信号，有振幅、频率和相位3个参数可以改变。用基带信号对载波进行调制就有调幅、调频和调相3种方式。

调幅（Amplitude Modulation，AM）：载波的频率和相位不变，载波的振幅按基带信号的变化规律变化。调幅获得的已调波称为调幅波。中短波广播和电视的高频图像信号都是调幅波。

解调（demodulation）是在接收端将已调波从高频段变换到低频段，恢复原调制信号。调幅的解调过程称为检波（demodulation），调频的解调过程称为鉴频（frequency discrimination），调相的解调过程称为鉴相（phase discrimination）。

图7-1所示是通信系统的框图，调制器（modulator）与解调器（demodulator）是通信系统发射端和接收端的重要部件。

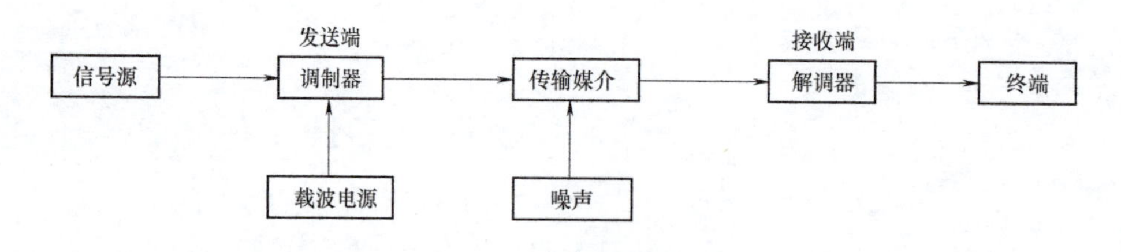

图7-1　通信系统的框图

7.2　振幅调制原理

振幅调制可分为普通调幅、双边带调幅、单边带调幅与残留边带调幅等几种方式。

7.2.1　普通调幅

1. 普通调幅信号的数学表达式与波形

普通调幅（Amplitude Modulation，AM）是用调制信号去控制高频载波的振幅，使其随调制信号波形的变化而呈线性变化，普通调幅简称调幅。

设载波信号 $u_c(t)=U_{cm}\cos\omega_c t$，单音调制信号 $u_\Omega(t)=U_{\Omega m}\cos\Omega t$，$\omega_c>>\Omega$。根据振幅调制信号的定义，已调波信号的振幅随调制信号 $u_\Omega(t)$线性变化，由此可得调幅信号的表达式 $u_{AM}(t)$ 为

$$\begin{aligned}u_{AM}(t)&=(U_{cm}+kU_{\Omega m}\cos\Omega t)\cos\omega_c t\\&=U_{cm}(1+kU_{\Omega m}\cos\Omega t/U_{cm})\cos\omega_c t\\&=U_{cm}(1+M_\alpha\cos\Omega t)\cos\omega_c t\end{aligned}\tag{7-1}$$

式中，k 为比例常数，一般由调制电路确定，称为调制灵敏度；M_α称为调幅系数（amplitude modulation factor）或调幅度，$M_\alpha=kU_{\Omega m}/U_{cm}$，表示载波的振幅受调制信号控制的强弱程度。当调幅系数 $M_\alpha>1$ 时，普通调幅信号的包络变化与调制信号不再相同，产生了失真，称为过调制（over modulation），所以要求 $0<M_\alpha\leqslant1$。图 7-2 所示为普通调幅调制过程中的信号波形。

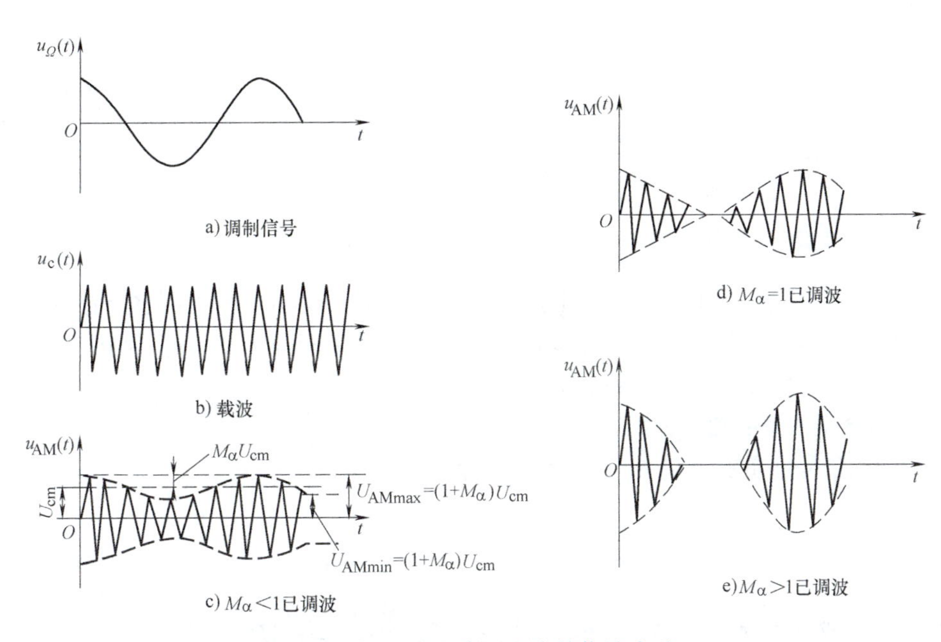

图 7-2　普通调幅调制过程中的信号波形

2. 普通调幅信号的频谱与带宽

将式(7-1) 用三角公式展开，可得

$$\begin{aligned}u_{AM}(t)&=U_{cm}(1+M_\alpha\cos\Omega t)\cos\omega_c t\\&=U_{cm}\cos\omega_c t+\frac{1}{2}M_\alpha U_{cm}\cos(\omega_c+\Omega)t+\frac{1}{2}M_\alpha U_{cm}\cos(\omega_c-\Omega)t\end{aligned}$$

由上式可见,单音调制的普通调幅信号包含载波 ω_c、上边频 $\omega_c+\Omega$ 和下边频 $\omega_c-\Omega$，其频谱如图 7-3 所示。频谱的中心频率 ω_c 分量是载波，它与调制信号无关，不包含信息。而

两个边频分量 $\omega_c+\Omega$ 和 $\omega_c-\Omega$ 则以载频为中心对称分布，两个边频分量的幅度均等于 $\frac{1}{2}M_\alpha U_{cm}$。调制信号的幅度及频率信息只含于边频分量中。普通调幅信号的带宽为

$$BW=(\omega_c+\Omega)-(\omega_c-\Omega)=2\Omega$$

实际上要传送的信号（例如语音、音乐等）为多音调制的信号，已调波信号的频谱如图 7-4 所示，普通调幅信号的带宽为

$$BW=(\omega_c+\Omega_n)-(\omega_c-\Omega_n)=2\Omega_n$$

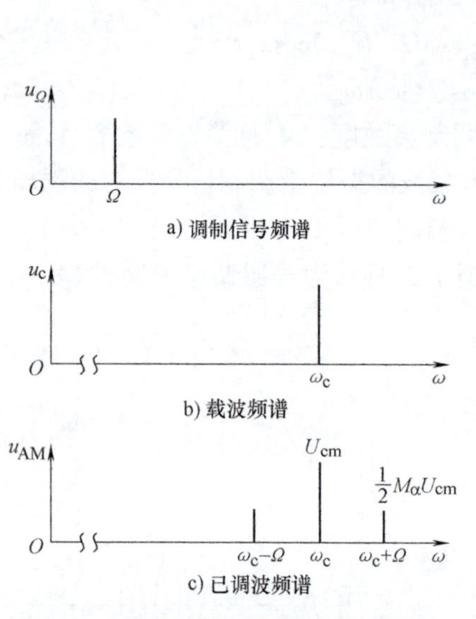

图 7-3　单音调制时的已调波频谱

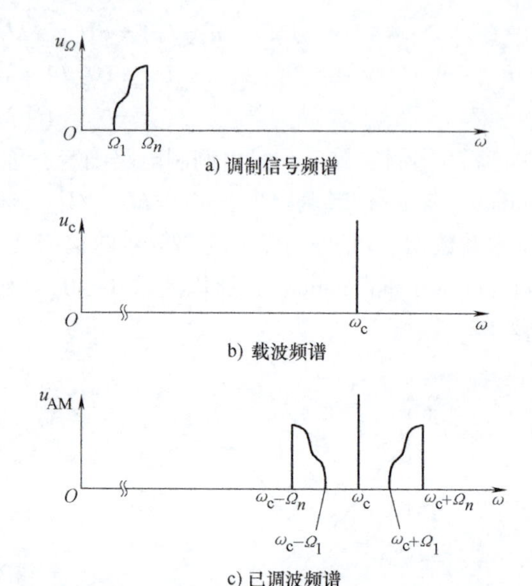

图 7-4　调制信号的频率范围为 $\Omega_1\sim\Omega_n$ 的调幅波频谱

为了避免各无线广播电台的相互干扰，对不同频段、不同用途的无线电台所占有的频带宽度有严格的规定。例如，我国规定调幅广播电台的频率间隔为 9kHz，因此，调幅广播电台发射信号的频带宽度也相应受到限制。

3. 普通调幅信号的功率分配

普通调幅信号在负载电阻 R_L 上产生的功率如下：

载波功率　$$P_c=\frac{U_{cm}^2}{2R_L}$$

上边频（或下边频）功率　$$P_{SSB}=\left(\frac{1}{2}M_\alpha U_{cm}\right)^2\frac{1}{2R_L}=\frac{M_\alpha^2}{4}P_c$$

上、下边频总功率　$$P_{DSB}=2P_{SSB}=\frac{1}{2}M_\alpha^2P_c$$

调幅信号总平均功率　$$P_{AM}=P_c+2P_{SSB}=\left(1+\frac{1}{2}M_\alpha^2\right)P_c \tag{7-2}$$

由式(7-2) 可知，当 $M_\alpha=0$ 时，$P_{AM}=P_c$；当 $M_\alpha=1$ 时，$P_{AM}=1.5P_c$。调幅广播电台在实际传送信息时，平均调幅系数为 30%。因此，在普通调幅信号总平均功率中，不含信息的载波功率占 95%，而携带信息的边频功率仅占 5%。从能量利用率来看，普通调幅调制是很不经济的，但因接收机结构较简单而且价格低廉，所以应用还是很广泛的。

4. 普通调幅调制的实现方法

设调制信号为 $u_\Omega(t)$，则已调波的表达式可描述为

$$u_{\mathrm{AM}}(t)=U_{\mathrm{cm}}[1+M_\alpha u_\Omega(t)]\cos\omega_{\mathrm{c}}t$$

由上式可得低电平普通调幅调制实现的电路模型，如图 7-5 所示，其关键在于实现调制信号与载波的相乘。

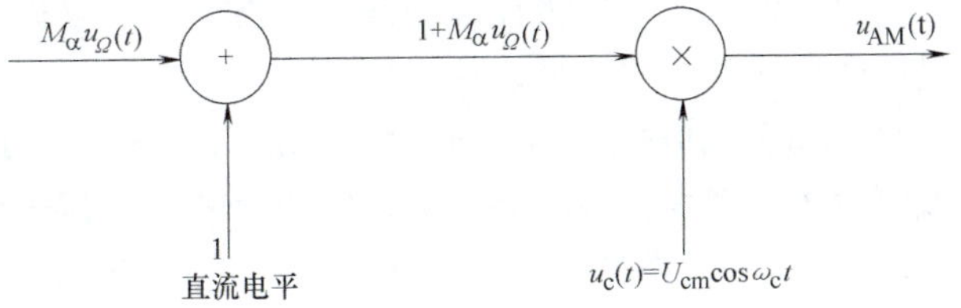

图 7-5　低电平普通调幅调制实现的电路模型

7.2.2　双边带调幅

为了提高设备的功率利用率，可以不发送载波，而只发送边带信号，称为抑制载波的双边带调幅（Double Side Band Amplitude Modulation，DSBAM）。

1. 双边带调幅信号的数学表达式

设调制信号为 $u_\Omega(t)=U_{\Omega\mathrm{m}}\cos\Omega t$，载波信号为 $u_{\mathrm{c}}(t)=U_{\mathrm{cm}}\cos\omega_{\mathrm{c}}t$，则双边带调幅信号为

$$\begin{aligned}u_{\mathrm{DSB}}(t)&=ku_\Omega(t)u_{\mathrm{c}}(t)=kU_{\mathrm{cm}}U_{\Omega\mathrm{m}}\cos\Omega t\cos\omega_{\mathrm{c}}t\\&=\frac{1}{2}kU_{\mathrm{cm}}U_{\Omega\mathrm{m}}[\cos(\omega_{\mathrm{c}}+\Omega)\ t+\cos(\omega_{\mathrm{c}}-\Omega)t]\end{aligned}\tag{7-3}$$

式中，k 为比例系数。

2. 双边带调幅信号的波形与频谱

图 7-6 所示为双边带调幅信号的波形与频谱图。

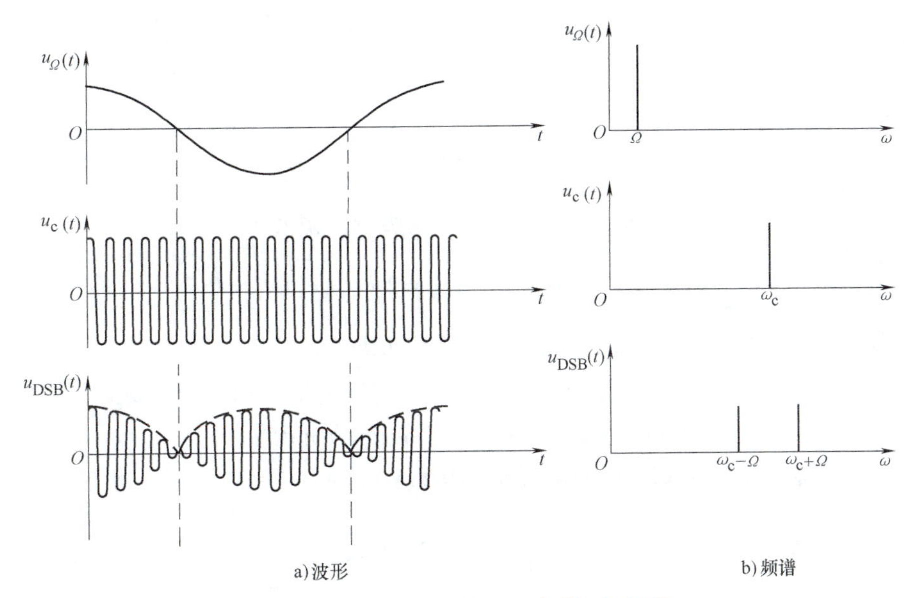

图 7-6　双边带调幅信号的波形与频谱图

双边带调幅波与普通调幅波相比有以下特点：

1）包络不同。普通调幅波的包络正比于调制信号的波形，而双边带调幅波的包络则正比于调制信号的绝对值，即双边带调幅信号的包络为 $|\cos\Omega t|$。当调制信号为零，即 $\cos\Omega t=0$ 时，双边带调幅波的幅度也为零。

2）双边带调幅信号的高频载波相位在调制电压过零处（调制电压正负交替时）要突变180°。由图7-6可见，在调制信号正半周内，已调波的高频与原载频同相，相差为0°；在调制信号负半周内，已调波高频与原载频反相，相差为180°。这就表明，双边带调幅信号的相位反映了调制信号的极性。因此，严格地讲，双边带调幅信号已非单纯的振幅调制信号，而是既调幅又调相的信号。

3）单频调制双边带调幅信号只有$\omega_c+\Omega$及$\omega_c-\Omega$两个频率分量，它的频谱相当于从普通调幅波频谱图中将载频分量去掉后的频谱，其频带宽度仍为调制信号带宽的两倍。

4）由于双边带调幅信号没有载波，它的全部功率为边带占有，功率利用率高于普通调幅。

3. 双边带调幅的实现方法

实现双边带调幅的电路模型如图7-7所示。

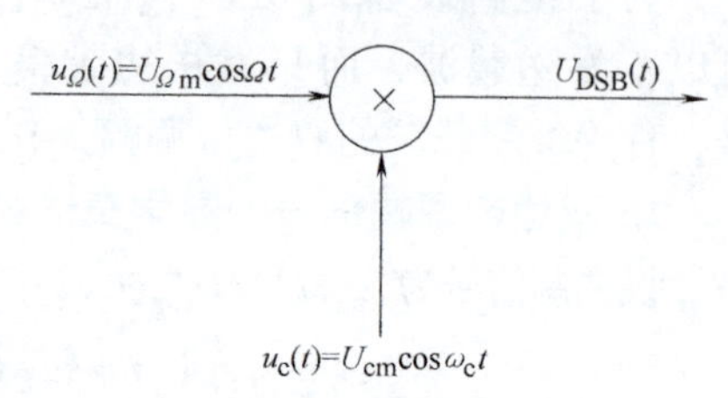

图7-7 实现双边带调幅的电路模型

例7.1 已知两个信号电压的频谱如图7-8所示。

(1) 写出两个信号电压的数学表达式，并指出已调波的性质。

(2) 计算在单位电阻上消耗的边带功率、总功率以及已调波的频带宽度。

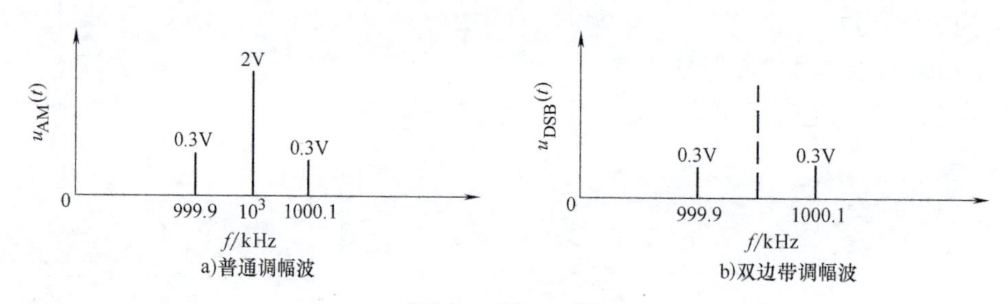

图7-8 例7.1图

解：(1) 图7-8a为普通调幅波，图7-8b为双边带调幅波。

$$\frac{1}{2}M_\alpha U_{cm}=0.3\text{V}\qquad U_{cm}=2\text{V}\qquad M_\alpha=0.3$$

调制信号的频率为$F=(1000.1-10^3)\text{kHz}=0.1\text{kHz}=10^2\text{Hz}$，可得

$$u_{AM}(t)=U_{cm}(1+M_\alpha\cos\Omega t)\cos\omega_c t=U_{cm}(1+M_\alpha\cos2\pi Ft)\cos\omega_c t$$
$$=2\left[1+0.3\cos(2\pi\times10^2 t)\right]\cos(2\pi\times10^6 t)\text{V}$$
$$u_{DSB}(t)=0.6\cos200\pi t\cos(2\pi\times10^6 t)\text{V}$$

(2) 载波功率
$$P_c=\frac{U_{cm}^2}{2R}=\frac{1}{2}\times2^2\text{W}=2\text{W}$$

双边带信号功率
$$P_{DSB}=\frac{1}{2}M_\alpha^2P_c=\frac{1}{2}\times0.3^2\times2\text{W}=0.09\text{W}$$

因此
$$P_{AM}=P_c+P_{DSB}=(2+0.09)\text{W}=2.09\text{W}$$

普通调幅波与双边带调幅波的频带宽度相等，即
$$BW=2F=200\text{Hz}$$

7.2.3　单边带调幅

对双边带调幅信号，只要取出其中的一个边带部分，即可包含调制信号的全部信息，而成为单边带调幅（Single Side Band Amplitude Modulation，SSBAM）。

1. 单边带调幅信号的数学表达式

$$U_{SSB}(t)=\frac{1}{2}kU_{cm}U_{\Omega m}\cos(\omega_c+\Omega)t \tag{7-4}$$

或

$$U_{SSB}(t)=\frac{1}{2}kU_{cm}U_{\Omega m}\cos(\omega_c-\Omega)t \tag{7-5}$$

2. 单边带调幅信号的波形与频谱

单边带调幅信号的波形与频谱如图7-9所示。

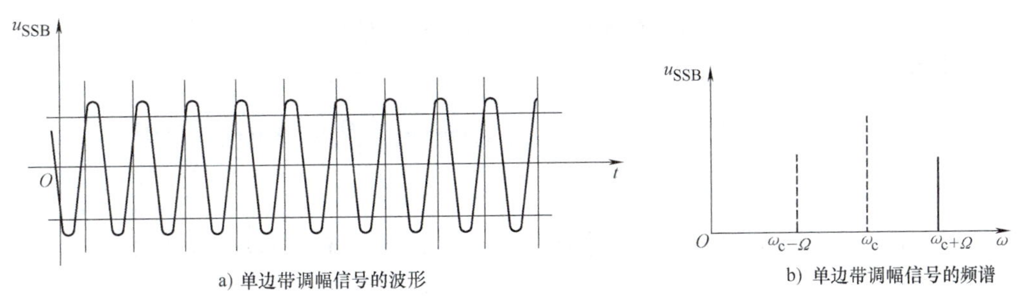

图7-9　单边带调幅信号的波形与频谱

3. 单边带调幅信号的特点

单边带调幅信号节省频带、节省能量和抗干扰性能强。

单边带调幅信号的频谱宽度仅为双边带信号频谱宽度的一半，从而提高了频带的利用率，这对日益拥挤的短波波段是很有利的。由于只发射一个边带，大大节省了发射功率。与普通调幅相比，在发射功率相同的情况下，可使接收端的信噪比明显提高，从而使通信距离大大增加。但单边带调幅信号的调制和解调技术实现难度大，设备复杂，这就限制它在民用方面的应用和推广。

4. 单边带调幅的实现方法

（1）滤波法　调制信号与载波信号经相乘后得双边带调幅信号，再用滤波器滤除其中一个边带，而保留另一个边带。这种方法的电路模型如图7-10所示。

滤波法的缺点是对滤波器的要求高，对于要求保留的边带，滤波器应能使其无失真地完全通过，而对于要求滤除的边带，则应有很强的衰减特性。直接在高频电路上设计、制造出这样的滤波器较为困难。为此，可考虑先在较低的频率上实现单边带调幅，然后向高频处进行多次频谱搬移，一直搬到所需要的载频值。

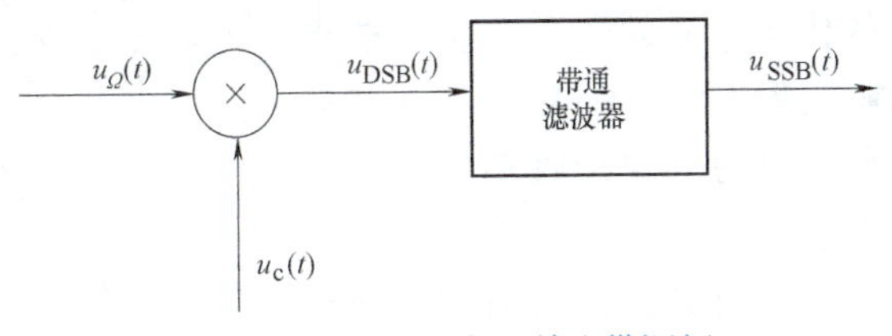

图7-10　滤波法实现单边带调幅

（2）相移法　这种方法的电路模型如图7-11所示。

调制信号和载波信号经过相乘作用后，得到双边带信号 u_1，同时它又经过90°相移网络再加到另一乘法器，得到双边带信号

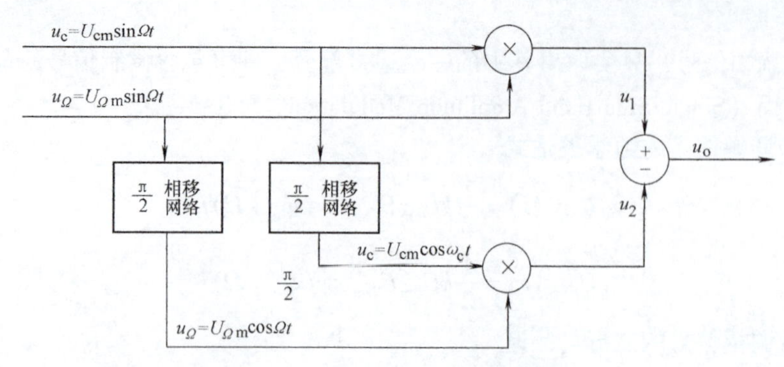

图 7-11 相移法实现单边带调幅

u_2，经过求和（或求差）网络后，在输出端可得到单边带信号。

双边带信号 u_1 为

$$u_1 = U_{\mathrm{cm}} U_{\Omega\mathrm{m}} \sin\Omega t \sin\omega_{\mathrm{c}} t = \frac{1}{2} U_{\mathrm{cm}} U_{\Omega\mathrm{m}} [\cos(\omega_{\mathrm{c}} - \Omega)t - \cos(\omega_{\mathrm{c}} + \Omega)t]$$

双边带信号 u_2 为

$$u_2 = U_{\mathrm{cm}} U_{\Omega\mathrm{m}} \cos\Omega t \cos\omega_{\mathrm{c}} t = \frac{1}{2} U_{\mathrm{cm}} U_{\Omega\mathrm{m}} [\cos(\omega_{\mathrm{c}} - \Omega)t + \cos(\omega_{\mathrm{c}} + \Omega)t]$$

单边带信号输出 u_{o}为

$$u_{\mathrm{o}} = k(u_1 + u_2) = kU_{\mathrm{cm}} U_{\Omega\mathrm{m}} \cos(\omega_{\mathrm{c}} - \Omega)t$$

移相法的优点是可以把相隔很近的上、下边带分开，而无需采用复杂的设备和滤波器。但要使移相网络在调制信号的频率范围内，产生相位差严格为90°的两个调制信号，也是很困难的。

7.2.4 残留边带调幅

在电视发射系统中，图像信号是采用幅度调制形式的。视频图像信号的频带本来很宽，普通调幅后图像信号频带更是宽达十几兆赫兹，为了压缩发射图像信号所占的频带宽度，宜采用单边带方式。考虑到发射机和接收机的电路结构和成本，希望能用普通调幅信号的接收方法接收图像信号，这样在发射单边带图像信号的同时，把载波和残留部分边带信号一起发射出去，这种调制方式称为残留边带调幅（Vestigial Side Band Amplitude Modulation，VSBAM）。图 7-12 是电视图像信号残留边带的调幅频谱图。

残留边带调制的效果类似于单边带调制，既保留了单边带调制的优点，又避免了其主要缺点(制作滤波器的困难)。加入载波发射，是为了在接收端较方便地解调。

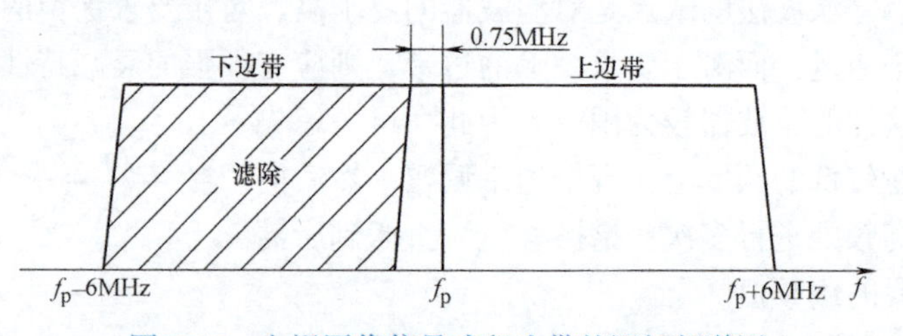

图 7-12 电视图像信号残留边带的调幅频谱图

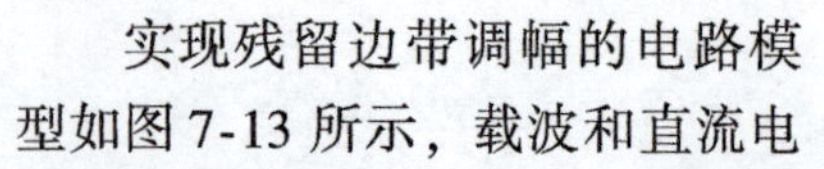

实现残留边带调幅的电路模型如图 7-13 所示，载波和直流电平相加后再与调制信号在模拟乘法器相乘产生普通调幅信号，然后通过高通滤波器除去频率较低的调制信号和直流电压获得普通调幅波，再用低通（或高通）滤波器除去普通调幅波

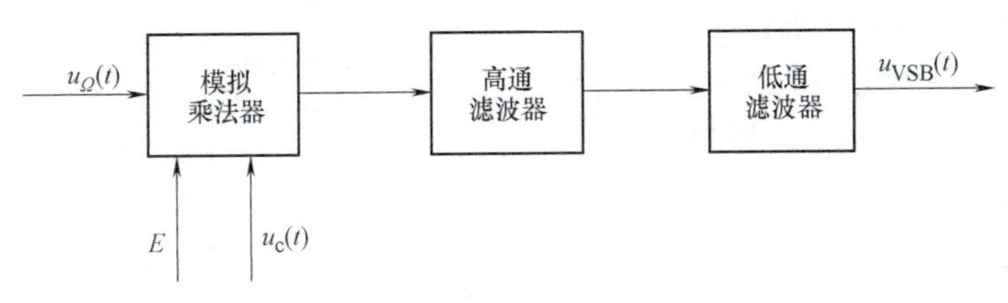

图 7-13　实现残留边带调幅的电路模型

的大部分上（或下）边带，取得残留边带信号。其中直流电压 E 可调，以控制载波分量输出的大小。

7.3　调幅电路

幅度调制分为高电平调幅（high level amplitude modulation）和低电平调幅（low level amplitude modulation）两种类型。

高电平调幅电路一般置于发射机的最后一级，是在功率电平较高的情况下进行调制。电路除了实现幅度调制外，还具有功率放大的功能，以提供有一定功率要求的调幅波。高电平调幅一般是使调制信号叠加在直流偏置电压上，并一起控制丙类放大器的末级谐振功放实现高电平调幅，因此只能产生普通调幅信号。高电平调幅的突出优点是整机效率高，无线电广播电台一般均采用这种电路。

低电平调幅电路是指在低电平状态下进行调幅，产生小功率的调幅波。一般在发射机的前级实现低电平调幅，再经功率放大，得到所要求功率的调幅波。低电平调幅电路的功率、效率不是主要考虑的问题，其主要性能要求是调制的线性度及载波抑制度。这种调幅电路可用来实现 AM、DSB 和 SSB 等信号的调制。

7.3.1　高电平调幅

高电平调幅就是通过改变末级谐振功放某一电极的直流电压以控制集电极载波电流振幅的调幅方法，通常分为集电极调幅和基极调幅。

1. 集电极调幅

集电极调幅（collector amplitude modulation）的原理是利用晶体管的非线性来实现调幅。如图 7-14 所示，载波 $u_c(t)$信号从基极加入，调制信号 $u_{\Omega}(t)$加在集电极，集电极电源电压为 $U_{CC}(t)=U_{CC0}+u_{\Omega}(t)$，它随调制信号变化而变化。集电极电压也随调制信号 $u_{\Omega}(t)$的幅度变化规律而发生变化，从而实现了集电极调幅。

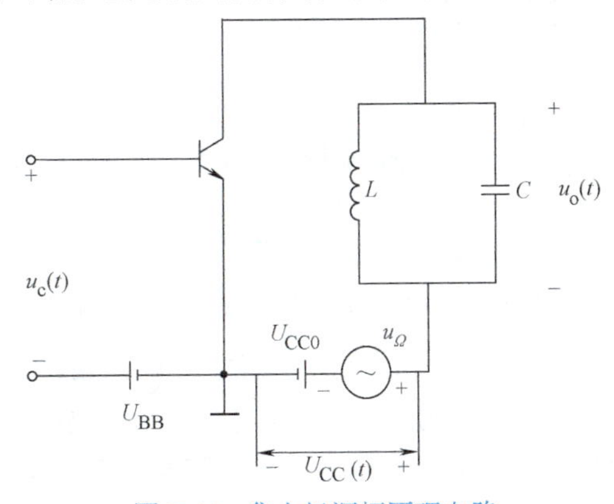

图 7-14　集电极调幅原理电路

当功率放大器工作于过电压状态时，集电极电流的基波分量与集电极偏置电压成线性关系。因此，要实现集电极调幅，应使放大器工作在过电压状态。集电极调幅与谐振功放的区别是集电极调幅电路的集电极偏压随调制电压变化而变化。集电极调幅效率较高，适用于较大功率的调幅发射机中。图7-15给出了集电极电流基波振幅随 U_{CC} 变化的曲线。

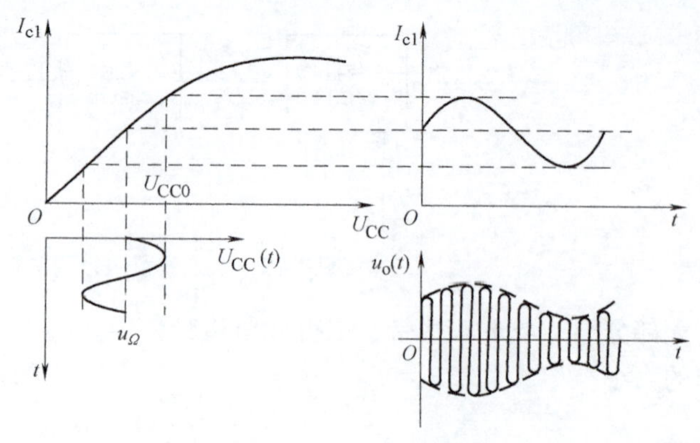

图7-15 集电极调制特性曲线

2. 基极调幅

图7-16所示为基极调幅（base amplitude modulation）电路。与集电极调幅电路相似，可认为 $U_{BB}(t)=U_{BB0}+u_{\Omega}(t)$ 是放大器的基极等效低频供电电源。基极电源 $U_{BB}(t)$ 随调制信号 $u_{\Omega}(t)$ 变化，即供电电源按调制信号的规律变化。谐振功放欠电压状态的输出信号会随供电电源的规律变化，即随调制信号的规律变化，从而实现了基极调幅。基极调制特性曲线及波形如图7-17所示。

7.3.2 低电平调幅

现在多采用模拟乘法器来实现低电平调幅。

1. 常用模拟乘法芯片

采用集成模拟乘法器（analog multiplier），可实现调幅、检波、调频、鉴频、调相、鉴相、倍频和混频等，常采用的芯片有 MC1496/MC1596、MC1495/1595、MC1494/1594、MC1536/F1536、LM1496、FZ_4、XCC、F1595、F1496、BG314 等。

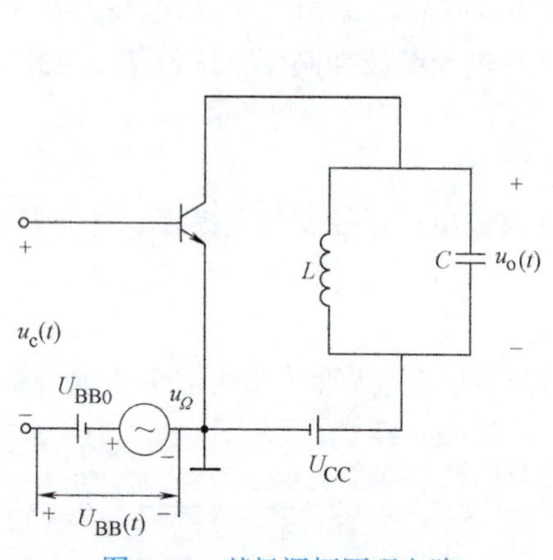

图7-16 基极调幅原理电路

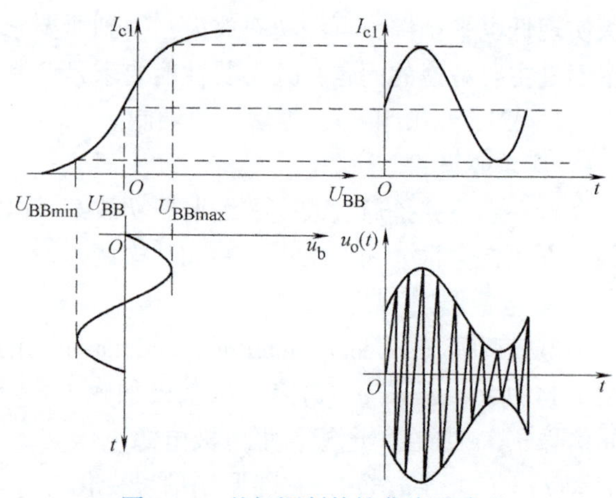

图7-17 基极调制特性曲线及波形

2. 模拟乘法器调幅电路

图7-18所示为用MC1596组成的调幅电路，调制信号 $u_{\Omega}(t)$ 由1脚输入，高频载波 $u_c(t)$ 由8脚输入，已调幅信号由6脚输出。8、10脚直流电位均为6V，为了获得合适的直流电压，以调节 M_{α} 的大小，在输入端1、4之间接入了两个750Ω电阻、一个50kΩ电位器（也称调零电路），2、3脚接负反馈电阻，输出端6、12脚外接带通滤波器。

用图7-18所示电路也可以产生双边带调幅信号，但为了控制输出载波分量的泄漏量，要进行平衡调节。为了减小流经电位器的电流，便于准确调零，可将两个750Ω电阻换成两个 10kΩ 的电阻。

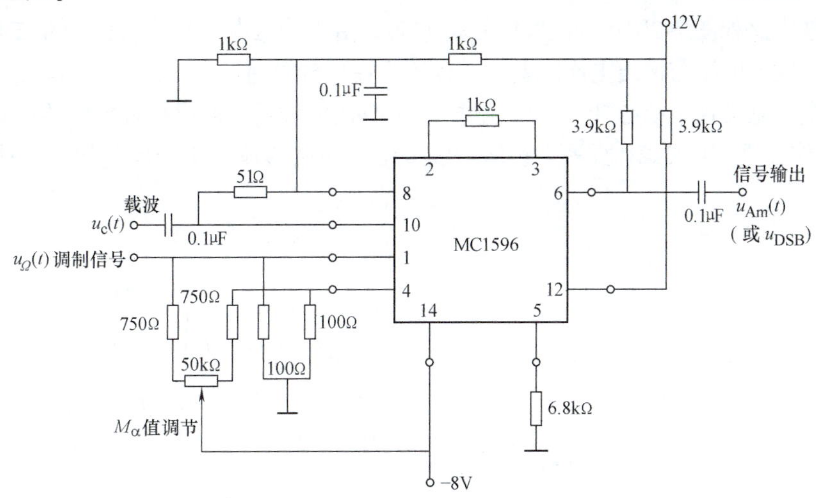

图 7-18　MC1596 组成的 AM 或 DSB 电路

7.4　调幅信号的解调原理

调幅信号的解调就是从调幅信号中取出低频调制信号，它是调幅的逆过程。调幅信号的解调称为检波，从频谱上看，检波就是将调幅信号中的边带信号不失真地从载波频率附近搬移到零频率附近，因此，检波属于频谱搬移电路。

振幅解调方法可分为包络检波和同步检波两大类。

7.4.1　包络检波

包络检波(envelope detection)是指解调器输出电压与输入已调波的包络成正比的检波方法。

1. 包络检波原理

由于普通调幅（AM）信号的包络与调制信号成正比，因此包络检波只适用于普通调幅信号，其原理框图、波形及频谱如图 7-19 所示。由非线性器件产生新的频率分量，用低通滤波器选出所需频率分量。

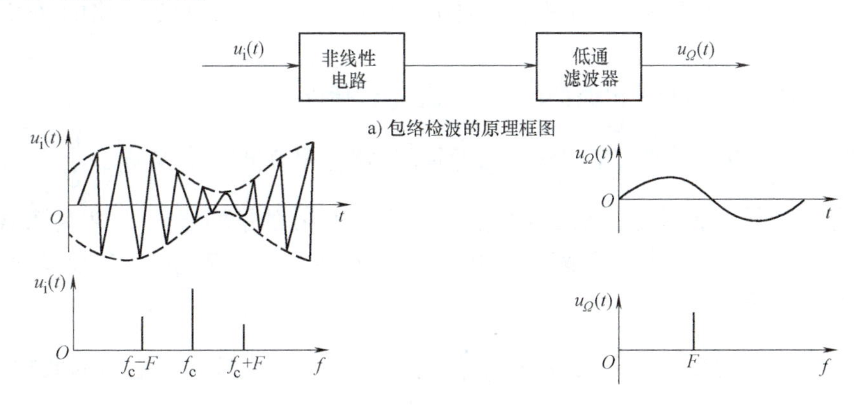

图 7-19　包络检波的原理框图、波形及频谱

2. 包络检波电路

包络检波电路如图7-20所示，大信号检波时，由于输入电压幅度大，加在二极管两端的电压实际上是输入电压与输出电压之差，二极管只在部分时间导通，其余时间截止，通过二极管后输出的电流是尖顶余弦脉冲，最后通过 RC 元件的滤波后，取出接近包络的信号输出。

（1）工作原理　图7-21所示为包络检波波形，包络检波的工作原理如下所述。

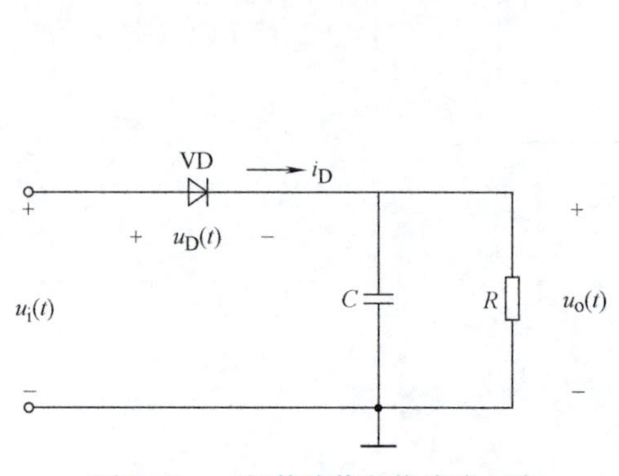

图7-20　二极管峰值包络检波电路

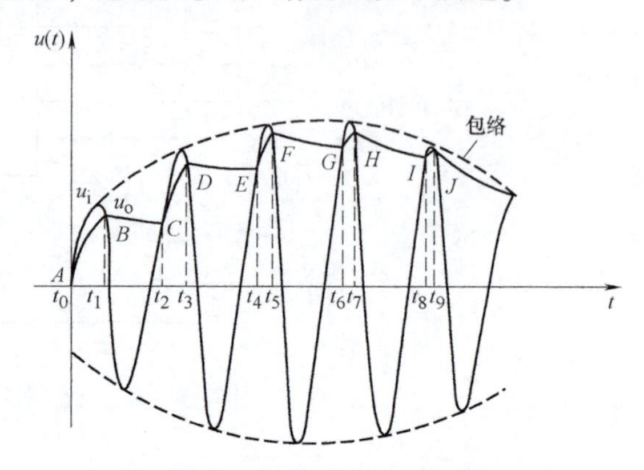

图7-21　二极管峰值包络检波波形

1）电容 C 的充电过程（$t_0\sim t_1$）：设 $t_0=0$，$u_o(t)=0$，当 $u_i(t)>0$时，二极管导通，电流 i_D 对电容 C 充电，充电时间常数为 r_DC。因为 r_D 很小，使得电容两端的电压上升很快。

2）二极管零偏截止（$t=t_1$）：考虑到检波器输出负载 RC 两端电压对二极管的反馈效应，此时加在二极管两端的电压为 $u_D(t)=u_i(t)-u_o(t)$。当 $u_o(t)$达到某一值时，即在 $u_i(t)=u_o(t)$的瞬间，二极管两端电压 $u_D(t)=0$，使二极管处于截止状态。

3）电容 C 的放电过程（$t_1\sim t_2$）：在 $u_D(t)=0$ 的瞬间，包络检波时 $u_o(t)$减小，放电时间常数为 RC。因为 $R>>r_D$，所以放电过程较慢。而在放电过程中，使 $u_D(t)<0$ 的时间内，二极管一直处于截止状态。

4）充放电的动态平衡：当 $u_i(t)<u_o(t)$时，上述放电过程一直持续。当 $u_i(t)>u_o(t)$时，二极管开始导通，$u_i(t)$又通过二极管向电容 C 充电，如此重复上述循环过程。但由于电容 C 的充电速度远大于放电速度，使得 $u_o(t)$在这种不断的充、放电过程中逐渐增大，直到电容 C 上的充电电荷量等于放电电荷量，充放电达到动态平衡。此时 $u_o(t)$接近包络的峰值，为峰值检波。

（2）性能指标　包络检波电路的性能指标主要包括以下4项。

1）电压传输系数（检波效率）η_d。对等幅高频载波检波时，定义 $\eta_d=\dfrac{U_{AV}}{U_{cm}}$，表示检波器将高频等幅电压转换成直流电压的能力。$U_{AV}$为输出信号的平均值，$U_{cm}$为高频载波振幅。经分析得知，$\eta_d=\cos\theta$，其中 θ 值取决于检波器的电路参数 g_D、R，g_d 为二极管的电导，而与输入电压的大小无关。

对单音调幅信号检波时，定义 $\eta_d=\dfrac{U_{\Omega m}}{M_\alpha U_{cm}}$，其中，$U_{\Omega m}$为检波器输出端低频电压的振幅，$U_{cm}$为输入高频电压振幅。$\eta_d=\cos\theta$，$\theta$ 值取决于检波器的电路参数 g_d、R。

经分析得知，$\eta_d=1$，这说明二极管大信号检波的非线性失真小。

2）输入电阻 R_i。

$$R_i=\frac{U_{cm}}{I_{1m}} \tag{7-6}$$

式中，I_{1m}是输入高频电流的基波分量振幅。经分析表明，对等幅高频振荡检波时，$R_i=\frac{R}{2}$；对单音调幅信号检波时，$R_i\approx\frac{R}{2}$。R_i的大小与检波器的输入电压无关。

3）惰性失真（inertia distortion）。如果检波器的 R、C 参数过大，使电容 C 的放电速度过慢，则可能在输入电压包络的下降段 $t_1\sim t_2$ 时间内，输出电压跟不上输入电压包络的变化，而是按电容 C 的放电规律变化，波形如图 7-22 所示，这种失真称为惰性失真。

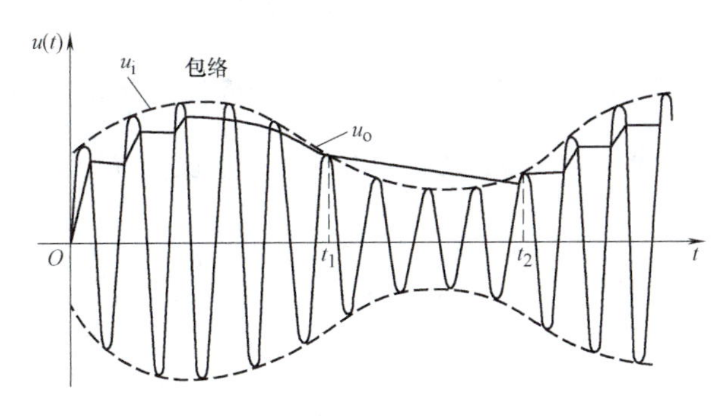

图 7-22　惰性失真波形

为避免产生惰性失真，必须在任何一个高频周期内输入信号包络下降最快的时刻，保证电容 C 通过 R 的放电速度大于包络下降速度。进一步分析表明，为保证在调制信号的最大频率时也不产生惰性失真，必须满足

$$RC\leqslant\frac{\sqrt{1-M_\alpha^2}}{M_\alpha\Omega_{max}} \tag{7-7}$$

上式表明，Ω_{max}、M_α的值越大，允许选取的 R、C 值越小。但从提高检波电压传输系数和高频滤波能力来考虑，R、C 又应尽可能大，它的最小值应满足下列条件：

$$RC\geqslant\frac{5-10}{\omega_c} \tag{7-8}$$

综合以上两个条件，RC 可供选用的数值范围由下式确定：

$$\frac{\sqrt{1-M_\alpha^2}}{M_\alpha\Omega_{max}}>RC>\frac{5-10}{\omega_c} \tag{7-9}$$

4）负峰切割失真。为把检波器的输出电压耦合到下级电路，需要有一个容量较大的电容 C_C 与下级电路相连，下级电路的输入电阻作为检波器的实际负载 R_L，电路如图 7-23a 所示。要求 C_C 的容抗远远小于 R_L，所以 C_C 较大，在音频的一个周期内，认为 C_C 两端直流电压近似不变，为载波振幅值 U_{im}。此电压在 R 上的压降为

$$U_R=\frac{R}{R_L+R}U_{im}$$

电阻 R 上的压降 U_R加在二极管的负极，所以 U_R对二极管而言是反向偏置，因而在输入

调幅波正半周的包络小于 U_R 的那段时间（t_1-t_2）内，二极管被截止，使检波电流（或电压）无法全部随调幅包络的规律变化而变化，电压被维持在 U_R 电平上，输出电压波形的底部被钳位，如图 7-23b、c 所示，出现了失真，这称为负峰切割失真（negative peak clipping distortion）。

负峰切割失真指耦合电容 C_C 通过电阻 R 放电，对二极管 VD 引入一附加偏置电压，导致二极管截止而引入的失真。

为了避免这种负峰切割失真，应满足下式：

$$U_{im}(1-M_\alpha)>\frac{R}{R_L+R}U_{im}$$

$$M_\alpha<\frac{R_L}{R_L+R}=\frac{R'}{R} \tag{7-10}$$

式中，$R'=\dfrac{R_LR}{R_L+R}$是检波器的低频交流负载；R 为直流负载。为防止产生负峰切割失真，检波器的交、直流负载之比应大于调幅波的调幅系数（调制度）M_α。

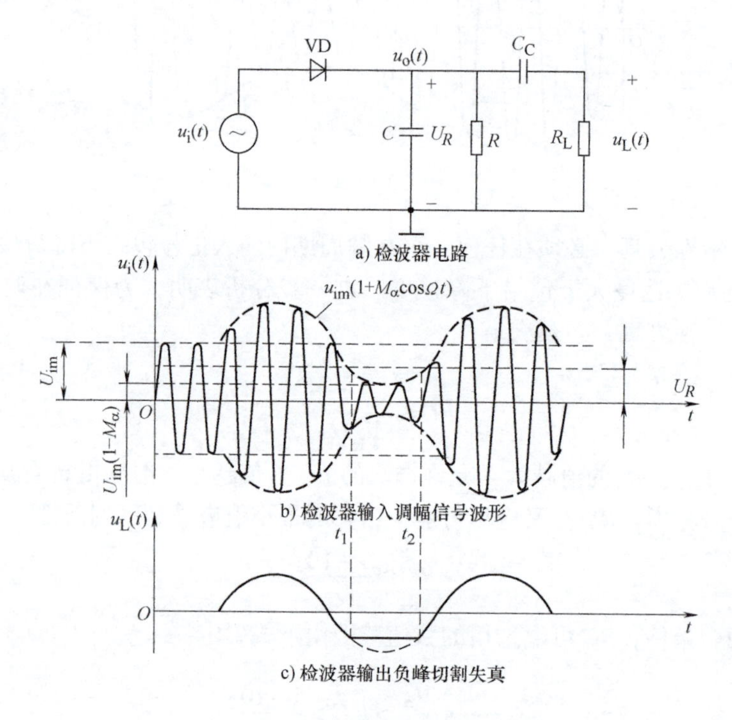

图 7-23　负峰切割失真

为了减小交、直流负载电阻的差别常用以下两种方法：

1）在检波器与下一级低放之间插入高输入阻抗的射极跟随器，以提高交流负载电阻。在电视接收机的视频检波器和视频放大器之间常采用此用法。

2）采用改进的电路，如图 7-24 所示，将检波器直流负载 R 分成 R_1 和 R_2 两部分。直流负载不变，交流负载比改进前增大，取 $R_1/R_2=0.1\sim0.2$，以免分压过大，使输出到后级的信号减小太多。

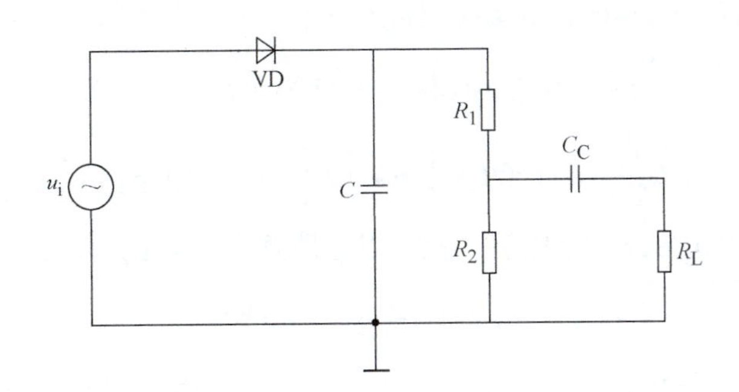

图 7-24 改进后的二极管峰值包络检波器

7.4.2 同步检波

1. 同步检波原理

DSB 和 SSB 信号的包络不同于调制信号，不能用包络检波，必须使用同步检波（synchronous detection）。图 7-25 所示为同步检波框图及频谱。为了正常地进行解调，插入载波应与调制端的载波电压完全同步，这就是同步检波名称的来由。同步检波电路对 AM、DSB、SSB、VSB 等信号的解调均适用。

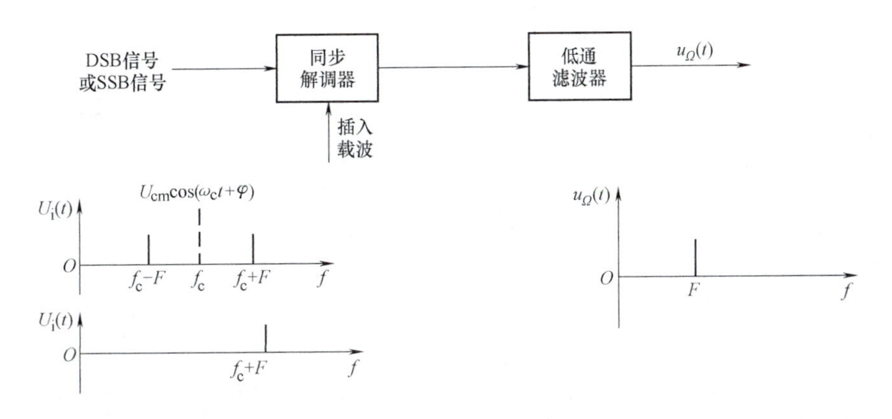

图 7-25 同步检波框图及频谱

同步检波又可分为乘积型（如图 7-26a 所示）和叠加型（如图 7-26b 所示）两类。

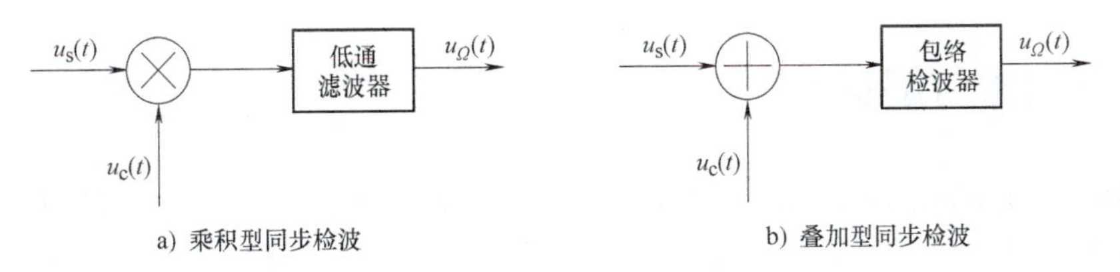

图 7-26 同步检波的分类

乘积型同步检波的数学分析如下：

设已调幅波为抑制载波的双边带信号，有 $u_s(t)=\cos\Omega t\cos\omega_c t$，本地振荡的信号为 $u_c(t)=\cos(\omega_c t+\varphi)$，式中 φ 表示本地信号与接收到的信号载波相位差。为了方便，取相乘器的相乘因子为 1，经过图 7-26a 中相乘器后的输出电压为

$$u_s(t)u_c(t) = \cos\Omega t\cos\omega_c t\cos(\omega_c t+\varphi)$$
$$=\frac{1}{2}\cos\Omega t\ [\cos(2\omega_c t+\varphi)+\cos\varphi]$$
$$=\frac{1}{2}\cos\varphi\cos\Omega t+\frac{1}{4}\cos[(2\omega_c t+\Omega)+\varphi]+\frac{1}{4}\cos[(2\omega_c-\Omega)t+\varphi]$$

低通滤波器滤除 $2\omega_c \pm \Omega$ 分量以后，就可以还原频率为 Ω 的调制信号，即

$$u_\Omega(t)=\frac{1}{2}\cos\varphi\cos\Omega t$$

由此可见，低频信号的幅度与 $\cos\varphi$ 成正比。当 $\varphi=0$ 时，解调后所得低频信号幅度最大。当 $\varphi=90°$时，输出信号为零。可见随着相移 φ 的加大，输出信号减弱。

以上分析说明，实现同步检波的关键是必须有一个频率、相位都与发射载波严格同步的本地振荡信号，产生这样的信号在技术上有一定难度，并使接收电路复杂了。因此，为使收音机电路简化，当前的调幅广播系统中仍然采用普通调幅方式。

2. 同步检波电路

图 7-27 所示是用 MC1596 组成的同步检波电路，AM 或 DSB 信号经耦合电容后从 Y 通道 1、4 脚输入，同步载波信号从 X 通道 8、10 脚输入。同步检波从 12 脚输出后经 π 形 *RC* 低通滤波器取出解调信号。此检波器在解调单边带调幅信号时，工作频率可高达 100MHz，载波信号电压和输入信号电压为 100 ~ 500mV。

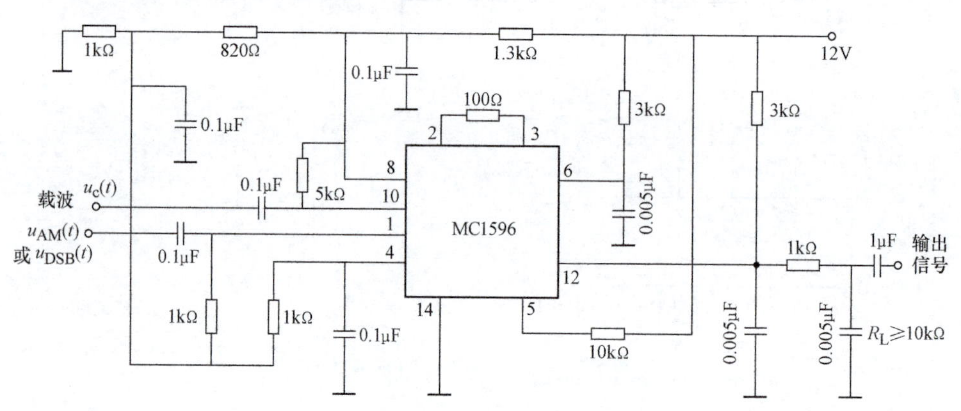

图 7-27 MC1596 组成的同步检波电路

7.5 正交调幅与解调

正交调幅（Quadrature Amplitude Modulation，QAM）是用两个频率相同、相位相差 90°的正弦波作为载波，分别对两路互相独立的调制信号（基带信号）进行幅度调制的调制方式。这种调制方式的已调波信号所占频带为两路调幅信号中的较宽者，而不是两路调幅信号频带之和，因而可以节省传输带宽。

通常互为正交的载波一为余弦信号 $\cos\omega_0 t$，另一为正弦信号 $\sin\omega_0 t$，两者是同频和正交的。对这种正交调幅信号的解调称为正交解调，即原为正弦载频的已调波，其参考信号仍用正弦波；原为余弦载频的已调波，其参考信号仍用余弦波。

正交调幅与解调技术已应用于模拟彩色电视系统中，两色差信号（红色差和蓝色差）就是正交平衡调幅后相加成色度信号的，其两载波（彩色副载频）的频率相同（我国标准为4.43MHz），相位差为90°。正交平衡调幅的色度信号在电视接收机中用正交解调器解调，恢复两色差信号（红色差和蓝色差）。

随着数字调制技术的发展，正交幅度调制与解调的应用已十分广泛。例如，在通信和数字电视系统中的多电平正交调幅 MQAM（如 16 电平正交调幅 16QAM、256 电平正交调幅 256QAM 等）即为应用实例。有关这方面的情况，可参考其他资料，这里只对正交调幅与解调做简单介绍。

7.5.1　正交调幅调制电路

正交幅度调制电路的组成框图如图 7-28 所示。图中 $a(t)$、$b(t)$ 为两路相互独立的调制信号（一般为基带信号）。载频振荡器输出信号 $\cos\omega_0 t$，经 90° 相移，形成与其正交的正弦信号 $\sin\omega_0 t$。经两个相乘器，可获得互为正交的平衡调幅波（不带载频的双边带调幅波），其中一路为同相信号 $I(t)$，另一为正交信号 $Q(t)$，二者的表达式分别为（设乘法器的乘法系数为 1）

$$I(t)=a(t)\cos\omega_0 t \tag{7-11}$$

$$Q(t)=b(t)\sin\omega_0 t \tag{7-12}$$

上述信号经相加后，可获得正交调幅信号，表达式为（设加法器的系数为 1）

$$X(t)=I(t)+Q(t)=a(t)\cos\omega_0 t+b(t)\sin\omega_0 t \tag{7-13}$$

由于 $I(t)$ 和 $Q(t)$ 均为平衡调幅波（不带载频的双边带调幅波），所以正交调幅信号 $X(t)$ 的频带宽度等于 $I(t)$ 或 $Q(t)$ 信号频带宽者的带宽，而不是两信号带宽之和。这样可压缩已调信号的带宽，增加信道容量。

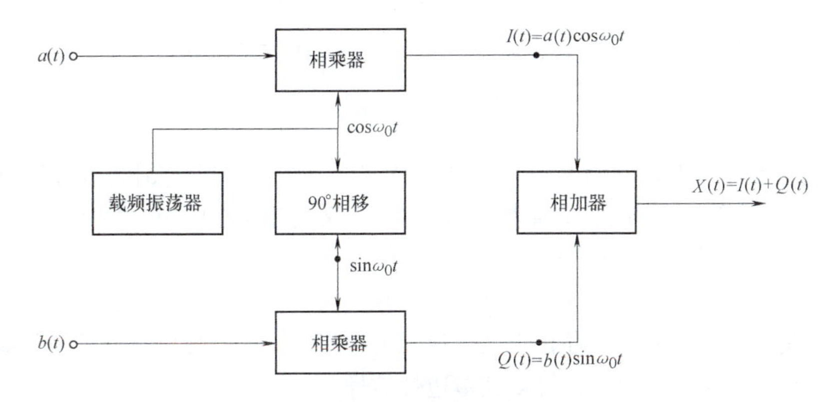

图 7-28　正交幅度调制电路的组成框图

7.5.2　正交调幅解调电路

正交调幅信号的解调是正交幅度调制的逆过程，可采用正交同步解调的方法来实现，它的原理框图如图 7-29 所示。

图中输入信号 $X(t)$ 为正交调幅信号，本机振荡器和 90° 相移电路产生与调制器载频同频正交的 $\cos\omega_0 t$ 和 $\sin\omega_0 t$ 信号，经相乘器（设相乘系数为 1）后，输出信号 u_A、u_B 分别为

$$u_A=X(t)\cos\omega_0 t=a(t)\cos^2\omega_0 t+b(t)\sin\omega_0 t\cos\omega_0 t$$

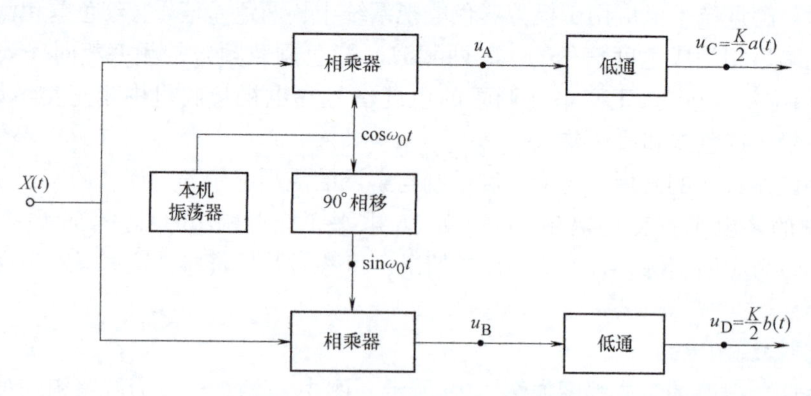

图 7-29 正交调幅信号解调框图

$$=\frac{1}{2}a(t)+\frac{1}{2}a(t)\cos2\omega_0 t+\frac{1}{2}b(t)\sin2\omega_0 t \tag{7-14}$$

$$u_B=X(t)\sin\omega_0 t=b(t)\sin^2\omega_0 t+a(t)\cos\omega_0 t\sin\omega_0 t$$

$$=\frac{1}{2}b(t)-\frac{1}{2}a(t)\cos2\omega_0 t+\frac{1}{2}a(t)\sin2\omega_0 t \tag{7-15}$$

经低通滤波（设低通的传输系数为K）后，取出上式中的低频分量$\frac{1}{2}a(t)$和$\frac{1}{2}b(t)$，解调输出为

$$u_C=\frac{K}{2}a(t) \tag{7-16}$$

$$u_D=\frac{K}{2}b(t) \tag{7-17}$$

即获得原调制信号$a(t)$和$b(t)$，由此完成正交调幅信号的解调。

本章小结

1. 振幅调制是用低频调制信号去控制高频载波的振幅，使其随调制信号波形的变化而呈线性变化。振幅调制可分为普通调幅（AM）、双边带调幅（DSBAM）、单边带调幅（SSBAM）与残留边带调幅（VSBAM）等几种方式。

2. 普通调幅波的包络反映了调制信号变化的规律，其频谱包含载波和上、下边带。由于载波不含调制信号，调制信号存在于上边带或下边带中，因此可以抑制载波得到双边带调制，双边带信号再抑制一个边带，可得到单边带信号。

3. 调幅的实现方法分高电平调幅和低电平调幅两大类，高电平调幅是在功率放大器上进行，低电平调幅由模拟乘法芯片实现。

4. 检波器有同步检波和包络检波两大类。同步检波器可用于各种调幅信号的检波，但需要与输入载波同频同相的同步信号，故电路复杂，常用于要求较高的通信设备中。大信号包络检波器性能好、电路简单，故在普通调幅波的检波中得到了广泛应用。但它存在惰性失真和负峰切割失真，必须正确选择电路元器件以避免这两种失真。

5. 正交调幅（QAM）是用两个频率相同、相位相差90°的正弦波作为载波，分别对两路互相独立的调制信号（基带信号）进行幅度调制的调制方式。这种调制方式的已调波信号所占频带为两路调幅信号中的较宽者，而不是两路调幅信号频带之和，因而可以节省传输带宽。

习题与思考题

7.1　画出下列已调波的波形和频谱图（设 $\omega_c = 5\Omega$）。

（1）$u(t) = (1 + \sin\Omega t)\sin\omega_c t$。

（2）$u(t) = 2\cos\Omega t\sin\omega_c t$。

（3）$u(t) = (1 + 0.5\cos\Omega t)\sin\omega_c t$。

（4）$u(t) = (3 + 2\sin\Omega t)\sin\omega_c t$。

7.2　已知某调幅波的最大振幅为10V，最小振幅为6V，求其调幅系数 M_α。

7.3　若单频调幅波的最大载波功率 $P_c = 1000\text{W}$，调幅系数 $M_\alpha = 0.3$。求：①边频功率。②总功率。③最大瞬时功率 P_{max}。

7.4　某调幅发射机未调制时发射功率为9kW，当载波被正弦波调幅时，发射功率为10.125kW，求调幅系数 M_α。如果同时又用另一正弦信号对它进行40%的调幅，求此时的发射功率。

7.5　某调幅广播电台的载频为1300kHz，音频调制信号频率为100Hz ~ 4kHz，求其频率分布范围和带宽。

7.6　某非线性器件的伏安特性为 $i = a_1 u + a_3 u^3$，试问它能否实现调幅？为什么？如不能，则非线性器件的伏安特性应具有什么形式才能实现调幅？

7.7　用乘法器实现同步检波时，若本机载波信号与原载波信号同频不同相（相差 ϕ），则对解调输出有何影响？请用关系式分析。

7.8　什么是振幅调制？振幅调制有几种方式？

7.9　高电平调幅和低电平调幅各有什么特点？如何实现？

7.10　什么是包络检波？如何实现？

7.11　什么是同步检波？同步检波有何特点？如何实现？

7.12　什么是双边带调幅？如何实现？

7.13　什么是单边带调幅？如何实现？

7.14　什么是残留边带调幅？它有何用途？如何实现？

7.15　什么是正交调幅？如何实现？如何解调？

7.16　大信号包络检波器是利用二极管（　　　　　）和 RC 网络（　　　　　）的滤波特性工作的。

7.17　从调幅波中取出原调制信号的过程叫（　　　　　）。

7.18　振幅调制可分为（　　　　　）、（　　　　　）、（　　　　　）和（　　　　　）等几种方式。

7.19　单边带调幅信号的优点为（　　　　　）、（　　　　　）和（　　　　　）。

7.20　检波器有（　　　　　）和（　　　　　）两大类。

7.21　对调幅信号的解调称为（　　）。

A. 检波　　B. 鉴频　　C. 鉴相　　D. 包络

7.22　下列哪项不是发射机的性能指标？（　　）

A. 输出功率　　B. 总功率　　C. 频率稳定度和准确度　　D. 保真度

7.23　在调幅制发射机的频谱中，功率消耗最大的是（　　）。

A. 载波　　B. 上边带　　C. 下边带　　D. 都不是

7.24　晶体管检波与二极管检波的区别在于（　　）。

A. 二极管检波无失真，晶体管检波有失真

B. 二极管检波有增益，晶体管检波无增益

C. 二极管检波无增益，晶体管检波有增益

D. 二极管检波电路复杂，晶体管检波电路简单

7.25　调制的本质是（　　）搬移的过程。

A. 振幅　　B. 频谱　　C. 相位　　D. 脉冲宽度

7.26　单边带调幅的实现方法有滤波法和相移法。（　　）

7.27　在调幅波中，载频和边频都包含有用信息。（　　）

7.28　调制信号和载波信号线性叠加就能得到调幅波。（　　）

7.29　同步检波可以用来解调任何类型的调幅波。（　　）

7.30　大信号检波主要有负峰切割失真和惰性失真。（　　）

第8章　角度调制与解调

8.1　概述

高频载波信号的瞬时频率或瞬时相位与调制信号成比例地变化，得到一个幅度不变的已调制信号，称为角度调制（angle modulation）。若载波的角频率 ω_c 随调制信号的大小变化而变化，则称为频率调制，简称调频（Frequency Modulation，FM）；若载波的相位 $\varphi(t)$ 随调制信号的大小变化而变化，则称为相位调制，简称调相（Phase Modulation，PM）。

图 8-1 给出了用单音调制信号 $u_\Omega(t)$ 对载波 $u_c(t)$ 调制时的调幅波、调频波和调相波的波形图。调频波和调相波的振幅都不随频率变化而变化，它们都是等幅波，它们的振幅不再携带调制信号的信息。

调频波用瞬时频率的变化来记载信息，当 $u_\Omega(t)$ 为最大值时，调频波的瞬时频率最高；当 $u_\Omega(t)$ 为最小值时，调频波的瞬时频率最低；当 $u_\Omega(t)$ 按余弦规律变化时，调频波的瞬时频率在载波频率的基础上做相应的变化，瞬时频率的变化引起瞬时相位的变化。

调相波把信息记载于相位变化之中，调相波的瞬时相位是随 $u_\Omega(t)$ 做相应变化的。瞬时相位的变化伴随着瞬时频率的变化，所以调相波的瞬时频率也是变化的，它的瞬时频率的变化规律是不同于调频波的（两者相差 90°）。

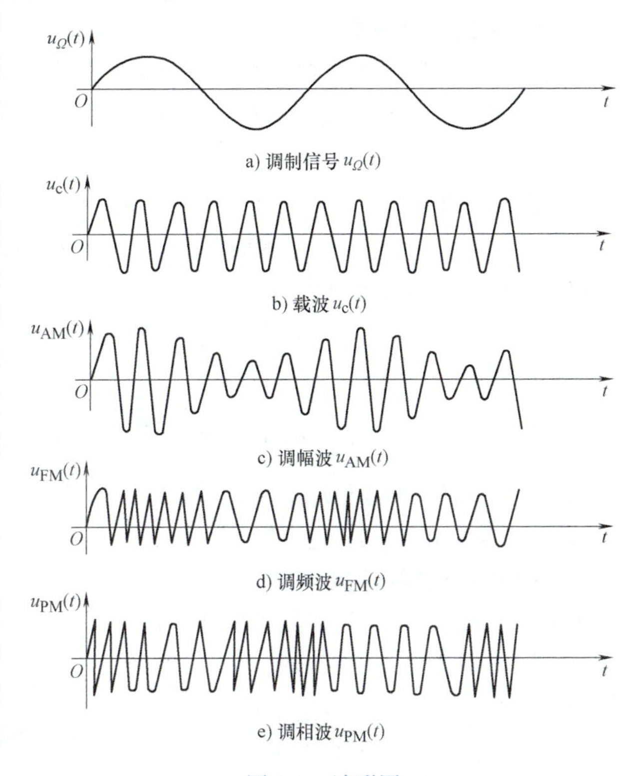

图 8-1　波形图

在通信系统中，振幅调制（AM、DSB、SSB 等）属于线性调制。角度调制及解调电路不同于频谱搬移电路。它们是用低频信号去调制高频振荡信号的相角，或是从已调角波中解出调制信号所进行的频谱变换，这种变换不是线性变换，而是非线性变换。因此，角度调制属于非线性调制，它们的信号频谱不是原调制信号频谱在频率轴上的线性平移，带宽要比原调制信号的带宽大。这从信道传输频带的利用率上来讲是不经济的。但在同样的发射功率下，非线性调制把调制信息记载于较宽的已调制信号频带内的各边频分量之中，因而更有能力去克服信道中噪声和干扰的影响。这使得非线性调制具有良好的抗噪声性能，而且传输带宽越大，抗噪声性能越好。采用增加已调波信号带宽的办法（实际上是增加信号调制指数），来换取接收端输出信噪比的提高。所以调频广泛应用于广播电视、移动式无线电通信和遥测等方面，而调相则应用于数字通信系统中的移相键控。

8.2　角度调制与解调原理

8.2.1　调频和调相的瞬时频率、瞬时相位、波形及表达式

1. 调频波的瞬时频率

根据调频的定义，调频信号的角频率 $\omega(t)$是在 ω_c 的基础上叠加了随调制信号 $u_\Omega(t)$变化而变化的量，即调频信号的瞬时角频率 $\omega(t)$为

$$\omega(t)=\omega_c+k_f u_\Omega(t)=\omega_c+\Delta\omega(t)$$

式中，k_f为比例常数。

2. 调相波的瞬时相位及波形

根据调相的定义，调相波的高频正弦载波的角频率 ω_c不变（幅度也不变），初始相位 $\varphi(t)$在 φ_0的基础上叠加了随调制信号变化而变化的量，即

$$\varphi(t)=\varphi_0+k_p u_\Omega(t)$$

式中，k_p为比例常数。由此可写出调相波的瞬时总相位（总相角）$\Phi_{PM}(t)$为

$$\Phi_{PM}(t)=\omega_c t+k_p u_\Omega(t)+\varphi_0$$

设 $\varphi_0=0$，$\Phi_{PM}(t)$可简化为

$$\Phi_{PM}(t)=\omega_c t+k_p u_\Omega(t)=\omega_c t+\Delta\varphi(t)$$

调相波的瞬时角频率 $\omega_{PM}(t)$为

$$\omega_{PM}(t)=\frac{\mathrm{d}\phi_{PM}(t)}{\mathrm{d}t}=\omega_c+k_p\frac{\mathrm{d}u_\Omega(t)}{\mathrm{d}t}$$

图 8-2 所示为调制信号 $u_\Omega(t)$、调相变化量 $\Delta\varphi(t)$ 与调相波 $u_{PM}(t)$ 的波形图。

3. 调频波与调相波的数学表达式

因为调频或调相的结果都是使瞬时总相位随时间变化而变化，可将幅度不变的调角波写为

$$u_c(t)=U_{cm}\cos\phi(t)$$

（1）调相波的数学表达式　将 $\phi_{PM}(t)=\omega_c t+k_p u_\Omega(t)$代入上式得调相波的数学表达式为

$$u_{PM}(t)=U_{cm}\cos[\omega_c t+k_p u_\Omega(t)]\qquad(8\text{-}1)$$

（2）调频波的数学表达式　将 $\omega(t)=\omega_c+k_f u_\Omega(t)$代入 $\phi(t)=\int_0^t\omega(t)\mathrm{d}t+\phi_0$ 中，可得到调频波的瞬时相位为

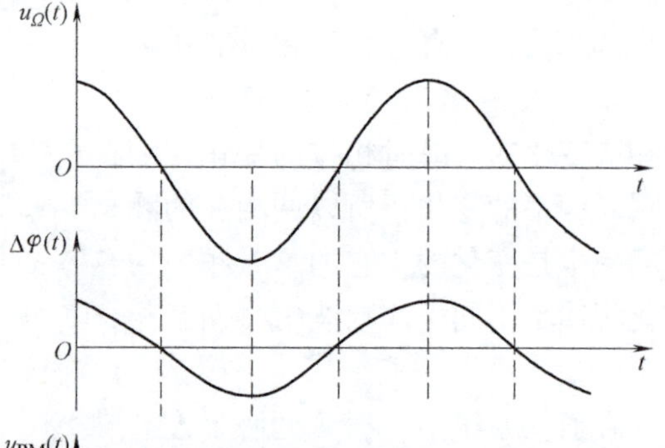

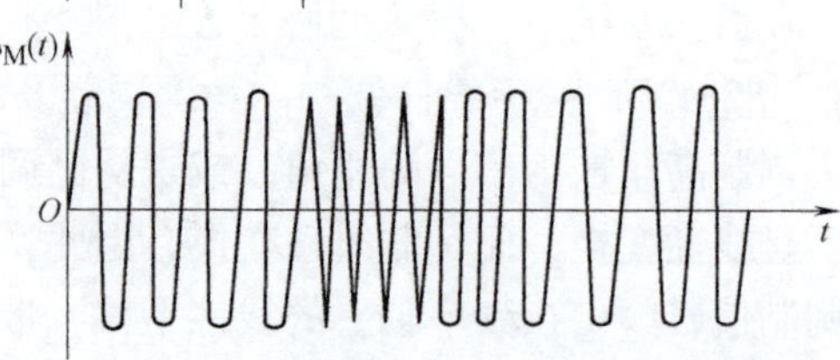

图 8-2　调制信号 $u_\Omega(t)$、调相变化量 $\Delta\varphi(t)$ 与调相波 $u_{PM}(t)$ 的波形图

$$\phi(t)=\int_0^t[\omega_c+k_f u_\Omega(t)]dt+\phi_0$$

如果设 $\phi_0=0$，则 $\phi(t)=\int_0^t[\omega_c+k_f u_\Omega(t)]dt=\omega_c t+k_f\int_0^t u_\Omega(t)dt$。

将上式代入 $u(t)=U_{cm}\cos\phi(t)$，可得调频波的数学表达式为

$$u_{FM}(t)=U_{cm}\cos\left[\omega_c t+k_f\int_0^t u_\Omega(t)dt\right] \tag{8-2}$$

式(8-1)和式(8-2)说明，不论是频率调制还是相位调制，都会使瞬时频率和瞬时相位发生变化，只是总相位 $\phi(t)$随调制信号变化的规律不同。

8.2.2　单音信号调制的调角波

设调制信号是单音余弦信号，即

$$u_\Omega(t)=U_{\Omega m}\cos\Omega t$$

高频载波为

$$u_c(t)=U_{cm}\cos\phi(t)$$

1. 单音调制的调相波与调频波表达式

由式(8-1)得，调相波表达式为

$$u_{PM}(t)=U_{cm}\cos(\omega_c t+k_p U_{\Omega m}\cos\Omega t) \tag{8-3}$$

式中，k_p 是调相灵敏度，单位为 rad/V。

由式(8-2)得，调频波表达式为

$$u_{FM}(t)=U_{cm}\cos\left(\omega_c t+k_f U_{\Omega m}\int_0^t\cos\Omega t dt\right)=U_{cm}\cos\left(\omega_c t+\frac{k_f U_{\Omega m}}{\Omega}\sin\Omega t\right) \tag{8-4}$$

$$\omega(t)=\omega_c+k_f u_\Omega(t)=\omega_c+k_f U_{\Omega m}\cos\Omega t=\omega_c+\Delta\omega\cos\Omega t$$

$$\Delta\omega=k_f U_{\Omega m}$$

$$k_f=\frac{\Delta\omega}{U_{\Omega m}} \tag{8-5}$$

式中，k_f称调频灵敏度，单位为 rad/(s·V)。

2. 描述单音调角波的主要参数

(1) 最大频偏 $\Delta\omega_m$　单音调频时，由式(8-5)可以看到，$k_f U_{\Omega m}$表示瞬时角频率$\omega(t)$偏移 ω_c的幅度，称为最大频偏（简称为频偏），用 $\Delta\omega_m$表示，即

$$\Delta\omega_m=k_f U_{\Omega m}$$

上式表明，调频波的频偏 $\Delta\omega_m$仅与调制信号幅值 $U_{\Omega m}$成正比。

单音调相时
$$u_{PM}(t)=U_{cm}\cos(\omega_c t+k_p U_{\Omega m}\cos\Omega t)$$

$$\omega(t)=\frac{d\varphi}{dt}=\omega_c+k_p U_{\Omega m}\Omega\sin\Omega t$$

此时的 $\Delta\omega_m$为

$$\Delta\omega_m=k_p U_{\Omega m}\Omega$$

上式表明 $\Delta\omega_m$不仅与调制信号的幅值 $U_{\Omega m}$成正比，也与其角频率 Ω 成正比。

(2) 调频指数 M_f和调相指数 M_p　单音调频时，$u_\Omega(t)=U_{\Omega m}\cos\Omega t$，可将式(8-4)写为

$$u_{FM}(t)=U_{cm}\cos(\omega_c t+M_f\sin\Omega t)$$

式中，$M_f=\frac{k_f U_{\Omega m}}{\Omega}=\frac{\Delta\omega_m}{\Omega}=\frac{\Delta f}{F}$称为调频指数，表示调频波中相位偏移的大小；$M_f\sin\Omega t$ 则表

示在某一时刻 t 时所附加的相位值。M_f的值可以大于1，也可以小于1。

单音调相时，也可以将式(8-3) 写成

$$u_{PM}(t) = U_{cm}\cos(\omega_c t + M_p \cos\Omega t)$$

式中，$M_p = k_p U_{\Omega m}$称为调相指数，表示调相波中相位偏移的大小。

例 8.1 有一调角波，其数学表达式为 $u(t) = 10(\sin 10^9 t + 3\cos 10^3 t)$V，问 $u(t)$ 是调频波还是调相波？其载波频率和调制信号频率各是多少？

解：只从 $u(t)$中的 $\Delta\phi(t) = 3\cos 10^3 t$rad 看不出 $u(t)$是与调制信号 $u_\Omega(t)$成正比，还是与 $u_\Omega(t)$的积分成正比，因此不能确定 $u(t)$是调频波还是调相波。如果调制信号 $u_\Omega(t) = \cos 10^3 t$V，$\Delta\phi(t) = 3\cos 10^3 t\text{rad} = 3u_\Omega(t)$，与 $u_\Omega(t)$成正比，则 $u(t)$为调相波；如果 $u_\Omega(t) = \sin 10^3 t$V，$\Delta\phi(t) = 3\cos 10^3 t\text{rad} = 3\times 10^3 \int_0^t \sin 10^3 t \mathrm{d}t\text{rad}$，即 $\Delta\phi(t)$与 $u_\Omega(t)$的积分成正比，则 $u(t)$ 为调频波。由此可见，判断一调角波是调频还是调相，必须依照定义与调制信号对比。此例中的载频 $f_c = \frac{10^9}{2\pi}$Hz，调制信号的频率 $F = \frac{10^3}{2\pi}$Hz。

例 8.2 设载波频率为12MHz，载波振幅为5V，调制信号 $u_\Omega(t) = 1.5\cos 6280t$V，调频灵敏度为25kHz/V。试求：①调频波表达式。②调制角频率、调频波中心角频率。③最大频偏。④调频指数。⑤最大相位偏移。⑥调制信号频率减半时的最大频偏和相偏。⑦调制信号振幅加倍时的最大频偏和相偏。

解：① 因为调制信号为正弦波，所以调频波的表达式为

$$u_{FM}(t) = U_{cm}\cos\left(\omega_c t + \frac{k_f U_{\Omega m}}{\Omega}\sin\Omega t\right)$$

将各已知条件代入上式得

$$u_{FM}(t) = 5\cos\left(2\pi\times 12\times 10^6 t + \frac{2\pi\times 25\times 10^3\times 1.5}{6280}\sin 6280t\right)\text{V}$$
$$= 5\cos(24\pi\times 10^6 t + 37.5\sin 6280t)\text{V}$$

② 调制角频率为 $\Omega = 6280\text{rad/s} = 2\pi\times 10^3\text{rad/s}$

调频波中心角频率为 $\omega_c = 2\pi\times 12\times 10^6\text{rad/s}$

③ 最大频偏为 $\Delta\omega = k_f U_{\Omega m} = 2\pi\times 25\times 10^3\times 1.5\text{rad/s} = 2\pi\times 37.5\times 10^3\text{rad/s}$

④ 调频指数为37.5。

⑤ 最大相位偏移为37.5rad。

⑥ 调制信号频率减半时的最大频偏和相偏：

$\Delta\omega = k_f U_{\Omega m} = 2\pi\times 25\times 10^3\times 1.5\text{rad/s} = 2\pi\times 37.5\times 10^3\text{rad/s}$，不变。

$\Delta\varphi = \Delta\omega/\Omega$，故相偏加倍为75rad。

⑦ 调制信号振幅加倍时的最大频偏和相偏：

$\Delta\omega = k_f U_{\Omega m} = 2\times 2\pi\times 37.5\times 10^3\text{rad/s}$，加倍。

$\Delta\varphi = \Delta\omega/\Omega$，相偏也加倍为75rad。

例 8.3 一调角波受单音正弦信号 $U_{\Omega m}\sin\Omega t$ 调制，其瞬时频率为 $f(t) = [10^6 + 10^4\cos(2\pi\times 10^3 t)]$Hz，已知调角波的幅度为10V。求：①此调角波是调频波还是调相波？写出其

数学表达式。②此调角波的频偏和调制指数。

解：① 瞬时角频率 $\omega(t)=2\pi[10^6+10^4\cos(2\pi\times10^3t)]$ rad/s 与调制信号 $U_{\Omega m}\sin\Omega t$ 形式不同，可判断出此调角波不是调频波。又因为其瞬时相位为

$$\phi(t)=\int_0^t\omega(t)\mathrm{d}t=\int_0^t 2\pi[10^6+10^4\cos(2\pi\times10^3t)]\mathrm{d}t\mathrm{rad}=[2\pi\times10^6t+10\sin(2\pi\times10^3t)]\mathrm{rad}$$

则 $\phi(t)$与调制信号 $u_{\Omega m}\sin\Omega t$ 的函数形式一样（即成正比），而 $\omega(t)$与其是微分关系，所以可以确定此调角波是调相波，且知载频为 10^6 Hz，调制频率为 10^3 Hz。调相波的数学表达式为

$$\begin{aligned}u_{PM}(t)&=U_{cm}\cos\phi(t)\\&=10\cos[2\pi\times10^6t+10\sin(2\pi\times10^3t)]\mathrm{V}\end{aligned}$$

② 对于调相波，频偏为

$$\Delta\omega_m=k_pU_{\Omega m}\Omega=10\times2\pi\times10^3\mathrm{rad/s}=2\pi\times10^4\mathrm{rad/s}$$

调相指数为

$$M_p=k_pU_{\Omega m}=10$$

3. 调角信号的频谱与带宽

（1）调角信号的频谱　单音频调制时，由于调频波的频谱不是调制信号的线性搬移，而是非线性变换，通过分析得出，在单一频率信号调制下，调角信号频谱具有以下特点：

调角信号（FM/PM）的频谱是由无穷多个频率分量组成的。它包括载频分量 ω_c和分布在载频 ω_c两侧且与载频 ω_c相距 $\pm n\Omega$ 的无穷多对边频分量（$\omega_c\pm n\Omega$）。图 8-3 为调角信号的频谱图。

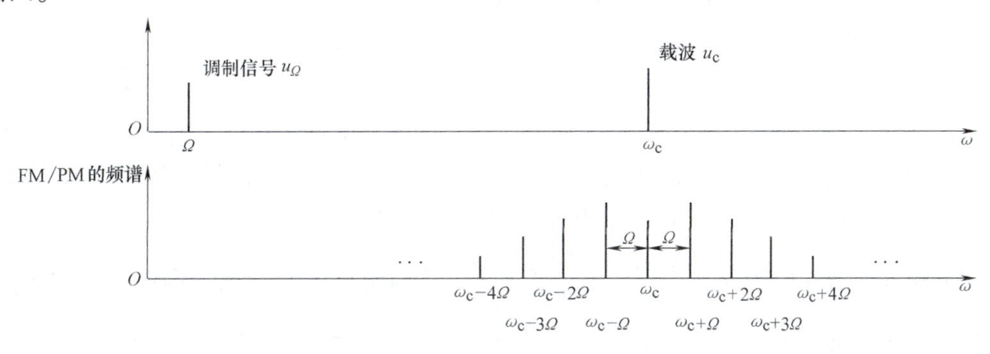

图 8-3　调角信号的频谱图

调角信号（FM/PM）载频分量 ω_c的幅度大小不再是固定不变的，数值可以通过贝塞尔函数计算得到。

FM/PM 信号的（平均）功率与未调载波的（平均）功率是一样的，这表示载频 ω_c分量的功率将趋于减小。由于调角波携带的总功率是不变的，这说明减小了的载频分量的功率将被重新分配到各次边频分量上去。

（2）调角信号的带宽　调角信号的频谱包含有无穷多个频率分量，从理论上讲 FM/PM 信号的频带宽度应该是无限宽的。但实际上，FM/PM 波中高次边频分量的幅度可以小到忽略不计，如果忽略其高次边频分量，就不会因此带来明显的信号失真，所以也可以把 FM/PM 信号近似地认为是具有有限带宽的信号。当然，这个有限带宽是与调制指数密切相关的。

以 FM 信号为例，在决定 FM 信号的带宽时，究竟需要多高次数的边频分量，这取决于实际应用中对解调后的信号允许失真的程度。工程上有以下两种不同的准则：

在要求严格的场合，一种比较精确的准则是 FM 信号的带宽应包括幅度大于未调载频振幅 1% 以上的边频分量。

如果在满足上述条件下的最高边频的次数为 n_{max}，则 FM 信号的带宽 $BW_{FM}=2n_{max}\Omega$ 或 $BW_{FM}=2n_{max}F$，其中 $F=\Omega/2\pi$。

一般只有当边频的振幅不小于未调制载波振幅的 1% 时，才认为边频是明显的，当调制指数增大时，具有明显振幅的边频数目会增多。因此，调角波的带宽是调制指数的函数。在工程上，为了便于计算不同 M_f 时的 BW_{FM}，可以采用下面的近似公式：

$$BW_{FM}=2(M_f+\sqrt{M_f}+1)F \tag{8-6}$$

另一种在调频广播、移动通信和电视伴音信号的传输中常用的工程准则（Carson 准则）为：凡是振幅小于未调载波振幅的 10%～15% 的边频分量均可以忽略不计，即可得此时的 FM 信号带宽为

$$BW_{FM}=2(M_f+1)F \tag{8-7}$$

在上述条件下，工程准则（Carson 准则）定义的带宽大约能集中 FM 波总功率的 98%～99%，所以解调后信号的失真还是可以满足信号传输质量的要求。

单一频率信号调制下 FM 波的带宽常区分为：$M_f<1$，称为窄带调频；$M_f>1$，称为宽带调频。实际中的调制信号都具有有限频带，即调制信号占有一定的频率范围 $F_{min}\sim F_{max}$，因此实际 FM 波的带宽为

$$\begin{cases} BW_{FM}=2F_{max} & (M_f<1) \\ BW_{FM}=2(M_f+1)F_{max} & (M_f>1) \end{cases} \tag{8-8}$$

式(8-8) 不仅可用于 FM 波，而且可用于 PM 波。对 PM 波而言，由于 $M_p=k_pU_{\Omega m}$，当 M_p（即 $U_{\Omega m}$）一定时，BW_{PM} 应考虑的边频对数不变。随着调制频率 Ω 的升高，各边频分量的间隔 Ω 增大，因而 BW_{PM} 将随着 Ω 的增大而明显变宽。可见调相信号的带宽 BW_{PM} 是随着调制频率的升高而相应增大的，Ω 越高，BW_{PM} 就越大。如果按最高调制频率来设计带宽，那么，当调制频率较低时，带宽的利用就不充分，这是调相制的一个缺点。

对调频波而言，由于 $M_f=\dfrac{k_fU_{\Omega m}}{\Omega}=\dfrac{\Delta\omega_m}{\Omega}=\dfrac{\Delta f}{F}$，若调制频率 Ω 升高，则调制指数 M_f 随 Ω 的升高而减小，这使 BW_{FM} 应考虑的边频对数减小。尽管随着 Ω 的升高，各边频分量的间隔 Ω 增大了，但因为要考虑的边频对数减少了，结果 BW_{FM} 变化很小，只是略有增大。在调频制中，即使调制频率成百倍地变化，调频波信号的带宽变化也很小。因此，有时也把调频制称为恒定带宽调制。

4. 实现调频、调相的方法

无论是调频还是调相，都会使瞬时频率和瞬时相位发生变化，说明调频和调相可以互相转化。图 8-4 和图 8-5 给出了实现调频的电路原理框图。

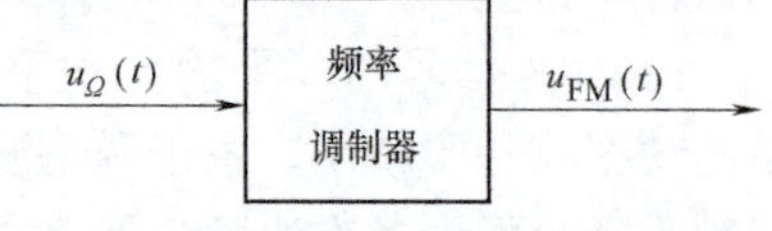

图 8-4 直接调频法

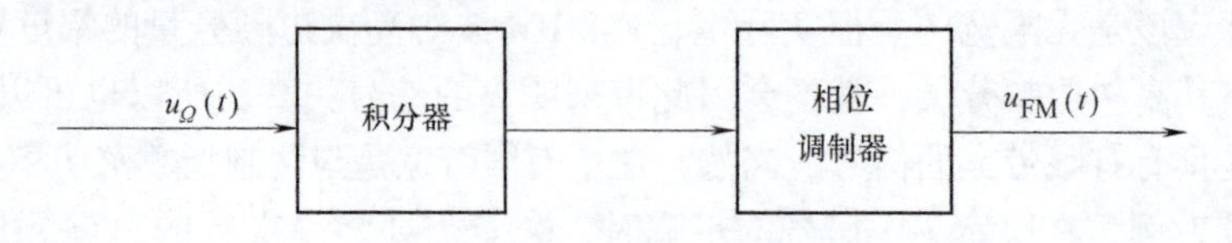

图 8-5 间接调频法

图 8-4 所示是用调制信号直接对载波进行频率调制，得到调频波。图 8-5 所示是先对调制信号 $u_\Omega(t)$积分，得到$\int u_\Omega \mathrm{d}t$，再由这一积分信号对载波进行相位调制，所得已调信号相对 $u_\Omega(t)$而言是调频波。

同样道理，也可以给出实现调相波的原理框图，如图 8-6 和图 8-7 所示。

图 8-6 所示直接调相法是直接由调制信号 $u_\Omega(t)$对载波的相位进行调制，产生调相波。图 8-7 所示间接调相法则是先将调制信号微分，得到 $\frac{\mathrm{d}u_\Omega(t)}{\mathrm{d}t}$，再由此微分信号对载波进行频率调制，所得已调波相对 $u_\Omega(t)$而言是调相波。

图 8-6 直接调相法

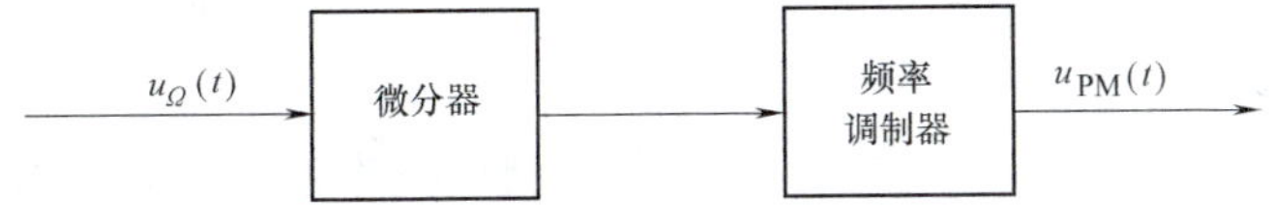

图 8-7 间接调相法

例 8.4 图 8-8 所示为间接调频的系统框图，它由积分电路和调相电路组成，设调制频率为 50Hz，调相系数是 0.5，试分析倍频器的作用，并分析该框图是如何实现频偏为 75kHz，且载波频率在给定的波段 88～108MHz 之内的。

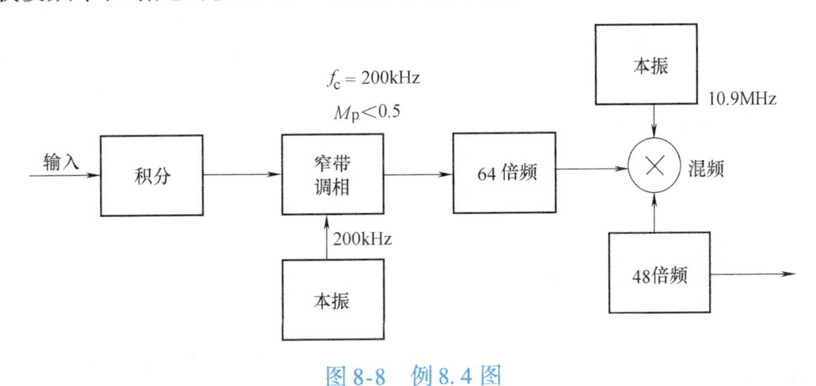

图 8-8 例 8.4 图

解： 频偏 $\Delta f = 0.5 \times 50\text{Hz} = 25\text{Hz}$，这显然太小，故一般都需再倍频，以获得足够的频偏。

为了获得频偏 75kHz，则系统的调频系数应该是

$$M_f = \frac{\Delta f}{F_{\min}} = \frac{75 \times 10^3}{50} = 1500$$

为了得到所需要的频偏，在窄带调频电路之后，加入倍频电路。倍频值为 1500/0.5 = 3000。若载频也同样倍乘，则系统输出的载频将高达 $200 \times 10^3 \times 3000\text{Hz} = 600\text{MHz}$，此频率过高。为了把载波频率降至给定波段内，可通过混频实现载波频率的降低。混频只改变载波频率，并不改变频偏。分析过程如下：

64 倍频后的信号为

$$f_c = 200 \times 64\text{kHz} = 12800\text{kHz} = 12.8\text{MHz}$$

$$M_f = 0.5 \times 64 = 32$$

$$\Delta f = 25 \times 64\text{Hz} = 1600\text{Hz}$$

混频后的信号为

$$f_c=(12.8-10.9)\text{MHz}=1.9\text{MHz}$$
$$M_f=0.5\times64=32$$
$$\Delta f=25\times64\text{Hz}=1600\text{Hz}$$

48 倍频后的信号为

$$f_c=1.9\times48\text{MHz}=91.2\text{MHz}$$
$$M_f=32\times48=1536$$
$$\Delta f=1.6\times48\text{kHz}=76.8\text{kHz}$$

所以，此系统输出频偏可达到 75kHz ，且载频频率为 91.2MHz，落在波段要求范围之内。

5. 调频制的应用

调频广播能传输高质量的音乐和语音。调频广播的频率范围为 88 ~ 108MHz，最高调制频率 F_{max} 为 15kHz，最大频偏 Δf_m 规定为 75kHz，调频信号带宽 BW_{FM} 为 180kHz，小于各电台之间的规定频道间隔 200kHz。

我国已颁布的广播电视频道共 68 个，频道间隔为 8MHz，工作于米波波段和分米波波段，分布于各波段的工作频率范围从 48.5MHz 到 958MHz。目前的广播电视频道是甚高频 VHF 频段的 12 个频道（48.5 ~ 92MHz、167 ~ 223MHz），它的伴音信号采用调频制传输。伴音信号的最高频率 F_{max} 为 15kHz，最大频偏 Δf_m 规定为 50kHz，可算得调频信号带宽为 130kHz。

调频波与调相波的比较如表 8-1 所示。

表 8-1　调频波与调相波的比较

	FM	PM
载波	$u_c(t)=U_{cm}\cos\omega_c t$	$u_c(t)=U_{cm}\cos\omega_c t$
调制信号	$u_\Omega(t)=U_{\Omega m}\cos\Omega t$	$u_\Omega(t)=U_{\Omega m}\cos\Omega t$
基本特征	$\omega(t)=\omega_c+\Delta\omega(t)=\omega_c+k_f u_\Omega(t)$	$\phi(t)=\omega_c t+\Delta\phi(t)=\omega_c t+k_p u_\Omega(t)$
瞬时频率	$\omega(t)=\omega_c+\Delta\omega(t)=\omega_c+k_f u_\Omega(t)$	$\omega(t)=\frac{d\phi(t)}{dt}=\omega_c+k_p\frac{du_\Omega(t)}{dt}$
瞬时相位	$\phi(t)=\int\omega(t)dt=\omega_c t+k_f\int u_\Omega(t)dt$	$\phi(t)=\omega_c t+\Delta\phi(t)=\omega_c t+k_p u_\Omega(t)$
表达式	$u_{FM}(t)=U_{cm}\cos(\omega_c t+k_f\int u_\Omega(t)dt)$	$u_{PM}(t)=U_{cm}\cos[\omega_c t+k_p u_\Omega(t)]$
调制系数	$M_f=\frac{k_f U_{\Omega m}}{\Omega}=\frac{\Delta\omega}{\Omega}=\frac{\Delta f}{F}$	$M_p=k_p U_{\Omega m}$
频偏 $\Delta\omega$	$k_f U_{\Omega m}$	$k_p U_{\Omega m}\Omega$
相偏 $\Delta\phi$	M_f	M_p

8.3 调频电路

调频的实现方法有两种：直接调频和间接调频。直接调频是利用调制信号直接控制振荡电路中的振荡频率而实现的调频。例如在 LC 正弦波振荡器中，把一个可变电抗接入 LC 回路，并使可变电抗器件的电抗值随调制信号变化而变化，则振荡器的振荡频率也随调制信号变化而变化，从而实现了调频。在直接调频法中采用压控振荡器（VCO）作为频率调制器来产生调频信号。在 VCO 中，最常用的器件是变容二极管。图 8-9 所示为可变电抗器件实现直接调频的示意图。

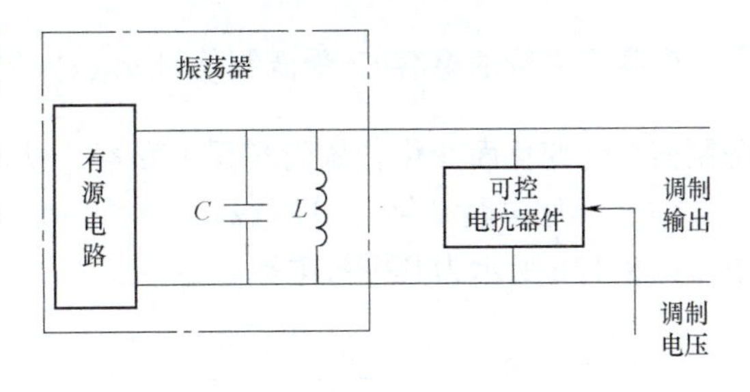

图 8-9 可变电抗直接调频

直接调频的优点是容易得到较大频偏，缺点是频率稳定度不高，易产生调频失真，需要用自动频率微调来稳定频率。

间接调频的优点是产生振荡过程与调制过程分开，可利用中心频率高度稳定的晶振，使调制失真减小。间接调频的主要问题是如何实现调相。

8.3.1 直接调频电路

常用的直接调频电路有变容二极管（或电抗管）调频电路、晶振调频电路和集成调频电路等。

1. 变容二极管调频电路

（1）变容二极管 图 8-10 所示为变容二极管的符号和 C_j-u 曲线。

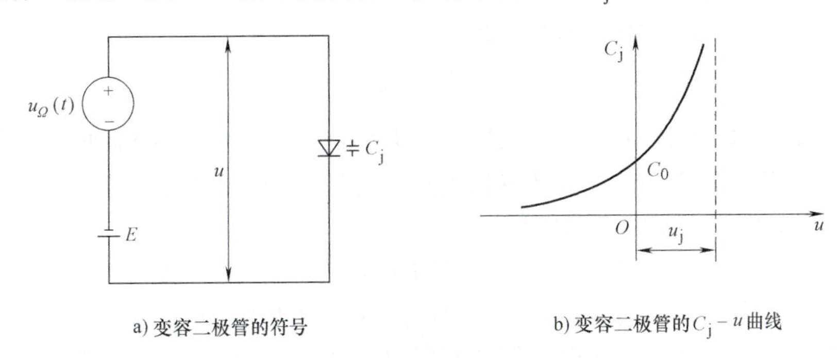

图 8-10 变容二极管的符号和 C_j-u 曲线

变容二极管结电容（势垒电容）的表达式为

$$C_j = \frac{C_0}{\left(1 + \frac{u_R}{U_D}\right)^{\gamma}} \tag{8-9}$$

式中，C_0为变容二极管在零偏置（$u_R=0$）时的结电容；u_R为加到变容二极管两端的反向偏置电压；U_D为变容二极管 PN 结的势垒电位差；γ 为变容二极管结电容的变化指数，γ 值随掺杂浓度和 PN 结的结构不同而不同，通常 $\gamma=1/3\sim1/2$，采用特殊工艺制成的超突结变容二极管的 $\gamma=1\sim5$，目前已经有 γ 达到 7 的变容二极管。

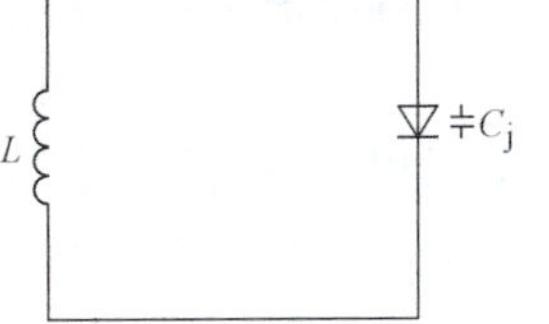

图 8-11 变容二极管直接调频的等效电路

（2）变容二极管调频电路 图 8-11 所示为变容二极管直接调频的等效电路。由变容二极管和电感组成的 LC_j 调谐回路，其谐振频率为

$$\omega_c = \frac{1}{\sqrt{LC_j}}$$

变容二极管的电容 C_j 受调制信号 $u_\Omega(t)$ 的控制，而 $\omega_c=\dfrac{1}{\sqrt{LC_j}}$，可见，振荡频率 ω_c 随调制信号的变化而变化，从而实现了变容二极管的调频。

(3) 实用电路举例　图 8-12a 所示为一实用变容二极管调频电路，它用于调频发射机中，图 8-12b 所示为其等效电路。

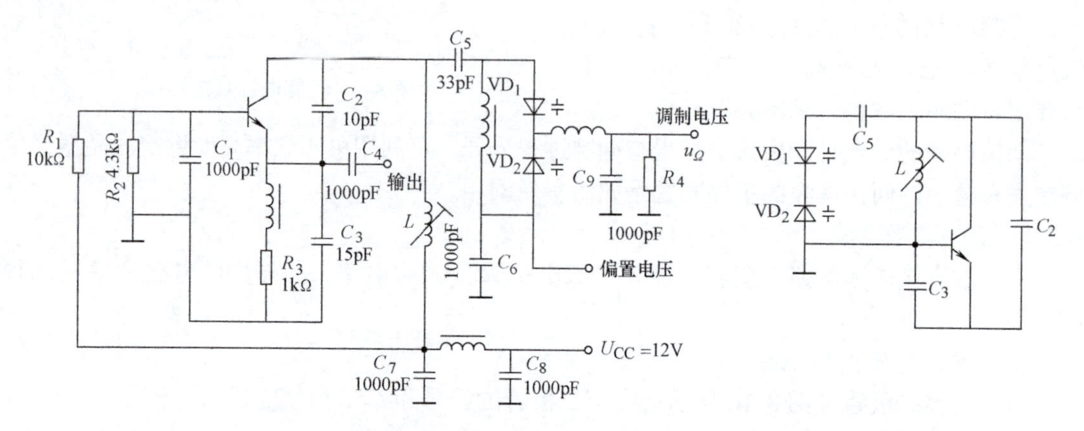

a) 变容二极管调频的实用电路　　b) 等效电路

图 8-12　变容二极管调频电路

振荡器的谐振回路由 L、C_2、C_3 组成，调制信号经高频扼流圈控制变二极容管的结电容 C_j，变容二极管经隔直电容 C_5 接入谐振回路实现调频。改变偏压和电感 L 的数值可使振荡器的振荡频率变化范围在 50～100MHz 之间。

两个变容二极管背靠背连接，对于直流偏压和调制信号，两个变容二极管的工作点和受调制状态相同。而对于高频振荡信号，两管串联，使每个变容二极管上所加的高频振荡电压是谐振回路端电压的一半，从而避免了二极管两端电压过大，进入饱和状态而降低回路 Q 值。

2. 晶振调频电路

晶体振荡器有很高的频率稳定度，如果将变容二极管与石英晶体共同组成直接调频晶体振荡器，则可实现高稳定度的直接调频。这种电路用于频率稳定度要求高的调频广播电台，以减少邻近电台的干扰。

(1) 调频原理　变容二极管可与石英晶体串联，也可以并联，常用的是串联接入。原理是通过调制信号对变容二极管结电容的控制，直接改变晶振频率。基本电路如图 8-13a 所示。

如果用调制信号电压 $u_\Omega(t)$ 控制变容二极管，使变容二极管的电容发生变化，则晶体振荡器的振荡频率也随之发生变化，从而实现调频，这就是晶振调频的基本工作原理。

变容二极管与石英晶体串联的等效电路及其谐振特性如图 8-13b、c 所示。f_s、f_p 分别为未接入变容二极管时由石英晶体本身参数确定的串联谐振频率和并联谐振频率，串联接入变容二极管后，f_s 变为 f'_s，而 $f'_s>f_s$。当调制信号控制变容二极管的电容发生变化时，f'_s 也将随之发生变化，从而实现调频。这种电路的缺点是 f'_s 的变化范围限制在 f_s 与 f_p 之间，其调频频偏很小，相对频偏只能达到 0.01%。f'_s 的计算方法如下：

$$f_s' = \frac{1}{\sqrt{L_q \frac{C_q C_j}{C_q + C_j}}}$$

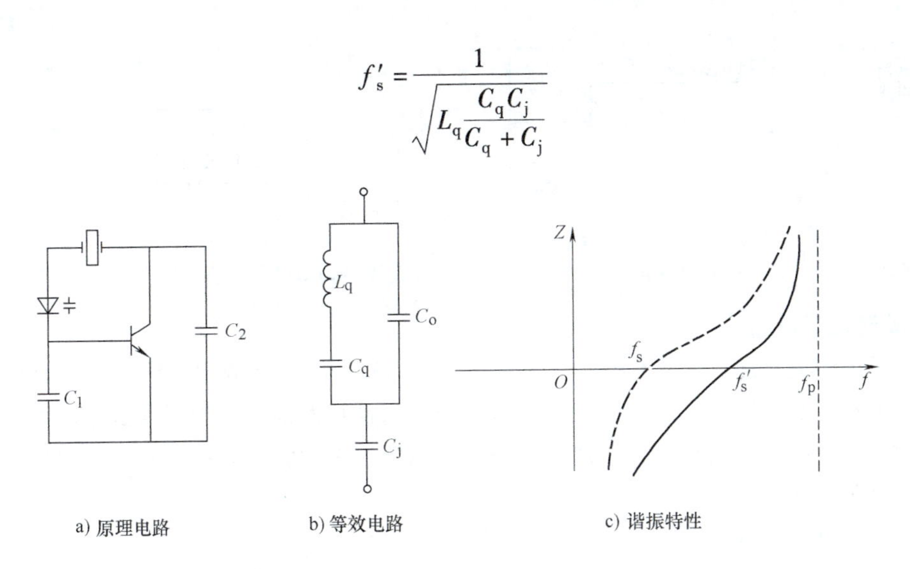

图 8-13 晶振调频

(2) 实用电路举例 图 8-14a 所示为晶振直接调频的实际电路。图中，R_5、R_6、R_{P1} 为分压电阻，2CW14 为稳压二极管，C_5 为交流旁路电容，由 R_{P1} 中心抽头取出一定直流负压，经限流电阻 R_4 加于变容二极管 2CA1D 正极，作为变容二极管的固定负偏压，调制信号 $u_\Omega(t)$ 经隔直电容 C_6，与固定偏压叠加后共同加于变容二极管两端，对其进行控制，使变容二极管的电容随调制信号的规律变化而变化。R_1 和 R_2 为晶体管 VT 的基极偏置电阻，R_3 为射极直流负反馈电阻，C_4 为高频旁路电容，C_1 和 C_2 为振荡回路电容。以晶体管 VT 等元器件组成的振荡器高频等效电路如图 8-14b 所示。石英晶体在电路中等效于一电感，可见，该电路为频率可变的克拉泼电路，由于变容二极管等效电容 C_j 随调制信号变化而变化，因而，电路输出为调频信号。

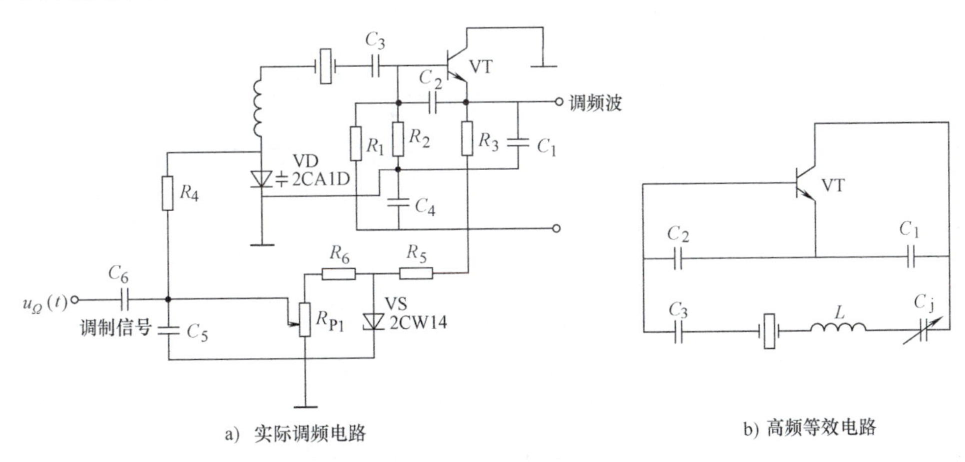

图 8-14 晶振直接调频电路

3. 扩展直接调频电路最大线性频偏的方法

如图 8-15 所示，信号调频后，经倍频和混频电路组合后，可使产生的调频信号的载频不变，最大线性频偏扩大为原来的 n 倍。

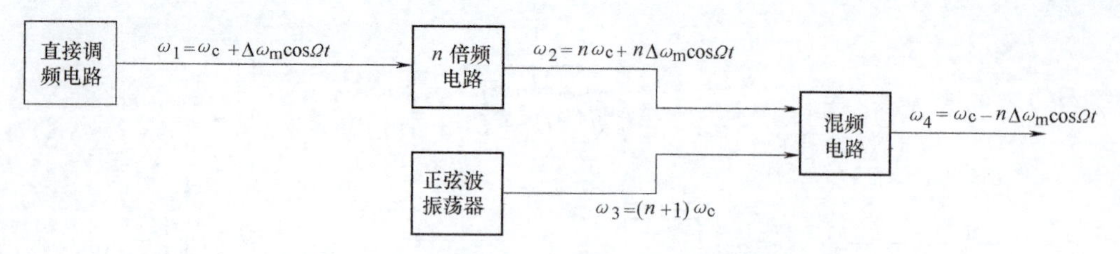

图 8-15 扩展直接调频电路最大线性频偏的原理图

8.3.2 间接调频电路

直接调频的主要优点是容易获得大频偏的 FM 信号，缺点是频率稳定度低。晶体调频振荡器，其频率稳定度比不受调制的晶振有所降低，而且频偏很小。为了得到频率稳定度更高的调频器，常采用间接调频，利用调相电路间接地产生调频波。间接调频广泛地用于广播发射机和电视伴音发射机中。

1. 变容二极管调相电路

图 8-16 所示间接调频电路实际上是一个由变容二极管调相的单调谐放大器，输入信号来自频率稳定性很高的晶振，集电极的负载是由电感 L，电容 C_1、C_c 及变容二极管 C_j 组成的并联谐振回路，由它构成一级调相电路。当没有调制时，由 L、C_1、C_c 及变容二极管静态电容 C_{jQ}决定的谐振频率等于晶振频率 ω_0，回路并联阻抗为纯电阻，因而回路两端电压与电流同相。当有调制时，变容二极管势垒电容 C_j 随调制电压改变而改变，因而回路对载频处于不同的失谐状态。当 C_j 减小时，并联阻抗呈感性，回路两端电压超前于电流；反之，当 C_j 增大时，并联阻抗呈容性，回路两端电压滞后于电流。因此，调制信号通过控制 C_j 的大小就能使谐振回路两端电压产生相应的相位变化，实现调相。若调制信号 $u_\Omega(t)$从 2 端输入，则输出为调相波。现因 $u_\Omega(t)$由 1 端经积分器输入，则输出为调频波。

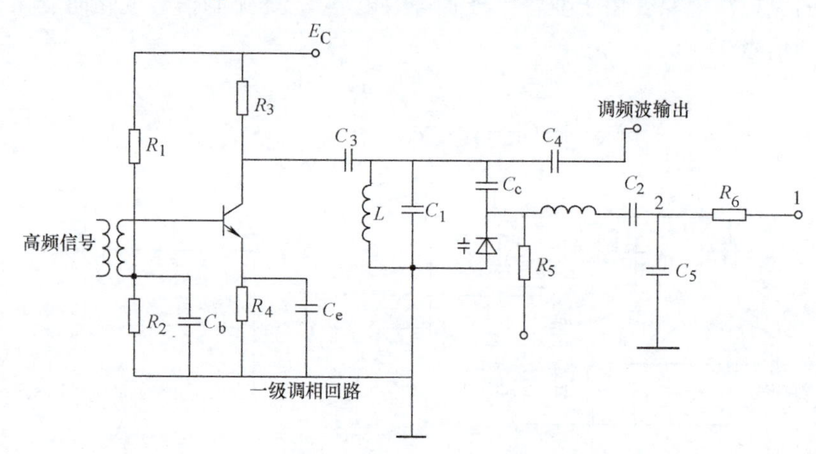

图 8-16 间接调频电路

在小频偏时，谐振回路相移和调制信号成正比，得到了线性调相。如果调制信号先经过积分电路再输入，就可得到线性调频。

在回路两端电压随调制信号改变的同时，回路等效阻抗的模值也在变化，因此，调相波的振幅也在变化，产生了不必要的寄生调幅。相位偏移越大，寄生调幅就越大，此外，调相的非线性失真也会随相位偏移的增加而明显增大，为了防止明显的寄生调幅和过大的非线性失真，相移的幅度应限制在 π/6 以内，因此，积分调相式间接调频器一般不可能直接取得频偏足够大的调频信号。

为了获得较大的频偏，可以采用多级调相回路。图 8-17 所示为三级级联调相电路，每一级用一个变容管调相。各级间用 1pF 小电容耦合，以减小各回路间的相互影响。22kΩ 电阻用来调整回路 Q 值，以保证三级相移一致。总相移为三级相移之和，可在 π/2 范围内得到线性调相。

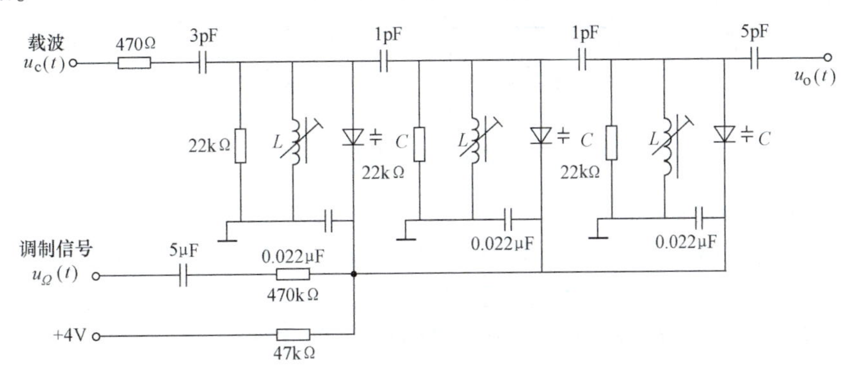

图 8-17 三级级联调相电路

2. 扩展间接调频电路最大线性频偏的方法

由例 8.4 的分析可知，采用倍频和混频的方法，可扩展间接调频电路的最大线性频偏。

8.4 鉴频电路

调频波的解调称为频率检波，简称鉴频。在调频波中，调制信息包含在已调信号瞬时频率的变化中，因此，鉴频就是把已调信号瞬时频率的变化变换成电压或电流的变化。鉴频特性曲线描述输出电压 u_o 与输入信号频率 f 之间的关系，如图 8-18 所示。

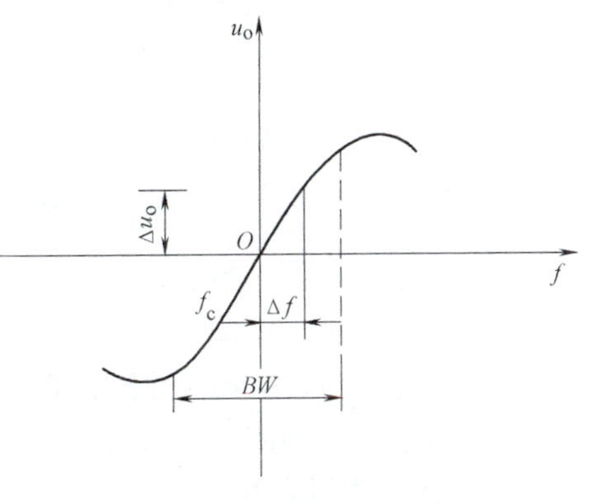

图 8-18 鉴频特性曲线

鉴频电路的主要性能指标有：

（1）鉴频灵敏度 S_D（也称鉴频跨导） 鉴频灵敏度是指在调频波的中心频率 f_c 附近，单位频偏所产生的输出电压的大小，即 $S_D = \Delta u_o / \Delta f$。$\Delta u_o$、$\Delta f$ 的含义如图 8-18 所示。一般希望 S_D 大，以使同样的频偏时输出电压大，鉴频灵敏度高。

（2）线性范围（带宽） 线性范围指鉴频特性近似为直线的范围。如图 8-18 中的 BW 所示，它表明鉴频器不失真解调时所允许的最大频率变化范围，即 $2\Delta f_{max}$。另外，注意鉴频曲线的对称性。

（3）非线性失真 在线性范围内鉴频特性只是近似线性，实际上仍存在着非线性失真。希望非线性失真越小越好。

8.4.1　斜率鉴频

在鉴频的各种实现方法中，一般都是先将调频波进行波形变换。如果将等幅调频波变换成幅度随瞬时频率变化的调幅-调频波，此时信号的幅值已与调制信号成正比，然后再进行幅度检波，还原出调制信号，这种方法称斜率鉴频。

如图8-19所示，把调频信号变换成调幅-调频信号是由具有幅频线性特性的电路完成的，而对调幅-调频波的包络检波由包络检波器实现。

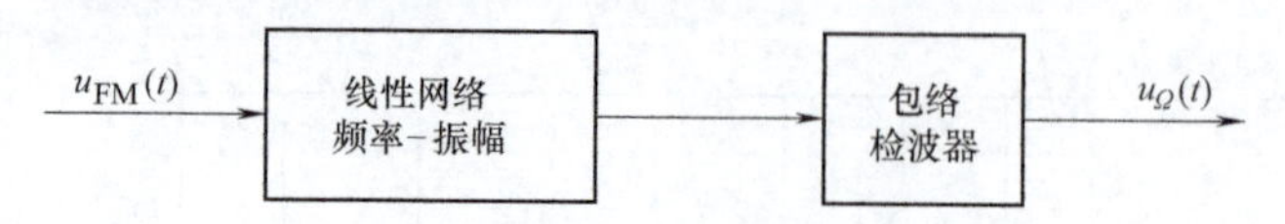

图8-19　实现斜率鉴频的电路原理

1. 单失谐回路斜率鉴频器

利用失谐回路把调频信号变换为调幅-调频波，再通过振幅检波器检出调幅-调频波的包络，还原出原调制信号，达到调频波解调的目的。

图8-20所示给出了LC谐振回路及其幅频特性曲线、波形变换示意图。

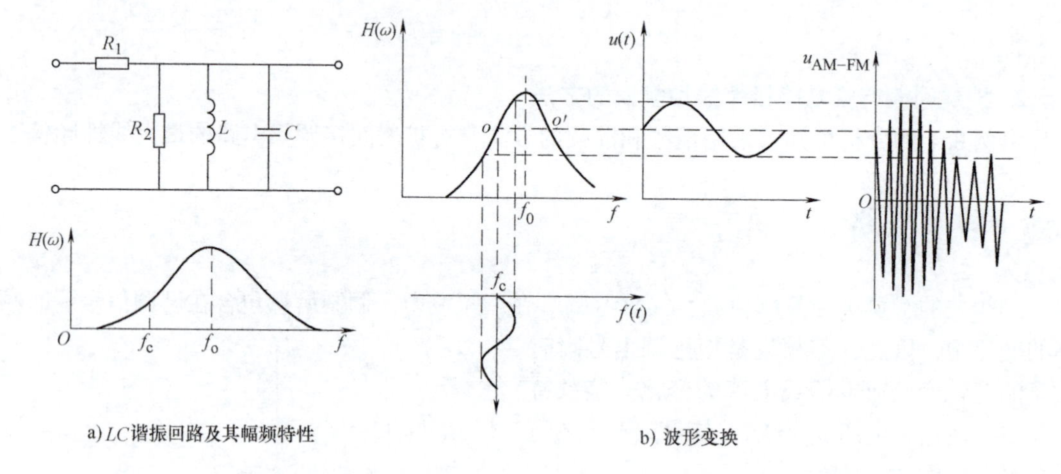

图8-20　LC谐振回路及其幅频特性、波形变换

当输入等幅调频信号的中心频率f_c失谐于谐振回路的谐振频率f_0时，输入信号是工作在LC回路幅频特性曲线的倾斜部分。实际工作时，可调整谐振回路的谐振频率f_0，使调频波的中心频率f_c处于回路幅频特性倾斜部分，接近直线段的中心点o，则单失谐回路可将调频波变换为幅度随瞬时频率变化的调幅-调频波。

2. 双失谐回路斜率鉴频器

由单失谐回路的幅频特性曲线及波形图可知，单个LC谐振回路的鉴频线性范围、线性度及灵敏度都不理想。实际应用中常采用两个单失谐回路组合成的双失谐回路斜率鉴频器，其电路原理图及鉴频特性曲线如图8-21所示。

回路Ⅰ的谐振频率$f_1>f_c$，回路Ⅱ的谐振频率$f_2<f_c$。为保证工作的线性范围，可以调整f_1、f_2，使f_1-f_2大于输入调频波最大频偏Δf_m的两倍。为了使鉴频曲线对称，还应使$f_1-f_c=f_c-f_2$。将上、下两个单失谐回路鉴频器输出之差作为总输出，即$u=u_1-u_2$。由图可知，双失谐回路鉴频器的鉴频特性在频带宽度、线性范围和灵敏度等方面都有较大改进，因

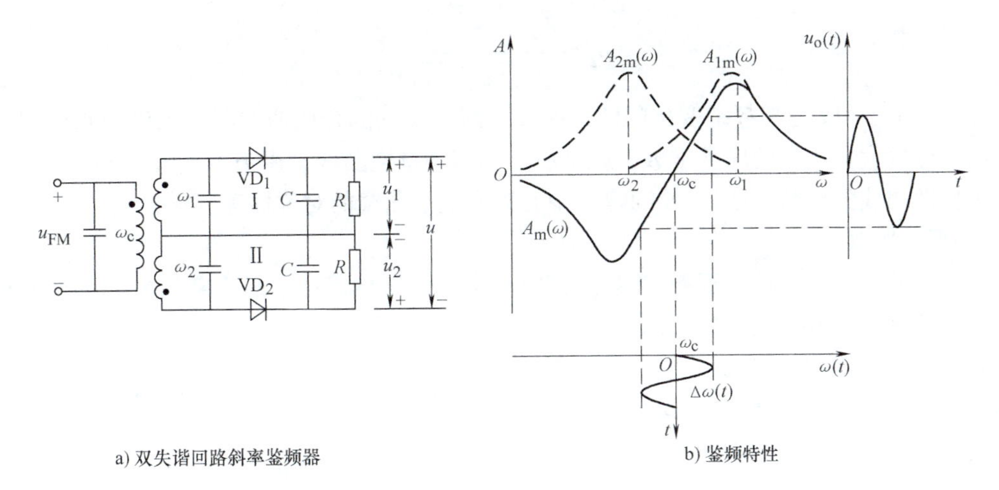

a) 双失谐回路斜率鉴频器　　b) 鉴频特性

图 8-21　双失谐回路斜率鉴频器及其鉴频特性

而应用较广。

3. 集成斜率鉴频器

集成电路中广泛采用的斜率鉴频电路如图 8-22a 所示。图中 L_1、C_1 和 C_2 是为实现频幅变换的线性网络，将输入调频波电压 u_s转换为两个幅度按瞬时频率变化的调频波电压 u_1 和 u_2，然后分别通过射极跟随器 VT_1 和 VT_2，加到晶体管射极包络检波器 VT_3 和 VT_4 上。检波器的输出解调电压由差分放大器 VT_5 和 VT_6 放大后作为鉴频器的输出电压，其值与 u_1、u_2的振幅差值（$U_{1m}-U_{2m}$）成正比。

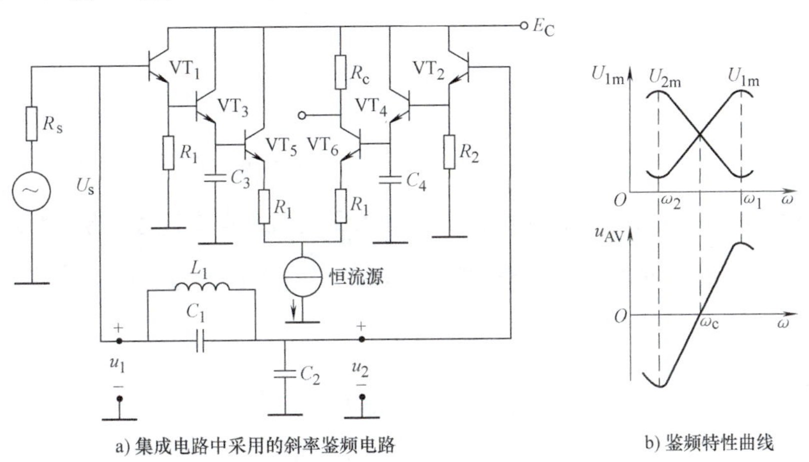

a) 集成电路中采用的斜率鉴频电路　　b) 鉴频特性曲线

图 8-22　集成斜率鉴频器

图 8-22b 所示为 U_{1m}和 U_{2m}随频率变化的特性曲线。图中 ω_1 为 L_1C_1 回路的谐振角频率。当 ω 接近 ω_1 时，回路呈现的阻抗最大，因而 U_{1m}接近最大值，而 U_{2m}接近最小值。当 ω 偏离 ω_1 时，U_{1m}减小，U_{2m}增大，但是在 $\omega<\omega_1$ 的区域内，L_1C_1 回路为感性失谐。当 ω 减小到 ω_2 时，若 L_1C_1 回路呈现的感抗与 C_2 的容抗相消，则整个电路串联谐振，相应的 U_{1m}便下降到最小值，而 U_{2m}接近最大值。若 L_1C_1 回路的 Q 值很大，则该串联谐振角频率可近似表示为

$$\omega_2 \approx \frac{1}{\sqrt{L_1(C_1+C_2)}}$$

将上述 U_{1m} 和 U_{2m} 随频率变化的两条曲线相减后得到的合成曲线，再乘以由跟随器、检波器和差分放大器决定的增益常数，就是所求的鉴频特性曲线。调节 L_1、C_1 和 C_2，可以改变鉴频特性曲线的形状，如峰-峰间隔、中心频率上下曲线的对称性等。

8.4.2　相位鉴频

如果将调频波先变换为调相-调频波，使相位的变化与瞬时频率的变化成正比（即相位变化反映调制信号的变化规律），然后再用相位检波器解调出调制信号，这种解调方法称为相位鉴频法，其实现电路的原理框图如图 8-23 所示。

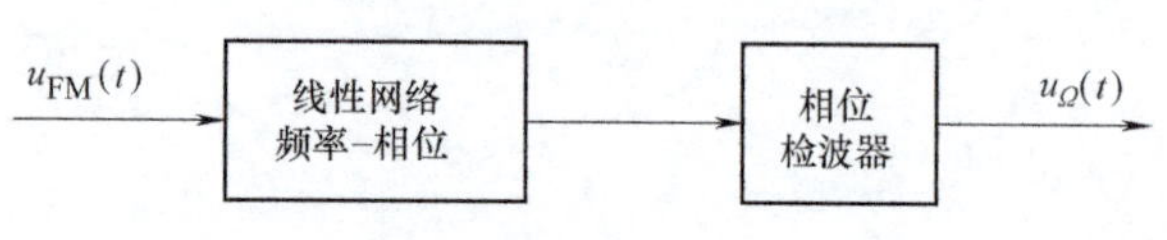

图 8-23　实现相位鉴频的原理框图

1. 乘积型相位鉴频器

原理框图如图 8-24 所示，将 FM 波延时 t_0，当 t_0 满足一定条件时，可得到相位随调制信号线性变化的调相波，再与原调频波相乘，实现鉴相。

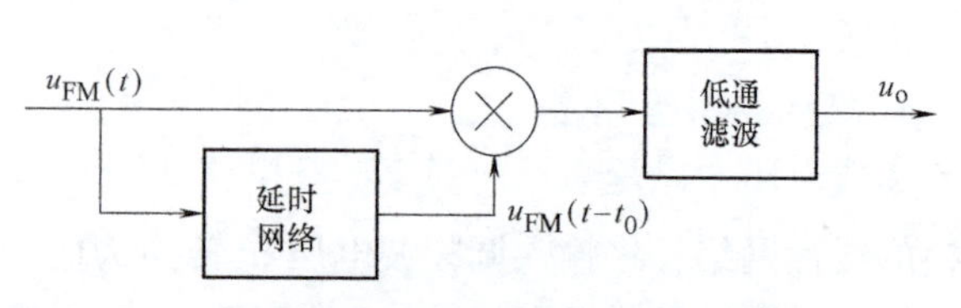

图 8-24　乘积型相位鉴频原理框图

调频波 $u_{FM}(t)$ 延时 t_0 后变成 $u_{FM}(t-t_0)$。$u_{FM}(t)$ 与 $u_{FM}(t-t_0)$ 两个信号一起进入相乘器相乘，相乘后的输出电压 $u_o(t)=u_{FM}(t)u_{FM}(t-t_0)$。如果 $u_{FM}(t)=U_{cm}\cos(\omega_c t+M_f\sin\Omega t)$，则当 $t_0\leqslant 0.2/\Omega$ 时，经推导可得

$$u_o(t)=\frac{1}{2}U_{cm}^2\cos[\omega_c t_0+M_f\Omega t_0\cos\Omega t]$$
$$+\frac{1}{2}U_{cm}^2\cos[2(\omega_c t_0+M_f\sin\Omega t)-\omega_c t_0-M_f\Omega t_0\cos\Omega t]$$

上式中第一部分为调制信号的余弦函数，可以通过低通滤波器而输出。而第二部分的中心频率为 $2\omega_c$，被滤波器滤除。如果合理设计具体电路，可以使 $\omega_c t_0\approx\pm\frac{\pi}{2}$，又设 $M_f\Omega t_0\leqslant 0.2$，则图 8-24 输出为

$$u_o(t)\approx-\frac{1}{2}U_{cm}^2 M_f\Omega t_0\cos\Omega t$$

它是与原调制信号成正比的解调信号。

2. 正交鉴频器

（1）正交鉴频器原理　图 8-25 所示是正交鉴频器的组成框图。它由移相网络、相乘器和滤波器三部分组成。由于加到相乘器的 FM 信号和由它生成的参考信号也必须是同频正交的（相位相差 90°），因而称之为正交鉴频器。

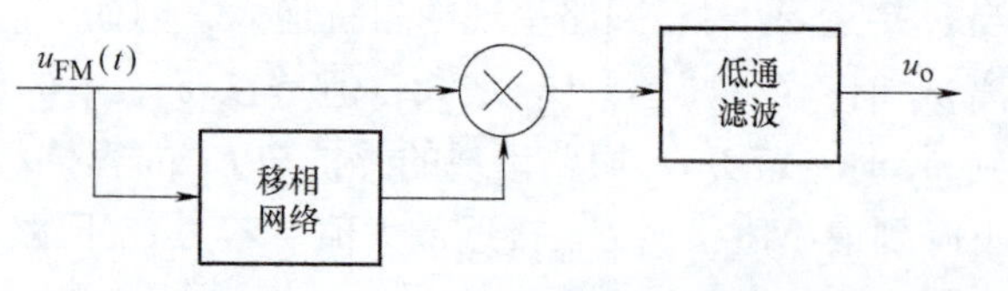

图 8-25　正交鉴频器的组成框图

正交鉴频器的工作原理为：FM 信号

与它的正交信号经乘积型鉴相器鉴相后，输出 FM 的解调信号，经低通滤波获得音频输出。

（2）正交鉴频器实例　图 8-26 所示为典型的正交鉴频器电路。图中 C_1、L_2、C、R 组成移相网络，L_2、C、R 为谐振回路，谐振于输入 FM 信号的中心频率。VT_1、VT_2、VT_3、VT_4、VT_5、VT_6 与恒流源组成一个双平衡差分式乘法器，是多功能集成电路的一部分。FM 输入信号 U_i 加在 VT_5 和 VT_6 的基极，U_i 经移相 90°后加在 VT_1 和 VT_4 的基极，经过双平衡乘法器的正交鉴频，由 VT_2 的集电极输出 FM 的解调信号，再经过低通滤波器获得音频输出。

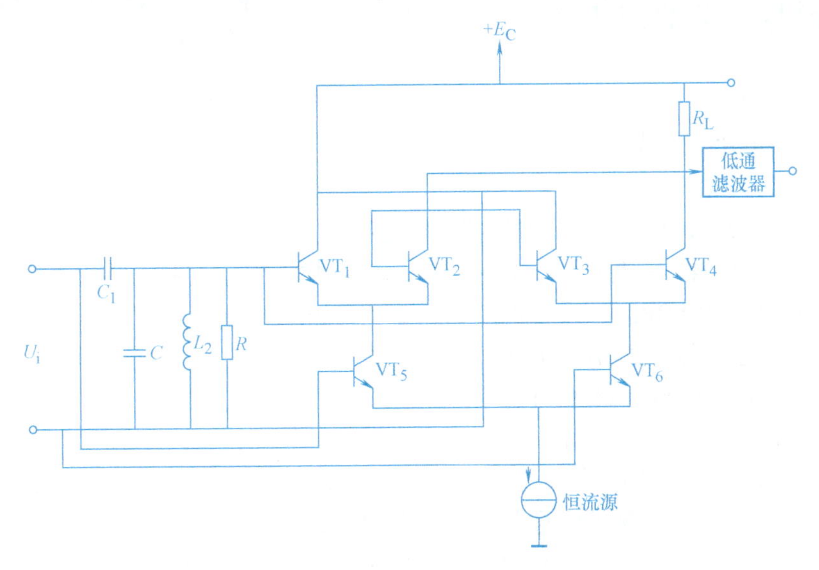

图 8-26　移相乘法（正交）鉴频电路

3. 鉴频集成电路

μPC1382C 为电视机中的伴音中放、鉴频和前置放大集成电路，用于 FM 信号解调。它由限幅中放、低通滤波、内部稳压和调频检波等几部分组成，检波部分为鉴频器。

图 8-27 为由 μPC1382C 芯片组成的一种电视机伴音鉴频电路。

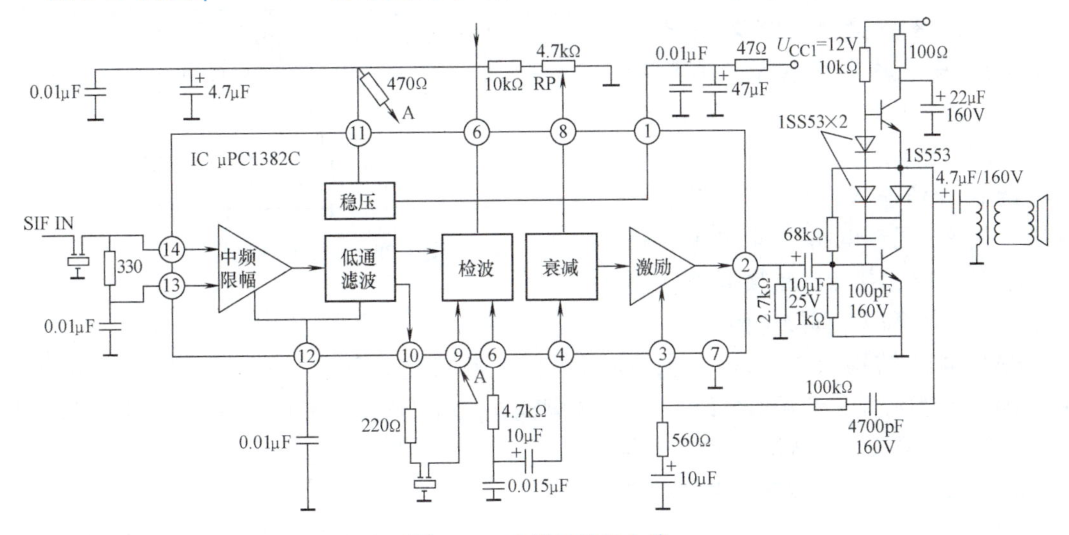

图 8-27　电视机鉴频电路

伴音中频 FM 信号从 μPC1382C 的⑬脚和⑭脚输入，在集成电路的内部限幅中放、滤波后，一路直送检波器，另一路从⑩脚出经陶瓷滤波器等移相后，再从⑨脚送到检波器进行相位鉴频。鉴频后的解调信号从⑥脚出来，经电阻、电容低通滤波得音频信号，再从④脚送入音量控制电路，经激励放大在输出端②脚（音频信号）和⑦脚（接地端）之间输出，再经过功率放大送到扬声器。

8.5 调频与鉴频的应用

调频与鉴频广泛应用于广播、移动通信、无绳电话和电视伴音等许多方面，出现了各种型号的集成电路芯片。本节重点介绍部分常用的芯片。

8.5.1 发射机用集成电路

1. BA1404 和 BA1404F 宽频带发射机集成电路

BA1404 和 BA1404F 是典型的低功耗单片集成发射机，BA1404 采用 DIP18 的封装形式，而 BA1404F 的封装为 SOP18。二者的功能相同，电源电压低，工作范围为 1.0～2.0V，功率损耗低，典型值为 3mA。芯片内部包括 FM 调制器、RF 放大器、缓冲器和振荡电路等部分，用于信号的发射和接收，载波信号的频带宽为 75～108MHz。

图 8-28 为 BA1404 的引脚图。

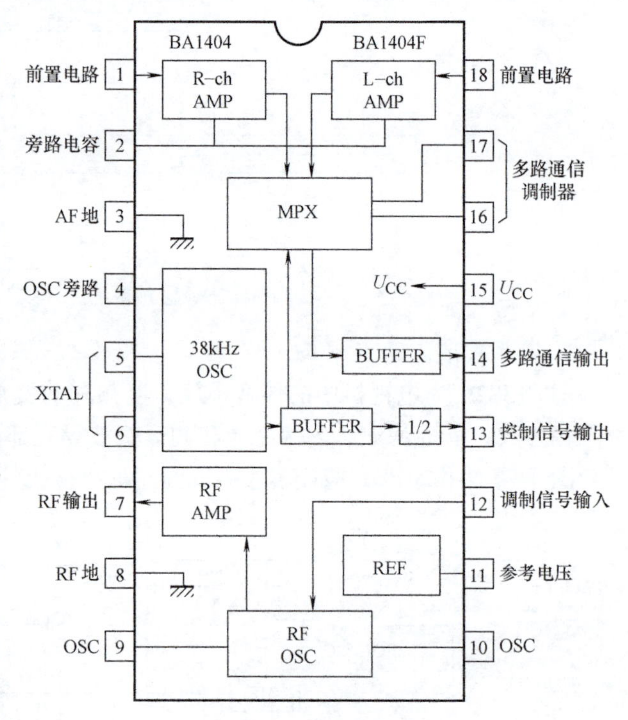

图 8-28 BA1404 的引脚图

1 脚和 18 脚接前置电路信号输入，2 脚接旁路电容，3 脚接地（低频信号），4 脚接晶振旁路电容，5、6 脚接晶振（38kHz），7 脚接 RF 输出（*LC* 谐振电路），8 脚接地（高频信号），9 脚接 RF 振荡器旁路电容，10 脚接 RF 振荡器旁路电容和 *LC* 谐振电路。11 脚为参考电压，接可变电容。12 脚为调制信号输入，13 脚控制信号输出，接 *RC* 混频电路。14 脚为多路复用信号输出，接 *RC* 混频电路。15 脚接 U_{CC}，16 和 17 脚接电阻。

BA1404 的结构简单，价格低，使用灵活，外接电路简便，功能较强。图 8-29 为 BA1404 的典型应用，音频信号经 1 脚和 18 脚输入，通过内部的多路信号调制、信号缓冲和放大，调频信号放大后从第 7 脚向外输出。

2. KA2312 无线电控制发射集成电路

KA2312（封装为 9SIP）是单片集成电路，其作用是发射无线电信号，使玩具汽车和其他设备具有各种活动功能，其电路内部框图如图 8-30 所示。KA2312 内部具有脉冲发生器、

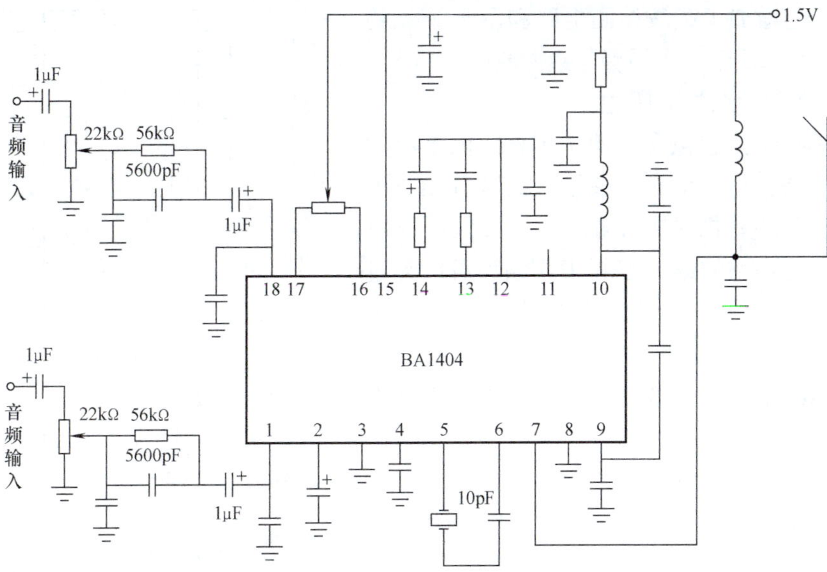

图 8-29　BA1404 的典型应用电路

调制器、高频放大器、脉冲宽度控制器和发射信号振荡器（射频信号振荡器）。它的工作电源电压范围宽（6～12V），所需外接元器件较少，用户可以选择调制频率。

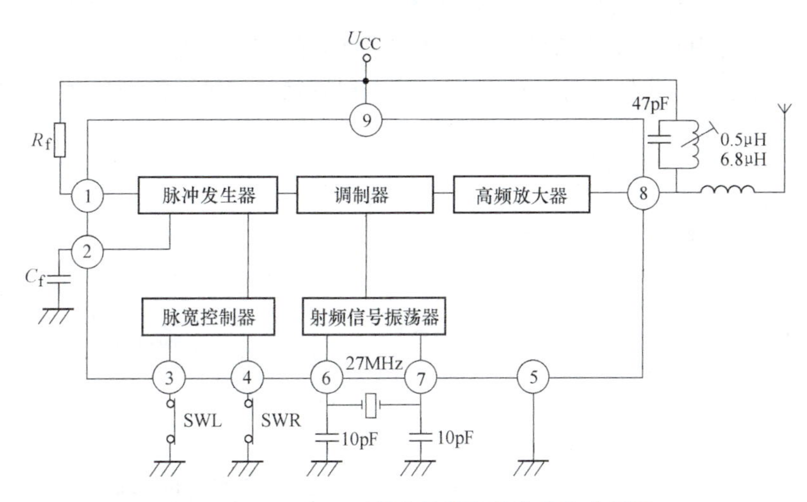

图 8-30　KA2312 无线电控制发射集成电路框图

为了获得适宜的无线电玩具控制系统，KA2312 发射集成电路应与 KA2311 接收集成电路联合。

8.5.2　接收机用集成电路

移动电台接收机常用 MC3361、MC3362 、MC3363 等集成电路，现以 MC3362 为例进行介绍。MC3362 功能框图及引脚如图 8-31 所示。

移动电台的接收机通常都是采用二次超外差式，同类型的低档型号芯片 MC3357/9 和 MC3361 都不包含第二混频级以前的高放、一本振、一混频和一中放等前端电路。而这些前端电路的设计和调试往往棘手。低功耗窄带 FM 单片接收机电路 MC3362，已经包含了高放外这些前端电路，还增加了载波检测电路和用于 FSK 检测的比较器，它适用于窄带话音与数据通信。

MC3362 性能特点如下所述。

接收机单片化：它包含有两个本振、两个混频和两个中放电路，是一个从天线输入到音频预放大输出的全二次超外差式的接收电路。

输入频带宽：它的第一混频工作频率可以超过 450MHz。第一本振可采用灵活的 *LC* 振荡回路，也可作为 PLL 频率合成的 VCO，工作频率可到 190MHz。在 RF 输入为 450MHz 时，还可以用外部振荡器（100mV）驱动。

可低电压工作：电源电压为 2～7V。

低功耗：电源电压为 3V 时，消耗电流典型值为 3.6mA。

具有很好的灵敏度和镜像抑制能力：12dB SINAD，灵敏度典型值为 0.7μV。

有数据信号整形比较器：可用于 FSK 数据通信。

有 60dB 动态范围的接收信号场强指示器：可用于控制有中心和无中心移动通信设备的过区切换和空闲信道检测。

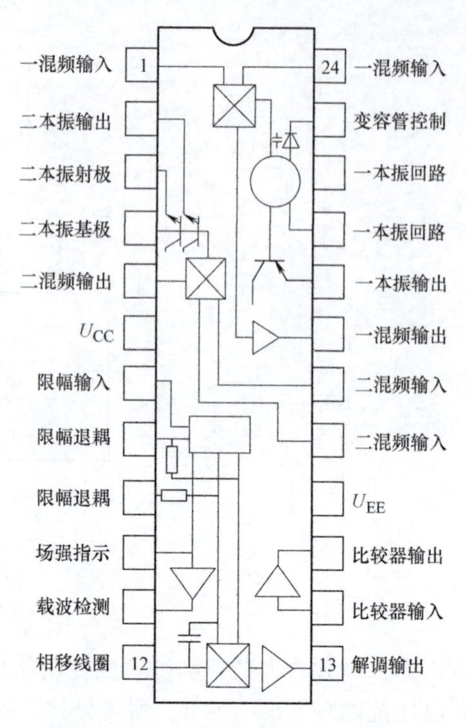

图 8-31　MC3362 功能框图及引脚

MC3362 的典型应用电路如图 8-32 所示。输入射频信号经第一混频器放大（18dB），并

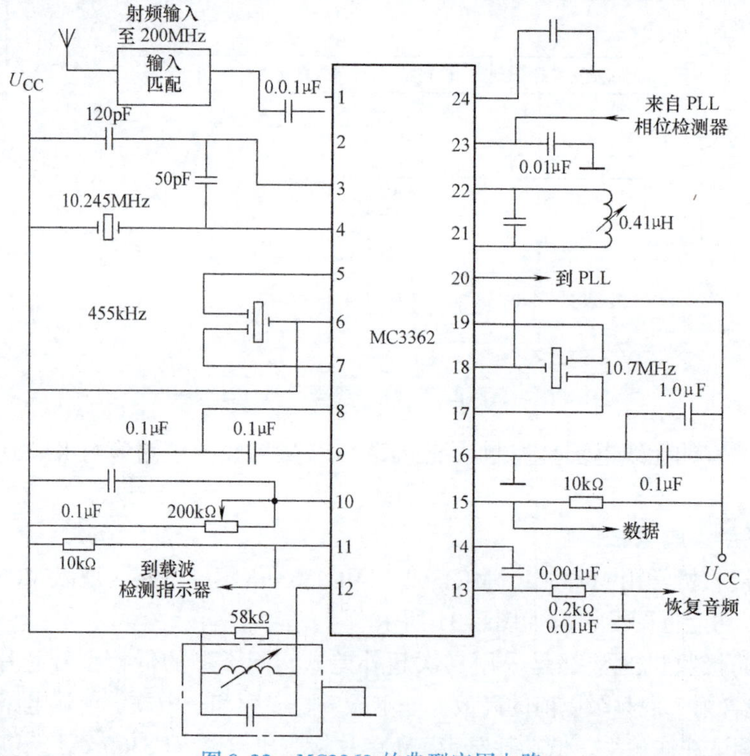

图 8-32　MC3362 的典型应用电路

混频转换成一中频信号（10.7MHz），一中频信号再经外部带通陶瓷滤波器滤波，然后输入到第二混频器进一步放大（22dB），并混频转换成二中频信号（455kHz），二中频信号再通过外部带通陶瓷滤波器滤波后，输入到限幅放大器和电平检测电路，最后，通过相移鉴频器恢复成音频信号输出。另外，电平检测电路用来监视输入 RF 信号的场强，数据整形比较电路用于检测 FSK 调制信号的过零率，该电路检测数据的速率为 2000 ~ 35000bit/s。

本章小结

1. 调频信号的瞬时频率变化 $\Delta f(t)$与调制电压成线性关系，调相信号的瞬时相位变化 $\Delta\varphi(t)$与调制电压成线性关系，调频信号和调相信号两者都是等幅信号。

2. 调频制是一种性能良好的调制方式。与调幅制相比，调频制具有抗干扰能力强、信号传输的保真度高以及发射机的功放管利用率高等优点。但调频波所占用的频带要比调幅波宽得多，因此必须工作在超短波以上的波段。

3. 实现调频的方法有直接调频法和间接调频法两种。直接调频具有频偏大、调制灵敏度高等优点，但频率稳定度差，可采用晶振调频电路或自动频率控制技术提高频率稳定度。间接调频的频率稳定度高，但频偏小，必须采用倍频、混频等措施来扩展线性频偏。

4. 斜率鉴频和相位鉴频是两种主要的鉴频方式，集成斜率鉴频和正交鉴频两种实用电路便于集成、调谐容易、线性度好，故得到了普遍应用，后者应用更为广泛。

5. 斜率鉴频器是将频率变化通过幅频线性网络变换成幅度随调制信号变化的调频调幅波，再进行包络检波。相位鉴频器是先将频率变化通过相频线性网络转换成相位变化，再进行鉴相。

习题与思考题

8.1 已知载波 $f_c = 100\text{MHz}$，载波电压振幅 $U_{cm} = 5\text{V}$，调制信号 $u_\Omega(t) = (\cos 2\pi\times 10^3 t + 2\cos 2\pi\times 500t)\text{V}$。试写出下述条件下调频波的数学表达式：①调频灵敏度 $k_f = 1\text{kHz/V}$。②最大频偏 $\Delta f_m = 20\text{kHz}$。

8.2 载波振荡频率 $f_c = 25\text{MHz}$，振幅 $U_{cm} = 4\text{V}$。调制信号为单频余弦波，频率为 $F = 400\text{Hz}$，最大频偏 $\Delta f_m = 10\text{kHz}$。①分别写出调频波和调相波的数学表达式。②若调制频率变为 2kHz，其他参数均不变，再分别写出调频波和调相波的数学表达式。

8.3 若调频波的中心频率 $f_c = 100\text{MHz}$，最大频偏 $\Delta f_m = 75\text{kHz}$，求最高调制频率 F_{max} 为下列数值时的 M_f 和带宽：① $F_{max} = 400\text{Hz}$。② $F_{max} = 3\text{kHz}$。③ $F_{max} = 15\text{kHz}$。

8.4 设调角波的表达式为 $u(t) = 5\cos(2\times 10^6\pi t + 5\cos 2\times 10^3\pi t)\text{V}$。①求载频 f_c、调制频率 F、调制指数 M、最大频偏 Δf_m、最大相偏 $\Delta\varphi_m$ 和带宽。②这是调频波还是调相波？求出相应的原调制信号（设调频时 $k_f = 2\text{kHz/V}$，调相时 $k_p = 1\text{rad/V}$）。

8.5 若调角波的调制频率 $F = 400\text{Hz}$，振幅 $U_{\Omega m} = 2.4\text{V}$，调制指数 $M = 60\text{rad}$。①求最大频偏 Δf_m。②当 F 降为 250Hz，同时 $U_{\Omega m}$ 增大为 3.2V 时，求调频和调相情况下调制指数各变为多少？

8.6 若载波 $u_c(t) = 10\cos 2\pi\times 50\times 10^6 t\text{V}$，调制信号为 $u_\Omega(t) = 5\sin 2\pi\times 10^3 t\text{V}$，且最大频偏 $\Delta f_m = 12\text{kHz}$，试写出调频波的表达式。

8.7 用正弦调制的调频波的瞬时频率为 $f(t) = (10^6 + 10^4\cos 2\pi\times 10^3 t)\text{Hz}$，振幅为 10V，试求：①该调频波的表达式。②最大频偏 Δf_m、调频指数 M_f、带宽和在 1Ω 负载上的平均功率。③若将调制频率提高为 $2\times 10^3\text{Hz}$，$f(t)$ 中其他量不变，则 Δf_m、M_f、带宽和平均功率有何变化？

8.8　调制信号为余弦波，当频率 $F=500\text{Hz}$，振幅 $U_{\Omega\text{m}}=1\text{V}$ 时，调角波的最大频偏 $\Delta f_{\text{m1}}=200\text{Hz}$。若 $U_{\Omega\text{m}}=1\text{V}$，$F=1\text{kHz}$，要求将最大频偏增加为 $\Delta f_{\text{m2}}=20\text{kHz}$。试问：应倍频多少次（计算调频和调相两种情况）？

8.9　在变容二极管直接调频电路中，如果加到变容二极管的交流电压振幅超过直流偏压的绝对值，则对调频电路有什么影响？

8.10　若双失谐回路斜率鉴频器的一只二极管短路或开路，则各会产生什么后果？如果一只二极管极性接反，则又会产生什么后果？

8.11　什么是角度调制？角度调制分几类？

8.12　什么是调频？有哪几种调频方式？

8.13　什么是鉴频？有哪几种鉴频方式？

8.14　鉴频器鉴频特性的主要指标有（　　　　）、（　　　　）和（　　　　）等。

8.15　调频的实现方法有（　　　　）和（　　　　）。

8.16　（　　　　）和（　　　　）属于非线性调制。

8.17　常用的直接调频电路有（　　　　）、（　　　　）和（　　　　）等。

8.18　鉴频的两种主要方式有（　　　　）和（　　　　）。

8.19　对调频信号的解调称为（　　）。

A. 检波　　B. 鉴频　　C. 鉴相　　D. 包络

8.20　调频通信工作在（　　）。

A. 长波波段　　B. 中波波段　　C. 短波波段　　D. 超短波波段

8.21　调频信号的抗干扰能力强，不正确的原因是（　　）。

A. 频带宽　　B. 信噪比大　　C. 信号幅度大　　D. 调频指数高

8.22　调频系数 M_{f}（　　）。

A. 小于1　　B. 等于1　　C. 大于1　　D. 小于1或大于1都可以

8.23　调频接收机的信噪比（　　）调幅接收机的信噪比。

A. 大于　　B. 等于　　C. 小于　　D. 都有可能

8.24　调频指数越大，调频波的带宽越小。（　　）

8.25　晶振调频电路具有频率稳定度高的优点。（　　）

8.26　调幅制比调频制的抗干扰能力强。（　　）

8.27　调相指数表示调相波中相位偏移的大小。（　　）

8.28　间接调频电路由积分电路和调相电路组成。（　　）

第9章　数字调制与解调

9.1　概述

数字调制是指调制信号为数字信号，载波为余弦波的调制，如同模拟信号需要调制一样，数字信号也需要调制。由于数字信号具有丰富的低频成分，不宜直接进行无线传输或长距离电缆传输，因此必须对数字基带信号进行调制。

数字调制的调制信号是1和0的离散取值，所以把数字调制称为键控。与模拟调制一样，数字调制可以对载波的振幅、频率和相位进行调制，分别称为振幅键控（Amplitude Shift Keying，ASK）、移频键控（Frequency Shift Keying，FSK）和移相键控（Phase Shift Keying，PSK）。与模拟调制不同的是，数字调制是用载波的某些状态（如载波的有和无、载波频率的离散和载波相位的离散）来表示传递的信息，所以解调时需要对载波参数进行离散检测，判别所传送的信息。

现代通信系统广泛采用数字调制技术。这是因为与模拟调制相比，数字调制具有抗干扰能力强、保密性能好，可以同时传递语音、图像和数据等优点。随着大规模集成电路（Very Large Scale Integrated circuit，VLSI）和数字信号处理（Digital Signal Processing，DSP）技术的发展，使数字调制系统向着更为可靠和小型化发展，而且，除了用硬件实现外，还广泛采用软件实现，使其具有更大的灵活性。

本章介绍数字调制、解调方式的基本概念和基本实现方法，更深入的讨论请参阅“现代通信原理”等相关的参考资料。

数字调制的基本类型有振幅键控、移频键控和移相键控。根据调制信号是二进制数字信号还是多进制数字信号，数字调制又分为二进制调制和多进制调制；根据传递信息是利用载波参数的绝对值还是载波参数的相对变化值，又可分为绝对调制和相对调制。

1. 二进制调制和多进制调制

二进制调制中，信号参数只有两种可能的取值，二进制信号对载波进行调制，载波的振幅、频率或相位只有两种变化状态。图9-1给出了二进制振幅键控、移频键控和移相键控的波形图。

多进制调制中，信号参数有M种可能的取值。在实际应用中，通常取$M=2^n$，n为大于1的正整数。M进制调制可以使信息传输率增加，提高频带利用率，其代价是增加了信号功率和实现上的复杂性。

2. 绝对调制和相对调制

绝对调制是利用载波参数的绝对值来传递信息。例如，利用载波幅度的绝对跳变的ASK、利用载波频率值的绝对跳变的FSK、利用载波相位值的绝对跳变的PSK等。图9-1中的ASK、FSK和PSK三种波形均属于绝对调制。

相对调制是利用载波参数的相对变化来传递信息。例如，差分移相键控（DPSK）是

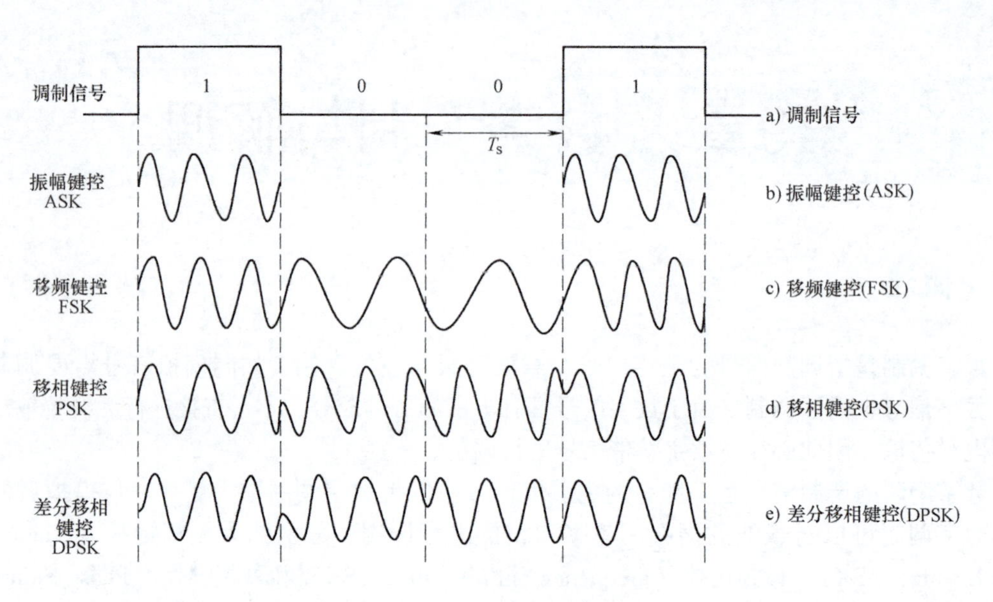

图 9-1　二进制调制的波形图

以相邻的前一个码元的载波相位为基准，当码元为“1”时，载波相位取与前一个码元的载波相位相同，而当码元为“0”时，载波相位取与前一个码元的载波相位相差 180°，如图 9-1e 所示。相对调制的优点是，解调时可以不需要载波提取，所以电路简单且可以减少误码。

9.2　二进制振幅键控的调制与解调

二进制振幅键控（2ASK）是用二进制调制信号控制载波的幅度，使其随二进制 1 或 0 的数字基带信号变化。设载波信号 $u_c(t)$ 为余弦波，即

$$u_c(t) = U_c\cos\omega_c t \tag{9-1}$$

二进制基带信号可以表示为

$$B(t) = \sum_n a_n g(t - nT_s) \tag{9-2}$$

式中，a_n 为二进制数字，当第 n 个码元为 1 时，a_n 等于 1；当第 n 个码元为 0 时，a_n 等于 0。用函数 $g(t)$ 表示二进制基带信号的波形，它可以是矩形脉冲，也可以是余弦脉冲或钟形脉冲等。T_s 为一个码元的宽度，则 2ASK 信号的数学表达式为

$$u_{2ASK}(t) = B(t)u_c(t) = \left[\sum_n a_n g(t - nT_s)\right]U_c\cos\omega_c t \tag{9-3}$$

2ASK 信号的波形如图 9-1b 所示。

1. 二进制振幅键控的调制

用一个相乘器将数字基带信号和载波相乘，就可以产生二进制振幅键控信号，其数学模型如图 9-2a 所示。也可直接用数字基带信号去控制一个电子开关，当出现 1 码时，开关拨向载波端，输出载波；当出现 0 码时，开关拨向接地端，无载波输出，从而获得 2ASK 信号，如图 9-2b 所示。

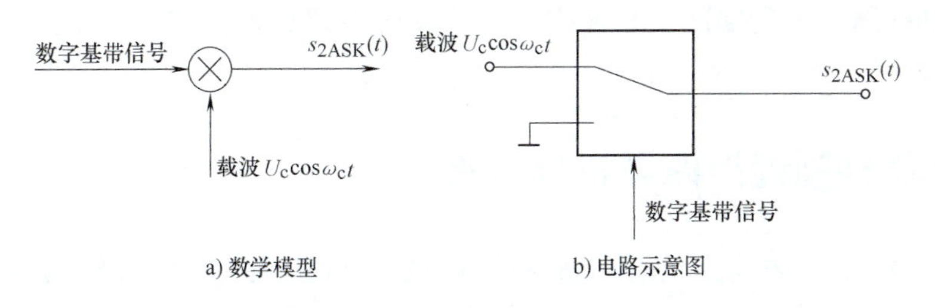

图 9-2　二进制振幅键控的调制

2. 二进制振幅键控的解调

二进制振幅键控的解调一般可采用包络检波方式，其电路框图如图 9-3 所示。2ASK 信号通过带通滤波器滤波后，经半波或全波整流器检波，再由低通滤波器滤除残余高频后，送到抽样判决器，最后获得解调输出。图中的抽样判决器对于提高数字信号的接收性能是十分必要的。

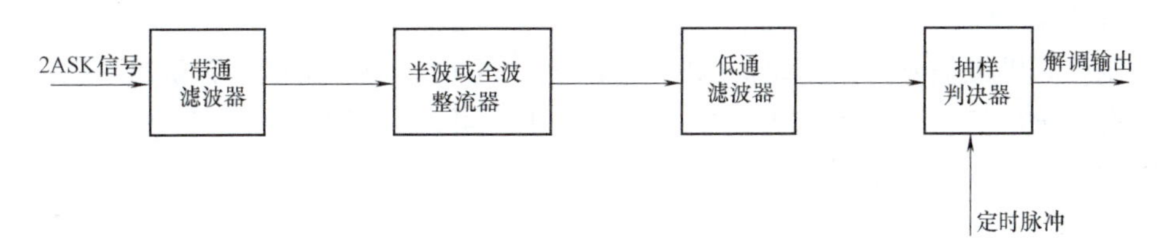

图 9-3　二进制振幅键控的解调

由前面介绍的模拟调制系统可知，经检波器解调出的信号，就是原调制信号。如果在整个传输系统中（包括发射机、传输媒介和接收机），一旦产生失真和干扰，它们对解调信号的影响一般是无法清除的，这正是模拟调制的缺点。而在数字调制系统中，如果同样产生了上述失真和干扰，可以采用抽样判决技术不失真地重现原调制信号。如二进制调制信号数字序列为 1001，则对应的 2ASK 信号如图 9-4a 所示，解调后的波形如图9-4b 所示，可见存在着失真和干扰。图 9-4c 所示为与数字信号同步的窄脉冲时钟信号，用它对解调信号在最大值上抽样，抽样后的信号为一幅度不同的周期性脉冲序列，如图 9-4d 所示。然后将它与判决电平 U_o 比较，当幅度大于 U_o 时，判为 1，否则判为 0，图 9-4e 为判决后的窄脉冲序列。由它再去触发单稳电路，便可以重现原调制信号波形，如图 9-4f 所示。可见，只要失

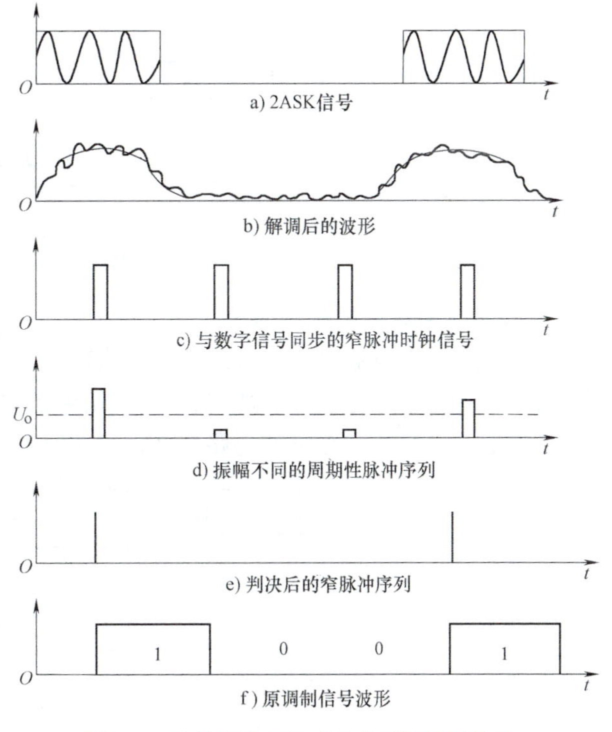

图 9-4　抽样判决不失真地重现原调制信号

真和干扰在抽样脉冲出现期间，其抽样信号的幅度不超过 U_o，就不会误判，可以准确地恢复原调制信号。

9.3　二进制移频键控的调制与解调

二进制移频键控（2FSK）是用二进制调制信号控制载波的频率，使其随调制信号 1 或 0 变化。例如当调制信号为 1 时，对应的载波频率为 f_1；当调制信号为 0 时，对应的载波频率为 f_2，波形如图 9-1c 所示。

若载波信号分别是幅度为 U_{c1}、频率为 f_1 和幅度为 U_{c2}、频率为 f_2 的余弦波，则 2FSK 已调信号的数学表达式为

$$u_{2FSK}(t)=\left[\sum_n a_n g(t-nT_s)\right]U_{c1}\cos\omega_1 t+\left[\sum_n \bar{a}_n g(t-nT_s)\right]U_{c2}\cos\omega_2 t \tag{9-4}$$

式中，$\bar{a}_n$ 是 a_n 的反码，即 a_n 为 0 时，$\bar{a}_n$ 为 1。

1. 二进制移频键控信号的产生

二进制移频键控信号可以用模拟调频电路产生，但由于载波频率不需随调制信号连续变化，而只有两种取值，所以可用更简单的方法实现。可以用两个振荡器分别产生频率为 f_1 和 f_2 的载波，在二进制调制信号的控制下，按 1 或 0 分别选择一个载波输出，最后合成的信号就是 2FSK 已调信号，图 9-5 就是二进制移频键控调制电路的框图。

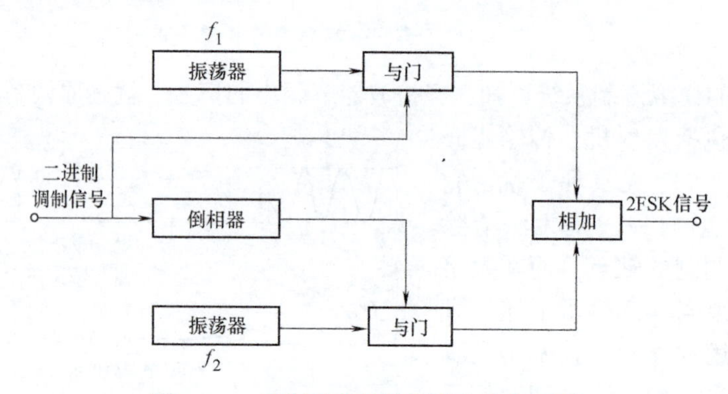

图 9-5　二进制移频键控调制电路的框图

2. 二进制移频键控信号的解调

由以上二进制移频键控信号的数学表达式及波形可见，它可以看成是两个不同载波的二进制振幅键控已调信号之和，所以，2FSK 信号的解调，可以使用和 2ASK 信号解调完全相同的方法，只是使用两路解调电路而已。例如使用包络检波的解调电路如图 9-6 所示。

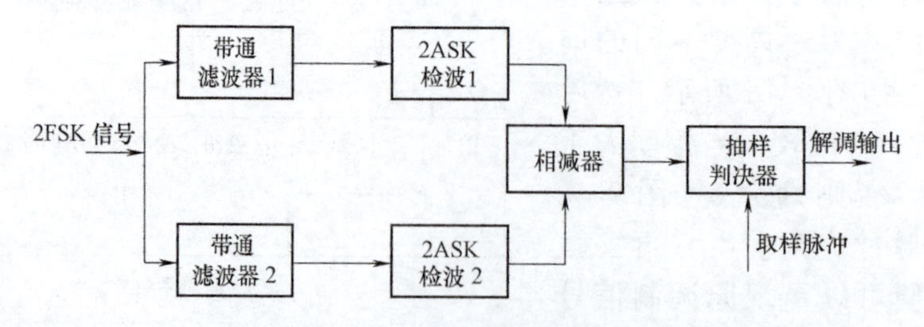

图 9-6　二进制移频键控解调器框图

如前所述，2FSK 信号是由两个频率分别为f_1和f_2的2ASK 信号合成的。用两个中心频率分别为f_1和f_2的带通滤波器对2FSK 信号进行滤波，可以将其分离成两个2ASK 信号。然后对每个2ASK 进行解调，并将两个解调输出送到相减器。相减后的信号是双极性信号，在取样脉冲的控制下进行判决就可完成2FSK 信号的解调。

9.4　二进制移相键控的调制与解调

二进制移相键控（2PSK 或 BPSK）是使载波相位随调制信号1或0变化而变化的调制方式，如当调制信号为1时，载波相移0°；当调制信号为0时，载波相移180°。设载波信号$u_c(t)$为余弦波，即$u_c(t)=U_c\cos\omega_c t$。则当调制信号为1时，输出已调信号同原载波；当调制信号为0时，输出已调信号与原载波倒相，即$U_c\cos(\omega_c t-180°)=-U_c\cos\omega_c t$，所以BPSK 信号的数字表达式为

$$u_{\mathrm{BPSK}}(t)=\sum_n a_n g(t-nT_s)U_c\cos\omega_c t \tag{9-5}$$

式中，a_n取值为1或－1。BPSK 信号的波形如图9-1d 所示。

由式(9-5)和图9-1d 表明，BPSK 信号可以看成是由二进制调制信号$B(t)$与载波信号$u_c(t)$相乘产生的双边带抑制载波的调幅波，所以，BPSK 信号可以采用乘法器产生，而它的解调可采用同步（相干）检波。

1. 二进制移相键控调制器

二进制移相键控调制器的组成框图如图9-7 所示，载波发生器和移相电路分别产生两个同频反相的余弦波，由数字基带信号控制电子开关进行选通：当信码为1时，输出0相载波；当信码为0时，输出π相载波，从而获得2PSK 信号。

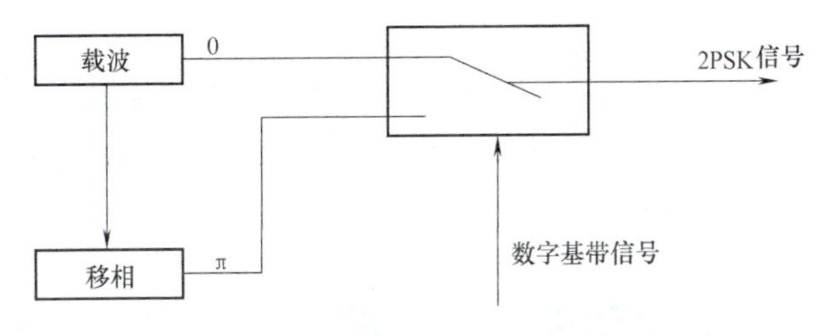

图9-7　二进制移相键控调制器的组成框图

2. 二进制移相键控解调器

二进制移相键控信号的解调可用同步（相干）解调，同步（相干）解调器的框图如图9-8 所示。

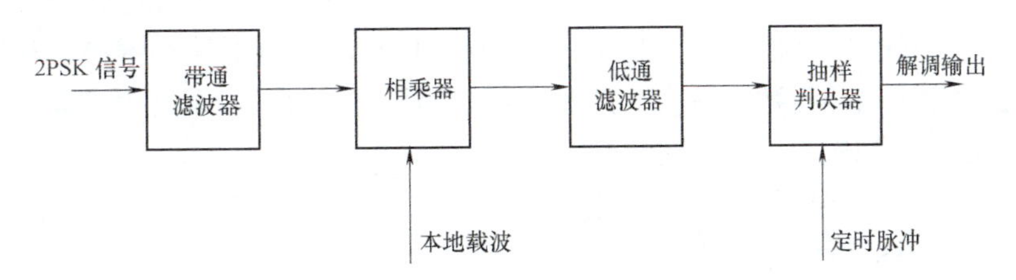

图9-8　二进制移相键控解调器的组成框图

二进制移相键控解调器各点的波形如图9-9 所示。

从图9-9 可以看出，当本地恢复载波与2PSK 信号的载波同相时，经同步（相干）解调器解调出的信码与发送信码完全相同（不考虑传输误码）。但本地恢复载波也可能与2PSK 信号的载波反相，这时经相干解调器解调出的信码与发送信码的极性完全相反，形成1和0

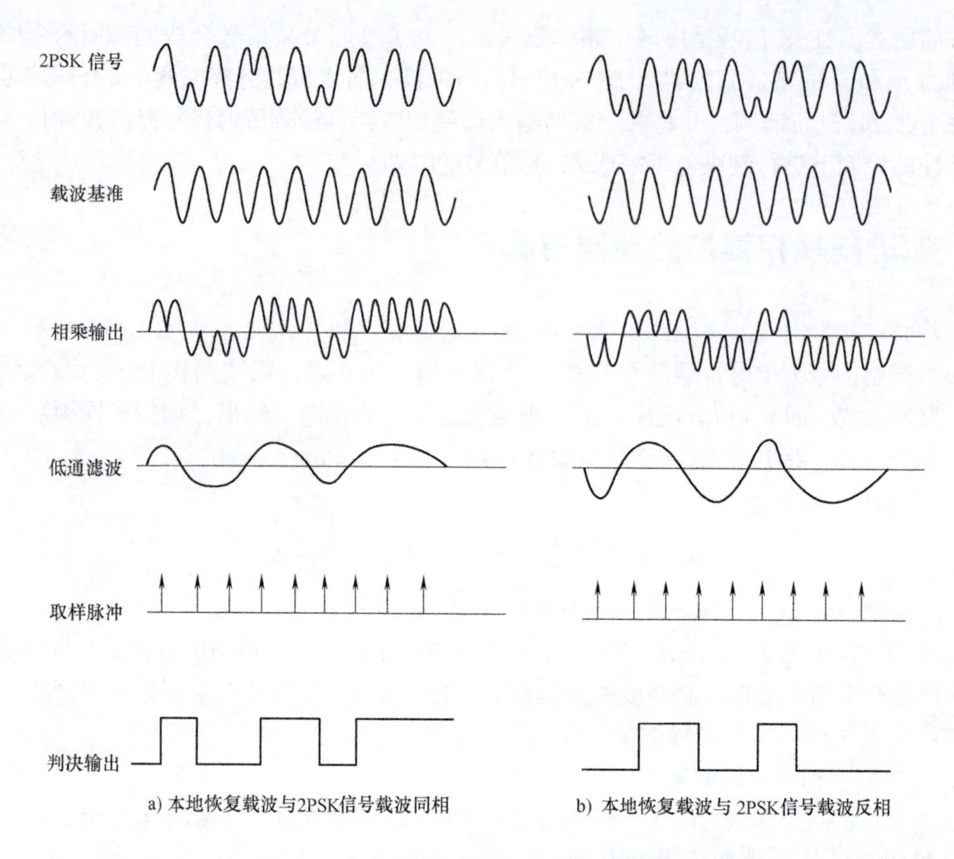

图 9-9　二进制移相键控解调器各点的波形

的倒置，这对于数字信号的传输来说当然是不能允许的。

为了克服这种因本地恢复载波相位不确定性而造成相干解调 1 和 0 的倒置现象，通常采用差分移相键控的方法。

9.5　二进制差分移相键控的产生与解调

二进制差分移相键控（DPSK）信号的相位变化是以未调载波的相位作为参考基准的。前述 2PSK 利用载波相位的绝对数值传送数字信息，因而称为绝对移相键控。利用载波相位的相对数值也同样可以传送数字信息，这种利用前后码元载波相位的相对变化来传送数字信息的方式称为差分移相键控（DPSK）。

二进制差分移相键控属于相对调制。图9-1e已给出了 DPSK 信号的波形图。

1. 二进制差分移相键控信号的产生

为了产生二进制差分移相键控信号，先要将原调制信号的二进制码变换为差分码，然后再用与产生 BPSK 信号一样的调相器进行绝对调相。2DPSK 调制器的组成框图如图9-10所示，与 2PSK 所不同的是

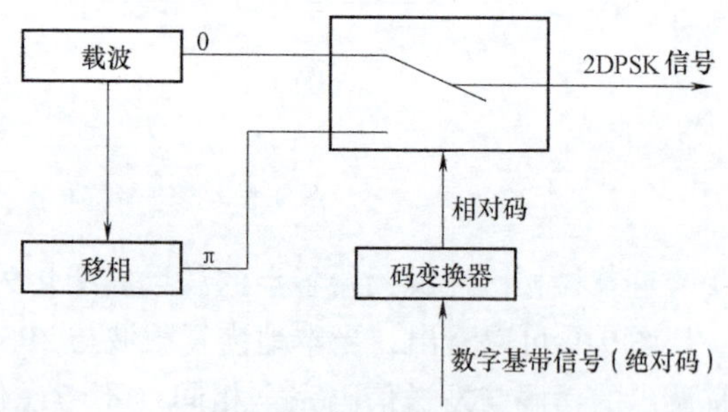

图 9-10　二进制差分移相键控调制器的组成框图

在电路加了一个“码变换器”，用于将绝对码变为相对（差分）码，然后再进行绝对调相。

2. 二进制差分移相键控信号的解调

二进制差分移相键控信号的解调可采用同步（相干）解调，2DPSK信号同步（相干）解调器如图9-11所示。

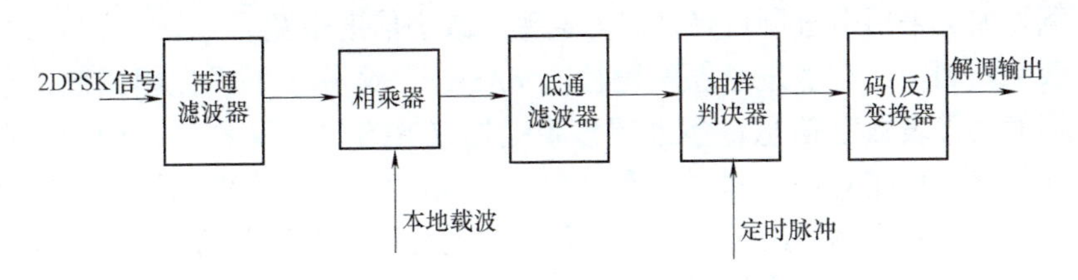

图9-11 二进制差分移相键控解调器的组成框图

2DPSK解调器各点波形如图9-12所示。由图9-12可看出，对于2DPSK信号来说，不管本地恢复载波的相位与2DPSK信号的载波同相还是反相，在不考虑传输误码的情况下，其解调结果的信码与发送信码完全一致。因此，在现代数字通信中广泛采用2DPSK信号传输信息。

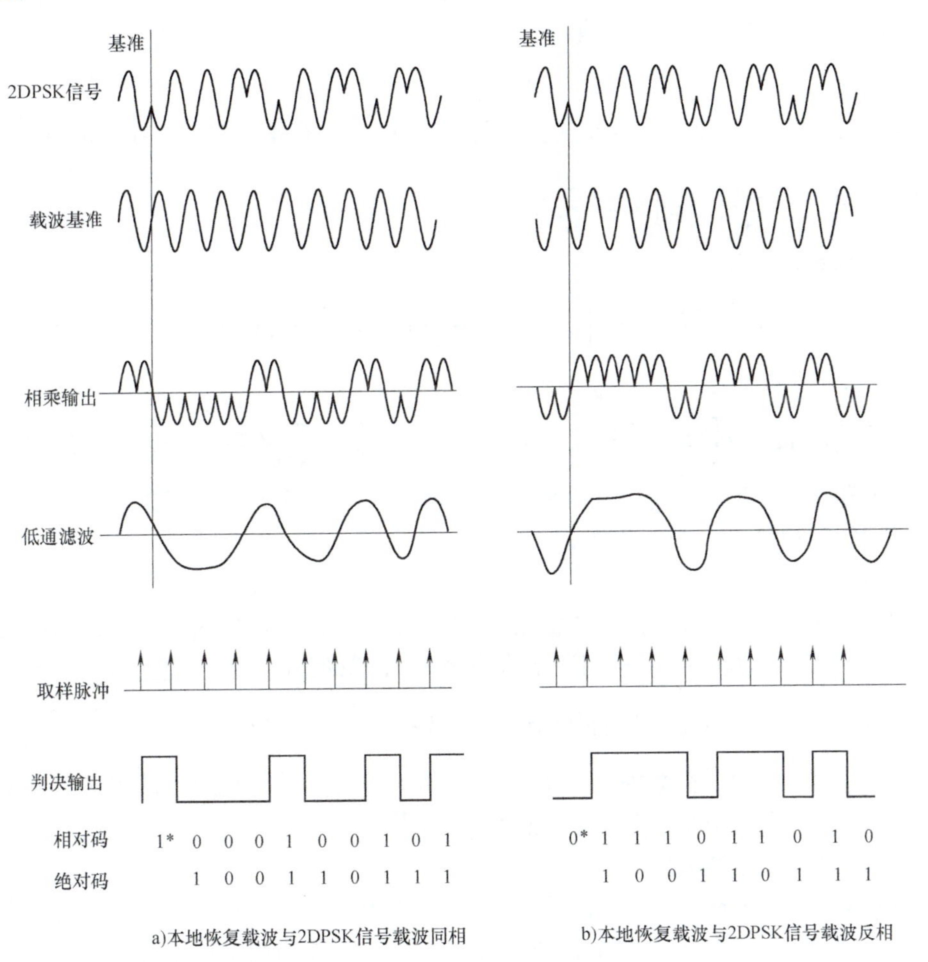

图9-12 二进制差分移相键控解调器各点的波形

9.6 多进制数字调制与解调

二进制数字调制的基带信号只有 0、1 两种状态。在二进制系统中，随传码率的提高，所需信道带宽增加。采用多进制可降低码元速率，减小信道带宽。

多进制数字调制中，有多进制振幅键控（MASK），又称多电平振幅调制，它是用高频载波的多个幅度去代表数字信息；多进制移频键控（MFSK），又称多元调频，它用多个载波频率与多种数字信息相对应；多进制移相键控（MPSK），也称多元调相，它利用具有多个相位状态的正弦波来代表多组二进制信息码元。也有把携带信息的两个参数组合起来进行调制的，例如将振幅和相位组合得到多进制幅相键控（MPSK）或它的特殊形式多进制正交振幅调制（MQAM）等。多进制调制中，信号参数有 M 种可能取值，在实际应用中，通常取 $M=2^n$，n 为大于 1 的正整数。下面就比较常用的四进制移相键控（QPSK）调制与解调进行简单介绍。

1. 四进制移相键控

在多进制移相键控调制中最常用的是四进制移相键控 4PSK，也称 QPSK。QPSK 调相载波相位有 4 种取值，而 4 个相位又可以有不同的选择。例如，可以选 0、π/2、π 和 3π/2；也可以选择 π/4、3π/4、-3π/4 和 -π/4 等，它们分别对应二进制信息 11、01、00 和 10。若采用 π/4、3π/4、-3π/4 和 -π/4 的相位选择，则 QPPSK 可能有 4 种信号：$\sin\left(\omega_c t+\frac{\pi}{4}\right)$、$\sin\left(\omega_c t+\frac{3\pi}{4}\right)$、$\sin\left(\omega_c t-\frac{3\pi}{4}\right)$、$\sin\left(\omega_c t-\frac{\pi}{4}\right)$。

根据三角函数公式有

$$\sin\left[\omega_c t+(i-1)\frac{\pi}{2}+\frac{\pi}{4}\right]=\cos\left[(i-1)\frac{\pi}{2}+\frac{\pi}{4}\right]\sin\omega_c t+\sin\left[(i-1)\frac{\pi}{2}+\frac{\pi}{4}\right]\cos\omega_c t$$

式中，$i=1, 2, 3, 4, \cdots$。

在 i 取不同值时，$\cos\left[(i-1)\frac{\pi}{2}+\frac{\pi}{4}\right]$和 $\sin\left[(i-1)\frac{\pi}{2}+\frac{\pi}{4}\right]$都等于 $1/\sqrt{2}$ 或 $-1/\sqrt{2}$，相当于二进制码 1 和 0 两个状态。所以，QPSK 信号实际上就是两个正交的二进制移相键控信号之和，只是它们的相移是由二位码键控的。

2. 四进制移相键控信号的产生

根据四进制移相键控 QPSK 信号的特点，QPSK 信号的产生可以由两个二进制调相电路产生，如图 9-13 所示。输入的二进制数字信号 $B(t)$ 首先经串/并变换电路分成速率减半的两路数字信号 $B_I(t)$ 和 $B_Q(t)$。它们分别按 $\cos\left[(i-1)\frac{\pi}{2}+\frac{\pi}{4}\right]$和 $\sin\left[(i-1)\frac{\pi}{2}+\frac{\pi}{4}\right]$规则变换，然后两路信号分别对正交载波信号 $U_c\cos\omega_c t$ 和 $U_c\sin\omega_c t$ 进行双边带调制，产生相互正交的 BPSK 信号，最后在相加器中相加，获得 QPSK 信号。

3. 四进制移相键控信号的解调

四进制移相键控 QPSK 信号的解调是其产生的逆过程，可以用两个正交的载波信号进行同步（相干）解调。同步解调首先要提取载波，再经 π/2 移相网络产生正交载波信号，分两路同步解调，再通过取样判决电路分别获得 $B_I(t)$ 和 $B_Q(t)$ 信号，最后通过并/串变换电

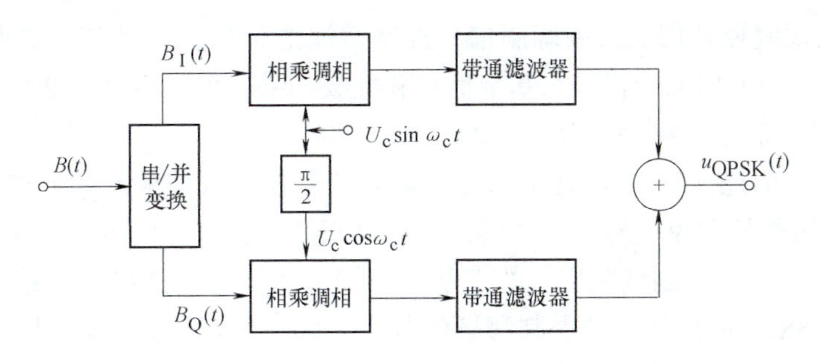

图 9-13　QPSK 信号的产生

路还原成原始的二进制数字信号，电路框图如图 9-14 所示。

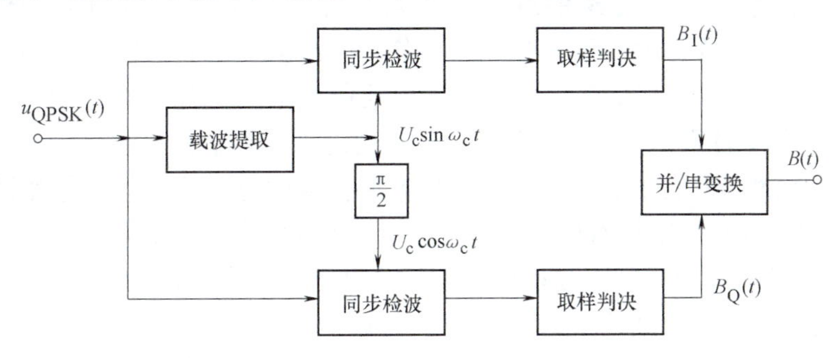

图 9-14　QPSK 信号的解调

4. 其他多进制调制

除了四进制移相键控外，多进制移相键控还可以有 8PSK、16PSK 等，但是移相数目越多，电路实现就越困难。随着大规模集成电路和数字信号处理技术的发展，特别是速度快、容量大的现场可编程序门阵列器件 FPGA 和 CPLD 的出现，使多进制移相键控调制解调电路可以编程固化在单片 FPGA 和 CPLD 芯片内实现，从而使系统结构简化，并且降低了成本。

在多进制调制方式中还有一种调制方式正得到日益广泛的应用，就是多进制正交调幅（MQAM）。正交调幅（QAM）实际上是振幅移相调制，即数字基带信号同时控制载波的振幅和相位，使数字信息包含在载波的幅度和相位中。正交调幅可以使频带利用率提高一倍。正交调幅采用多进制方式，就是多进制正交调幅（MQAM）。其中 M 可取 4、16、32、64、128 和 256 等，最常用的是 16 和 64，即 16 QAM 和 64QAM。MQAM 比相应多进制的 MPSK 调制抗干扰能力强，故在现代通信领域中受到重视。MQAM 信号的调制与解调也可以同 QPSK 信号的调制与解调一样，可采用正交调制与同步（相干）解调，只是电路更复杂一些，有兴趣的读者可参阅相关的资料。

本 章 小 结

1. 数字调制的调制信号是 1 和 0 的离散取值，所以把数字调制称为键控。与模拟调制一样，数字调制可以对载波的振幅、频率和相位进行调制，分别称为振幅键控（Amplitude Shift Keying，ASK）、移频键控（Frequency Shift Keying，FSK）和移相键控（Phase Shift Keying，PSK）。

2. 二进制振幅键控是用二进制调制信号控制载波的幅度，使其随二进制 1 和 0 的数字基带信号变化。用一个相乘器将数字基带信号和载波相乘，就可以产生 2ASK 信号。二进制振幅键控（2ASK）信号的解调一般可采用包络检波方式。

3. 二进制移频键控（2FSK）是用二进制调制信号控制载波的频率，使其随调制信号 1 或 0 变化。二进制移频键控信号可以用模拟调频电路产生，也可用两个振荡器分别产生频率为 f_1 和 f_2 的载波，在二进制调制信号的控制下，按 1 或 0 分别选择一个载波输出，最后合成的信号就是 2FSK 已调信号。二进制移频键控（2FSK）信号可以看成是两个不同载波的振幅键控已调信号之和，2FSK 信号的解调，可以使用和 2ASK 信号解调完全相同的方法，只是使用两路解调电路而已。

4. 二进制移相键控（2PSK 或 BPSK）是使载波相位随调制信号 1 或 0 变化而变化的调制方式，如当调制信号为 1 时，载波相移 0°；当调制信号为 0 时，载波相移 180°。BPSK 信号可以看成是由二进制调制信号与载波信号相乘产生的双边带抑制载波调幅波，所以，BPSK 信号可以采用乘法器产生，而它的解调可采用同步（相干）检波。

5. 用前后码元载波相位的相对变化来传送数字信息的方式称为差分移相键控。二进制差分移相键控（DPSK）属于相对调制。为了产生 DPSK 信号，先要将原调制信号的二进制码变换为差分码，然后再用与产生 BPSK 信号一样的调相器进行绝对调相。二进制差分移相键控（DPSK）信号的解调可采用同步（相干）解调。

6. 多进制数字调制中，有多进制振幅键控（MASK），它用高频载波的多个幅度去代表数字信息；多进制移频键控（MFSK），它用多个载波频率与多种数字信息对应；多进制移相键控（MPSK），它利用具有多个相位状态的正弦波来代表多组二进制信息码元。也有把携带信息的两个参数组合起来进行调制的，例如将振幅和相位组合得到多进制幅相键控（MPSK）或它的特殊形式多进制正交振幅调制（MQAM）等。

习题与思考题

9.1 数字调制有什么优点？它有哪些类型？

9.2 什么是二进制振幅键控？如何产生 2ASK 信号？二进制振幅键控（2ASK）信号的解调如何实现？

9.3 什么是二进制移频键控？如何产生 2FSK 信号？二进制移频键控（2FSK）信号的解调如何实现？

9.4 什么是二进制移相键控？如何产生 2PSK 信号？二进制移相键控（2PSK）信号的解调如何实现？

9.5 什么是差分移相键控？如何产生 DPSK 信号？二进制移相键控（DPSK）信号的解调如何实现？

9.6 什么是多进制数字调制？它有何优点？它有哪些类型？

9.7 为什么 BPSK 调制可以用相乘器来实现？试画出 BPSK 调制电路的框图。

9.8 DPSK 与 BPSK 调制有什么区别？

9.9 已知数字基带信号为 10110010，试画出 2ASK、2FSK、2PSK 和 DPSK 信号的波形图？

9.10 根据对载波参数的控制，数字调制有（　　）、（　　）和（　　）等几类。

9.11 QAM 调制是一种双重数字调制，它是利用载波的不同（　　）和不同（　　）来表示数字信息。

9.12 FSK 信号的产生有（　　）和（　　）方法。

9.13 多进制调制能够（　　），但是（　　）。

9.14 PSK 解调后可能会出现（　　）现象。

9.15 2ASK 的解调可以采用（　　）方式。

A. 包络检波　　B. 鉴频　　C. 鉴相　　D. 都不行

9.16 2FSK 有（　　）个载波频率。

A. 1　　B. 2　　C. 3　　D. 4

9.17 下列哪种调制方式的带宽更宽？（　　）

A. 2DPSK　　B. 2PSK　　C. 2FSK　　D. 2ASK

9.18 2PSK 利用载波相移来传输 0、1 信息，载波相移差为（　　）。

A. 45°　　B. 90°　　C. 120°　　D. 180°

9.19 2FSK 的含义是（　　）。

A. 二进制频移键控　　B. 二进制振幅键控

C. 二进制振幅解调　　D. 二进制相移解调

第10章　反馈控制电路

10.1　概述

利用反馈实现对电子系统自身控制的电路称为反馈控制电路。前面介绍了放大电路、振荡电路、调制电路和解调电路等功能电路，用这些功能电路可以组成一个通信系统和其他电子系统，但是这样组成的系统的性能不一定完善。例如，在调幅接收机中，天线上感应的有用信号的强度往往由于电波传播衰减等原因会有较大的起伏变化，导致放大器输出信号时强时弱，发生不规则变化，有时还会造成阻塞。对于移动接收设备，由于接收设备和发射机的距离以及周围的环境时刻变化，接收天线感应到的信号强弱不断地、无规则地变化。若采用固定增益的放大器，则信号强时会造成阻塞，信号弱时又会造成输出信号太弱，这显然不利于信号的处理。在电子技术中，由于需要具有性能优良的处理和传输信号的器件以及电路，因此广泛采用反馈技术，构成反馈控制系统，完成各种需要的任务。各种类型的反馈控制电路，就其作用而言，都可看成由反馈控制器和对象两部分组成的自动调节系统，如图 10-1 所示。图中，X_i、X_o 分别为反馈控制电路的输入量和输出量，它们之间有一确定的关系，设为 $X_o=f(X_i)$，这个关系是根据使用要求预先设定的。若由于某种原因，使这个关系受到破坏，则反馈控制器就能在对 X_o 和 X_i 的比较过程中检测出它们与预定关系之间的偏离程度，从而产生相应的误差量 X_e 加到对象上，对象根据 X_e 对 X_o 进行调节，使 X_o 与 X_i 之间接近或恢复到预定的关系。

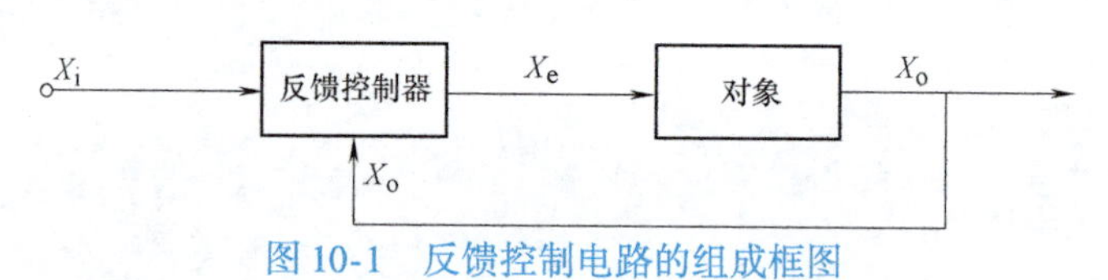

图 10-1　反馈控制电路的组成框图

反馈控制系统之所以能够控制参数，并使之稳定，其主要原因就在于它能够利用存在着的误差来减小误差。因此，当产生误差时，反馈控制系统只能把误差减小，或者说减到很小，但不能完全消除误差。

根据控制对象参数的不同，反馈控制电路可分为以下 3 类：①若需要比较和调节的参数为电压或电流，则相应的 X_o 和 X_i 为电压或电流的反馈控制电路称为自动增益控制电路（Automatic Gain Control，AGC）。②若需要比较和调节的参数为频率，则相应的 X_o 和 X_i 为频率的反馈控制电路称为自动频率控制电路（Automatic Frequency Control，AFC）。③若需要比较和调节的参数为相位，则相应的 X_o 和 X_i 为相位的反馈控制电路称为自动相位控制电路（Automatic Phase Control，APC）。自动相位控制电路又称为锁相环（Phase Locked Loop，PLL），它是应用最广的一种反馈控制电路，目前已制成通用的集成组件。

10.2　自动增益控制电路

自动增益控制电路是接收机的重要辅助电路之一，它的作用是使接收机的输出电平保持一定范围。

接收机的输出电平取决于输入信号的电平以及接收机的增益。在通信、导航和遥测系统中，由于受发射功率大小、收发距离远近以及电波传播衰减等各种因素的影响，所接收到的信号强弱变化范围很大，弱的可能是几微伏，强的则可以达几百毫伏。若接收机的增益恒定不变，则信号太强时会造成接收机饱和或阻塞，而信号太弱时又可能被丢失。因此希望接收机的增益随接收信号的强弱而变化，信号强时增益低，信号弱时增益高，这样就需要使用自动增益控制电路。

10.2.1　自动增益控制电路的工作原理

1. 电路组成框图

自动增益控制电路是一种在输入信号幅值变化很大的情况下，通过调节可控增益放大器的增益，使输出信号幅值基本恒定或仅在较小范围内变化的一种电路，其组成框图如图10-2所示。

它的反馈控制器由检波器、低通滤波器、直流放大器和电压比较器组成，对象就是可控增益放大器。可控增益放大器增益 A_2 受比较器输出误差电压 u_e 的控制。这种控制是通过改变受控放大器静态工作点的电流值、输出负载值、反馈网络的反馈量或与受控放大器相连的衰减网络的衰减量等来实现的。

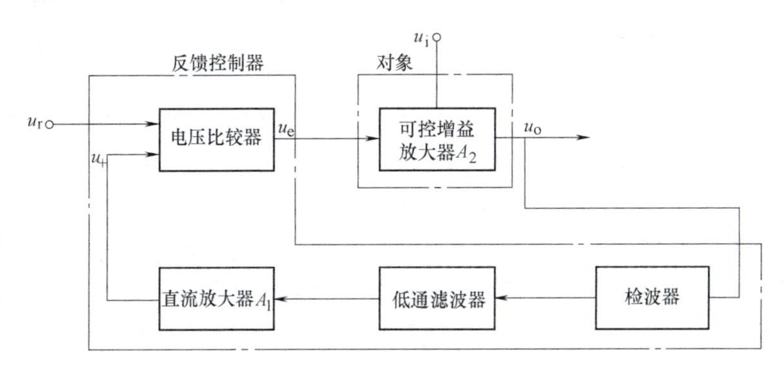

图 10-2　自动增益控制电路的组成框图

2. 比较过程

在 AGC 电路里，比较参数是信号电平，所以可采用电压比较器。反馈网络由振幅检波器、低通滤波器和直流放大器组成。反馈网络通过振幅检波器检测出输出信号的振幅电平。此信号经过低通滤波器滤去不需要的较高频率分量，取出与幅度相关的缓慢变化信号，然后经直流放大器进行适当放大后与恒定的参考电平 u_r 相比较，产生一个误差电压 u_e，去控制可控增益放大器的增益。当输入电压 u_i 减小而使输出电压 u_o 减小时，误差电压 u_e 将使增益 A_2 增大，从而使 u_o 趋于增大。当输入电压 u_i 增大而使输出电压 u_o 增大时，误差电压 u_e 将使增益 A_2 减小，从而使 u_o 趋于减小。因此无论何种情况，通过环路不断地循环反馈，都应该使输出信号 u_o 的幅度保持基本不变或仅在较小范围内变化。

3. 滤波器的作用

当输入信号为调幅信号时，其调制信号为低频信号，经过振幅检波器可将该调制信号检测出来。显然，自动增益控制电路不应该按此信号的变化来控制增益 A_2。否则，调幅波的有用幅值变化将会被自动增益控制电路的控制作用所抵消，即当此调制信号幅度增大时，可控增益放大器的增益下降；当此调制信号幅度减小时，可控增益放大器的增益增加，从而使放大器的输出保持基本不变，这种现象被称为反调制。显然当出现反调制后，可控增益放大器输出的调幅信号的调制度将下降。由于发射功率的变化、距离远近的变化和电波传播衰减等引起信号强度的变化是比较缓慢的，反映其变化的信号应是缓慢变化信号，其频率应该比调制信号的频率低。低通滤波器的作用应该是将调制信号滤除，而保留缓慢变化信号送给电压比较器进行比较。因此，必须选择适当的环路频率响应特性，使对于高于某一频率的调制信号的变化无响应，而仅对低于这一频率的缓慢变化才有控制作用，这主要取决于低通滤波器的截止频率。

4. 控制过程

若 AGC 电路反馈控制器的输入电压为 u_r，可控增益放大器的输出电压振幅为 U_{om}，则它们之间的关系一般预定为

$$U_{om}=Au_r$$

式中，A 为某一特定的常数；u_r 为比较器的参考电压。

由图 10-2 及前面的讨论可知，参考电压 u_r 与比较器另一端的输入电压 u_+ 的差值，即误差电压 u_e，将控制可控增益放大器的增益。当满足上式的预定关系时，比较器的输出误差电压 u_e 应为 0，即此时输出电压 u_o 经检波器、低通滤波器和直流放大器后加到电压比较器上的电压 u_+ 应等于 u_r。

若由于某些原因，造成可控增益放大器的输出电压振幅 U_{om} 增大，则 u_+ 也将增大，从而使误差电压 u_e 增大，则可控增益放大器的增益 A_2 将随 u_e 的变化而变化，使输出电压振幅向 U_{om} 靠近。如此反复循环，直到可控增益放大器输出的某一电压振幅所需的控制电压恰好等于由该输出电压振幅通过反馈控制器产生的误差电压时，环路才稳定下来。环路达到稳定的状态称为环路锁定。环路通过自身的调整只能使输出电压振幅靠近 U_{om}，而不会恢复到等于 U_{om}。换句话说，AGC 电路是有误差的控制电压，这个结论对于其他两种反馈控制电路也是成立的。

10.2.2 自动增益控制电路应用举例

图 10-3 是具有 AGC 电路的接收机框图。图 10-3a 是超外差式收音机的框图，具有简单的 AGC 电路，天线收到的信号经放大、变频、再放大后，进行检波，取出音频信号。此音频信号的大小，将随输入信号强弱的变化而变化。此音频信号经过滤波后，取出其平均值，称为 AGC 电压 u_{AGC}。输入信号强，u_{AGC}大；输入信号弱，u_{AGC}小。再利用 AGC 电压控制高放及中放增益：u_{AGC}大，增益低；u_{AGC}小，增益高，即可达到自动增益控制的目的。

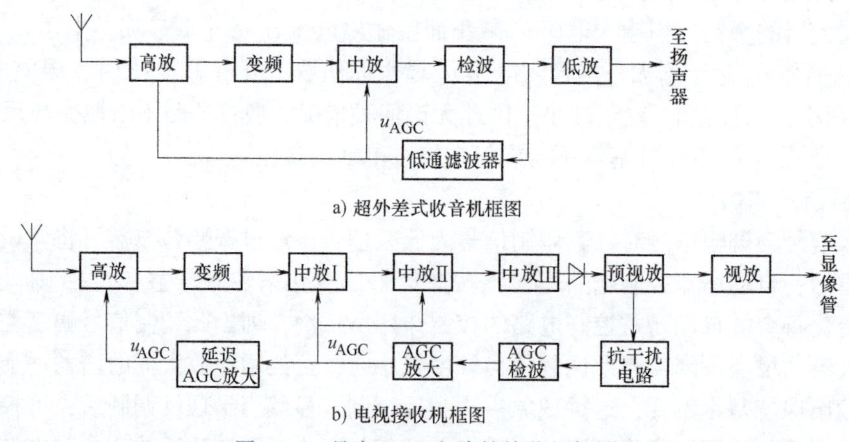

a) 超外差式收音机框图

b) 电视接收机框图

图 10-3 具有 AGC 电路的接收机框图

图 10-3b 是电视接收机的框图，具有较复杂的 AGC 电路。电视天线收到的信号经放大、变频、再放大后，进行检波，取出视频信号。预视放对视频信号放大，除送到下一级视频放大外，还送到 AGC 电路。去除干扰后，再经 AGC 检波和放大。AGC 检波的目的类似于超外差收音机中 AGC 电压滤波器的作用，即取出信号平均值，作为 AGC 电压 u_{AGC}。u_{AGC}除控制中放增益外，还经过延迟放大，去控制高放增益。

10.2.3　放大器增益控制

高频小信号放大器的谐振增益为

$$A_{u0}=\frac{p_1p_2|y_{fe}|}{g_{\Sigma}}$$

可见，放大器的增益与晶体管的正向传输导纳 $|y_{fe}|$ 成正比，$|y_{fe}|$ 的大小与工作点电流 I_Q 有关。因此，改变发射极静态电流 I_E，可以改变 $|y_{fe}|$，从而改变了电压增益 A_{u0}。

图 10-4 是晶体管 $|y_{fe}|$-I_E 特性曲线。由曲线可见，当 I_E 较小时，$|y_{fe}|$ 随 I_E 的增加而增加，当 I_E 增大到某一数值时，$|y_{fe}|$ 达最大值，然后随着 I_E 的增大，曲线缓慢下降。若将静态工作点选在 I_{EQ}点，则当 $I_E<I_{EQ}$时，$|y_{fe}|$ 随 I_E 减小而下降，称为反向 AGC；当 $I_E>I_{EQ}$时，$|y_{fe}|$ 随 I_E 增加而下降，称为正向 AGC。

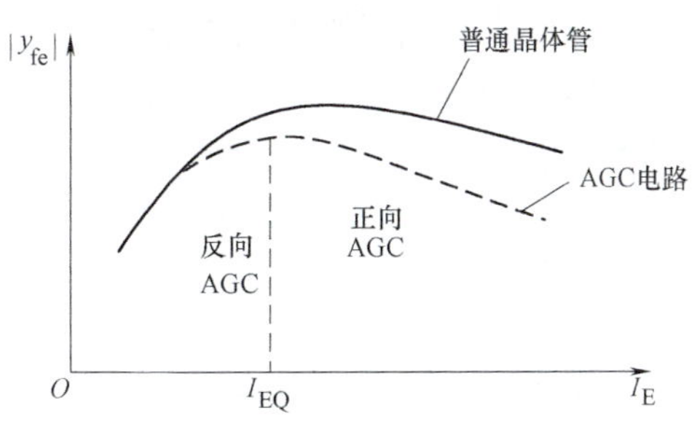

图 10-4　晶体管 $|y_{fe}|$-I_E 特性

对于反向 AGC，可将 AGC 电压加至晶体管的发射结，如图 10-5 所示。当 u_{AGC}增大时，发射结电压 u_{BE}降低，造成 I_E 减小，从而形成 $U_{om}\uparrow\rightarrow u_{AGC}\uparrow\rightarrow I_E\downarrow\rightarrow|y_{fe}|\downarrow\rightarrow A_u\downarrow$，使输出电压减小。由于 I_E 的变化方向与 AGC 电压的变化方向正好相反，故称为反向 AGC。

对于正向 AGC，当 u_{AGC} 增大时，必须设法使增益下降，即要求 I_E 增大，从而形成 $U_{om}\uparrow\rightarrow u_{AGC}\uparrow\rightarrow I_E\uparrow\rightarrow|y_{fe}|\downarrow\rightarrow A_u\downarrow$，使输出电压减小。由于 I_E 的变化方向与 AGC 电压的变化方向相同，故称为正向 AGC。正向 AGC 的电路形式与反向 AGC 是一样的，但电压极性应该相反。

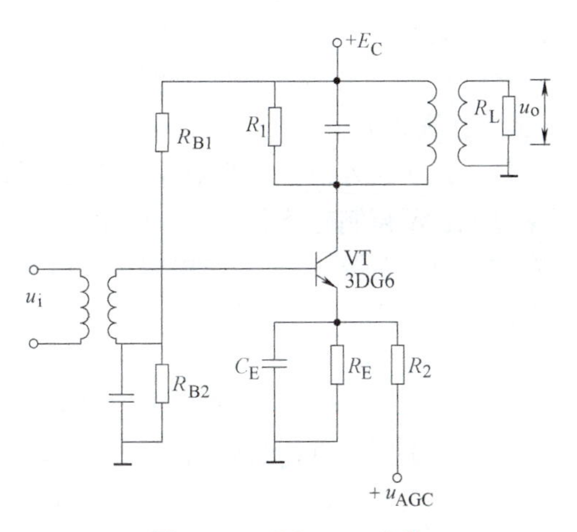

图 10-5　反向 AGC 电路

反向 AGC 的优点是工作电流较小，对晶体管安全工作有利，电路比较简单，使用普通的高频管即可。它的缺点是增益控制范围不宽。当输入信号增大较多时，反向 AGC 的作用将使 I_E 下降较多，从而进入晶体管的非线性区，产生非线性失真。但由于它的电路简单，在一些要求不太高的 AGC 电路中仍被广泛应用。

正向 AGC 的优点是对于弱信号，晶体管工作点选在 $|y_{fe}|$ 最大处，这样可以充分利用晶体管的放大能力，使 u_i 得到尽可能的放大。对于强信号，I_E 增大，因而晶体管仍工作在线

性较好的区域内，非线性失真不致明显增加，因此得到广泛应用，特别是电视接收机中，应用很多。但是采用正向 AGC 电路，就必须采用具有正向 AGC 特性的晶体管，具有正向 AGC 特性的国产晶体管有 3DG56 和 3DG79 等型号。

10.2.4 AGC 电路的分类

接收机的 AGC 电压大都是利用它的输出信号经检波后产生的。按照控制电压 u_{AGC} 产生的方式，AGC 电路可分为平均值型和峰值型两种电路。

1. 平均值型 AGC 电路

平均值型 AGC 电路最为简单，在广播收音机中广泛采用。

图 10-6 是一种常见的平均值型 AGC 电路。其中二极管 VD，电阻 R_1、R_2 以及电容 C_1、C_2 构成检波器，R_P 和 C_P 构成低通平滑滤波器。中频信号电压 u_I 经检波后，除得到所需的音频信号之外，还可得到一个直流分量 U_0，这个直流分量的大小与输入中频信号的载波电平成正比，与调幅系数无关。检波后的信号送给低通平滑滤波器，把检波后的音频信号滤除，将直流分量 U_0 作为 AGC 电压送至前级去控制放大器的增益。

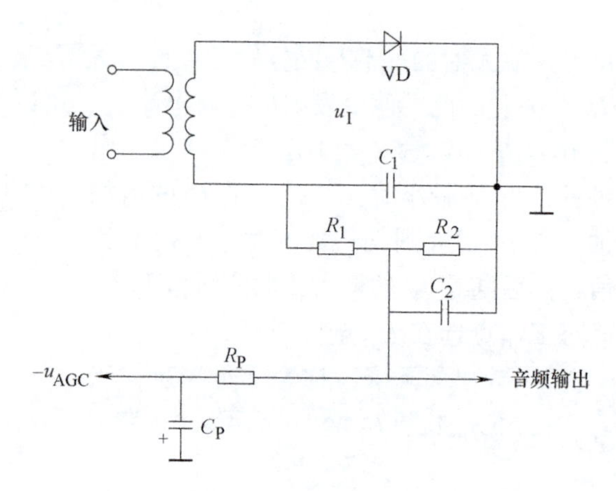

图 10-6 平均值型 AGC 电路

为使 AGC 电压只与中频信号的载波幅度有关，因此必须保证将音频信号滤除。这就要求合理选择低通平滑滤波器 R_P、C_P 的时间常数 τ_P。若 τ_P 太大，则控制电压 u_{AGC} 会跟不上外来信号电平的变化，接收机的增益将不能得到及时的调整，失去应有的 AGC 作用。反之，若 τ_P 太小，则将无法完全滤除音频信号，u_{AGC} 将会随音频信号的变化而变化，使调幅波受到反调制，减弱输入信号的调幅度，从而降低检波器输出的音频信号电压的振幅。调制信号的频率越低，反调制越严重，容易产生频率失真。

在选择时间常数 τ_P 时，应根据输入信号的最低调制频率来选择。调制信号的最低频率为 50Hz 时，应使滤波电路的电阻 $R_P = 4.7\text{k}\Omega$、$C_P = 10 \sim 30\mu\text{F}$。

2. 峰值型 AGC 电路

平均值型 AGC 是将检波器输出信号的平均值作为 AGC 电压。显然 AGC 电压不只与接收信号强弱有关，而且还与调制信号的内容有关。在电视系统中，调制信号是图像信号，它的内容变化很大，平均值型 AGC 控制方式会使图像质量变差，一般不宜采用。

在电视系统中常采用峰值型 AGC 电路，它是采用峰值检波器检波，检波输出的 AGC 电压仅反映输入信号的峰值（即视频信号的同步头），只与接收信号的强弱有关，而与图像内容无关。该电路对于幅度低于同步信号峰值的干扰脉冲是有抑制能力的，但当有比同步脉冲幅度大的强干扰时，AGC 电压将会反映出干扰峰值，使 AGC 工作不正常。因此必须在进行峰值检波之前，加设消噪电路将强脉冲干扰消除。

图 10-7 是一种峰值型的 AGC 电路，其自动增益控制属峰值型正向 AGC，对中放、高放均有延迟作用。图中 VT_1 是 AGC 门控管，VD_1 是峰值检波二极管。VT_1 基极输入的是

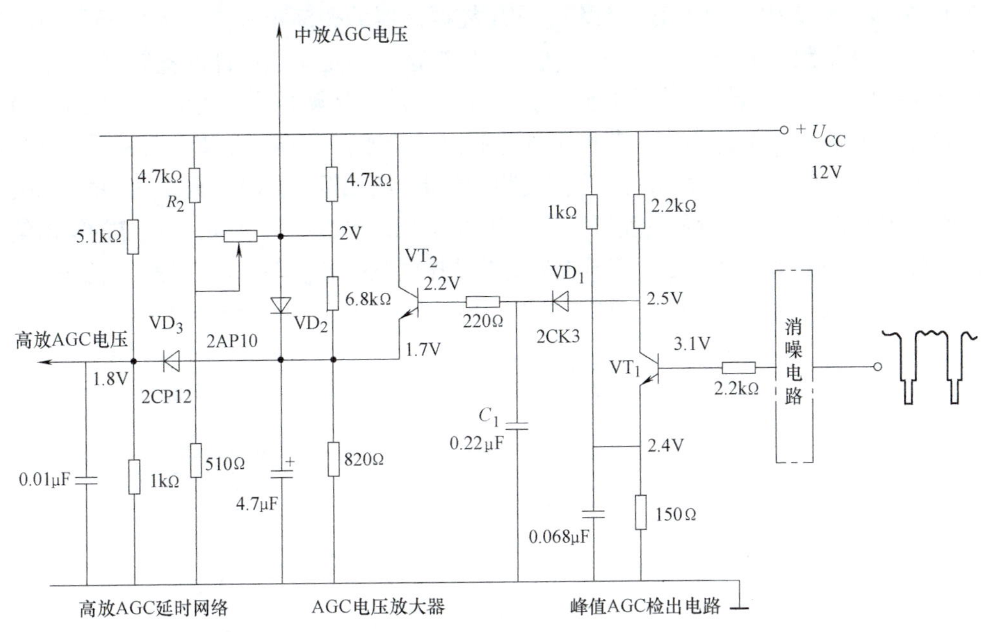

图 10-7　峰值型 AGC 电路

经消噪后的正极性视频信号，当其幅值小于某一电压时，VT_1 处于深度饱和工作状态，使 VD_1 和 VT_2 均截止，这时整个 AGC 电路不工作，故中放 AGC 是延迟式的。只有当加到 VT_1 的视频信号幅度足够大时，才有可能在视频信号的同步期间，使 VT_1 由饱和区退回到放大区，并在集电极上输出被放大和倒相了的同步脉冲电压。这个输出的同步脉冲是正极性的，且幅度正比于输入视频信号的强度。该脉冲电压又经 VD_1 峰值检波，在电容 C_1 上形成 AGC 检出电压，然后经 VT_2 直流放大，在其射极电阻上得到 AGC 控制电压。再经钳位二极管 VD_2 加至中放级，去控制中放级受控管的基极偏置电压，从而达到控制中放级增益的目的。

随着输入信号的增大，VT_2 射极电位升高，中放 AGC 电压也随之增大。当增大到某值时，VD_2 截止，此后中放 AGC 电压基本维持恒定。VD_2 截止时，VD_3 导通，输出高放 AGC 电压，高放级开始受高放 AGC 电压控制。可见，高放 AGC 电压控制是延迟式的，而且高放级晚于中放级起控。调节 VD_3 负极上的 5.1kΩ 电阻，可改变高放 AGC 的起控电压。

10.3　自动频率控制电路

自动频率控制电路是一种频率反馈控制系统，其作用是自动调整振荡器的频率，使振荡器的振荡频率维持稳定。

10.3.1　自动频率控制电路的工作原理

自动频率控制电路的组成框图如图 10-8 所示。它的对象是振荡频率受误差电压控制的压控振荡器（VCO），反馈控制器由检测频率误差的混频器、差频放大器、将频率误差变换为相应误差电压的限幅鉴频器及放大器组成。

图 10-8 所示框图中，输入信号频率 f_s 和压控振荡器的振荡频率 f_v 以及混频器输出信号频率 f_e 之间应满足预定关系：$f_e = |f_v - f_s|$。根据这一预定关系设计的鉴频器对 f_e 进行检测，输出误差电压 u_e。当频率关系正确，f_e 为预定值时，鉴频器输出的误差电压 $u_e = 0$，压控振荡器的振荡频率 f_v 保持不变。若由于某些原因，造成 f_e 偏离预定值，鉴频器输出与偏离值相对应的误差电压 u_e 经放大后，作用于压控振荡器，压控振荡器将根据 u_e 的大小和极性调整 f_v，使 f_e 的偏离减小。此过程反复进行，直到环路达到锁定状态。此时混频器的输出信号频率 $f_{e\infty}$ 经鉴频产生的误差电压 $u_{e\infty}$，使压控振荡器的振荡频率 $f_{v\infty}$ 满足如下关系：$f_{e\infty} = |f_{v\infty} - f_s|$。此时，环路处于稳定状态。与 AGC 电路一样，环路锁定后存在剩余频差。

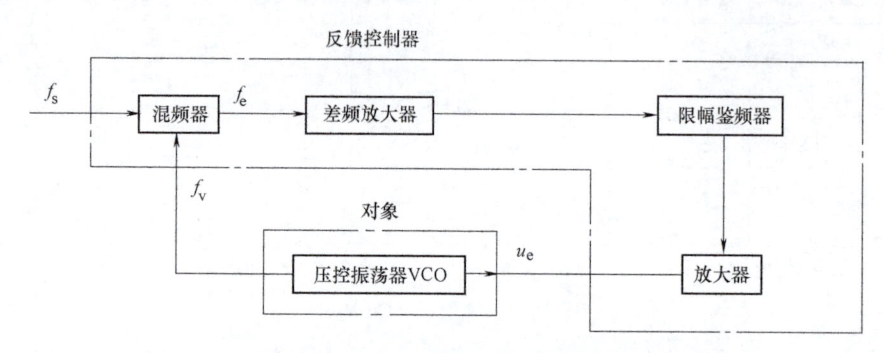

图 10-8 自动频率控制电路的组成框图

图 10-9 是采用 AFC 电路的超外差式调幅接收机的组成框图。它将本机振荡器变为压控振荡器，并在压控振荡器和中放之间增加了一级限幅鉴频器和低通滤波器。中放的输出信号除送到包络检波器外，还送到鉴频器进行鉴频。将偏离于额定中频的频率误差变换为误差电压，该电压通过低通滤波器后加在压控振荡器上，改变压控振荡器的振荡角频率，使偏离于额定中频的频率误差减小，从而使混频器的输出频率接近额定中频。这样就可以使中频放大器的带宽减小，有利于提高接收机的灵敏度和选择性。

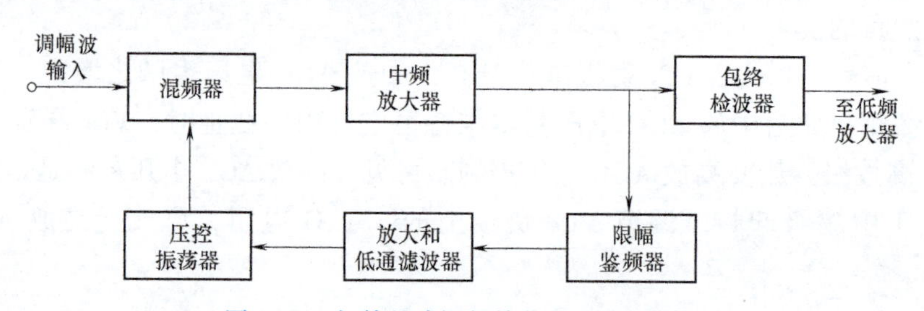

图 10-9 超外差式调幅接收机 AFC 系统

10.3.2 自动频率微调电路

为了克服高频调谐器本振频率的不稳定而带来的彩色失真、图像质量下降等影响，通常在彩色电视机的图像通道中加入自动频率微调电路（以下简称 AFT 电路），使电视机的本振频率能自动地稳定在正常值，以保证电视机所收看的彩色电视图像质量稳定。

1. 自动频率微调电路的组成

自动频率微调电路的作用就是自动检出图像中频频率（38MHz）的误差分量，并将其转换成脉动直流电压反馈至高频调谐器中的本振电路，使本振电路严格按照被接收的频道节目，始终跟踪一个固定的中频频率。自动频率微调电路的组成如图 10-10 中的右下部分

(AFT 电路）所示。它由中放限幅级、鉴频器、直流放大级以及频率控制器件（多采用变容二极管）等部分组成。

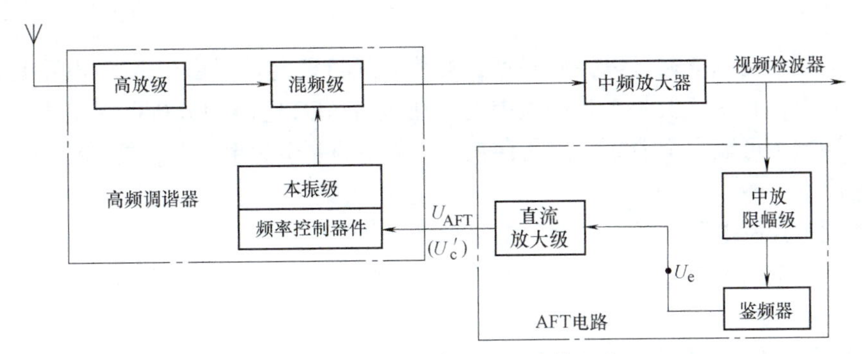

图 10-10　自动频率微调电路的组成

图 10-10 中，中放限幅级的任务是将图像中频信号限幅放大为等幅信号。鉴频器的作用就是将经中放限幅级输入的频率偏差 Δf 转换成对应输出电压 U_c，其鉴频特性曲线如图10-11所示。高频调谐器中本振级的频率控制器件受外部 AFT 电路的输出控制电压 U_c'（即图 10-10 中的 U_{AFT}）控制的关系曲线，称为频率控制特性曲线。通常频率控制器件多由变容二极管来充当，变容二极管的频率控制特性曲线如图 10-12 所示，加在变容二极管上的外部控制电压 U_c'（负压）越大，本振级输出的本振频率正偏差就越大。

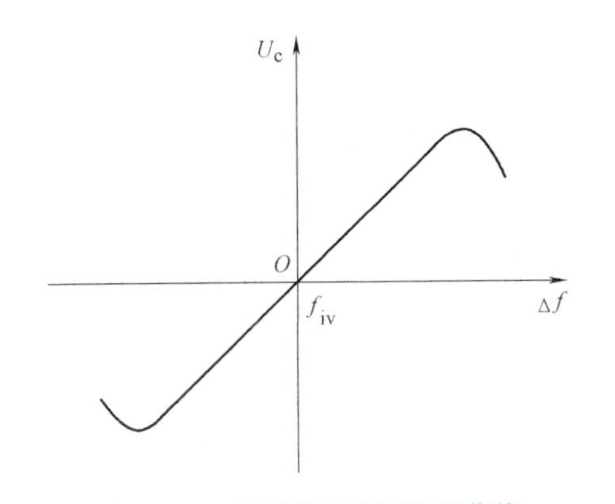

图 10-11　鉴频器的鉴频特性曲线

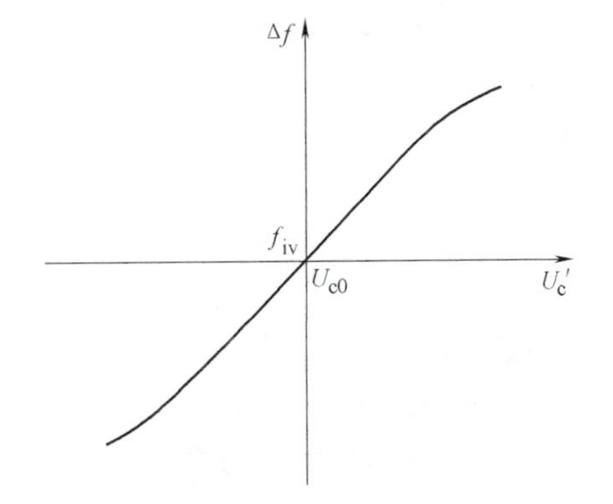

图 10-12　变容二极管的频率控制特性曲线

2. AFT 电路的工作原理

经中频放大器输出的图像中频信号除送入视频检波器进行检波外，还送入鉴频器进行鉴频。当图像中频低于标准值 38MHz 时，鉴频器的输出是一个负的直流控制电压 U_c，此电压经直流倒相放大后，输出一个正向的 $U_{AFT}(U_c')$，这个电压送至高频头本振回路的变容二极管的负极上，使变容二极管的结电容容量减小，导致本振频率升高，于是高频头输出的图像中频也升高，直到回到正确的频率值。

当图像中频高于 38MHz 时，鉴频器的输出是一个正的直流控制电压 U_c，此电压经直流倒相放大后，输出一个负向的 $U_{AFT}(U_c')$，这个电压送至高频头本振回路的变容二极管的负极上，使变容二极管的结电容容量变大，使本振频率下降，于是高频头输出的图像中频也下降，直到回到正确的图像中频 38MHz 为止。

10.4 锁相环电路

利用自动频率控制电路可以控制频率，并使其保持稳定。但由于 AFC 电路是在存在频率误差的基础上，利用该误差来减小误差的。通过对 AFC 电路的分析可见，当最后达到平衡状态时，误差不可能完全消除，而是存在一个较小的剩余频率误差，这样往往达不到所要求的频率精度。

与自动频率控制电路一样，锁相环电路也是一种可以实现频率跟踪的自动控制电路。但与自动频率控制电路不同的是，锁相环电路是通过对相位的控制来实现对频率的控制，可以实现无误差的频率跟踪。

10.4.1 锁相环电路的工作原理

图 10-13 所示为最简单的锁相环电路的组成框图。锁相环电路的对象为压控振荡器（Voltage Controlled Oscillator，VCO），反馈控制器由能够检测出相位误差的鉴相器（Phase Detector，PD）和环路滤波器（Loop Filter，LF）组成。

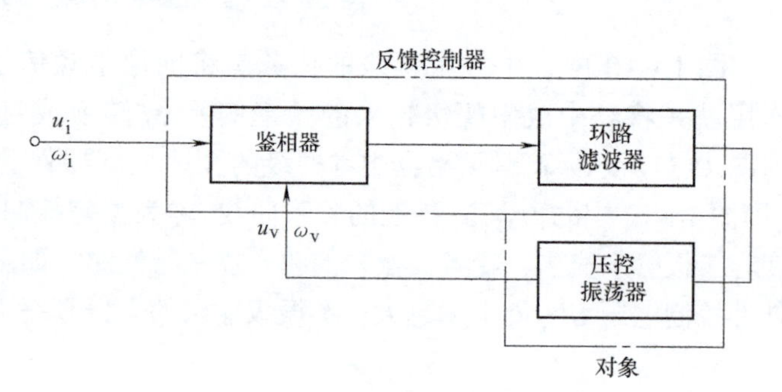

图 10-13 基本锁相环电路的组成框图

锁相环电路实现无误差频率跟踪的原理如下：

由图 10-13 可知，锁相环电路比较的是输入信号与压控振荡器的输出信号之间的相位。设输入信号为

$$u_i(t)=U_{im}\cos(\omega_i t+\varphi_i)$$

则其瞬时相位为 $\varphi_i(t)=\omega_i t+\varphi_i$。

压控振荡器的输出信号为 $u_v(t)=U_{vm}\cos(\omega_v t+\varphi_v)$

则其瞬时相位为 $\varphi_v(t)=\omega_v t+\varphi_v$。

因此，两个信号之间的相位差为

$$\Delta\varphi_v(t)=(\omega_i t+\varphi_i)-(\omega_v t+\varphi_v)=(\omega_i-\omega_v)t+(\varphi_i-\varphi_v)$$

由于锁相环电路能够自动控制相位，即利用输入信号与压控振荡器输出信号的相位误差来减小相位误差，最后达到相位锁定的目的。当相位锁定，即两个信号间的相位差为固定值时，两者间的频率必相等。所以，锁相环电路只存在剩余相差（相位误差），没有剩余频差（频率误差）。

1. 鉴相器

鉴相器（PD）是一个相位比较器，它的两个输入信号电压分别为环路的输入信号电压 $u_i(t)$ 和压控振荡器的输出电压 $u_v(t)$，如图 10-14a 所示。它的作用是检测出两个输入电压之间的瞬时相位差，产生相应的输出电压 $u_d(t)$。

设环路的输入电压为

$$u_i(t)=U_{im}\cos[\omega_i t+\varphi_1(t)] \tag{10-1}$$

式中，$\varphi_1(t)$ 为以载波相位 $\omega_i t$ 为参考的瞬时相位，它可以是恒量，也可以是随时间而改变的

变量。设 $\varphi_i(t)$ 为输入电压的瞬时相位，则

$$\varphi_i(t)=\omega_i t+\varphi_1(t)=\omega_0 t+(\omega_i-\omega_0)t+\varphi_1(t)=\omega_0 t+\Delta\omega_0 t+\varphi_1(t)$$

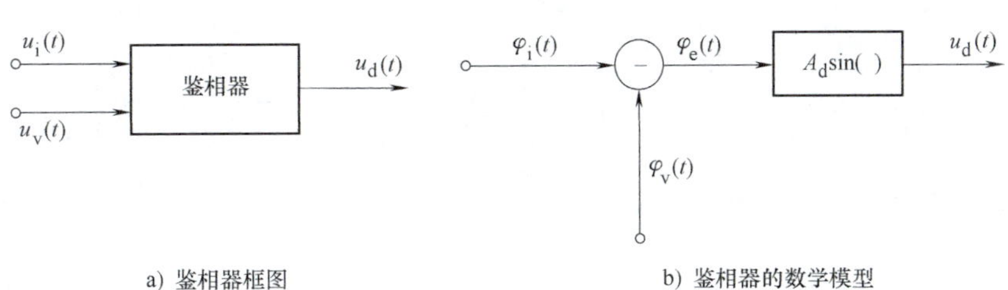

a) 鉴相器框图　　b) 鉴相器的数学模型

图 10-14　鉴相器的电路模型

压控振荡器的输出电压为

$$u_v(t)=U_{vm}\cos[\omega_0 t+\varphi_2(t)] \tag{10-2}$$

式中，ω_0 为压控振荡器的固有振荡角频率，即控制电压为零时的振荡角频率；$\varphi_2(t)$ 为压控振荡器输出电压以其固有振荡相位 $\omega_0 t$ 为参考的瞬时相位。设 $\varphi_v(t)$ 为压控振荡器输出电压的瞬时相位，则 $\varphi_v(t)=\omega_0 t+\varphi_2(t)$。

输入信号电压与压控振荡器输出电压的瞬时相位差称为相位误差，用 $\varphi_e(t)$ 表示，则

$$\varphi_e(t)=\varphi_i(t)-\varphi_v(t)=[\omega_i t+\varphi_1(t)]-[\omega_0 t+\varphi_2(t)]=\Delta\omega_0 t+\varphi_1(t)-\varphi_2(t) \tag{10-3}$$

式中，$\Delta\omega_0=\omega_i-\omega_0$，为输入信号角频率与压控振荡器固有角频率之差，称为环路的固有角频差。

鉴相器的作用就是将此相位误差转换成相应的电压。它有各种实现电路，可以采用模拟乘法器的乘积型鉴相器和采用包络检波器的叠加型鉴相器，它们的输出平均电压均可表示为

$$u_d(t)=A_d\sin\varphi_e(t) \tag{10-4}$$

式中，A_d 为鉴相器的最大输出电压，其值与 U_{im} 和 U_{vm} 的大小有关。$\varphi_e(t)$ 为输入信号电压和压控振荡器输出电压的相位误差。

因此，鉴相器的电路模型如图 10-14b 所示。

2. 环路滤波器（LF）

环路滤波器是一个低通滤波器，它的作用是滤除鉴相器输出电压中的高频分量及其他干扰分量，而让鉴相器输出电压中的低频分量或直流分量通过，以保证环路所要求的性能，并提高环路的稳定性。

在锁相环电路中，常用的环路低通滤波器除简单 *RC* 滤波器外，还广泛采用无源和有源的比例积分滤波器，如图 10-15 所示。

滤波器的输出与输入信号之间的关系可以表示为

$$u_c(t)=F(p)u_d(t) \tag{10-5}$$

式中，$F(p)$ 为环路滤波器的传输系数，其数学模型如图 10-16 所示。

3. 压控振荡器

压控振荡器（VCO）是瞬时振荡角频率 $\omega_v(t)$ 受控制电压 $u_c(t)$ 控制的一种振荡器。它的作用是产生频率随控制电压变化的振荡电压，其电路形式和调频振荡器相同。图 10-17 所示为压控振荡器的特性曲线。由图可知，当未加控制电压（$u_c=0$），而仅有静态偏压时，压控振荡器的振荡角频率为中心角频率 ω_0，称为固有角频率。ω_v 以 ω_0 为中心而变化，在

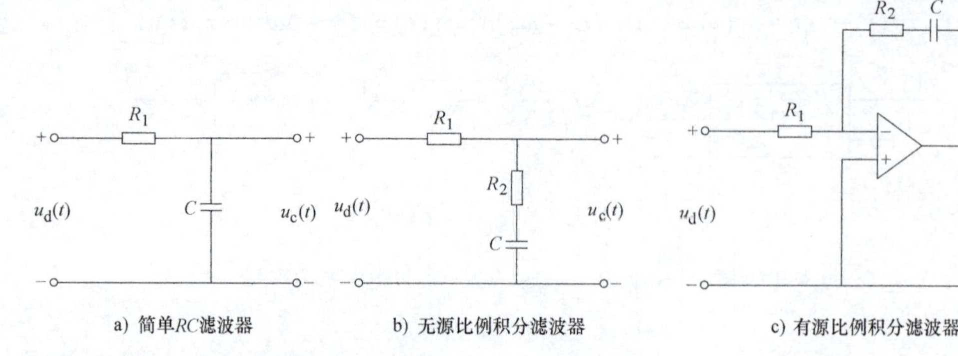

图 10-15　环路滤波器

一定范围内 ω_v 与 u_c 成线性关系。

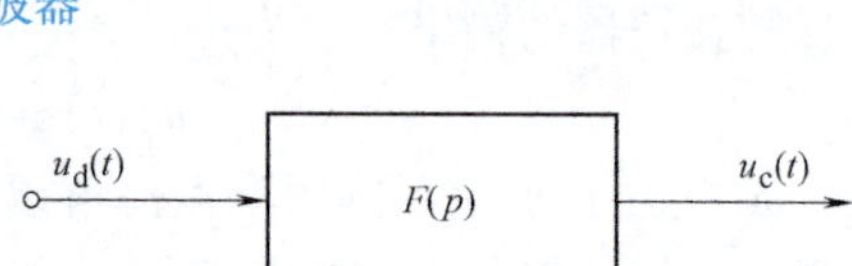

图 10-16　环路滤波器的数学模型

在线性范围内，特性曲线可近似由下列线性方程表示：

$$\omega_v(t)=\omega_0+A_0u_c(t) \tag{10-6}$$

式中，A_0 是特性曲线直线部分的斜率，表示单位控制电压可以使压控振荡器角频率变化的大小，称为压控振荡器的控制灵敏度，其单位为 rad/sV。

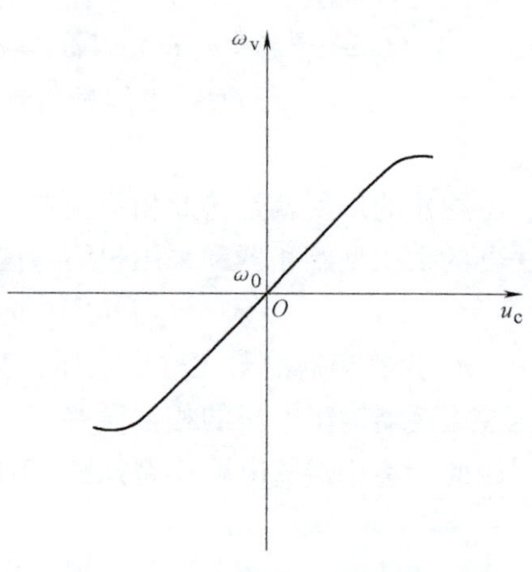

图 10-17　压控振荡器的特性曲线

由于压控振荡器的输出信号送至鉴相器，而对鉴相器起作用的是瞬时相位，因此需研究的是压控振荡器输出的瞬时相位。众所周知，瞬时角频率的变化必然引起瞬时相位的变化，两者间的关系为

$$\varphi(t)=\int_0^t\omega_v(t)\mathrm{d}t=\omega_0t+A_0\int_0^tu_c(t)\mathrm{d}t \tag{10-7}$$

故压控振荡器的输出电压 $u_v(t)$ 以 ω_0t 为参考时的瞬时相位为

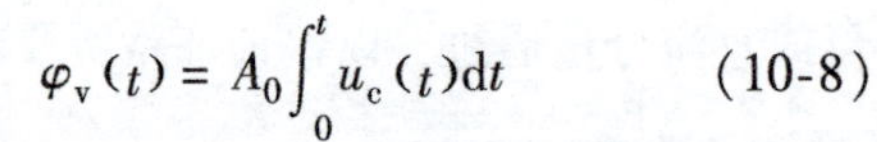

$$\varphi_v(t)=A_0\int_0^tu_c(t)\mathrm{d}t \tag{10-8}$$

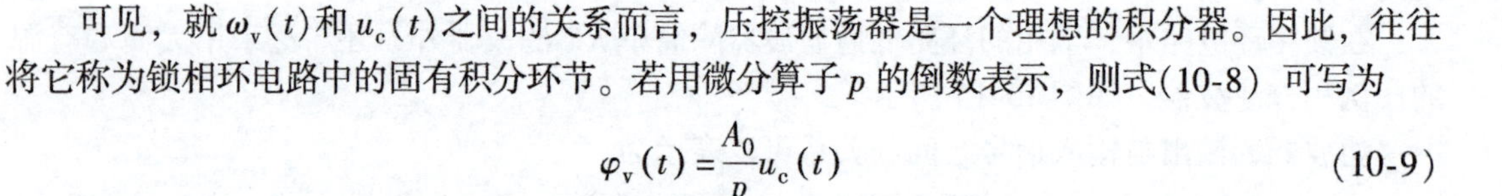

可见，就 $\omega_v(t)$ 和 $u_c(t)$ 之间的关系而言，压控振荡器是一个理想的积分器。因此，往往将它称为锁相环电路中的固有积分环节。若用微分算子 p 的倒数表示，则式(10-8) 可写为

$$\varphi_v(t)=\frac{A_0}{p}u_c(t) \tag{10-9}$$

图 10-18 所示为压控振荡器的数学模型。由图可见，压控振荡器具有把电压变化变成相位变化的功能。

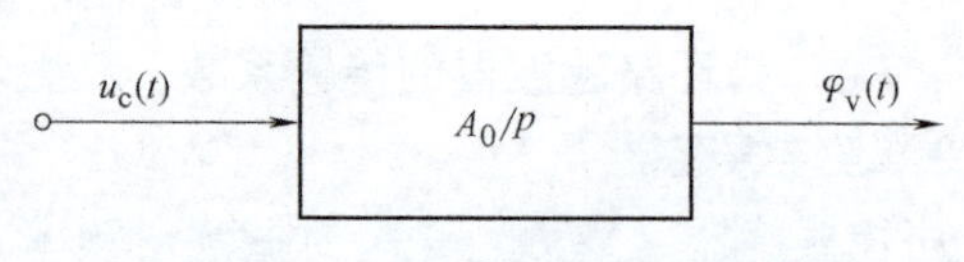

图 10-18　压控振荡器的数学模型

4. 锁相环电路的相位模型

将上面 3 个基本组成部分的数学模型按图 10-13 所示连接起来，可画出图 10-19 所示的环路模型，由该模型写出的环路基本方程为

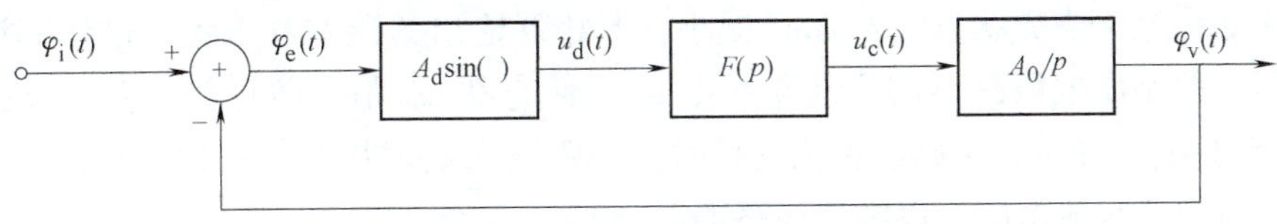

图 10-19　锁相环电路的相位模型

$$\varphi_e(t)=\varphi_i(t)-\varphi_v(t)=\varphi_i(t)-A_dA_0F(p)\frac{1}{p}\sin\varphi_e(t)$$

或
$$p\varphi_e(t)+A_dA_0F(p)\sin\varphi_e(t)=p\varphi_i(t) \tag{10-10}$$

式(10-10) 是锁相环电路的基本方程，表达了锁相环电路的相位控制过程与各基本组件的相互关系。其中，等式左边的第一项 $p\varphi_e(t)=\mathrm{d}\varphi_e(t)/\mathrm{d}t=\Delta\omega_e(t)=\omega_i-\omega_v$，表示压控振荡器振荡角频率偏离输入信号角频率的数值，称为瞬时角频差。第二项表示压控振荡器在 $u_c(t)$ 作用下产生的角频率的变化 $(\omega_v-\omega_0)$，称为控制角频差。等式右边 $p\varphi_i(t)=\mathrm{d}\varphi_i(t)/\mathrm{d}t=\Delta\omega_0(t)=\omega_i-\omega_0=\Delta\omega_0(t)$，表示输入信号角频率偏离压控振荡器固有振荡角频率的差值，称为固有角频差。可见，在闭环后的任何时刻，瞬时角频差和控制角频差之和恒等于固有角频差。

若固有角频差为常数，即 $\Delta\omega_0(t)=\Delta\omega_0$，即输入信号的频率为常数，则在环路进入锁定过程中，瞬时角频差不断减小，而控制角频差不断增大，但两者之和恒等于 $\Delta\omega_0$。直到瞬时角频差减小到零，即 $p\varphi_e(t)=0$，而控制角频差增大到 $\Delta\omega_0$ 时，压控振荡器振荡角频率 ω_v 等于输入信号角频率 ω_i，环路便进入锁定状态。因为此时 $p\varphi_e(t)=0$，所以相位误差 $\varphi_e(t)$ 为一常数，称为剩余相位误差。正是这个剩余相位误差，才使鉴相器输出一个误差电压，通过环路滤波器加到压控振荡器上，用来调整振荡角频率，使它等于输入信号角频率。

设环路滤波器的直流传输系数 $F(p)=1$，则当环路锁定时，式(10-10) 可简化为

$$A_dA_0\sin\varphi_{e\infty}=\Delta\omega_0 \tag{10-11}$$

则有
$$\varphi_{e\infty}=\arcsin\frac{\Delta\omega_0}{A_dA_0} \tag{10-12}$$

式中，$\varphi_{e\infty}$ 为环路的剩余相位误差。

可见，环路锁定时，$\Delta\omega_0$ 增大，$\varphi_{e\infty}$ 也相应增大。即 $\Delta\omega_0$ 越大，将压控振荡器振荡频率调整到等于输入信号频率所需的控制电压就要越大，因而产生这个控制电压的 $\varphi_{e\infty}$ 也就要越大。

当 $\Delta\omega_0$ 增大到大于 A_dA_0 时，上式无解，表明环路不存在使它锁定的 $\varphi_{e\infty}$，或者说，固有角频差过大，环路无法锁定，即能够维持环路锁定所允许的最大固有角频差 $\Delta\omega_0=A_dA_0$。

10.4.2　锁相环电路的捕捉与跟踪

1. 环路的捕捉

环路由失锁进入锁定的过程称为捕捉过程。当环路刚刚接通时，由于输入信号角频率 ω_i 与压控振荡器的固有振荡角频率 ω_0 不相等，环路处于失锁状态。此时瞬时角频差等于固有角频差，而控制角频差为零。瞬时角频差的积分即为相位误差 $\varphi_e(t)=\Delta\omega_0 t$，鉴相器将输出与相位误差相对应的误差电压。由式(10-4) 可知，该误差电压将是一个正弦函数。

当固有角频差 $\Delta\omega_0$ 很大，即满足 $\Delta\omega_0>A_dA_0$ 时，式(10-12) 无法实现，也就是 $\varphi_{e\infty}$ 不

存在，环路始终处于失锁状态。若 $\Delta\omega_0$ 减小，鉴相器输出的误差电压将通过环路滤波器形成控制电压，控制压控振荡器的振荡角频率 ω_v，使它在 ω_0 附近按近似正弦规律摆动。当 ω_v 摆动到等于 ω_i，并符合正确的相位关系时，环路进入锁定状态。此时，鉴相器将输出一个与 $\varphi_{e\infty}$ 相对应的直流电压，以维持环路锁定。

可见，在满足 $\Delta\omega_0 \leqslant A_d A_0$ 的条件下，锁相环电路具有自动将压控振荡器的频率牵引到输入信号频率的能力，使 $\omega_v = \omega_i$，但有一个固定相差。

2. 环路的跟踪

环路原先是锁定的，当输入信号频率发生变化时，环路通过自身调节来维持锁定的过程称为跟踪。处于锁定状态的环路，是一种动态平衡状态。当输入信号频率 ω_i 改变时，破坏了环路动态平衡，使 $\omega_v \neq \omega_i$，造成鉴相器输出的误差电压发生变化，经过滤波器加到压控振荡器上，使 ω_v 变化到等于变化后的 ω_i，再次达到动态平衡，这就是自动跟踪特性。

跟踪范围同样是有限的，这是由于 ω_i 变化，将引起 $\Delta\omega_0 = \omega_i - \omega_0$ 的变化。$|\Delta\omega_0|$ 可能增大，可能减小。不管怎样，仍必须满足环路的锁定条件，否则将不能跟踪。

10.4.3　锁相环电路的窄带特性

当环路锁定时，鉴相器的输出电压为 $u_d(t)$。根据式(10-3) 和式(10-4)，并忽略 φ_1 和 φ_2，则有

$$u_d(t) = A_d \sin\Delta\omega_0 t \tag{10-13}$$

可见，$u_d(t)$是一个角频率等于 $\Delta\omega_0$ 的差拍信号。若此时在输入信号中有干扰成分，则干扰信号也将以差拍形式在鉴相器输出端产生差拍电压。差拍角频率就是干扰角频率与压控振荡器的锁定输出角频率($\omega_v = \omega_i$)之差。其中差频较高的大部分差拍干扰电压将受到环路滤波器的抑制，加在压控振荡器上的干扰控制电压很小，所以压控振荡器的输出信号可看作是经过提纯了的输出信号。在这里，环路相当于起了一个滤除噪声的高频窄带滤波器作用。这个高频滤波器可以做得很窄，例如在几十兆赫的频率上实现几十赫兹的窄带滤波。

10.4.4　锁相环电路的基本特性

总结以上的讨论可知，锁相环电路在正常工作状态（锁定）时，具有以下的基本特性：

（1）锁定后没有频差　在没有干扰和输入信号频率不变的情况下，环路一经锁定，环路的输出信号频率与输入信号频率相等，没有剩余频差，只有不大的固定相差。

（2）有自动跟踪特性　锁相环电路在锁定时，输出信号频率能在一定范围内跟踪输入信号频率。

（3）有良好的窄带特性　锁相环电路相当于一个高频窄带滤波器，它不但能滤除噪声和干扰，而且还能跟踪输入信号的载频变化，从受噪声污染的未调或已调（有载波调制或抑制载波调制）的输入信号中提取纯净的载波。

10.5　集成锁相环电路及其应用

集成锁相环电路的制成，使锁相环电路的成本降低，可靠性提高，因而使它的应用日益广泛。

10.5.1 集成锁相环电路

集成锁相环电路可分为模拟锁相环电路和数字锁相环电路两大类。无论是模拟锁相环电路还是数字锁相环电路，按其用途又可分为通用型和专用型两种。

通用型是一种适应于各种用途的锁相环，其内部电路主要由鉴相器和压控振荡器两部分组成，有时还附加放大器和其他辅助电路。环路滤波器一般需外接，也有的用单独的集成鉴相器和集成压控振荡器连接成符合要求的锁相环电路。

专用型是一种专为某种功能设计的锁相环，如用于调频立体声解码电路及彩色电视机的色解调电路等处的锁相环电路。

按照最高工作频率的不同，集成锁相环电路可分成低频（1MHz 以下）、高频（1 ~ 30MHz）和超高频（30MHz 以上）等几种类型。各种集成锁相环电路所采用的集成工艺不同，其内部电路也有些不同。

目前生产的集成锁相环电路已有成百上千种。集成锁相环电路已成为继运算放大器和模拟乘法器后的又一种常用的集成器件。

下面，以国产 SL565 和 L562 两种模拟集成锁相环电路为例，介绍典型集成锁相环电路的使用。图 10-20 所示为这两种集成锁相环电路的组成框图。

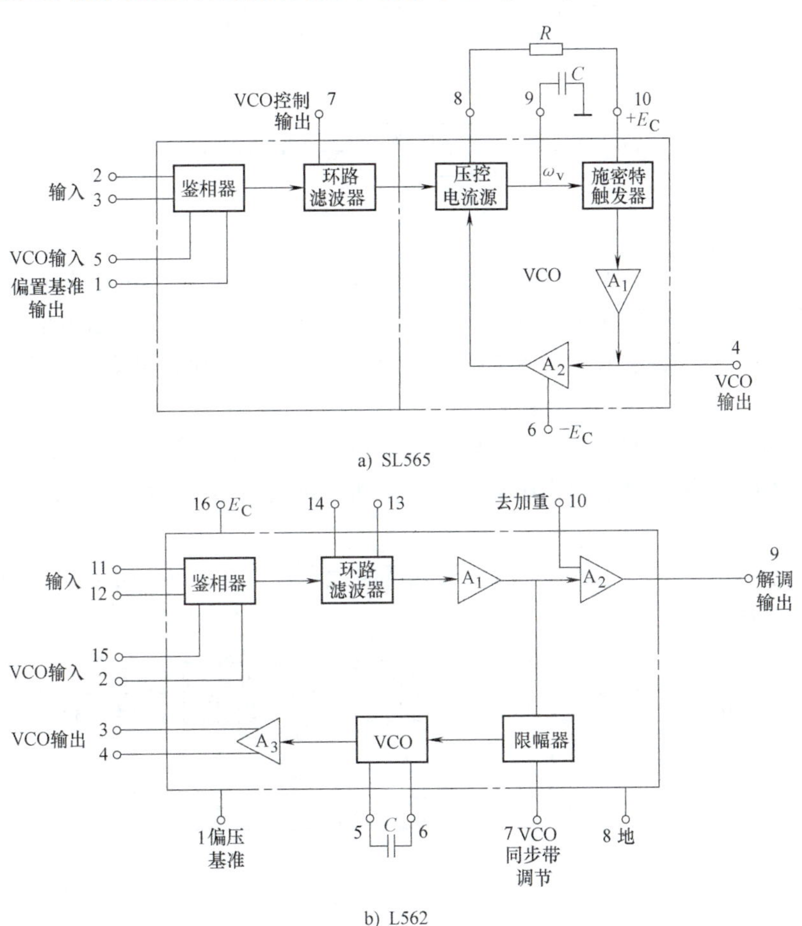

图 10-20 模拟集成锁相环电路的组成框图

在 SL565 的组成框图中，VCO 采用积分-施密特触发器型多谐振荡电路，该电路由压控电流源、外接定时元件 C 和 R、施密特触发器、放大器 A_1 和 A_2 组成。其中，A_2 的输出电压控制压控电流源交替地向 C 进行正反向充电，最高振荡频率为 500kHz。7 脚用来外接环路滤波器的滤波元件。

在 L562 的组成框图中，VCO 采用射极耦合多谐振荡电路，它的最高振荡频率可达到 30MHz。限幅器用来限制锁相环电路的直流增益，调节限幅电平可改变直流增益，改变 VCO 的控制电平，从而可改变 VCO 振荡频率的控制范围。当环路作为调频波解调电路时，A_2 为解调电压放大器。输入信号从 11、12 脚双端输入，VCO 的输出信号从 3、4 脚输出，经外电路后再从 5、15 脚双端输入到鉴相器，13、14 脚用来外接滤波元件。5、6 脚之间外接定时电容，7 脚注入的信号用来改变 VCO 的控制电压，控制 VCO 的振荡角频率。

10.5.2　锁相环电路的应用

1. 锁相倍频、分频和混频

在基本锁相环电路的反馈通道中插入分频器，就组成了锁相倍频电路，图 10-21 所示为其框图。

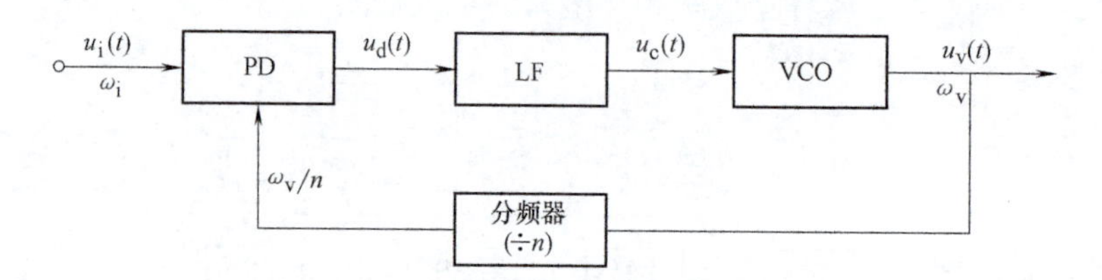

图 10-21　锁相倍频电路的框图

VCO 的输出角频率 ω_v 可以调整到所需的倍频角频率上，当环路锁定后，PD 的输入信号角频率与反馈信号角频率相等，即 $\omega_i = \omega_v/n$，$\omega_v = n\omega_i$，所以 VCO 输出信号角频率是输入信号角频率的 n 倍。若输入信号由晶振产生，分频器的分频比是可变的，则可以得到一系列稳定的间隔为 ω_i 的角频率信号输出。

如果将插入的分频器改为倍频器，则可组成锁相分频电路，即 $\omega_v = \omega_i/n$。

在基本锁相环电路的反馈通道中插入混频器和中频放大器，还可以组成锁相混频器，其框图如图 10-22 所示。

设混频器输入本振信号角频率为 ω_L，则当环路锁定时，有 $\omega_i = |\omega_L - \omega_v|$，即 $\omega_v = \omega_L \pm \omega_i$，从而实现混频作用。

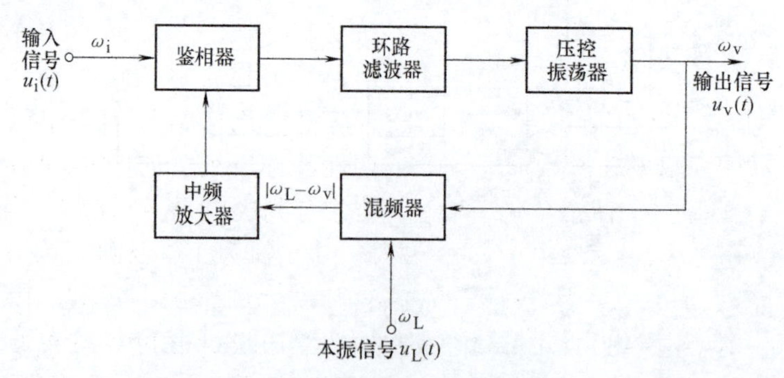

图 10-22　锁相混频器的框图

2. 锁相调频和鉴频

用锁相环电路调频，能够得到中心频率高度稳定的调频信号，图 10-23 所示为其框图。锁相环使 VCO 的中心频率稳定在晶振频率上，同时调制信号也加到 VCO，对中心频率进行频率调制，得到 FM 信号输出。调制信号的频谱应处于 LF 的通频带之外，并且调频系数不能太大。调制信号不能通过 LF，因此不形成调制信号的环路，这时的锁相环仅仅是载波跟踪环，调制频率对锁相环电路无影响。锁相环电路只对 VCO 的平均中心频率的不稳定因素起作用，此不稳定因素引起的波动可以通过 LF。这样，当锁定后，VCO 的中心频率锁定在晶振频率上。输出的调频波中心频率稳定度很高。用锁相环电路的调频器能克服直接调频中心频率稳定度不高的缺点。

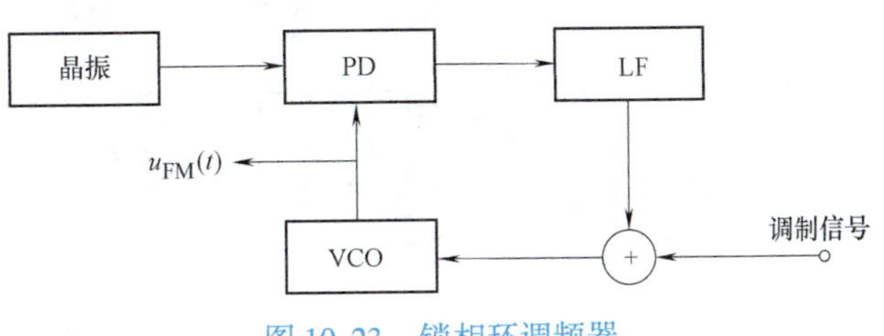

图 10-23 锁相环调频器

根据锁相环电路的频率跟踪特性，在系统处于调制跟踪状态时，可用于解调调频信号，如图 10-24 所示。若输入为调频波，且其最大瞬时频率满足跟踪的条件，则当输入调频波的频率发生变化时，经过 PD 和 LF 后，将输出一个控制电压，与输入信号的频率变化规律相对应，以保证 VCO 的输出频率与输入信号频率相同。如果从环路滤波器引出控制电压，即可得到调频波的解调信号。

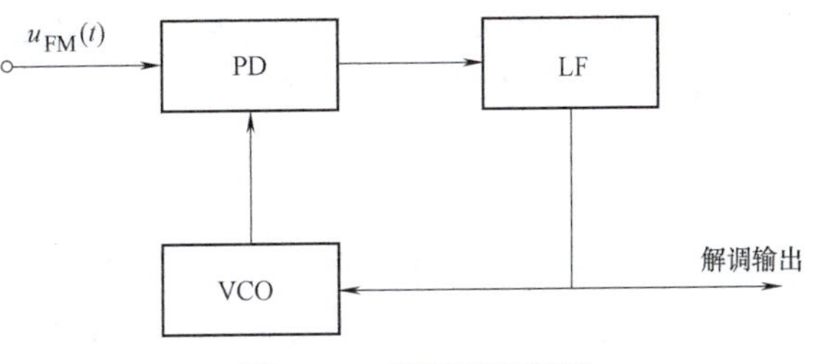

图 10-24 锁相环鉴频器

图 10-25 所示为使用 L562 组成的锁相鉴频器的外接电路。由图可见，输入调频信号电压 u_i 经耦合电容 C_4、C_5 以平衡方式加到鉴相器的一对输入端点 11 和 12，VCO 的输出电压从端点 3 取出，经耦合电容 C_6 以单端方式加到鉴相器的另一对输入端中的端点 2，而另一端点 15 则经 0.1μF 的电容交流接地。从端点 1 取出的稳定基准电压经 1kΩ 电阻分别加到端点 2 和 15，作为双差分对管的基极偏置电压。放大器 A_3 的输出端点 4 外接 12kΩ 电阻到地，其上输出 VCO 电压。放大器 A_2 的输出端点 9 外接 15kΩ 电阻到地，其上输出解调电压。端点 10 外接去加重电容 C_3，以提高解调电路的抗干扰性。

3. 锁相接收机

对于一般的超外差接收机，如果接收到的信号载波频率不稳定，而本振频率又不能自动跟踪时，将引起混频器输出的中频信号频率变动。为了适应这种变化，中频放大器的频带应有一定的宽度。

在空间技术中应用的通信机，这个问题就更显得突出了。当地面接收站接收卫星发送到的无线电信号时，由于卫星距离地面远，再加上卫星发射设备的发射功率小，天线增益低，因此，地面接收站收到的信号是极为微弱的。此外，卫星环绕地球飞行时，由于多普勒效应，地面接收站收到的信号频率将偏离卫星发射的信号频率，并且其值往往在较大范围内变化。对于这种中心频率在较大范围内变化的微弱信号，若采用普通接收机，则势必要求它有足够的带宽，这样，接收机的输出信噪比就将严重下降，无法有效地检出有用信号。若采用锁相接收

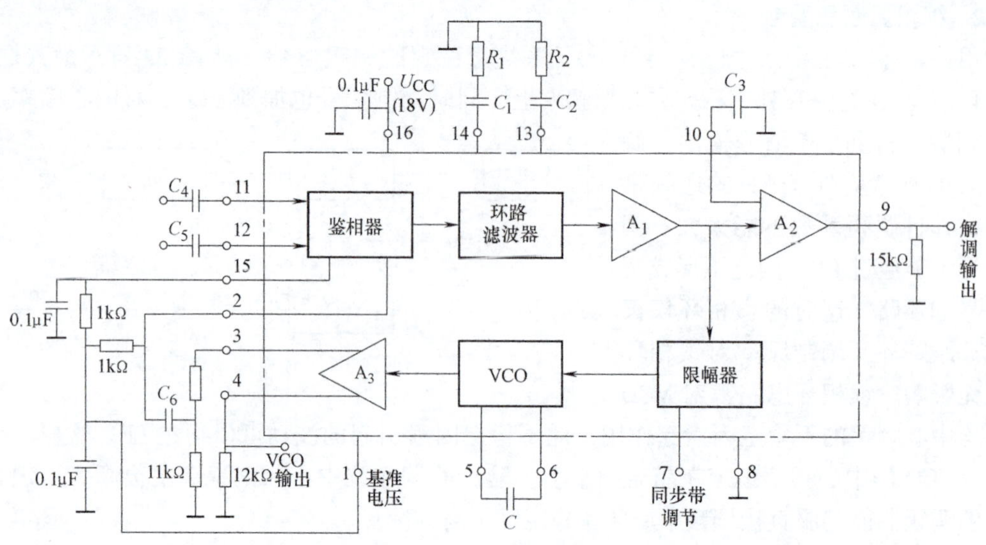

图 10-25　采用 L562 的锁相鉴频器的外接电路

机，利用环路的窄带跟踪特性，就可十分有效地提高输出信噪比，获得满意的接收效果。

4. 彩色电视中彩色副载波的提取

为使彩色电视机与黑白电视机能够兼容，对彩色电视信号有一定的要求。要求之一就是彩色电视信号与黑白电视信号占有同样的带宽。为此将传送彩色信息的色度信号频带压缩到 1.3MHz（我国标准），并用与图像载波不同的载波来传送。此载波称为彩色副载波。在接收端为了接收和重现彩色信息，要从全电视信号中将彩色副载波提取出来。具体来说，要根据全电视信号中的色同步信号产生频率和相位都正确的解调副载波。因为只有收发两端必须保持严格的同步，才能正确再现彩色图像，所以解调出来的（或再生的）彩色副载波必须与色同步信号的频率严格相等，相位保持正确的关系。利用锁相环电路即可满意地完成上述任务。

图 10-26 所示是解调副载波锁相环，解调副载波由压控振荡器产生，其频率和相位均受色同步选通电路输出的色同步信号的控制。

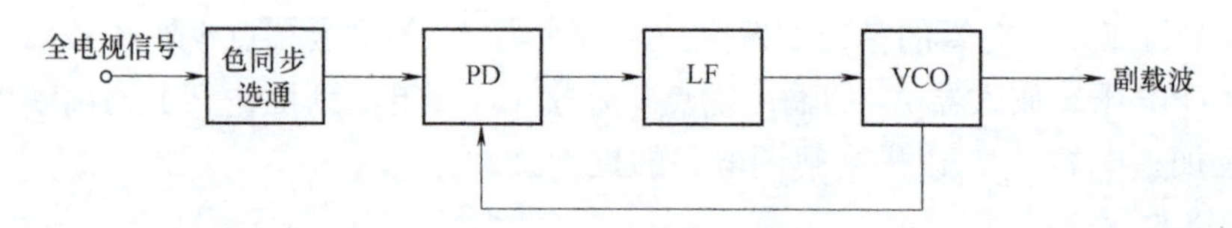

图 10-26　解调副载波锁相环

5. 振幅调制信号的同步检波

对 DSB 及 SSB 调幅信号进行解调时，必须使用同步检波，即必须保证本地产生的载波信号与调幅信号中的载波信号同频同相。此外，在数字通信中还有位同步、帧同步和网同步等。可见，同步信号的产生是非常重要的。显然，用载波跟踪型锁相环电路就能得到这样的信号，如图 10-27 所示。不过采用模拟鉴相器时，VCO 输出电压与输入已调信号的载波电压之间有 90°的固定相移，因此，必须加 90°相移器使 VCO 输出电压与输入已调信号的载波电压同相。将这个信号与输入已调信号共同加到同步检波器上，就可得到所需要的解调电压。

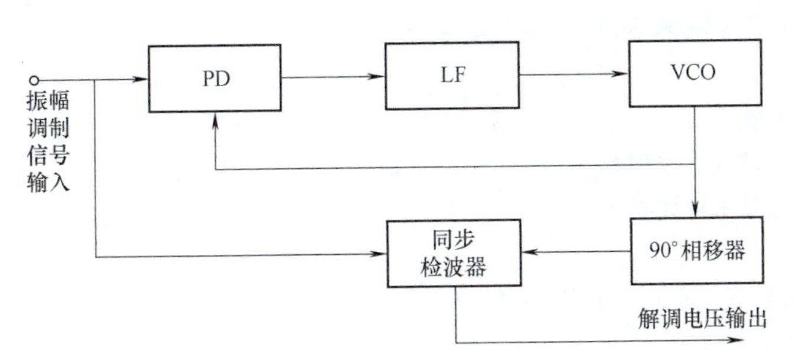

图 10-27　采用锁相环的同步检波电路

本章小结

1. 反馈控制电路是一个闭环负反馈系统，是一种在电子电路中十分重要、应用十分普遍的技术。反馈控制技术可以分别自动控制电路中的信号幅度、频率或相位。由于自动控制电路是利用参数的误差来减小误差，因此不能完全消除误差。

2. 自动增益控制电路可以维持输出电压基本恒定。它将输出电压的一部分反馈到前级受控晶体管，可按照输入信号的强弱自动改变受控晶体管的增益。在输入信号弱时增益高，反之增益低。

3. 自动频率控制电路可以使频率保持稳定。它是将频率的变化解调后，送至压控振荡器改变其振荡频率，使振荡频率与标准频率接近一致。

4. 锁相环电路通过控制信号的相位，达到控制信号频率的目的。控制的结果是存在剩余相位差，而没有剩余频率差，因此可以实现精确的频率跟踪。由于锁相环电路的良好性能，因此其应用极其广泛。锁相环电路可用于频率合成与频率变换、调制与解调、混频、倍频与分频、自动频率调谐跟踪、位同步提取与载波恢复等方面。

习题与思考题

10.1　图 10-28 所示是调频接收机 AGC 电路的两种设计方案，试分析哪一种方案可行，并加以说明。

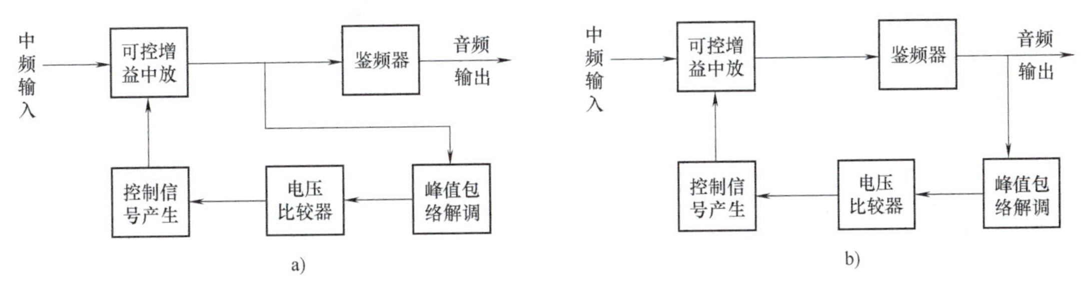

图 10-28　习题 10.1 图

10.2　试说明锁相环电路稳频和自动频率微调在工作原理上有哪些异同点。

10.3　试画出锁相环电路的框图，并回答以下问题：

(1) 当环路锁定时，压控振荡器的输出信号频率 ω_v 和输入参考信号频率 ω_i 是什么关系？

(2) 在鉴相器中比较的是何参数？

(3) 当输入信号为调频波时，从环路的哪一部分取出解调信号？

10.4　画出锁相环电路的数学模型及表达式，并说明其工作过程。

10.5　根据控制对象参数的不同，反馈控制系统分为（　　　　）、（　　　　）和（　　　　）等几类。

10.6　反馈控制系统有（　　　　）和（　　　　）两种形式。

10.7　锁相环的自动调节过程有（　　　　）和（　　　　）。

10.8　锁相环路的基本特性有（　　　　）、（　　　　）和（　　　　）等。

10.9　跟踪是指（　　　　　　　　　　　）。

10.10　反馈控制系统能使输出稳定，原因是（　　）。

A. 反馈能够消除误差　　B. 利用存在的误差减小误差

C. 反馈能使输入信号变大　　D. 反馈能使输入信号变小

10.11　下列哪项不属于自动增益控制电路的基本组成？（　　）

A. 检波电路　　B. 低通滤波电路　　C. 调制电路　　D. 直流放大电路

10.12　压控振荡器简称为（　　）。

A. VCO　　B. DSB　　C. FSK　　D. PID

10.13　锁相环由失锁进入锁定的过程叫（　　）。

A. 鉴相　　B. 检波　　C. 跟踪　　D. 捕捉

10.14　压控振荡器具有把（　　）的功能。

A. 电压变化转化为相位变化　　B. 电压变化转化为频率变化

C. 相位变化转化为电压变化　　D. 频率变化转化为电压变化

第11章　频率合成电路

11.1　概述

在无线电广播、电视和通信的各个波段，发射机应能提供可供选择和迅速更换的载波频率，同样接收机也要能产生相应的振荡频率才能接收。石英晶体振荡器能产生稳定度和准确度高的振荡频率，但每块晶体只能提供一个振荡频率，改换频率不方便。*LC* 振荡器改换频率方便，但频率稳定度和准确度达不到要求。要获得频率稳定度和准确度高，而且能方便地改换频率的振荡信号源需采用频率合成技术。

频率合成技术是用频率变换的方法获得稳定度和准确度高的大量离散频率的技术。常用频率合成技术有直接频率合成和间接频率合成两种。

直接频率合成是用一个或多个石英晶体振荡器的振荡频率作为基准频率，通过谐波发生一系列频率，然后对这些频率进行倍频、分频和混频处理，获得大量的离散频率的合成方法。这些合成的频率都具有与石英晶体振荡器同样的频率稳定度和准确度。直接频率合成器合成的频率稳定度高，频率转换时间短，频率间隔小。但合成器中需用大量混频器和滤波器，体积大，成本高，调试复杂，只用于要求较高的固定发射台站等。

间接频率合成是采用锁相技术来间接产生稳定度和准确度高的频率源的合成方法。间接频率合成器的核心是锁相环，通常称为锁相环频率合成器，其性能指标接近直接频率合成器，但它的体积小，成本低，安装调试简单，所以应用非常广泛。

频率合成器有以下几项主要性能指标：

1. 频率范围

频率范围是指频率合成器输出的最低频率f_{omin}至最高频率f_{omax}之间的变化范围。要求在频率范围内，在任何指定的频率点（波道）上，频率合成器都能工作。

2. 频率间隔

频率合成器的输出频谱是离散的，两个相邻频率之间的间隔就是频率间隔。频率间隔又称为频率合成器的分辨力。

3. 频率总数

频率总数是指频率合成器输出频率点的总个数，频率总数又称为波道数。

4. 频率转换时间

频率转换时间是指频率合成器从某一频率转换到另一个频率，并达到稳定工作所需要的时间。

5. 频率稳定度和准确度

频率稳定度是指在规定的时间间隔内，合成器频率偏离规定值的数值。频率准确度则是指合成器实际工作频率偏离规定值的数值，即频率误差。这是频率合成器的两个重要质量指标。二者既有区别又有联系，稳定度是准确度的前提，只有频率稳定，才能谈得上频率准确。通常认为频率误差已包括在频率不稳定的偏差内，因此，一般只提频率稳定度。

6. 频谱纯度

理想频率合成器的输出信号只应有规定的频率。但实际上，输出主信号两边会寄生干扰噪声和相位噪声。频谱纯度表征输出信号接近理想正弦波的程度。

11.2　频率直接合成

频率直接合成是将两个基准频率直接在混频器中混频以获得所需新频率的合成方法。用于混频的基准频率是由石英晶体振荡器产生的。如果是用多个石英晶体来产生基准频率，则进行混频的两个基准频率是相互独立的，称为非相干式直接合成。如果只用一块石英晶体作为标准频率源，由谐波发生器来产生混频所需的两个基准频率，则这两个基准频率彼此是相关的，就称为相干式直接合成。

11.2.1　非相干式频率直接合成

非相干式频率直接合成是用多个石英晶体来产生基准频率，再通过混频和带通滤波来获得所需频率的方法。图 11-1 是非相干式频率直接合成的原理图。

图中f_1和f_2为两个石英晶体振荡器的频率，其频率可根据需要选用。f_1 可以从 8.000MHz 至 8.009MHz 的 10 个频率中任选 1 个，f_2可以从 9.00MHz 至 9.09MHz 的 10 个频率中任选 1 个。所选出的两个基准频率在混频器中相加（取和频），通过带通滤波器取出合成频率。本例可获得 17.000 ~ 17.099MHz 共 100 个频率点，频率间隔为 0.001MHz。

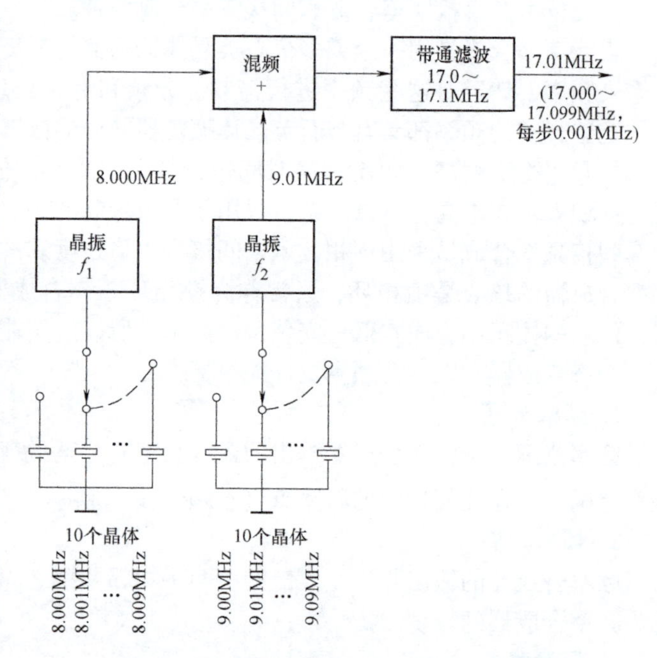

图 11-1　非相干式频率直接合成的原理图

如果想获得更多的频率点和更宽的频率范围，可按上例类似的方法，多用几个石英晶体振荡器和混频器来组成频率合成器。图 11-2 就是一个实用非相干式频率直接合成器的框图，输出频率范围为 1.000 ~ 39.999MHz，共有 39000 个频率点，每步频率间隔为 0.001MHz。

11.2.2　相干式频率直接合成

相干式频率直接合成是由一块石英晶体作为标准频率源，通过谐波发生器产生多个基准频率，然后经过分频、混频和滤波来合成所需频率的方法。

图 11-3 是相干式频率直接合成器的一个实例。图中 2.7 ~ 3.6MHz 每步间隔 0.1MHz 的 10 个基准频率，是由石英晶体振荡器通过谐波发生器所产生的。需要合成的输出频率可以通过对 10 个基准频率的选择，经过逐次混频、滤波与分频的方法来获得。如果要合成输出 3.4509MHz 频率，则开关 D、C、B、A 应分别转到 4、5、0、9 的位置。

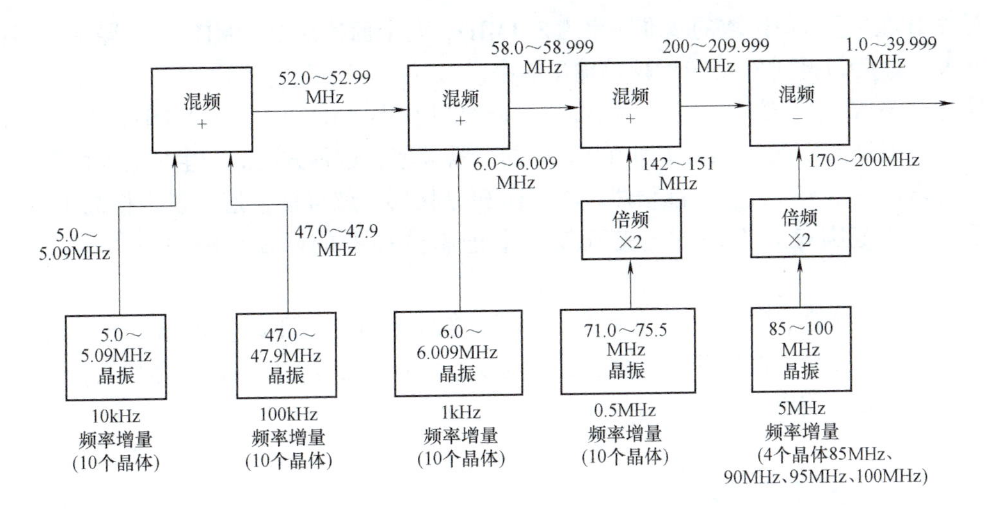

图 11-2　实用非相干式频率直接合成器的框图

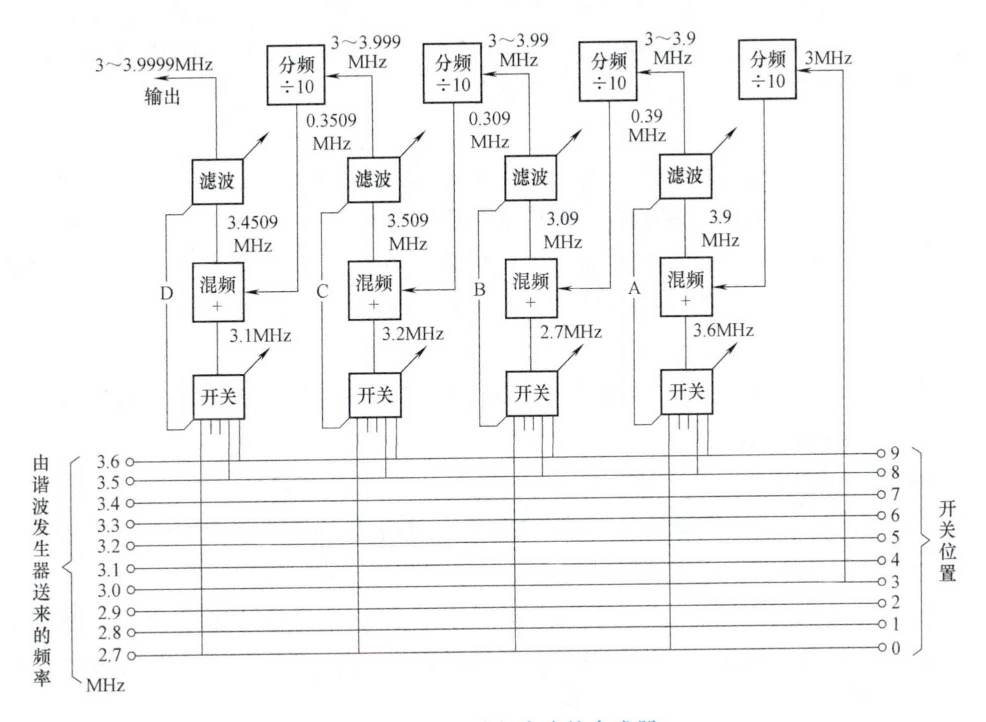

图 11-3　相干式频率直接合成器

开关 A 在位置 9，选取的基准频率为 3.6MHz，它与第 1 个分频器送来的 0.3MHz（将 3MHz 分频，分频比为 10 的结果）相混频，取相加项，滤掉不需要的分量后，得 3.9MHz 频率。将 3.9MHz 送至第 2 个分频器（分频比仍为 10），得 0.39MHz 频率。

开关 B 在位置 0，选取的基准频率为 2.7MHz，与上面的 0.39MHz 信号混频（相加），得到 3.09MHz 信号。再经滤波器和除 10 分频器，得到 0.309MHz 频率输出。

开关 C 在位置 5，选取的基准频率为 3.2MHz，与上面的 0.309MHz 信号混频（相加），得 3.509MHz 信号。再经滤波器和除 10 分频器，得 0.3509MHz 频率输出。

开关D在位置4，选取的基准频率为3.1MHz，与上面的0.3509MHz信号混频（相加），经过滤波，最后即得到3.4509MHz的输出频率。

这样开关A、B、C、D放在不同位置，就可以获得3.0000～3.9999MHz范围内10000个频率点，间隔为0.0001MHz（即100Hz）的所需频率，这种方法能产生任意小增量的合成频率。每增加一组选择开关、混频器、滤波器和分频器，就可使信道分辨力提高10倍。这种方法的频率范围是有上限的，受宽频带十进制分频器的限制，频率不能很高，最高为10MHz。

以上两种直接合成法合成的频率稳定可靠，能实现任意小的频率增量，波道转换速度快。但是要采用大量的选择开关、滤波器、混频器和分频器等，成本高、体积大，通常只适合在固定的设备上使用。

11.3 锁相环频率合成

频率间接合成是用锁相技术来合成高精度和高稳定度频率的合成方法。频率间接合成器的核心是锁相环，常称为锁相环频率合成器。锁相环频率合成器的性能接近直接频率合成器，但所需的零部件较少，具有体积小、重量轻、成本低及安装调试方便的特点，所以应用非常广泛。

锁相环频率合成器根据所用锁相环的数量可分为单环锁相频率合成器和多环锁相频率合成器。在电路组成上它们均在锁相环电路中串入程序分频器，通过编程改变程序分频器的分频比，从而获得与标准频率有相同稳定度的合成离散频率。因此，它们又称为数字式频率合成器。下面介绍常用锁相环频率合成器的电路组成、工作原理及性能特点。

11.3.1 单环锁相频率合成器

单环锁相频率合成器电路中只采用一个锁相环电路。根据电路组成它又有基本式、固定前置分频式、双模前置分频式和混频式等几种类型。

1. 基本式单环锁相频率合成器

图11-4是基本式单环锁相频率合成器的框图。图中晶体振荡器产生高稳定性的标准频率f_s，由于鉴频器PD的工作频率较低，所以标准频率f_s经固定分频器除R分频后得到鉴相器所需的基准频率f_r。压控振荡器VCO的输出频率f_o经程序分频器除N分频后得到f_V，f_V与f_r在鉴相器中进行相位比较，当环路进入锁定状态后，$f_V=f_r$，所以压控振荡器的输出频率为

$$f_o=Nf_V=Nf_r \tag{11-1}$$

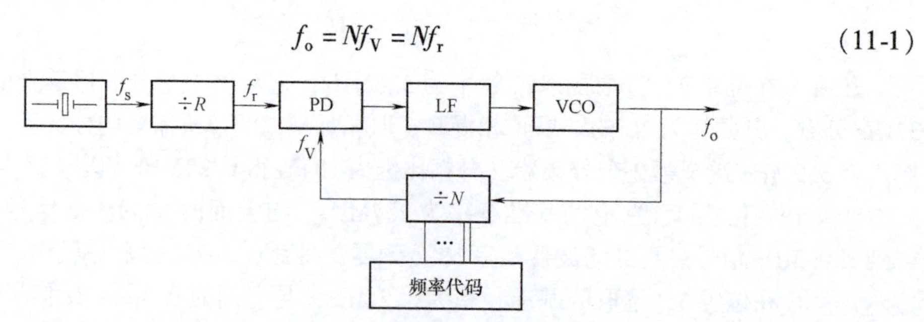

图11-4 基本式单环锁相频率合成器的框图

程序分频器的分频比 N 的数值，可由编程输入不同的频率代码来改变，这样合成器输出的频率 f_o 就有 N 个频率，频道间的频率间隔为基准频率 f_r。基本式单环锁相频率合成器电路简单、体积小、便于集成化。

2. 固定前置分频式单环锁相频率合成器

图 11-5 为固定前置分频式单环锁相频率合成器的框图。与基本式单环锁相频率合成器相比，它只是在程序分频器前串接一个分频比固定为 K 的前置分频器。当环路锁定后，$f_V = f_r$，所以压控振荡器输出频率为

$$f_o = N(Kf_V) = N(Kf_r) \tag{11-2}$$

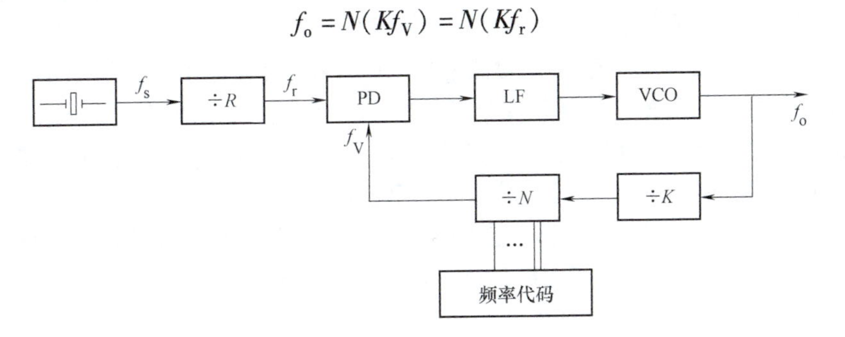

图 11-5　固定前置分频式单环锁相频率合成器的框图

与前述基本式单环锁相频率合成器相同，程序分频器的分频比 N 可由编程改变，因此前置分频式单环锁相频率合成器的输出频率 f_o 也有 N 个频率点。由于在程序分频器前加有前置分频器，所以频道间的频率间隔为 Kf_r。固定前置分频式单环锁相频率合成器也具有电路简单、体积小的优点，而且输出频率比基本式高。

3. 双模前置分频式单环锁相频率合成器

前述基本式和固定前置分频式单环锁相频率合成器合成的频率总数较少，采用双模前置分频式单环锁相频率合成器能增加频率总数。

图 11-6 为双模前置分频式单环锁相频率合成器的框图。

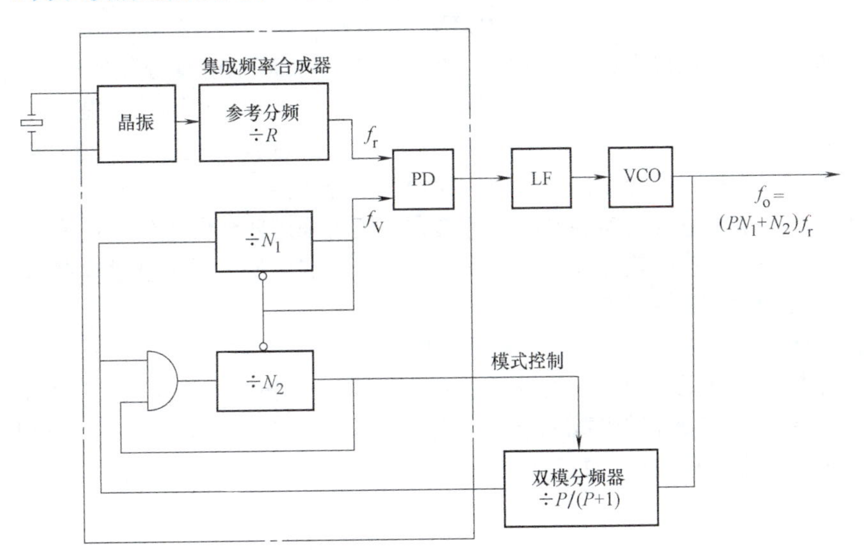

图 11-6　双模前置分频式单环锁相频率合成器的框图

图中环路反馈通路中接入双模（双分频比）前置分频器和两个可编程序分频器。双模前置分频比受除 N_2 可编程序分频器输出的双模控制信号所控制。控制信号为高电平时，双模分频器的分频比为 $P+1$；控制信号为低电平时，双模分频器的分频比为 P。开始工作时，双模分频器置于除 $P+1$ 状态，其输出频率为 $f_o/(P+1)$。两个可编程序分频器的分频比分别为 N_1 和 N_2，且 $N_1>N_2$，它们在双模分频器的输出驱动下同时做减法计数。在双模分频器输出 $N_2(P+1)$ 个 VCO 波后，除 N_2 分频器计数到零，除 N_2 分频器的输出从高电平变为低电平，从而关闭除 N_2 分频器输入端的与门，使除 N_2 分频器停止计数，同时使双模分频器分频比变为 P，输出频率变为 f_o/P。双模分频器再输出 $(N_1-N_2)P$ 个 VCO 波后，除 N_1 分频器也计数到零，除 N_1 分频器的输出变为低电平，向鉴相器 PD 输出比较脉冲 f_V。f_V 与参考频率 f_r（由晶振产生，经除 R 分频器分频获得的）比较相位，环路锁定后 $f_V=f_r$。同时将两个可编程序分频器重新置于 N_1 和 N_2，除 N_2 分频器输出恢复高电平，使双模分频器分频比重新变为 $P+1$，同时打开输入端的与门，进入下一个计数周期。

在一个计数周期内，双模分频器输出的 VCO 信号的周期数，即反馈通道的总分频比为

$$N_T=(P+1)N_2+(N_1-N_2)P=PN_1+N_2 \tag{11-3}$$

频率合成器的输出频率为

$$f_o=N_Tf_r=(PN_1+N_2)f_r \tag{11-4}$$

如果采用除 10/11 的双模前置分频器，$P=10$，选择 $N_2=0\sim9$，$N_1=10\sim19$，代入式(11-3) 得总分频比为

$$N_T=100\sim199$$

将上式代入式(11-4)，得频率合成器的输出频率为

$$f_o=100f_r\sim199f_r$$

如果采用除 100/101 的双模前置分频器，$P=100$，选择 $N_2=0\sim99$，$N_1=100\sim199$，代入式(11-3) 得总分频比为

$$N_T=10000\sim19999$$

将上式代入式(11-4)，得频率合成器的输出频率为

$$f_o=10000f_r\sim19999f_r$$

由以上举例可见，通过选择不同的 P、N_1、N_2 数值，双模前置分频式单环锁相频率合成器的输出频率总数可极大增加，频率范围变化很大，工作频率得到很大提高，频率分辨力很好，仍为基准频率 f_r，并且两个可编程序分频器的工作频率下降至 f_o/P 和 $f_o/(P+1)$。

按上述方式工作的程序分频器常称为吞脉冲程序分频器。

如需进一步增加频率合成器的输出频率总数，还可采用四模前置分频式单环锁相频率合成器，其工作原理与双模前置分频式单环锁相频率合成器类似，限于篇幅本书不再介绍。

4. 混频式单环锁相频率合成器

混频式单环锁相频率合成器的工作原理框图如图 11-7 所示。

它的特点是在环路反馈通道中增设了晶体振荡器 OSC 和混频器 MIX，对 VCO 输出频率 f_o 进行“混频降频”，使送到程序分频器的工作频率有所降低。图中 f_o 和 f_m 送到混频器 MIX，混频后用带通滤波器选取两频率的差频 f_K，再送入程序分频器。当环路进入锁定状态后，f_K 和 f_V 分别为

$$f_K=f_o-f_m \qquad f_V=\frac{1}{N}f_K=\frac{1}{N}(f_o-f_m)$$

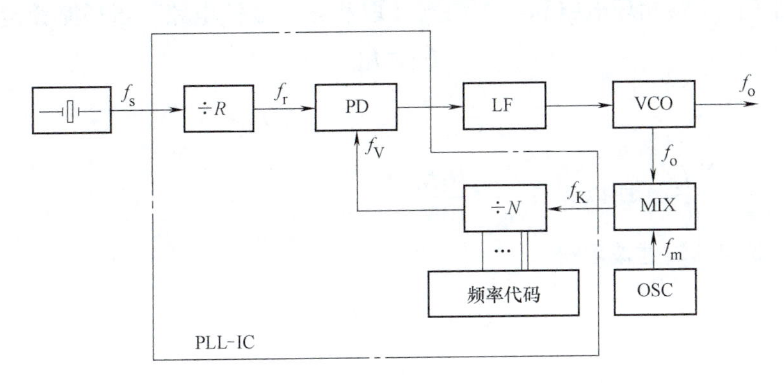

图 11-7　混频式单环锁相频率合成器的工作原理框图

频率合成器的输出频率为

$$f_o = Nf_r + f_m \tag{11-5}$$

混频式单环锁相频率合成器的输出频率比基本式单环锁相频率合成器提高 f_m，频道间隔仍为 f_r，并且降低了程序分频器的工作频率。

11.3.2　多环锁相频率合成器

单环锁相频率合成器的电路组成较简单，但是当可变分频比较大时，输出噪声也较大，而且当要求频率分辨力较高，如小于 1kHz 时，单环锁相频率合成器难以实现，采用多环锁相频率合成器可以解决这些问题。常见多环锁相频率合成器有双环式和三环式等类型，现分别介绍如下。

1. 双环式锁相频率合成器

双环式锁相频率合成器的工作原理框图如图 11-8 所示。

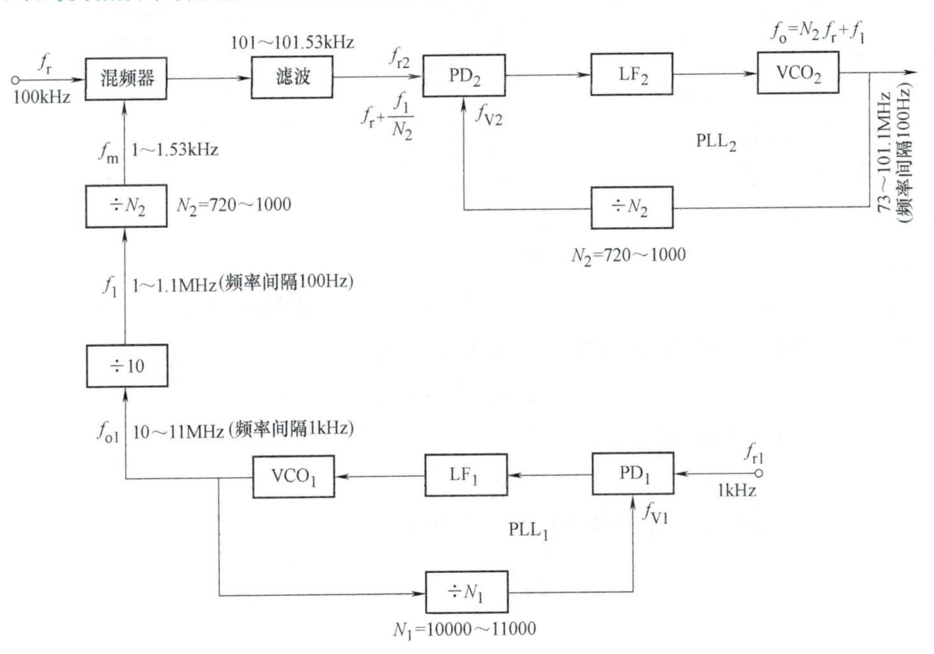

图 11-8　双环式锁相频率合成器的工作原理框图

图中采用了两个锁相环电路和一个混频（取和频）滤波电路。当环路锁定后，对鉴相器 PD_1 有

$$f_{V1}=f_{r1}$$

又

$$f_{V1}=\frac{f_{o1}}{N_1} \qquad f_{o1}=N_1f_{r1}$$

因为 $f_1=\frac{f_{o1}}{10}=\frac{N_1f_{r1}}{10}$，所以 $f_m=\frac{f_1}{N_2}=\frac{N_1f_{r1}}{10N_2}$。

混频器（取和频）滤波后得

$$f_{r2}=f_r+f_m=f_r+\frac{f_1}{N_2}$$

对鉴相器 PD_2 有

$$f_{V2}=f_{r2} \qquad f_{V2}=\frac{f_o}{N_2}$$

$$f_o=N_2f_{V2}=N_2f_{r2}=N_2f_r+f_1=N_2f_r+\frac{N_1f_{r1}}{10} \tag{11-6}$$

由上式可知，双环式锁相频率合成器的输出频率 f_o 可由除 N_1 和除 N_2 两个程序分频器所控制。图中标出了某通信接收机频率合成器的频率数值，当基准频率 $f_{r1}=1\text{kHz}$，$f_r=100\text{kHz}$ 而且两个除 N_2 分频器有相同的分频比范围并在任何时候都取相同数值，即它们同步工作时，频率合成器的输出频率为 73～101.1MHz，频率间隔为 100Hz。这种双环式锁相频率合成器具有输出频率总数多、分辨力高、同步方式好、输出噪声较小等优点。但为了降低噪声，要求采用环形混频器及窄带滤波器因而电路结构较复杂。

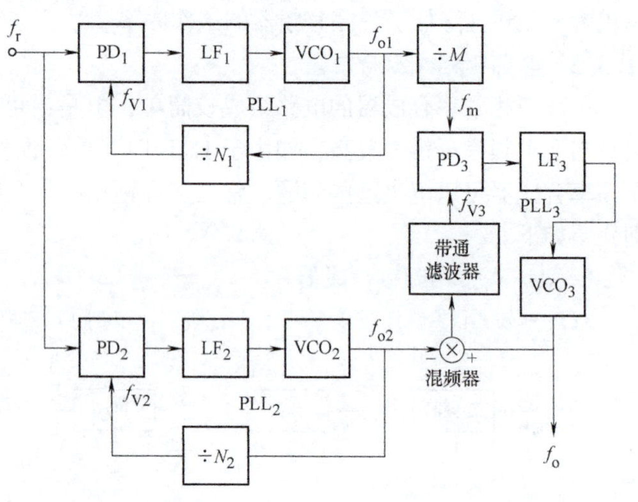

图 11-9 三环式锁相频率合成器的工作原理框图

2. 三环式锁相频率合成器

三环式锁相频率合成器的工作原理框图如图 11-9 所示。

图中包含低位环 PLL_1、高位环 PLL_2 和输出环 PLL_3 3 个锁相环及一个混频（取差频）滤波电路。当环路锁定后，低位环 PLL_1 的输出频率为

$$f_{o1}=N_1f_{V1}=N_1f_r$$

高位环 PLL_2 的输出频率为

$$f_{o2}=N_2f_{V2}=N_2f_r$$

输出环 PLL_3 中鉴相器 PD_3 的两个比较相位频率为

$$f_m=\frac{f_{o1}}{M} \qquad f_{V3}=f_o-f_{o2}$$

因为 $f_m=f_{V3}$，所以 $\frac{f_{o1}}{M}=f_o-f_{o2}$。

频率合成器的输出频率为

$$f_o = \frac{f_{o1}}{M} + f_{o2} = \frac{N_1}{M} f_r + N_2 f_r \tag{11-7}$$

当 $f_r = 100\text{kHz}$，$N_1 = 300 \sim 399$，$N_2 = 351 \sim 356$，$M = 100$ 时，频率合成器的输出频率为

$$f_o = 35.400 \sim 39.999\text{MHz}$$

频率分辨力为 1kHz，共有 4600 个频率点。

这种三环式锁相频率合成器的输出频率总数多，频率分辨力高，但要采用 3 个锁相环，电路结构复杂。

11.4　集成锁相环频率合成器

随着中、大规模集成电路技术的发展，以及锁相环频率合成器的广泛应用，已研制生产出多种单片集成锁相环频率合成器。在一个芯片上集成了锁相环频率合成器的主要部件，如基准振荡器、参考分频器、鉴相器以及可编程序分频器等，只需增加少量外围元器件，便可构成一个完整的锁相环频率合成器。下面以摩托罗拉（Motorola）公司的 MC145106、MC145146 为代表介绍集成锁相环频率合成器。

11.4.1　MC145106 电路原理及应用

1. 电路原理

MC145106 是 CMOS 中规模集成电路锁相环频率合成器，其组成框图如图 11-10 所示。MC145106 内部包含参考振荡器或放大器、参考分频器、除 N 计数器（除 N 程序分频器）和鉴相器等。只需外接环路滤波器和压控振荡器就可构成一个锁相环频率合成器。

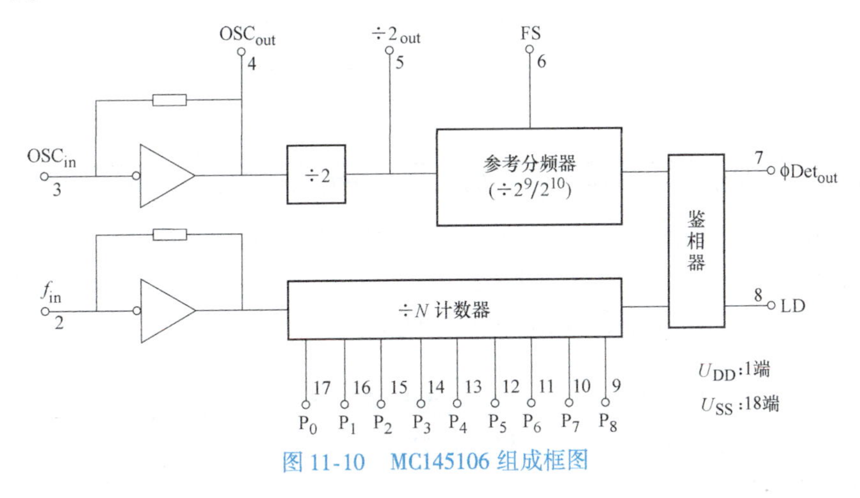

图 11-10　MC145106 组成框图

MC145106 各引脚功能如下：

1 脚（U_{DD}）正电源端，通常为 4.5～12V。

2 脚（f_{in}）为除 N 计数器（除 N 程序分频器）的信号输入端。程序分频器的最高工作频率约为 4.5MHz。

3 脚（OSC_{in}）和 4 脚（OSC_{out}）分别为参考振荡器或放大器的输入和输出端。参考频率信号可由内部振荡器产生或从外部输入。如果由内部振荡器产生，则需在 3、4 脚间外接

石英晶体与芯片内的放大器构成晶体振荡器。参考频率通常选定为10.24MHz。

5脚为参考频率除2分频输出端。

6脚（FS）为参考分频器分频比选择端。当参考频率选用10.24MHz时，如FS为“1”，总参考分频比为2^{10}（包含除2电路），则送到鉴相器的参考频率$f_r=10\text{kHz}$；如FS为“0”，总参考分频比为2^{11}（含除2电路），则$f_r=5\text{kHz}$。

7脚（ϕDet_{out}）为鉴相器三态输出端。当$f_{in}/N<f_r$时，输出为高电平；当$f_{in}/N>f_r$时，输出为低电平。鉴相频率典型值为5kHz或10kHz。鉴相灵敏度$k_d=U_{DD}/4\pi$。

8脚（LD）为环路锁定指示端，失锁时该端为低电平。

9～17脚（P_8～P_0）为程序分频器二进制数码预置端。预置端对地接有下拉电阻，可用机械或电子开关进行预置。预置端悬空时，相当于逻辑“0”。预置端上的二进制数码与分频比$N[3\sim(2^9-1)]$的关系如表11-1所示。

18脚（U_{SS}）为接地端。

表11-1 MC145106程序分频器真值表

P_8	P_7	P_6	P_5	P_4	P_3	P_2	P_1	P_0	分频比N
0	0	0	0	0	0	0	0	0	2(注)
0	0	0	0	0	0	0	0	1	3(注)
0	0	0	0	0	0	0	1	0	2
0	0	0	0	0	0	0	1	1	3
0	0	0	0	0	0	1	0	0	4
⋮	⋮	⋮	⋮	⋮	⋮	⋮	⋮	⋮	⋮
0	1	1	1	1	1	1	1	1	255
			⋮	⋮	⋮	⋮	⋮	⋮	⋮
1	1	1	1	1	1	1	1	1	511

注：P_0至P_8置000000000和000000001时，分别为除2和除3分频，这时不按2^N-1序列。

MC145106适用于民用波段（CB）无线电台和调频（FM）收发系统。由MC145106构成的单环式频率合成器，频率分辨力可达到25kHz或50kHz，波道数为300～400个。如构成双环式频率合成器，波道数可扩展到700～800个。

2. 典型应用

图11-11为收发通信机中用MC145106构成的单环锁相频率合成器，共设置40个频道，收、发共用，收、发频率由R/T键控制。发射频率为26.965～27.405MHz，接收频率为26.510～26.950MHz。

图中频率合成器的工作过程如下：MC145106的3、4脚外接晶体，构成10.24MHz的参考振荡器。10.24MHz的参考频率经除2分频为5.12MHz，再经过除29分频得5.0kHz的参考频率f_r送鉴相器。由压控振荡器（VCO）产生的26.965～27.405MHz发射频率送到混频器1，与5.12MHz乘5倍频得到25.6MHz的频率混频后，得差频1.365～1.805MHz，再送程序分频器，分频比为273～361，得f_V为5.0kHz，送鉴相器与f_r比较相位，环路锁定后发射频率就稳定在26.965～27.405MHz。接收时，鉴相器的参考频率仍为5.0kHz。压控振荡

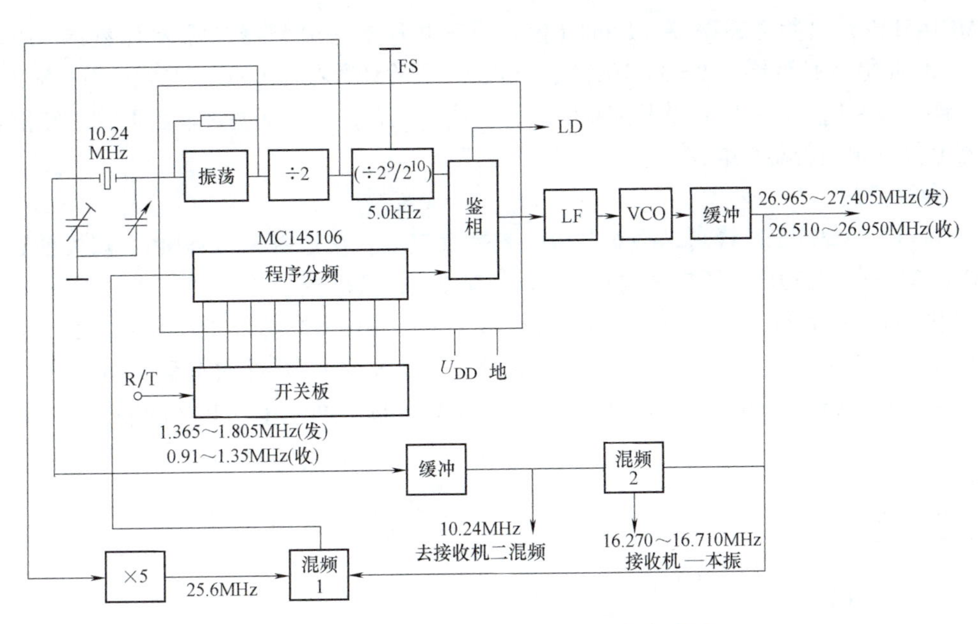

图 11-11　收发通信机单环锁相频率合成器

器产生 26. 510 ~ 26. 950MHz 的接收频率送混频器 1 与 25. 6MHz 频率混频后，得差频 0. 91 ~ 1. 35MHz，再送程序分频器，分频比为 182 ~ 270，得 f_V 为 5. 0kHz，与 f_r 比较相位，环路锁定后接收频率就稳定在 26. 510 ~ 26. 950MHz。接收频率送混频器 2 与 10. 24MHz 的频率混频，得到 16. 270 ~ 16. 710MHz 频率作为接收机一本振频率，10. 24MHz 频率作为接收机二本振频率。

11. 4. 2　MC145146 电路原理及应用

1. 电路原理

MC145146 为 CMOS 大规模集成电路，它是四位数据总线输入、锁存器选通和地址线编程的双模式锁相频率合成器，其工作原理框图如图 11-12 所示。

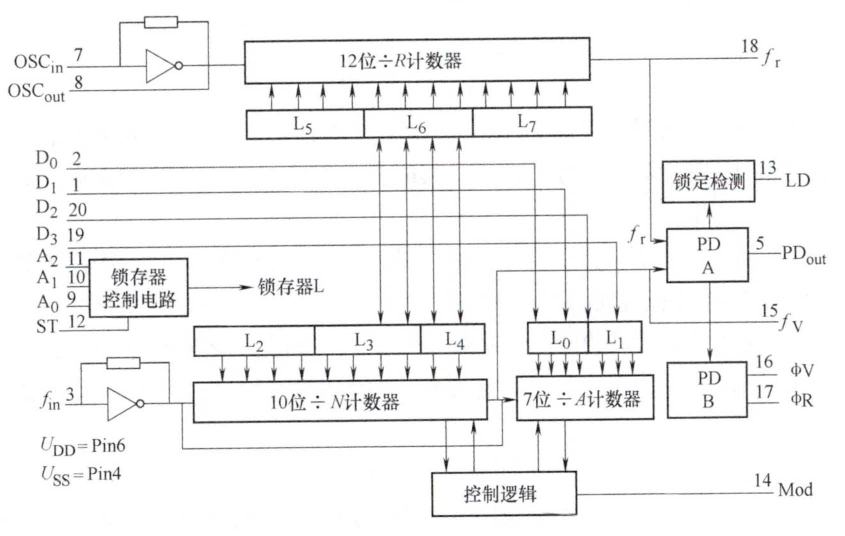

图 11-12　MC145146 工作原理框图

MC145146 是由参考振荡器、12bit（位）可编程序参考分频器（除 R 计数器，$R=3\sim4095$）、10bit 除 N 计数器（$N=3\sim1023$）、7bit 除 A 吞除计数器（$A=0\sim127$）、4bit 输入数据的锁存器（$L_0\sim L_4$、$L_5\sim L_7$）及其控制电路、单端（三态）与双端两种输出形式的鉴相器 A、鉴相器 B 及锁定检测器等组成。

2. 典型应用

图 11-13 为 800MHz 蜂窝式移动电话的频率合成器。它是由 MC145146、双模前置分频器 MC10131 和 MC12011、压控振荡器 VCO 等构成的，微机控制的双模式锁相频率合成器。它能提供 666 个信道，有双工功能。在接收状态，第一中频为 456MHz，第二中频为 11.7MHz。参考频率 $f_r=25\text{kHz}$，参考分频器分频比 $R=440$。环路总分频比 $N_T=32N+A$，其中 $N=859\sim880$，$A=0\sim31$。发射频率为 825.030～844.980MHz，频率间隔为 30kHz。

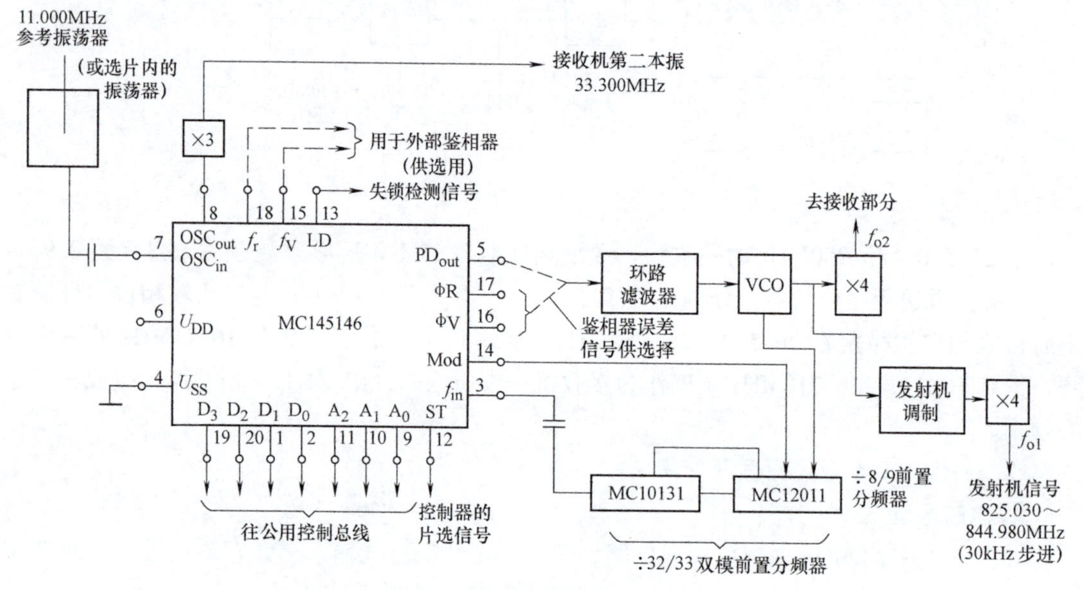

图 11-13 800MHz 蜂窝式移动电话的频率合成器

本章小结

1. 频率合成技术是用频率变换的方法获得大量高稳定性离散频率的技术。频率合成器有频率范围、频率间隔、频率总数、频率转换时间、频率稳定度和准确度以及频谱纯度等主要性能指标。

2. 频率直接合成是将石英晶体振荡器产生的两个基准频率直接混频来获得新频率的合成方法。非相干式直接频率合成器混频的两个基准频率是由不同石英晶体振荡器产生的。相干式直接频率合成器混频所需的两个基准频率是由同一石英晶体作标准频率，经谐波发生器产生的。两种直接合成法合成的频率稳定可靠、性能很好，但合成器体积大、成本高，适用范围有限。

3. 锁相环频率合成是用锁相技术间接合成高稳定度频率的合成方法。它是在锁相环电路中串入程序分频器，由编程改变分频比，从而可获得大量合成的离散频率。单环锁相频率合成器电路组成较简单，但分频比和分辨力受到限制。多环锁相频率合成器电路组成较复杂，但性能较好。锁相环频率合成器的性能指标接近直接频率合成器，它具有体积小、成本低的优点，适用范围广。

4. 单片集成锁相环频率合成器是在一个芯片上集成了锁相环频率合成器的主要部件，只需外接少量元器件即可产生大量高稳定度的合成频率，所以在收发通信机和移动电话中广泛使用。

习题与思考题

11.1　什么是频率合成技术？频率合成的任务是什么？

11.2　频率合成器有哪些种类？各有什么优缺点？

11.3　单环锁相频率合成器通常有哪几种形式？各有什么特点？

11.4　多环锁相频率合成器有什么优缺点？

11.5　图 11-4 所示单环锁相频率合成器中，设晶体振荡器的振荡频率为 100kHz，固定分频器分频比 $R=10$，可变分频器分频比 $N=880\sim1080$，试求 VCO 输出频率的范围及频率间隔。

11.6　图 11-7 所示混频式单环锁相频率合成器中，设晶体振荡器的振荡频率为 50kHz，固定分频器分频比 $R=10$，程序分频器的分频比 $N=200\sim299$，补偿晶体振荡器 OSC 的频率 $f_m=10\text{MHz}$，试求 VCO 输出频率的范围及频率间隔。

实验　高频电子技术实验

实验1　高频谐振电路与滤波电路的特性

1. 实验目的

1）掌握 LC 谐振电路的特性和测量谐振曲线的方法。

2）熟悉陶瓷及石英晶体谐振器谐振频率的测量方法。

3）了解测量 LC 滤波器的传输特性。

2. 实验仪器与器材

双踪示波器、频率计、函数信号发生器、毫伏表、455kHz 陶瓷谐振器和 1MHz 石英晶体、220μH 电感。电容：1000pF（2个）、200pF，电阻：20kΩ（2个）、1kΩ，100Ω。

3. 实验内容与步骤

（1）测三种情况下 LC 谐振回路的幅频特性　按实验图1-1所示连好电路。

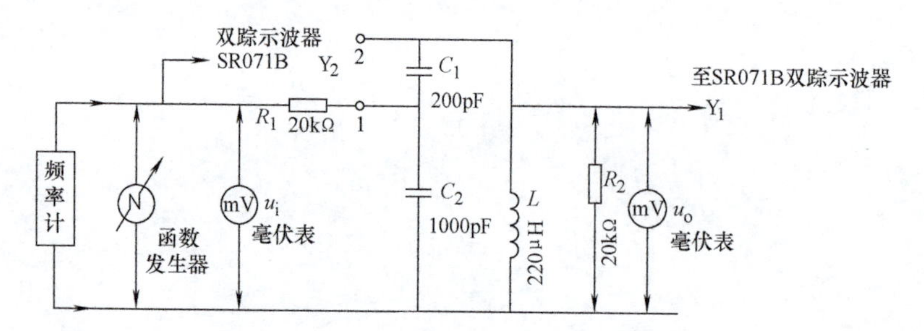

实验图1-1　LC 谐振回路的幅频特性测试电路

将函数发生器置100kHz～1MHz档，产生 $u_i=0.5$V 左右的正弦波。调函数发生器频率使 LC 回路输出电压 u_o 达最大，此时，表示 LC 回路谐振。记下此时的谐振频率 f_o 和电压 u_o 的数值，填入实验表1-1内。将频率往高和往低调节，每隔5kHz左右记一次频率 f 和电压 u_o 的数值，填入实验表1-1内。然后以频率 f 为横轴、电压 u_o 为纵轴作图，将测得的数值做成点，圆滑连接各点，得 R_1 接抽头点1时 LC 回路的幅频特性曲线。

将 R_1 改接至抽头点2，重复上述步骤，将结果也记入实验表1-1中，并在同一图上画出幅频特性曲线。

再将 R_2 并接到回路，如实验图1-1所示，再测量，将结果也记入实验表1-1中，并画出幅频特性曲线。

实验表1-1　不同频率和不同情况下 LC 谐振回路的输出电压

频率 f/kHz											
接抽头点1时 u_o/V											
接抽头点2时 u_o/V											
并接 R_2 时 u_o/V											

比较三条幅频特性曲线，可看出不同抽头位置和接并联电阻对谐振回路特性的影响。

（2）测谐振回路的相频特性曲线　将实验图 1-1 中 R_1 接至抽头点 2，R_2 不接，调节函数发生器频率，读出与该频率对应的由双踪示波器显示的 Y_1 与 Y_2 两波形的相位差（双踪示波器输入方式置交替扫描）。可测绘谐振回路的相频特性如实验图 1-2a 所示，两波形的相位差如实验图 1-2b 所示。

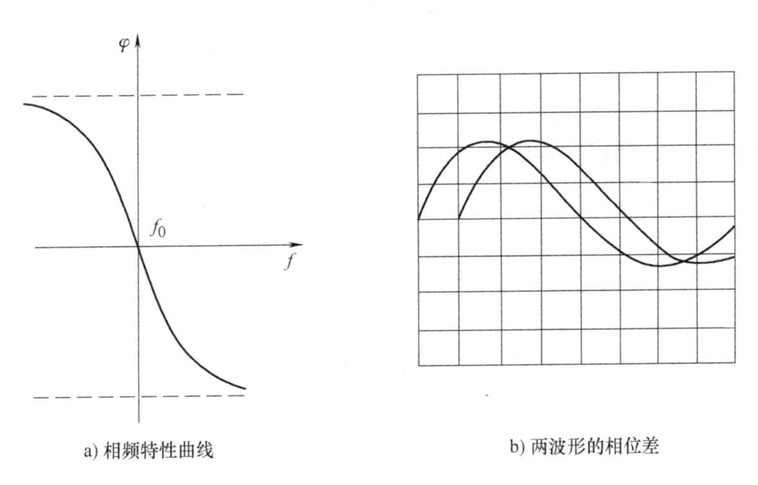

实验图 1-2　谐振回路的相频特性曲线

例如，实验图 1-2b 中两波形 Y_1、Y_2 的相位差 $\varphi=360°\times\Delta T/T=360°\times\frac{1}{7}\approx51°$。

（3）测陶瓷谐振器和石英晶体的谐振频率　按实验图 1-3 连接电路。在 400～500kHz 之间改变函数发生器频率，输出衰减为 −30dB，每隔 10kHz，记一次频率 f、输入电压 u_i 和输出电压 u_o 的数值。使输入电压 u_i 恒定，将频率 f 与输出电压 u_o 的数值对应画成曲线，即为该陶瓷谐振器的输出幅频特性。输出最大（即谐振）时的 u_o/u_i 之比，称为该谐振器的传输衰减，又称插入损耗。如将陶瓷谐振器换成石英晶体，可用同样方法测量谐振频率。

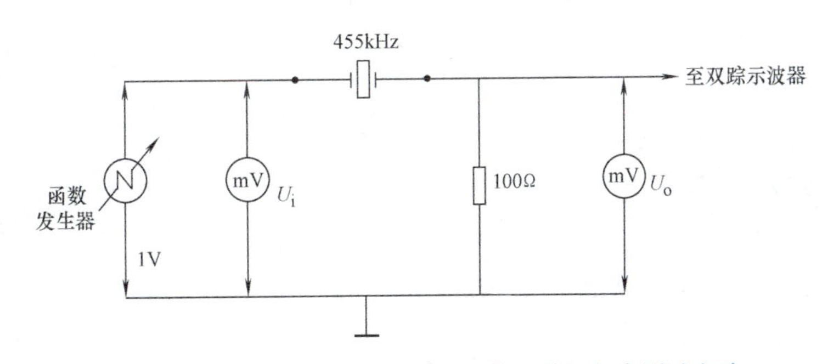

实验图 1-3　陶瓷谐振器和石英晶体的谐振频率测试电路

（4）测 LC 滤波器的传输特性　实验图 1-4 所示为低通、高通和带阻（陷波）滤波电路。在保持输入信号幅度恒定的情况下，改变输入信号频率，测出不同频率时的对应输出电压值，即可得上述低通、高通和带阻滤波电路的输出特性。

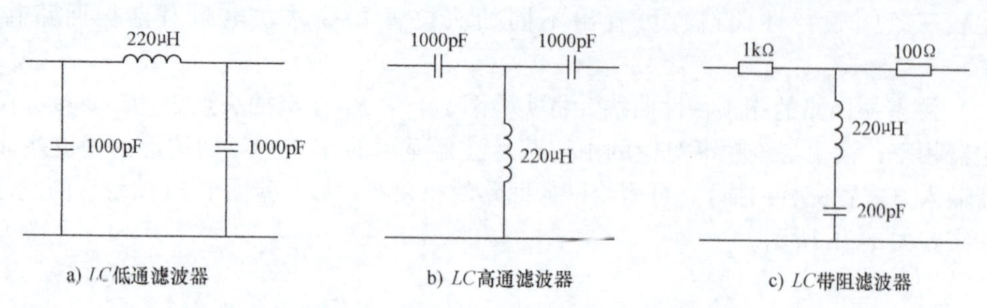

实验图 1-4　LC 滤波器的传输特性测试电路

4. 实验报告要求

1）整理测试数据，列成表格形式，并画出相应的特性曲线。

2）根据测试数据，算出实验图 1-1 电路中 LC 谐振回路的空载品质因素 Q_0。

实验 2　高频小信号谐振放大器

1. 实验目的

1）观测小信号谐振放大器的工作特性。

2）测量小信号谐振放大器的增益和通频带。

2. 实验仪器与器材

函数信号发生器、双踪示波器、毫伏表、频率计、稳压电源和晶体管 9013。电容：47μF、0. 01μF（2 个）、200pF，电阻：10kΩ（2 个）、20kΩ、1kΩ，电位器 100kΩ。

3. 实验内容与步骤

（1）连接电路　按实验图 2-1 所示电路安装好小信号谐振放大器。

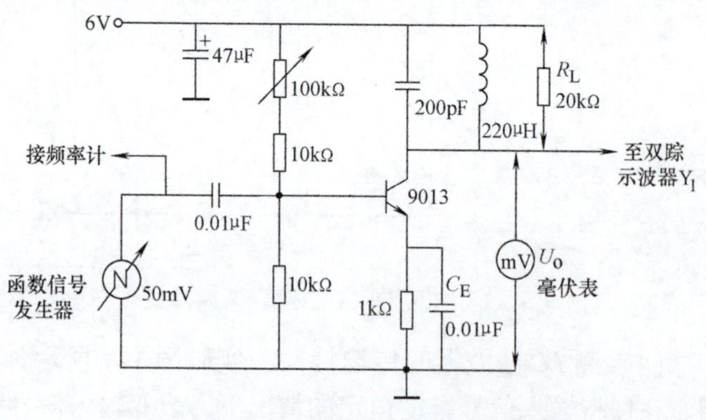

实验图 2-1　高频小信号谐振放大器

（2）测小信号谐振放大器的增益及通频带　将集电极电流调至 1mA 左右（宜用测发射极电阻上的电压降法测，不必串入电流表测），函数信号发生器置 100kHz ~ 1MHz 档，信号源调至 50mV 左右，调节函数发生器频率，当 u_o 达最大时，电路发生谐振，此时 u_o/u_i 比值即为放大倍数。然后改变频率，每隔 10kHz 左右记录一次频率及该频率对应的 u_o 值，画出 u_o 与频率间的对应关系曲线，即为此谐振放大器的幅频特性曲线，从特性曲线求出 u_o 下降到最大值的 70% 的频率范围，即为此谐振放大器的通频带 $BW=2\Delta f_{0.7}$。

（3）观察负载变化对幅频特性的影响　在实验图 2-1 中的电感 L 两端，并接一个 20kΩ 电阻后，再按上述步骤测量。画出对应的幅频特性曲线，观察接入 R_L 后幅频特性的变化（增益与带宽）。

（4）改变集电极电流，观测其对幅频特性的影响　调节 100kΩ 偏置电位器，使集电极电流从 2mA 开始，每降 0.2mA，观测记录一次谐振增益及通频带，从而了解集电极电流对增益及通频带的影响。

（5）观察没有发射极电容时对增益、带宽的影响　将实验图 2-1 中的发射极电容 C_E 拆去，使电路具有负反馈，观测此种情况下谐振时的增益和带宽。分析增益和带宽与有旁路电容 C_E 时不同的原因。

4. 实验报告要求

1）整理测试数据，并将测试结果绘成幅频特性曲线。

2）分析各种测试情况下，增益、带宽不同的原因。

实验 3　电容三点式振荡电路及晶体振荡电路

1. 实验目的

1）熟悉振荡电路。

2）了解各种因素对振荡电路性能的影响。

2. 实验仪器与器材

频率计、双踪示波器、稳压电源、1MHz 石英晶体、220μH 电感和晶体管 9013。电阻：10kΩ（2 个）、3.3kΩ、20kΩ（2 个），电位器 100kΩ，电容：100pF、390pF、0.01μF、47μF、半可变电容 4～25pF。

3. 实验内容与步骤

1）按实验图 3-1 焊接安装电路（晶体和 R_L 先不接）。

2）将半可变电容 C_0 调到中间，通电后，将集电极电流调到约 0.3mA。用示波器观察有无振荡，如有，则用频率计测量频率；如无，则检查故障、排除故障。

3）调节 C_o（C_o 动片应接地，这样可减少调节时人体对振荡电路的影响），观察 C_o 变化对振荡频率及幅度的影响（用示波器看幅度，频率计看频率），并解释其原因。

4）改变电源电压（6～16V），观察电源对振荡频率及幅度的影响，并解释其原因。

5）电源电压固定为12V。改变集电极电流 I_c（从0.15～0.45mA），观察集电极电流 I_c 变化对振荡频率及幅度的影响，并解释其原因。

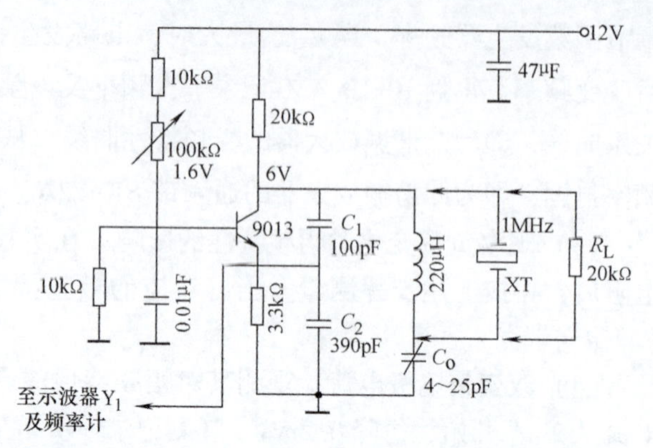

实验图 3-1　电容三点式振荡电路和石英晶体振荡电路

6）将电源电压与 I_c 恢复到12V、0.3mA，然后将 R_L（20kΩ）并联在电感 L 两端，观察负载变化对振荡频率及幅度的影响。

7）将电感 L 换用1MHz晶体，C_o 调至中间，R_L 焊开，观察记录晶体振荡器的波形及频率。

8）再按上述步骤3）～6），测试电路因数对晶体振荡的影响，并与 LC 振荡电路做比较。

4. 实验报告要求

1）分析整理实测结果。

2）根据实测，说明电源电压、工作电流和负载电阻对振荡频率及幅度的影响。

3）本实验中晶体振荡器的晶体实际作为何种元件使用？

实验4　混 频 电 路

1. 实验目的

1）熟悉晶体管混频电路的基本结构及其特性。

2）观察各种因素对混频增益的影响。

2. 实验仪器与器材

双踪示波器、高频信号发生器、函数信号发生器、稳压电源和晶体管9013。电阻：

220Ω、510Ω、1kΩ，10kΩ 电位器，电容：0.01μF、200pF、47μF，TIF—1 中频线圈。

3. 实验内容与步骤

1）按实验图 4-1 安装电路，检查无误后通电，调节 RP 使集电极电流为 0.3 ~ 0.4mA，即发射极电阻上电压降为 0.15 ~ 0.2V。

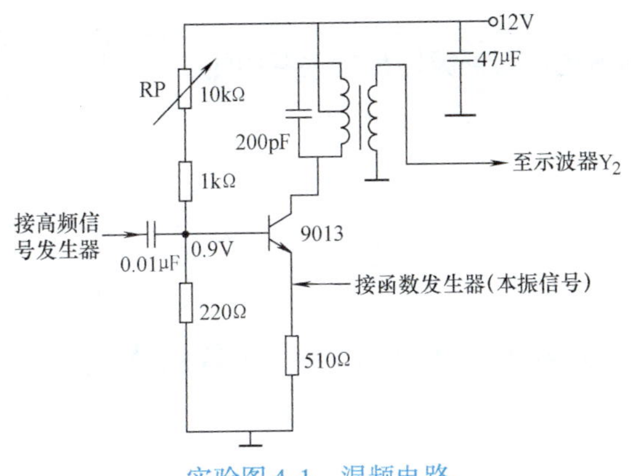

实验图 4-1　混频电路

2）在晶体管基极输入有效值为 30mV（峰峰值约为 85mV）的高频信号，调中频线圈磁心，改变 f，找出谐振频率 f_0。

3）将函数发生器置正弦波，频率为 1MHz 左右，即把它作为混频器的本机振荡信号。把函数发生器的 1MHz 正弦波输出幅度调至峰峰值约为 565mV（用示波器测），即有效值或方均根值约为 200mV。

4）观察高本振情况下的混频输出。将高频信号发生器置于调幅输出，并在 550kHz 附近微调其频率，使监视混频输出的 Y_2 幅度达最大，且无包络失真。记下此时的高频信号发生器频率 f_1（用示波器测）。

5）观察低本振下的混频输出。将高频信号发生器频率改调至 1450kHz 附近，并微调其频率使监视波形 Y_2 达最大，无包络失真。记下此时的高频信号发生器频率 f_2。f_2 与 f_1 互成镜像频率。

6）观察工作电流对混频输出的影响。在前述 f_2 的基础上，调 RP，使集电极电流 I_c 在 0.1 ~ 2mA 范围内从小到大逐渐变化，观察混频输出 Y_2 幅度的变化情况。以 I_c 为横坐标，混频输出为纵坐标，画出工作电流 I_c 与混频输出的关系曲线。Y_2 幅度最大，且包络不失真时的 I_c 值为最佳工作电流值。

7）观察本振电压大小对混频输出的影响。将集电极电流调回到 0.3 ~ 0.4mA，微调高频信号发生器频率，使 Y_2 达最大，然后改变本振信号（函数发生器输出）幅度，观察本振电压大小对混频输出（Y_2 幅度）的影响。要求本振电压从 20mV 变到 500mV。画出以本振电压为横坐标，混频输出为纵坐标的关系曲线。

4. 实验报告要求

1）写出实验的心得体会。

2）画出实测到的电流 I_c 与混频输出的关系曲线。

3）画出实测到的本振电压与混频输出的关系曲线。

实验5 高频谐振功率放大电路

1. 实验目的

1）熟悉甲类谐振功率放大器及其特征。

2）熟悉丙类谐振功率放大器及其特征。

3）掌握测量输出功率的基本方法。

2. 实验仪器与器材

双踪示波器、函数波形发生器、稳压电源、晶体管3DG12或其他中功率管、高 Q 值电感线圈220μH，电阻：100Ω、510Ω、20Ω（2个）、200Ω，电位器1kΩ，电容：0.01μF、100pF、100μF （2个），电感1mH。

3. 实验电路

高频谐振功率放大电路如实验图5-1所示。

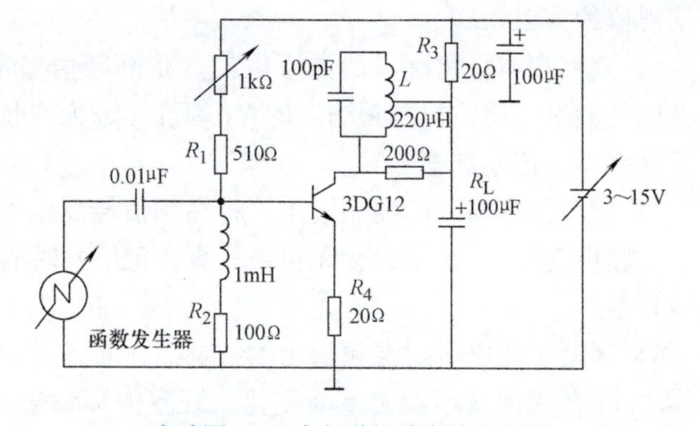

实验图5-1 高频谐振功率放大电路

图中电感线圈 L 必须是高 Q 值线圈，可以用中波收音机中的带磁棒的天线线圈或磁心较大的中波段振荡线圈。

电路接有上偏置电阻时为甲类谐振功放，拆去上偏置电阻则为丙类谐振功放。

4. 实验内容与步骤

（1）测甲类谐振功率放大器的波形　按实验图5-1连好电路，集电极电压 $U_{CC}=12V$，基极偏置电压由 U_{CC} 通过 R_1、R_2 分压取得，调基极偏置电阻使 $I_C=25mA$（用万用表测 R_4 两端电压约0.5V）。

1）确定谐振频率。输入幅度为100～300mV的正弦信号，用双踪示波器 Y_1 探头监视集电极电压波形，Y_2 探头监视发射极电流波形，在E极波形不失真前提下调节输入信号频率，在0.4～1MHz范围内调节信号频率，当在示波器中看到集电极电压波形达最大时，此时频率即为谐振频率。若发射极波形失真，则应减小输入信号幅度。要求用双踪示波器测出此谐振频率，并记录。

2）测甲类工作输出功率及效率。微调信号源输出幅度，在发射极电流波形不失真前提下达最大。用示波器测集电极波形的峰峰值 $U_{cp\text{-}p}$，按 $P_o=\left(\frac{U_{cp\text{-}p}}{2\sqrt{2}}\right)^2\Big/R_L=\frac{U_{cp\text{-}p}{}^2}{8R_L}$算出集电极输给负载 R_L 的功率。再测 R_4 两端的直流电压 U_4，按式 $I_C=\frac{U_4}{R_4}$ 算出直流功率 $P_{DC}=U_{CC}I_C$，算出甲类功率放大器效率 $\eta=\frac{P_o}{P_{DC}}$

（2）观测丙类谐振功率放大器的状态波形　将基极上偏置电阻去掉，即电路由甲类转变为丙类，进入丙类放大。

1）观测丙类谐振功放的波形。当直流电源 $U_{CC}=12\text{V}$ 时，将双踪示波器 Y_1 探头接集电极，观测集电极电压波形，应为连续的正弦波形。双踪示波器 Y_2 接发射极，观测发射极电流波形为一间断脉冲波形。当电源电压减小到5V时，发射极应看到陷波形，而集电极仍为不失真的波形。

2）测输出功率与效率。将输入信号幅度调至5V(p-p)，测出 $U_{cp\text{-}p}$，按 $P_o=\frac{U_{cp\text{-}p}}{8R_L}$ 算出输出功率。再测 R_4两端的直流电压 U_4，算出 $I_C=U_4/R_4$，直流功耗 $P_{DC}=U_{CC}I_C$，则丙类功率放大器的效率 $\eta=\frac{P_o}{P_{DC}}$。

（3）观测丙类谐振功放的欠电压与过电压状态　根据以上 U_{CC}对工作状态的影响，测出3～12V不同电源电压下的 $U_{cp\text{-}p}$，测出 R_4 两端的直流电压，算出 I_C、P_o、P_c、P_{DC}。

电源电压每变化0.5V测一次以上物理量，画出不同电源电压下的 P_o-U_{CC}、P_{DC}-U_{CC}曲线，并分析哪一段是欠电压状态，哪一段是过电压状态。

5. 实验报告要求

1）算出本实验中甲类谐振功放的最大输出功率及效率。

2）算出本实验中丙类谐振功放的最大输出功率及效率。

3）试解释为什么丙类谐振功放的发射极电流为尖脉冲，而集电极电压波形却为正弦波。

实验6　调幅与检波

1. 实验目的

1）熟悉晶体管调幅电路及其特性。

2）掌握调幅系数的测量方法。

3）熟悉二极管包络检波电路及其性能。

2. 实验仪器与器材

函数发生器、高频信号发生器、双踪示波器、稳压电源、晶体管9013、高Q值抽头电感线圈（可用中波收音机的本振线圈）；电容：200pF、0.01μF（5个）、10μF、47μF；电阻：220Ω、510Ω、1kΩ（4个）、10kΩ（2个）、100kΩ。

3. 实验内容与步骤

1）按实验图6-1连接好电路，检查无误后，通电。调节RP使集电极电流为0.6mA左右，即发射极电阻510Ω上的电压降为0.3~0.35V。

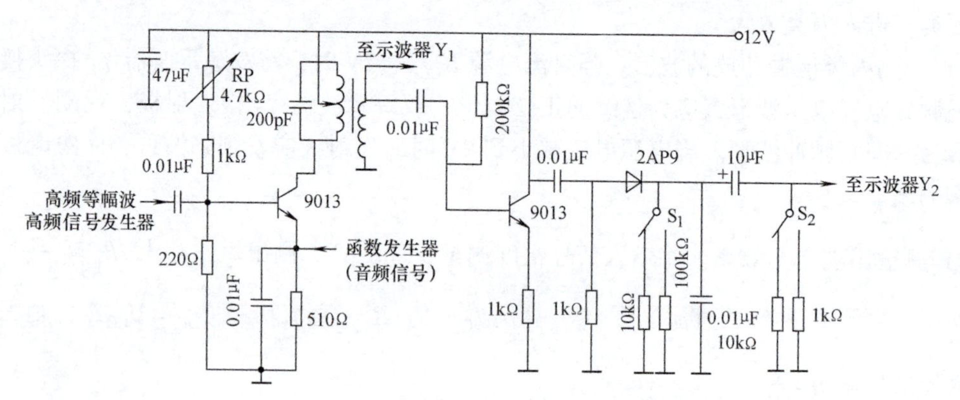

实验图6-1 调幅与检波电路

2）使高频信号发生器输出适当幅度的正弦波，在465kHz附近调节高频信号发生器频率，使谐振回路输出达最大值（用示波器监视），这表示电路已处于谐振。

3）调节函数发生器使输出为1kHz左右适当幅度的正弦波，同时用示波器观察谐振回路二次侧波形，直至能看到明显的调幅波形，如实验图6-2所示。

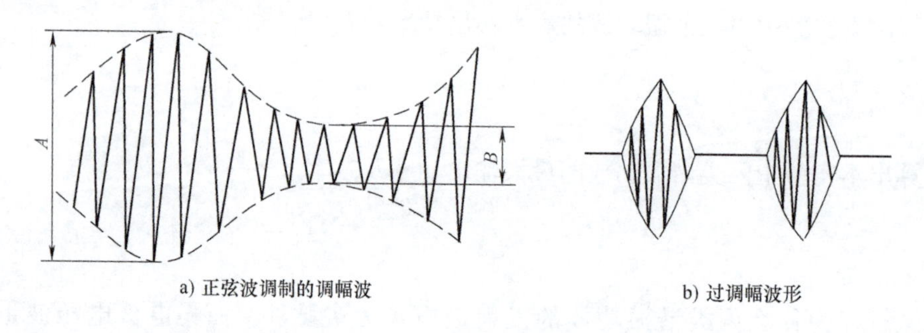

a) 正弦波调制的调幅波　　b) 过调幅波形

实验图6-2 调幅系数的测量波形

4）测量调幅系数。对于实验图6-2a所示正弦波调制的调幅波，其调幅系数为$m_\alpha = \dfrac{A-B}{A+B}\times 100\%$。在实验图6-2a中，由荧光屏刻度读出$A$占6格，$B$占3格，则$m_\alpha = \dfrac{6-3}{6+3} = \dfrac{1}{3}\times 100\%$。

5）观察过调幅现象。在实验图6-1中逐渐增大音频信号幅度，调幅系数随之逐渐加大，当增大到刚使两波谷间的距离 $B=0$ 时，则此时的调幅系数为 100%。若再继续增大音频信号幅度，就会出现如实验图 6-2b 所示的过调幅波形。这种严重的失真情况，在实际工作中务必避免。为防止出现这种过调幅情况，一般平均调幅系数在 30% 左右。

6）观察检波输出。将调幅系数减少到 30% 左右，将实验图 6-1 中的 S_1、S_2 都接到 10kΩ，用示波器 Y_2 观察二极管检波器的检波输出，应是与函数发生器输出的音频信号相同。如将函数发生器改为方波或三角波输出，则检波输出的波形也应随之改变为方波和三角波。

7）观察因检波电路参数不当引起的检波失真。将实验图 6-1 中的 S_1 改接至 100kΩ 电阻，调幅信号（函数发生器）置正弦波，调幅系数增大至 50% ~60%。然后逐渐提高音频信号频率（调节函数发生器），就可以看到二极管检波器的输出波形（Y_2）会出现实验图 6-3a所示的惰性失真（又称对角线失真）波形。

将实验图 6-1 中的开关 S_1 接 10kΩ，S_2 接 100kΩ，音频调幅信号置 1kHz，逐渐增大调幅系数，可以看到检波输出会发生实验图 6-3b 所示的失真波形（称负峰切割失真或底割平失真）。

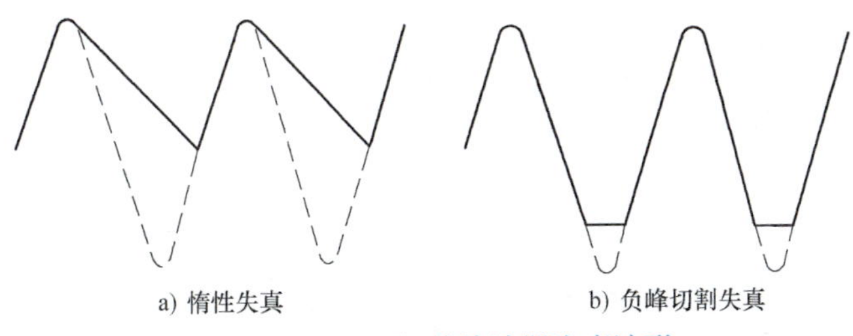

实验图 6-3 二极管检波器失真波形

4. 实验报告要求

1）画出实验中所见到的各种波形。

2）说明如何用示波器测量调幅系数。

3）回答下列问题：

① 产生过调幅失真的原因是什么？

② 二极管检波产生惰性失真的原因是什么？怎样避免？

③ 二极管检波产生负峰切割失真的原因是什么？应怎样避免？

实验7 变容管调频电路

1. 实验目的

1）掌握变容管的特性。

2）熟悉变容管直接调频电路。

2. 实验仪器与器材

频率计、双踪示波器、函数发生器、稳压电源、晶体管9013和变容二极管2CC1C（可用6V稳压管代替）。电阻：10kΩ（3个）、20kΩ（2个）、3.3kΩ，电位器：100kΩ（2个），电容：100pF、390pF、0.01μF（2个）、47μF，电感220μH。

3. 实验内容与步骤

1）安装实验图7-1所示的变容管调频电路，检查无误后，通电。

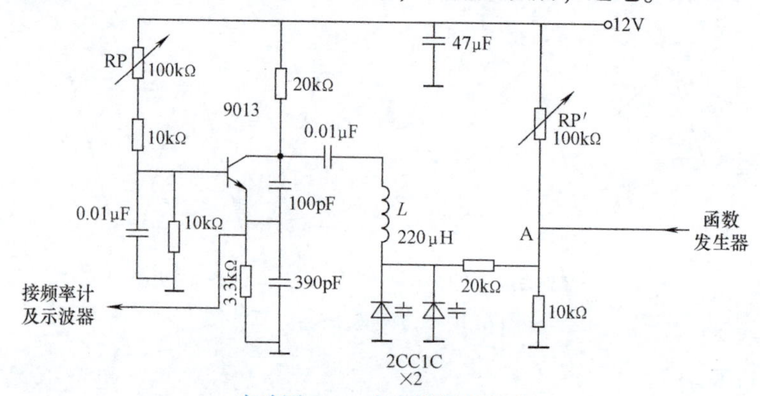

实验图7-1 变容管调频电路

2）调节RP，使集电极电流为0.3mA，调RP′使A点电压为3V左右。

3）用示波器观测无音频调制时（不接函数发生器）电路能否振荡，如不能振荡，则必须检查排除掉；如能振荡，则用频率计测出无调制时的频率。

4）调节RP′，改变变容管的反偏压，使A点电压从0.5V变到5.5V，每隔0.5V记录一次频率，填入实验表7-1中，然后以频率f为纵轴，U为横轴，画出U-f压控特性曲线。

实验表7-1 变容管反偏压变化时的振荡频率

A点电压/V(反偏压)											
振荡频率/kHz											

5）将A点电压调回3V左右，依次接入1kHz、5V（p-p）的方波、三角波和正弦波电压，仔细观察示波器显示的调频波形。当以方波调制时，适当调节示波器，可以看到实验图7-2a所示的波形，可以较清晰看到f_1与f_2两个波形。而以三角波和正弦波调

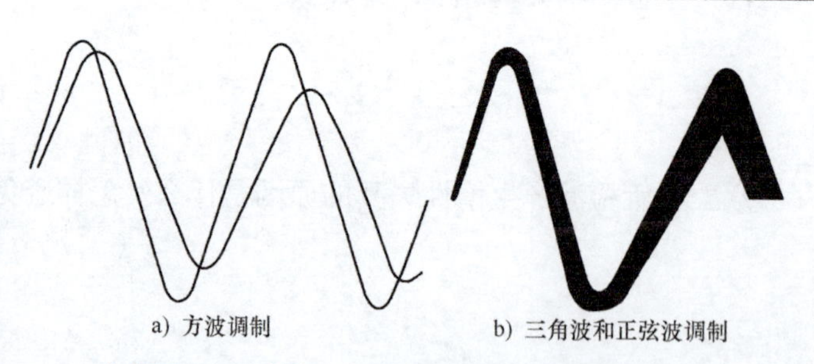

a）方波调制　b）三角波和正弦波调制

实验图7-2 方波、三角波和正弦波调制时的波形

制时，示波器显示的是实验图 7-2b 所示的波形，是开始较清晰而后越来越模糊的波形。

6）观察寄生调幅现象。当将示波器的 X 轴扫描速度调至 ms/div 等较慢档时，会观察到实验图 7-1 电路产生的调频波的包络并不恒定，而有起伏，这就是所谓的寄生调幅现象。有寄生调幅是变容管直接调频电路的缺点之一，必须在调频之后再加一级限幅器才能消除。

4. 实验报告要求

1）画出实验电路的 U-f 特性曲线，并附上实验表 7-1 的实测数据。

2）根据实验表 7-1 的实测数据，画出变容管的 C-U（电容对电压）关系曲线。

实验 8　比例鉴频器的调试与测量

1. 实验目的

1）了解鉴频器的工作原理。

2）了解比例鉴频器的电路组成。

3）学习鉴频曲线的调整与测量方法。

2. 实验仪器与器材

高频信号发生器、频率特性测试仪（简称扫频仪）、示波器、超高频毫伏表、数字式万用表、稳压电源和鉴频实验板。

电阻：$R_1=33\text{k}\Omega$、$R_2=4.7\text{k}\Omega$、$R_3=620\Omega$、$R_4=2\text{k}\Omega$、$R_5=1.1\text{k}\Omega$、$R_6=4.7\text{k}\Omega$、$R_7=1.5\text{k}\Omega$、$R_8=620\Omega$、$R_9=2\text{k}\Omega$、$R_{10}=1.3\text{k}\Omega$、$R_{11}=R_{12}=680\Omega$、$R_{13}=R_{14}=8.2\text{k}\Omega$、$R_{15}=1\text{k}\Omega$。

电容：$C_1=0.01\mu\text{F}$、$C_2=2200\text{pF}$、$C_3=82\text{pF}$、$C_4=5\sim22\text{pF}$、$C_5=0.1\mu\text{F}$、$C_6=C_7=2200\text{pF}$、$C_8=82\text{pF}$、$C_9=15\sim47\text{pF}$、$C_{10}=0.01\mu\text{F}$、$C_{11}=51\text{pF}$、$C_{12}=15\sim47\text{pF}$、$C_{13}=10\mu\text{F}$、$C_{14}=300\text{pF}$、$C_{15}=300\text{pF}$、$C_{16}=470\text{pF}$、$C_{17}=2200\text{pF}$、$C_{18}=C_{19}=0.01\mu\text{F}$。

电感：$L_1=330\mu\text{H}$。

3. 实验原理

（1）实验电路　比例鉴频器的实验电路如实验图 8-1 所示。电路中 VT_1、VT_2 及其相关元件组成两级中频放大器，T_1、T_2、T_3 和它们的相应电容构成谐振回路，回路谐振的中心频率是 6.5MHz，R_4、R_9 是各回路的阻尼电阻，用于扩展电路的通频带。

调频信号由 A 端输入，经两级调谐放大器放大后，由中频变压器 T_2、T_3 的二次侧分别输出两个信号，这两个信号作为鉴频器的输入信号，它可以补偿两检波支路的对称性，检出的信号由 C_{14}、C_{15} 的中点输出。

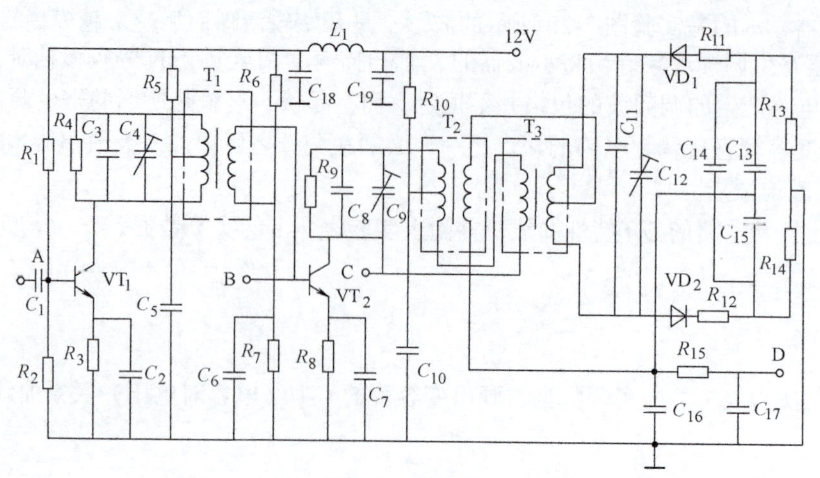

实验图 8-1 比例鉴频器

(2) S 曲线的测量 用扫频仪可以将 S 曲线测出，为了便于各回路调整到中心频率，扫频仪频标置于外标档，由高频信号发生器供给信号。

4. 实验内容与步骤

1）熟悉实验电路板上元器件的位置与测试点，然后接通电源。

2）扫频仪输出的扫频信号接在电路板上的 A 端，扫频仪检波头接在 C 端，高频信号发生器的频率调到 6.5MHz，调可变电容 C_3，使第一中放工作在 6.5MHz。

3）将扫频仪检波头电缆换成夹子电缆，接到 E 端，调整鉴频器中的电容 C_9，使 S 曲线既过原点又上下对称。记录 S 曲线并计算带宽。

5. 实验报告

1）整理数据，画出由扫频仪测得的 S 曲线。

2）分析鉴频电路的主要技术指标。

实验 9 锁相环电路

1. 实验目的

1）熟悉锁相环电路及其工作特性。

2）掌握锁相环电路捕捉带和同步带的测量方法。

2. 实验仪器与器材

SR071B 双踪示波器、频率计、稳压电源、CD4046；电容：51pF、0.01μF、0.47μF、47μF，电阻：10kΩ（2 个）、100kΩ，电位器 15kΩ。

3. 实验原理

实验电路如实验图 9-1 所示，图中 CD4046 是 CMOS 器件锁相 IC，16 脚 DIP 封装。A_1 对输入信号放大整形，以使鉴相器的两个输入信号均为方波。A_2 为源极跟随器。VCO 为压控振荡器，外接元件 C_1、R_1，决定 VCO 的中心频率，R_2 确定最低振荡频率。引脚 5 为禁止端，该端为高电平时，VCO 停振。鉴相器 PD_1 为异或门结构，PD_2 为存储网络结构，1 脚为鉴相器 PD_2 锁定指示，高电平时表示电路锁定。R_3、R_4、C_2、C_3 为环路（低通）滤波器。

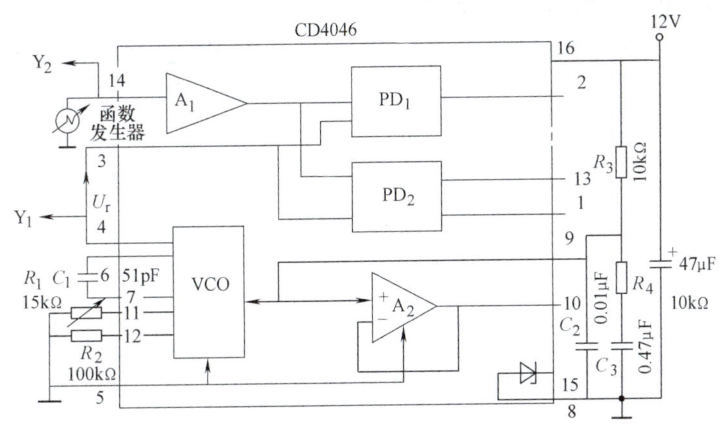

实验图 9-1　锁相环电路

4. 实验内容与步骤

1）按实验图 9-1 连好电路。

2）先不接入函数信号发生器，通电后，用示波器观察 4 脚内部 VCO 的输出波形，调节 R_1，使 VCO 自由振荡频率在 700～800kHz 范围内，用频率计测量后并记录。

3）将函数发生器频率调至 VCO 自由振荡频率附近，以 15V（p-p）左右的正弦波输出至 CD4046 的 14 脚。用示波器观察环路有无锁定（可微调函数发生器频率，如在示波器上能看到 Y_1、Y_2 两个波形同步变化即为锁定），如锁定，则用示波器测出 Y_1 与 Y_2 两者间的相位差（可设方波的相位为 0°或 180°），并用电压表测量 9 脚的锁相控制电压 U_c。然后再往高（往低）调函数发生器频率，观察 Y_1 与 Y_2 两波形之间的相位差变化及控制电压 U_c 值的变化情况，并将频率、相位差和 U_c 值三者对应记录于实验表 9-1 中。

实验表 9-1

函数发生器频率 f_1/kHz										
Y_1 与 Y_2 相位差/(°)										
环路控制电压 U_c/V										

4）测量锁相环电路的捕捉带与同步带。调节函数发生器，从远离 VCO 自由振荡频率（此时环路失锁）逐渐向 VCO 自由振荡频率接近，设调至 f_{c1}（或 f_{c2}）时环路开始锁定，则 f_{c1} 与 f_{c2} 之差即为捕捉带，如实验图 9-2 所示。

类似地，将函数发生器从开始锁定的状态往高（或往低）调节，直至刚开始失锁，则 f_{B2}-f_{B1} 即为同步带。环路的同步带一般大于捕捉带。

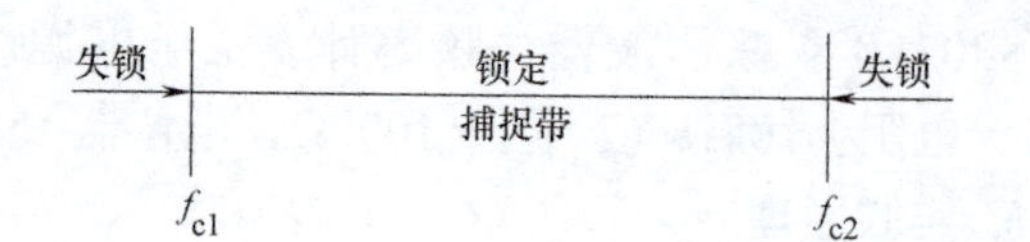

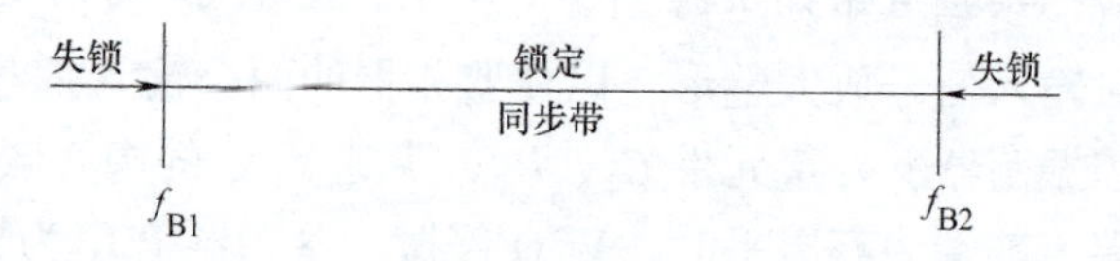

实验图 9-2　锁相环电路的捕捉带与同步带

5. 实验报告要求

1）整理好实测数据，标出实测到的环路压控振荡器的中心频率、环路的捕捉带和同步带各是多少。

2）根据实验表 9-1 的记录，分析并回答为什么锁定时改变函数发生器的频率 f_1 会使得 Y_1、Y_2 波形间的相位差发生变化？在中心频率附近两者的相位差为多少？

附录　计算机仿真（EWB软件）在高频电子电路分析中的应用

用计算机仿真软件来开展高频电路实验，可以降低高频电路实验的难度，加深学生对高频电路的理解。Electronics Workbench（简称为 EWB）软件是加拿大 Interactive 公司开发的一种基于 MS-Windows 操作界面的电子仿真工作台，被誉为“计算机里的电子实验室”，其特点是图形界面操作，易学、易用，快捷、方便，真实、准确，使用 EWB 可实现大部分硬件电路实验的功能，用它能开设高频电子电路演示实验和实验课程。

1. EWB 软件简介

（1）界面介绍　EWB 软件界面如附录图 1 所示。

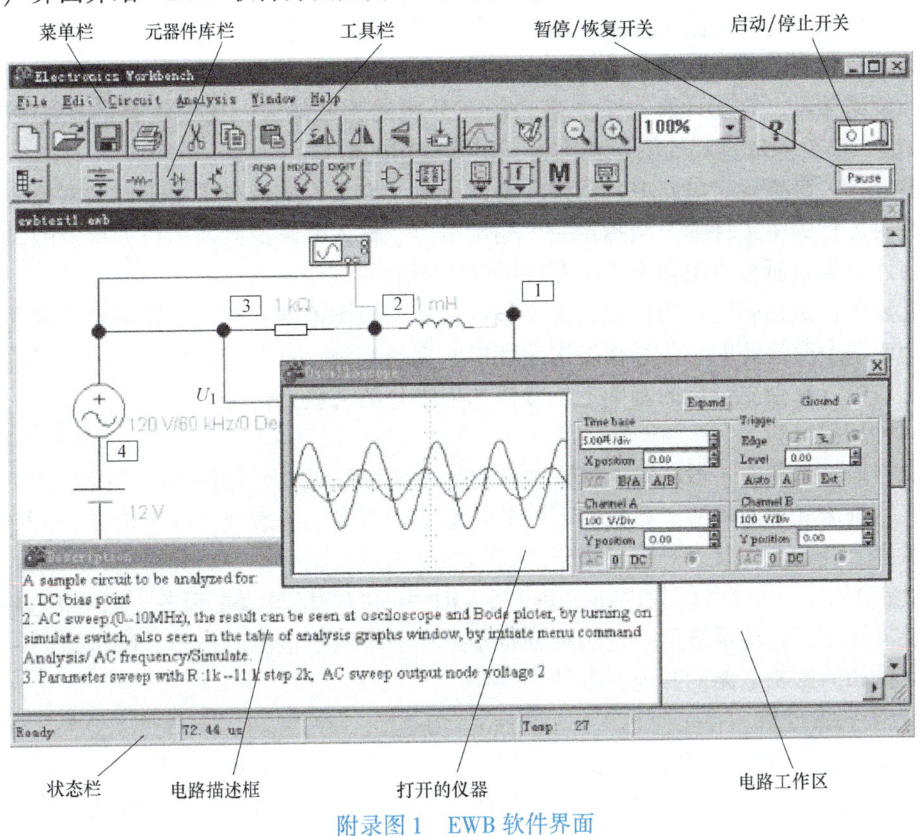

附录图 1　EWB 软件界面

（2）功能介绍

1）原理图输入。用鼠标在 MS－Windows 操作界面直接抓取所需要的元器件，将它放入原理图中，并将它们进行正确的连接，元器件型号可从列表中选取。

● 智能的连线：该软件能自动排列连线，迅速便捷完成电路连接，同时允许调整设计的原理电路，当移动元器件时连线将根据需要预留或重排位置。

• 与其他 EDA 工具的通信：EWB 软件的电路图转换后可直接输入到 SPICE 仿真器中，也可输入到 PCB 布局布线工具中。

2）采用仿真平台能得到真实的结果，如同进行实际实验一样，可使用虚拟测试设备对原理电路进行测试，可观察到实际电路信号相应的波形。

3）电路分析功能（14 种功能分析方法）。

① 6 种基本分析。

直流工作点：通过对电感短路、电容开路以及使交流信号源无效来确定电路的直流工作点，然后得出一份在各个工作节点处电压值和电流值的详细报告。

瞬态分析：是从时域上对电路进行分析，它从零时开始并且在用户定义的时间范围内绘制电路响应（电压和电流）。用户只要定义起始时间和终止时间，仿真器将自动选择适当的中间时间步进值。

交流频率扫描：是指在特定的频率范围内，反映设计电路在交流小信号下的响应。不需要手工计算设计电路的传递函数，可在特定的范围内分析任何节点的增益和相位，并且允许选择采用线性或对数坐标扫描得到你所需要的数据。

傅里叶分析：是指在给定的频率范围内分解瞬态数据并且观察元器件的频谱，并用来检测电路的谐波失真。该软件将离散傅里叶变换应用到分析结果中，提供与幅值和相位相联系的傅里叶频谱分量。它能计算一个大信号瞬态分析的频域响应，确定电路的基波和最大的 100 次谐波，而且生成直观的图形和报告，得到确切的数据。

噪声分析：是指确定电路或元器件的噪声影响，它大大地减少了由于要求精确分析电路的噪声所要进行的手工计算。当指定一个输出节点、输入噪声源以及扫描频率范围时，分析工具就会计算来自所有电阻和半导体器件的噪声影响的方均根值。

失真分析：是指确定总的谐波失真并显示失真的频谱密度。它在一段频率范围内计算电路中一个或两个交流源的小信号稳态谐波和中间变换产物，只需指定频率范围和所感兴趣的节点即可。可以在独立分析的基础上从分析选项中分离某些元器件。

② 4 种扫描分析。

温度扫描：是指在一段特定的范围内，对任意电路和独立元器件进行温度扫描，确定电路的瞬态、直流和交流响应。允许在不同的环境中观察电路的表现，或者检查一个特定的元器件随温度上升的工作状态。可以指定所需的温度扫描范围、类型和分辨率。

模型参数扫描：当模型参数在取值范围内变化时，可以观察到电路的瞬态、直流和交流响应。

交流灵敏度、直流灵敏度：这两种分析不是在一个取值范围内扫描，而是确定一个元器件值的变化如何影响电路的其他元器件。

③ 两个高级分析。

零极点：这个分析确定电路的交流小信号传递函数，计算其零点和极点。电路一旦处于零极点就表现为不稳定状态。它取代了枯燥的手工计算，还将帮助你理解大系统和分析复杂网络的稳定性。你能够指定所感兴趣的输入和输出节点以及你所需要进行的分析（增益或阻抗传递函数、输入或输出阻抗）。

传递函数：使用传递函数分析，你能确定电路的直流小信号传递函数，并且计算输入电阻、输出电阻以及直流增益。你可以选择一个输入源和一个输出节点，以此来计算传递函数。这个分析过程是将指定的电路部分定义为一个“黑盒子”。

④ 两种统计分析。

最差情况：预测电路的最差性能表现。

蒙特卡洛：能预测电路变化影响所造成的失败率。

4）虚拟测试设备：数字万用表、函数信号发生器、示波器、频谱绘图仪、字符发生器、逻辑分析仪和逻辑转换器。

5）元器件库：如附录图 2 所示，包括信号源、基本元件、二极管、晶体管、模拟集成电路、逻辑门、数字器件、指示、控制、集成系列和模型等。

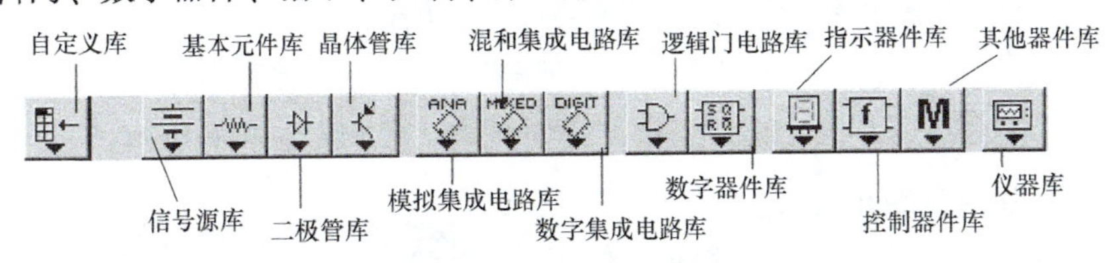

附录图 2　元器件库图

① 信号源库，如附录图 3 所示。

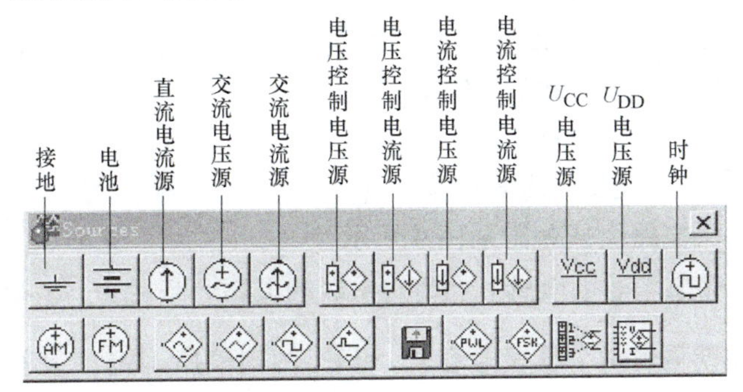

附录图 3　信号源库

② 基本元件库，如附录图 4 所示。

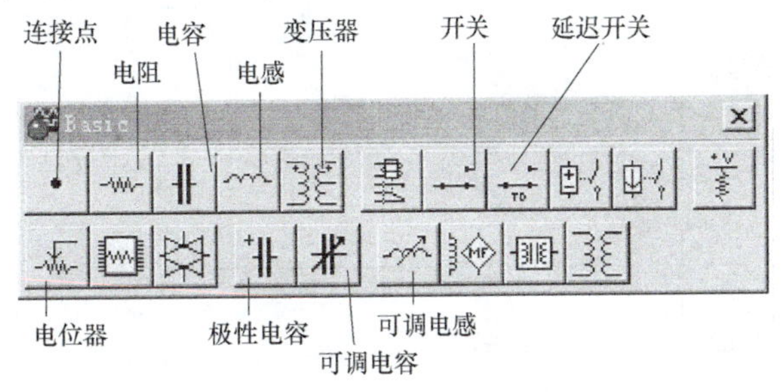

附录图 4　基本元件库

③ 二极管库，如附录图 5 所示。

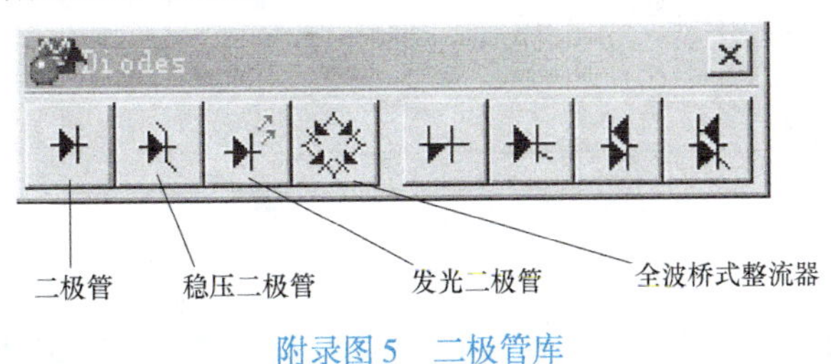

附录图 5　二极管库

④ 模拟集成电路库，如附录图6所示。

⑤ 指示器件库，如附录图7所示。

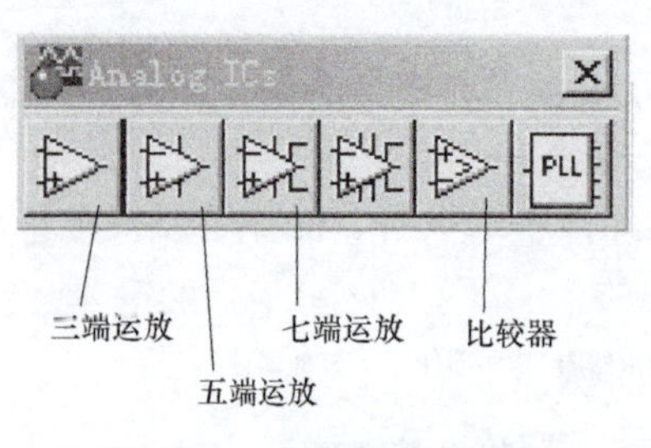

附录图6 模拟集成电路库

附录图7 指示器件库

⑥ 仪器库，如附录图8所示。

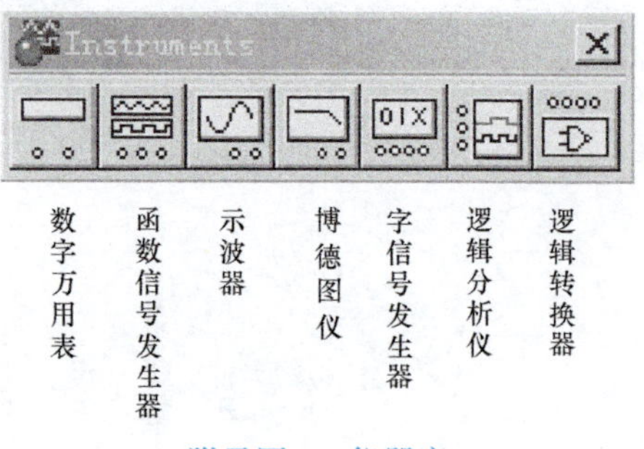

附录图8 仪器库

6）使用EWB对电路进行设计和实验仿真的基本步骤是：①用虚拟器件在工作区建立电路。②选定元器件的模式、参数值和标号。③连接信号源等虚拟仪器。④选择分析功能和参数。⑤激活电路进行仿真。⑥保存电路图和仿真结果。

2. EWB软件在高频电路中的应用

例1 对于改进型电容反馈三点式振荡器（克拉泼振荡器）的仿真，电路组成如附录图9所示，其中，振荡器的工作频率主要由电感 L 和与它串联的电容 C 所确定（$C \ll C_1$ 和 C_2 时），振荡频率 $f_0 \approx \dfrac{1}{2\pi\sqrt{LC}}$，反馈量由两个反馈电容 C_1 和 C_2 的比值所确定，为了保证能够起振，一般取 $C_1/C_2 = 0.1 \sim 0.5$。

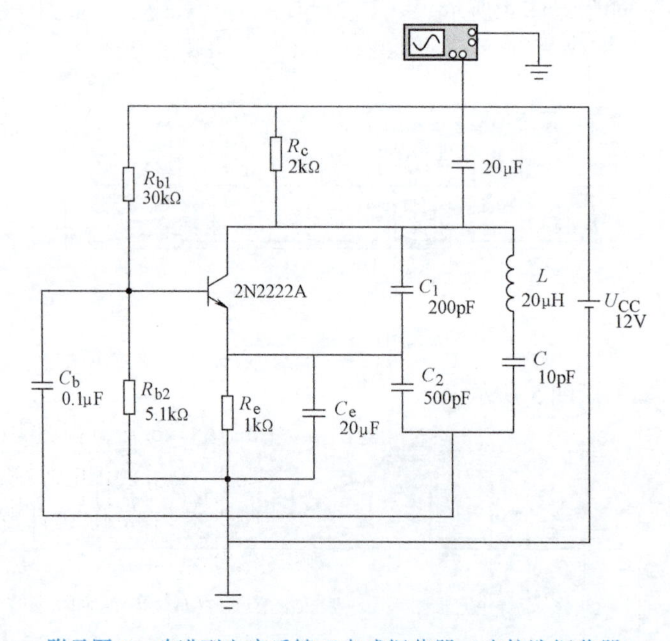

附录图9 改进型电容反馈三点式振荡器（克拉泼振荡器）

电容 C 从 10pF 到 100pF 变化时克拉泼振荡器的输出波形如附录图 10 所示。

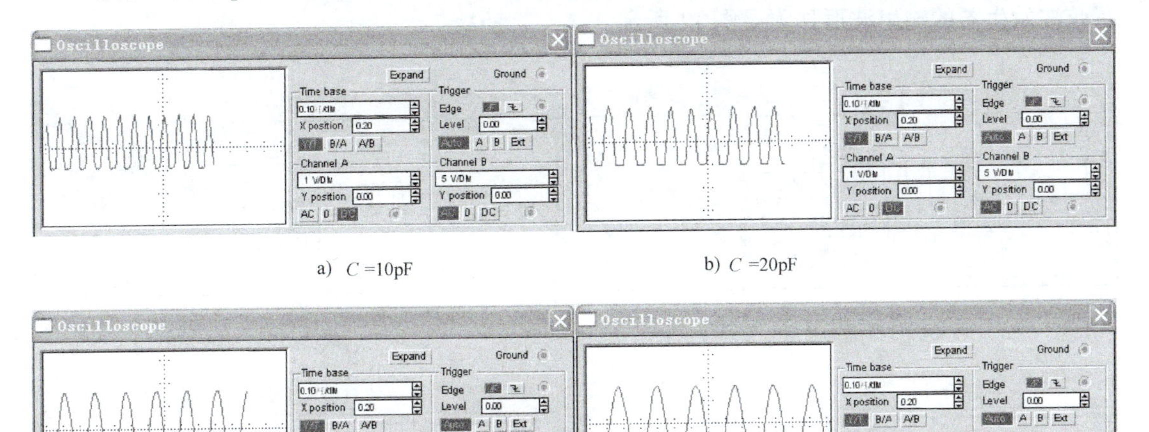

a) C =10pF　　b) C =20pF

c) C =50pF　　d) C =100pF

附录图 10　电容 C 从 10pF 到 100pF 变化时克拉泼振荡器的输出波形

由附录图 10 可以看出，当电容 C 从 10pF 到 100pF 逐渐增加时，振荡频率逐渐降低。当电容 C 的值接近 C_1 或 C_2 时，振荡频率会受到 C_1 和 C_2 的影响。当电感 L 变化时，振荡频率也会相应地随之变化。如果改变 C_1 和 C_2 的值，反馈系数 F 会发生变化，由起振条件可得，电压增益 A 会改变，因此输出信号的振幅也会相应地变化。

例 2　对于 RC 移相式正弦波发生器仿真，电路组成如附录图 11 所示，其中 $R_f=90\text{k}\Omega$，$R_1=1\text{k}\Omega$，$R=5\text{k}\Omega$，$C=0.1\mu\text{F}$，$U_{CC}=U_{EE}=12\text{V}$。

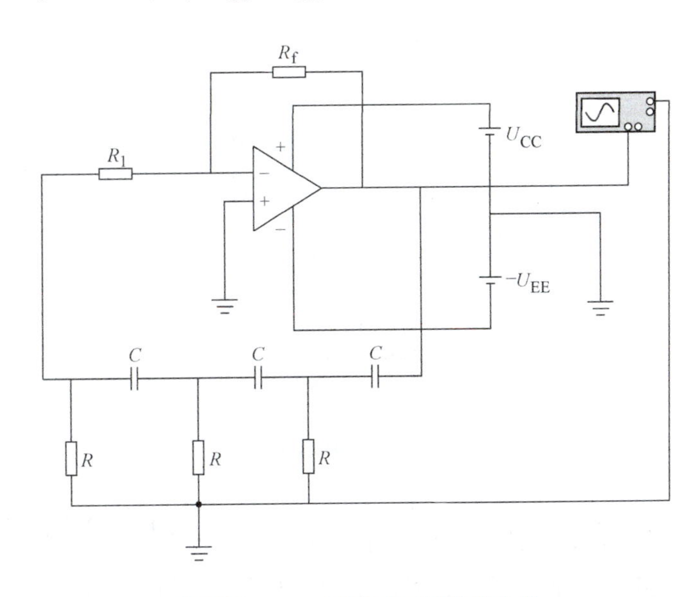

附录图 11　RC 移相式正弦波发生器

一节 RC 网络可以产生 90°的相移，由三节 RC 电路构成的移相网络能同时满足相位平衡条件和振幅平衡条件。通过改变 U_{CC} 和 U_{EE}、电阻 R 和电容 C，可以生成不同频率和振幅的正弦波形。若分别将 U_{CC} 从 12V 降到 6V，电阻 R 和电容 C 降到原来的一半，则 RC 移相式正弦波发生器的输出波形如附录图 12 所示。

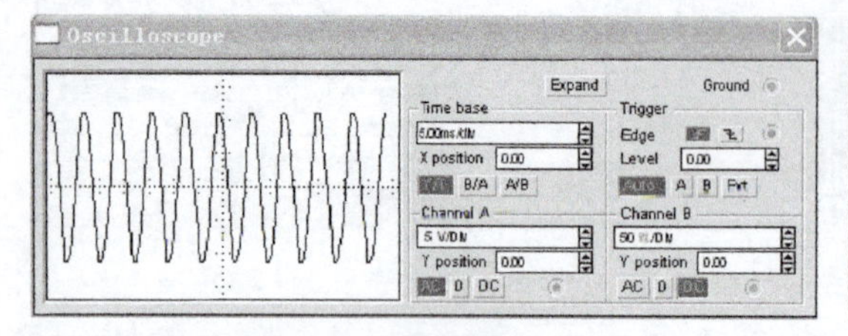

a) 未变化时的输出波形

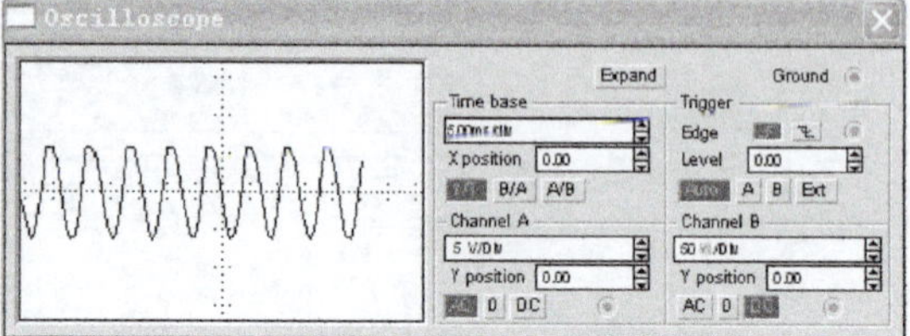

b) U_{CC} 降为6V 时的输出波形

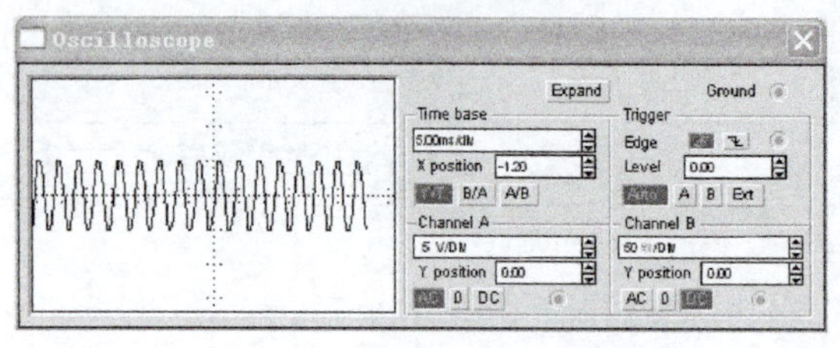

c) 3 个 R 值都再降为一半时的输出波形

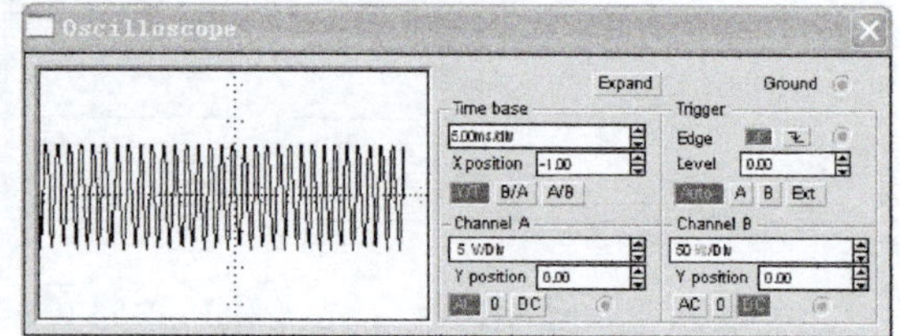

d) 3 个 C 值又都降为一半时的输出波形

附录图 12 RC 移相式正弦波发生器的输出波形

例 3 对于文式电桥正弦波振荡器的仿真，电路组成如附录图 13 所示。从附录图 13 可以看出，由 RC 串联-并联网络与充当负反馈支路电阻的可变电阻 R_3、R_4 构成文式电桥振荡器的四臂，振荡频率为

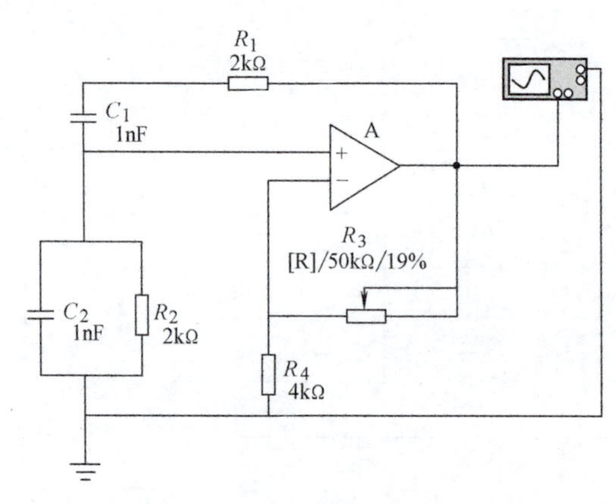

附录图 13 文式电桥正弦波振荡器

$$f_0=\frac{1}{2\pi R_1C_1}=\frac{1}{2\pi\times2\times10^3\times1\times10^{-9}}\text{Hz}=\frac{250}{\pi}\text{kHz}\approx79.6\text{kHz}$$

当改变反馈电阻 R_3 的值时，输出信号波形的振幅会发生相应的变化，从附录图 14 可以观察到波形变化的情况。

例 4 对于模拟乘法器检波电路的仿真，电路组成如附录图 15 所示。

改变调制信号的频率和振幅，能够从示波器看到相应的检波输出波形如附录图 16

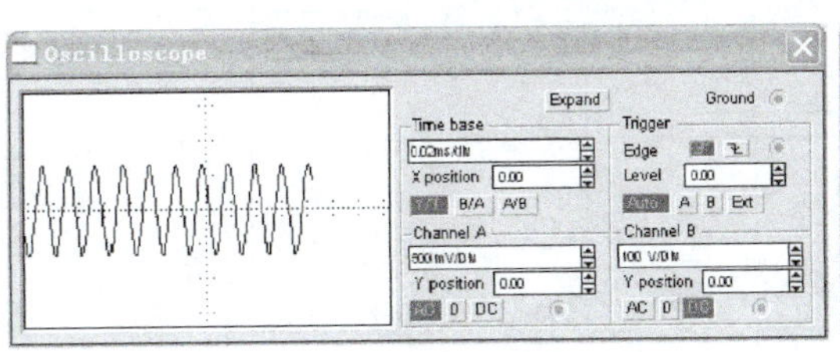

a) R_3=10kΩ时

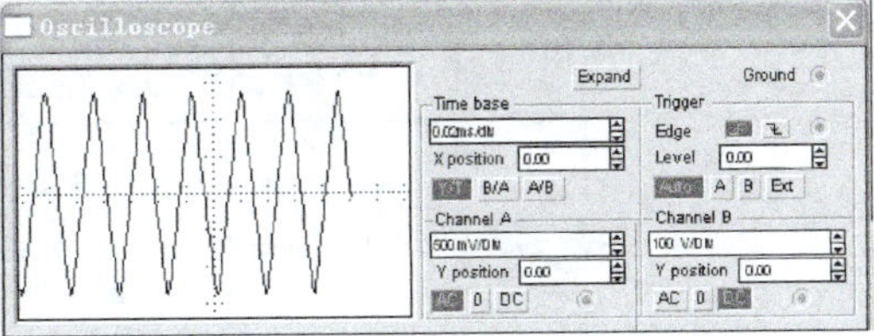

b) R_3=15kΩ时

附录图 14 文式电桥振荡器的输出波形

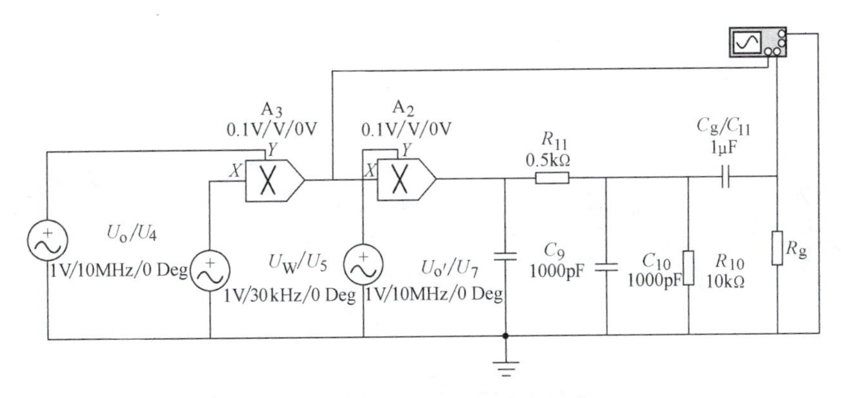

附录图 15 模拟乘法器检波电路

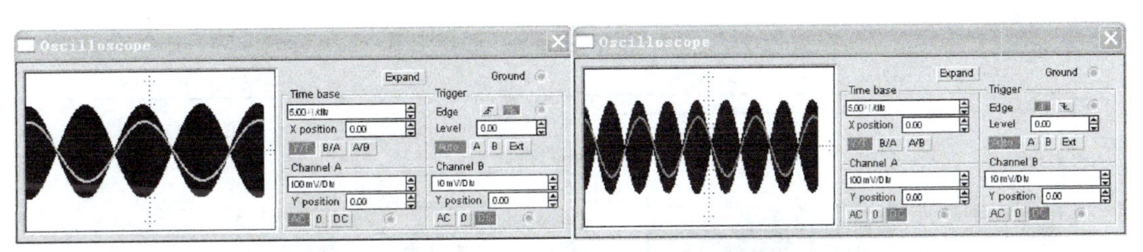

a) 振幅为1V、频率为30kHz

b) 振幅为1V、频率为60kHz

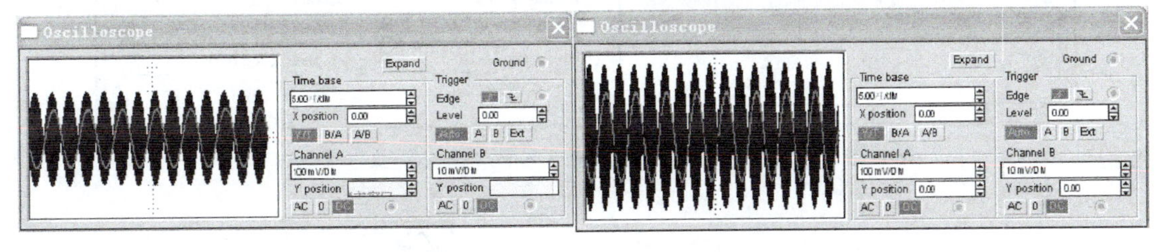

c) 振幅为1V、频率为100kHz

b) 振幅为1.5V、频率为120kHz

附录图 16 模拟乘法器检波电路的输出波形

所示。

例 5 对于单二极管调幅电路的仿真，电路组成如附录图 17 所示

改变输入调制信号的电压，调幅信号的输出波形如附录图 18 和附录图 19 所示。

例 6 对于二极管峰值包络检波器的仿真，电路组成如附录图 20 所示。

二极管峰值包络检波器的输入调幅波的波形和输出调制信号波形如附录图 21 所示。

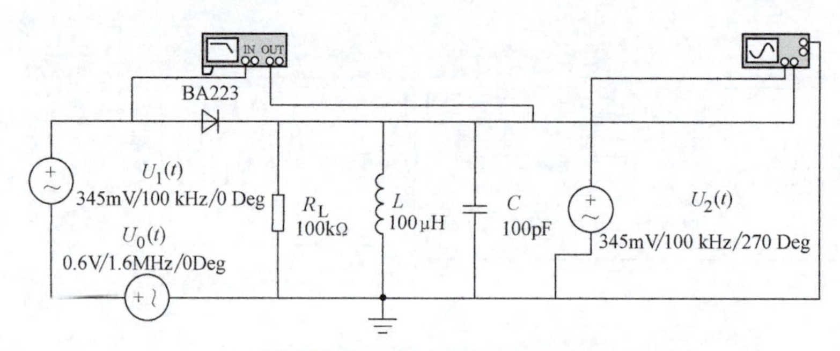

附录图 17 单二极管调幅电路

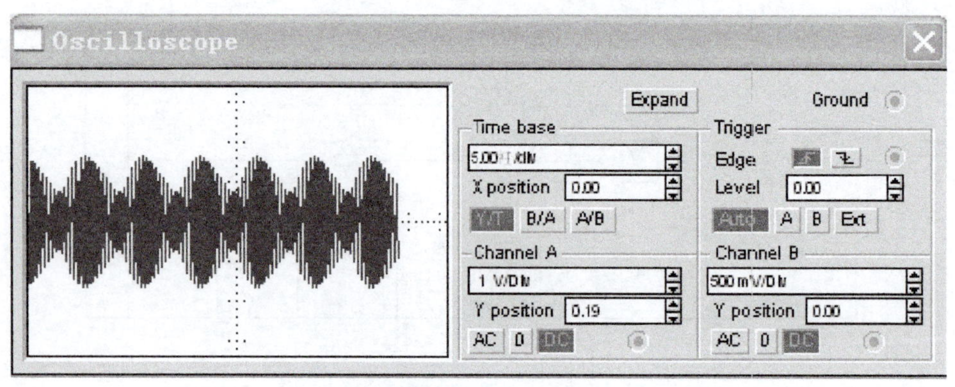

附录图 18 单二极管调幅电路输出波形（输入振幅为 345mV）

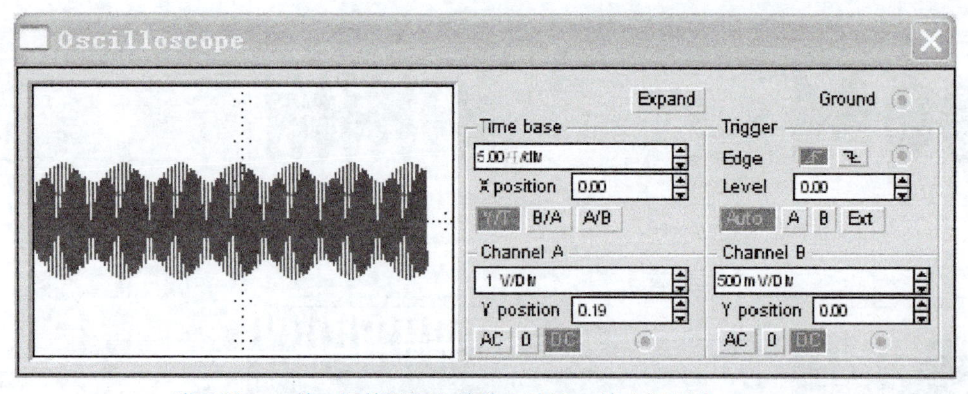

附录图 19 单二极管调幅电路输出波形（输入振幅为 100mV）

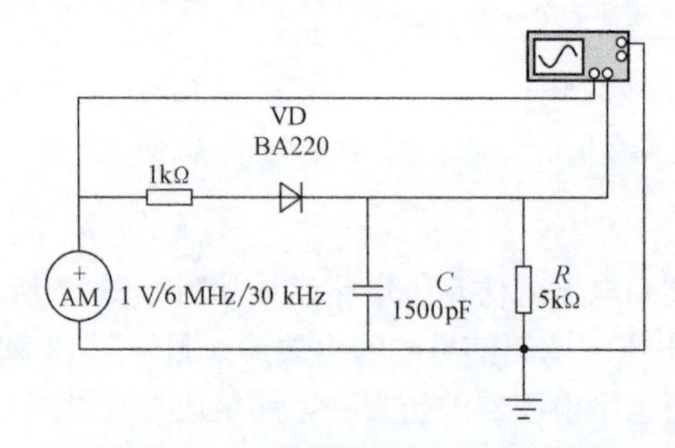

附录图 20 二极管峰值包络检波器电路

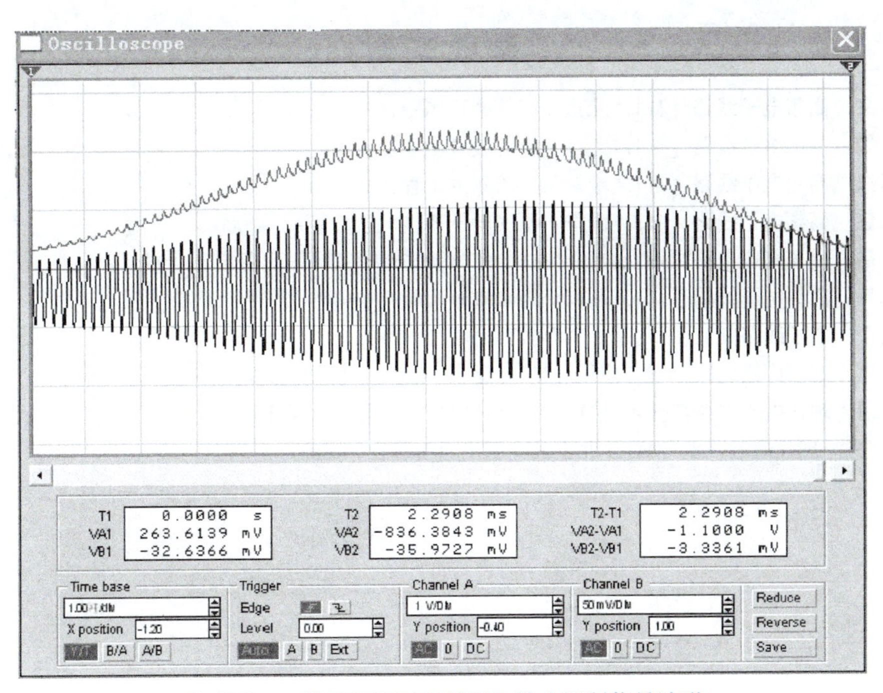

附录图 21　输入调幅波的波形和输出调制信号波形

参考文献

[1] 张肃文. 高频电子线路 [M]. 北京：高等教育出版社，1997.
[2] 胡宴如. 高频电子线路 [M]. 北京：高等教育出版社，1993.
[3] 阳昌汉. 高频电子线路 [M]. 哈尔滨：哈尔滨工程大学出版社，1995.
[4] 沈伟慈. 高频电子线路 [M]. 西安：西安电子科技大学出版社，2000.
[5] 吴运昌. 模拟集成电路原理及应用 [M]. 广州：华南理工大学出版社，1995.
[6] 熊耀辉. 高频电子线路 [M]. 北京：高等教育出版社，1995.
[7] 谢嘉奎. 电子线路 [M]. 北京：高等教育出版社，1988.
[8] 孙景琪. 通信广播电路原理与应用 [M]. 北京：北京工业大学出版社，2003.
[9] 谢沅清. 现代电子电路与技术 [M]. 北京：中央广播电视大学出版社，2002.
[10] 朱月秀. 现代通信技术 [M]. 北京：电子工业出版社，2003.